国家科学技术学术著作出版基金资助出版

中国科学院植物研究所系统与进化植物学国家重点实验室

# 秦岭地区苔类和角苔类植物志

贾 渝 何 强 吴鹏程 汪楣芝 著

科学出版社
北 京

# 内 容 简 介

本书介绍了我国秦岭地区的自然概况、苔类和角苔类的区系特点，以及该地区苔类和角苔类植物采集及研究的历史与现状。依据目前最新的系统，对分布于该地区的苔类和角苔类植物进行了描述，系统地展示了我国秦岭地区苔类和角苔类植物的多样性。全书包括苔类和角苔类植物 47 科 86 属 273 种 11 亚种和 20 变种，有科、属和种的形态特征描述，属和种的检索表及种的形态特征图。每个物种不仅有详细的描述，还有生境、海拔和在秦岭地区的分布地点。

本书适合于从事植物学、林业和植物多样性研究的科研人员与学者，以及大专院校相关专业的师生阅读。

**图书在版编目（CIP）数据**

秦岭地区苔类和角苔类植物志/贾渝等著. —北京：科学出版社，2021.11
ISBN 978-7-03-069877-3

Ⅰ.①秦… Ⅱ.①贾… Ⅲ.①秦岭–苔类植物–植物志 Ⅳ.①Q949.35

ISBN 中国版本图书馆 CIP 数据核字（2021）第 192822 号

责任编辑：马　俊　赵小林 / 责任校对：郑金红
责任印制：吴兆东 / 封面设计：刘新新

科 学 出 版 社 出版
北京东黄城根北街 16 号
邮政编码：100717
http://www.sciencep.com

**北京中石油彩色印刷有限责任公司** 印刷
科学出版社发行　　各地新华书店经销

\*

2021 年 11 月第 一 版　　开本：787×1092 1/16
2021 年 11 月第一次印刷　　印张：19 3/4
字数：450 000
**定价：228.00 元**
（如有印装质量问题，我社负责调换）

Supported by the National Fund for Academic Publication in Science and Technology

State Key Laboratory of Systematic and Evolutionary Botany, Institute of Botany, the Chinese Academy of Sciences

# Flora of the Liverworts and Hornworts of Qinling Mountains, China

Edited
By
Jia Yu   He Qiang   Wu Peng-Cheng   Wang Mei-Zhi

**Science Press**

Beijing

# 前　言

　　秦岭是横亘于我国中部呈东西走向的重要山脉，它的主体位于陕西省的南部地区，东西延伸至河南、安徽、甘肃和湖北的部分地区，是我国长江和黄河的分水岭，也是我国暖温带和亚热带气候的过渡地带。同时，已有的生物多样性调查和研究显示，它蕴含着丰富的生物多样性资源，是国际上生物多样性研究的热点地区。有关秦岭地区种子植物的区系和物种多样性的研究不论是从整个地域还是局部地区都有较多的报道，但是该地区苔类和角苔类植物的研究一直很薄弱而且缺乏系统性。尽管《秦岭植物志 第三卷苔藓植物门（第一册）》早在 1978 年就已经出版，但当时只包括了藓类植物。本书在前人对秦岭苔类和角苔类植物已有的采集与研究基础之上，通过标本整理、重新核实、特有种类考证、补点采集和新进标本的鉴定，对秦岭地区苔类和角苔类植物进行了全面、系统的分类学研究，并最终完成《秦岭地区苔类和角苔类植物志》的编研，为该地区的生物多样性研究提供了苔类和角苔类植物的基础资料与数据。

　　本书所使用的系统采用了 2009 年出版，由 Frey 主编的 *Syllabus of Plant Families* (*Part 3 Bryophytes and Seedless Vascular Plants*)，同时，根据最新的研究成果做了少量的调整。科按 Frey 给出的系统排列，属和种则按字母顺序，以方便读者使用。

　　本书中包含秦岭地区苔类和角苔类植物：47 科 86 属 273 种，11 亚种和 20 变种。在这些种类中以北温带分布和东亚分布为主。

　　在本书的编研过程中得到了国家自然科学基金（31170188）和国家科学技术学术著作出版基金的资助。书中的引证标本借阅自华东师范大学（HSUN）、西北农林科技大学（WNU）、陕西西安植物园（XBGH）、中国科学院植物研究所（PE）。本书中细鳞苔科由吴鹏程负责鉴定，叉苔科、疣冠苔科、溪苔科、钱苔科、角苔科、短角苔科、褐角苔科、肿角苔科由何强和汪楣芝负责鉴定，中国科学院沈阳应用生态研究所的李薇和贵州师范大学的彭涛协助鉴定了叶苔科和角苔类植物部分疑难标本。郭木森负责绘图工作，何强和汪楣芝参与了部分绘图工作。何强、于宁宁、李粉霞、曹威参与了野外采集工作。在此一并表示感谢。

　　本书的编研仅仅是对该地区苔类和角苔类植物的初步研究，在未来的研究中将进一步补充和完善。由于我们水平有限，书中难免有一些不足之处，希望读者批评指正。

著　者

2021 年 3 月

# 目　　录

# 绪　论

秦岭是昆仑山脉的东延余脉，横亘于我国中部，是黄河与长江两大水系的分水岭，东西长达 500 km，南北宽 140-200 km，北临渭河，南界汉水。秦岭山体高大雄伟，主峰太白山位于秦岭山脉中段，海拔为 3767 m，是我国东部地区第一高峰。秦岭西段海拔较高，一般为 2000-3000 m，东段则较低，一般都在 2000 m 以下。在地形上，秦岭山脉是我国南北之间的屏障；在气候上，秦岭是我国亚热带和暖温带的分界线，以南属亚热带气候，以北则属暖温带气候；在植被上，秦岭以北属暖温带落叶阔叶林带，以南则属北亚热带类型，有较多常绿阔叶树种的分布，是我国植物区系的重要分界线。它是我国温带植物区系最丰富的地区之一，也是我国生物多样性保护区的关键地区之一。秦岭作为我国苔藓植物区划中华中区和华北区的过渡地带，多样性也非常丰富。根据 Redfearn 等（1996）对中国藓类植物的统计，秦岭地区的藓类植物有 583 种，仅次于云南（912 种）、台湾（907 种）、四川（688 种）、西藏（686 种）和贵州（647 种）；而苔类植物则可能由于调查不足，根据 Piippo（1990）的统计，该地区仅有 95 种。

有关秦岭地区种子植物的区系和物种多样性的研究不论是从整个地域（崔友文，1982；应俊生，1994）还是局部地区如太白山（应俊生等，1990）、北坡的田峪河流域（沈茂才等，2001）和南坡的佛坪保护区（岳明等，1999）等，都有较多的报道。虽然《秦岭植物志 第三卷 苔藓植物门（第一册）》早在 1978 年就已经出版，但它只包括了藓类植物。

### 1. 秦岭苔类植物的研究历史和背景

#### 1）采集历史

最早采集秦岭地区苔藓植物的是意大利传教士 G. Giraldi，他于 1889-1894 年在秦岭地区采集了大量的植物标本，其中包括许多苔藓植物，标本多采自太白山、对角山、黑虎山、光头山、涝峪山、龙山河、涝峪河、殷家坡、汉中府等地，主要在户县[①]（现为鄠邑区）境内（Levier，1906）。Giraldi 采集的苔藓标本被存放在欧洲各大标本馆。欧洲学者根据这些标本发表了一些文章和新种，是研究秦岭苔藓植物的重要参考资料。中国植物学家自 1933 年起开始在秦岭地区采集苔藓植物。1933 年，孔宪武在陕西终南山采集了部分苔类植物标本。1937-1963 年，刘慎谔、钟补求、彭泽祥、汪发瓒、陈邦杰、黎兴江、黄全、李国献、张满祥、魏志平等在秦岭地区展开了一系列苔藓植物标本采集活动。此后，1988 年，尹志强在甘肃文县的白水江自然保护区采集了部分苔藓植物标本；1999 年，汪楣芝在秦岭地区的洋县、佛坪县和眉县采集了大量的苔藓植物标本；

---

[①] 在本书中，有一些地名（如户县、郿县等）为物种新种、新记录等发表时当时的地名，这些地名在现今可能发生了变化，但在本书中为了保持与历史文献资料一致，不再逐一对这些地名进行变更。

2004-2005 年，王幼芳、李粉霞、詹琪芳、翟德逞、刘丽、徐波、朱永青等两次深入佛坪国家级自然保护区进行苔藓的调查采集，采集苔类植物 1039 份；贾渝、赵遵田、于宁宁等曾在 1999 年、2005-2006 年对甘肃迭部县的苔藓植物进行了采集调查；2007 年 4-5 月，贾渝、李粉霞在甘肃文县的白水江国家级自然保护区进行了苔藓植物的调查。此外，王诚吉在陕西省宁陕县的天华山国家级自然保护区、王玛丽数次在秦岭地区、叶永忠等于 1987-1989 年在秦岭东段的河南省灵宝县（现为灵宝市）进行了苔藓植物采集（表 1）。

表 1 在秦岭进行的主要的苔藓植物采集活动信息
Table 1 The main bryophyte collections from Qinling Mts.

| 采集人 | 采集时间 | 采集地点 |
| --- | --- | --- |
| Giraldi | 1889-1894 | 汉中府、户县、太白山、对角山、黑虎山、光头山、涝峪地区、殷家坡等 |
| 孔宪武 | 1933 | 西安长安终南山 |
| 刘继孟、钟补求和刘慎谔等 | 1937-1938 | 太白山 |
| 彭泽祥 | 1955.9 | 太白山 |
| 汪发瓒 | 1955.9-1955.10 | 太白山 |
| 黎兴江 | 1957.6-1957.7 | 太白山 |
| 黄全和李国献 | 1957.8 | 太白山 |
| 张满祥 | 1960 | 太白山 |
| 张满祥 | 1960-1961 | 翠华山、周至县 |
| 陈邦杰 | 1962.7-1962.8 | 天华山、宁陕县 |
| 魏志平 | 1962.9-1963.10 | 东太白、户县、西太白、太白县和洋县 |
| 叶永忠等 | 1987-1989 | 河南灵宝县 |
| 尹志强 | 1988.7 | 甘肃文县 |
| 汪楣芝 | 1999.6 | 佛坪县、眉县和洋县 |
| 李粉霞、王幼芳等 | 2004-2005 | 佛坪国家级自然保护区 |
| 李粉霞、贾渝 | 2007.4-2007.5 | 甘肃文县 |
| 何强、曹威 | 2013 | 郧县（现在为郧阳区）、郧西县、淅川县、内乡县、丹凤县、商南县、西峡县、柞水县 |
| 何强 | 2014 | 鲁山县、栾川县、卢氏县、灵宝市、嵩县 |

综上所述，学者对秦岭的苔藓植物已进行了一些调查和采集，早期的采集地点多集中在秦岭地区陕西境内及秦岭的西端，对秦岭南坡及秦岭东部苔藓植物的调查和研究很少，还存在着一些空白地区，尤其是秦岭地区东部区域的采集相当薄弱。2013-2014 年，何强和曹威在秦岭东部地区进行了苔藓植物专项采集，为本书的编研补充了大量的秦岭东部地区的标本，他们的采集覆盖了秦岭东部地区的 13 个县。截至目前，对秦岭苔藓植物进行过采集调查的主要地点已被标注在图 A 上。

2）秦岭地区苔类和角苔类植物的研究历史

对秦岭地区苔类植物研究的第一篇文章是 Massalongo 于 1897 年发表的《中国陕西苔类》一文。基于 Giraldi 于 1889-1894 年在陕西境内秦岭地区采集的苔类植物标本，

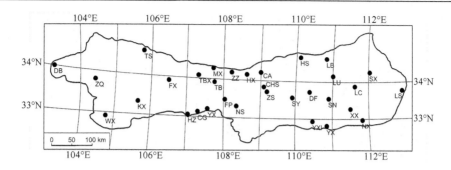

图 A　秦岭地区的主要采集地点

Figure A　The main collected sites in Qinling Mts.

CA=长安区，CG=城固县，CHS=翠华山，DB=迭部县，DF=丹凤县，FP=佛坪县，FX=凤县，HS=华山，HX=户县，HZ=汉中市，KX=康县，LB=灵宝市，LC=栾川县，LS=鲁山县，LU=卢氏县，MX=眉县，NS=宁陕县，NX=内乡县，SN=商南县，SX=嵩县，SY=山阳县，TB=太白山，TBX=太白县，TS=天水市，WX=文县，XX=西峡县，YUN=郧县，YX=洋县，YXI=郧西县，ZQ=舟曲县，ZS=柞水县，ZZ=周至县

Massalongo 报道了 47 种苔类（包括种下单位），其中 34 个是新种和新变种。随后，Levier（1906）根据 Massalongo 和 Stephani 鉴定 Giraldi 采自秦岭地区标本的结果，报道了苔类植物 69 种 5 变种，其中包括 11 个新种和新变种。自 Levier 的报道后，张满祥（1982）发表了采自秦岭的一个苔类新种：秦岭囊绒苔 *Trichocoleopsis tsinlingensis* P. C. Chen & M. X. Zhang。1983 年，黎兴江和张满祥发表一个苔类新种：秦岭耳叶苔 *Frullania chinlingensis* X. J. Li & M. X. Zhang（＝*F. dilatata*）。Hattori 和 Lin（1985b）也描述了秦岭地区的两个新种：陈氏耳叶苔 *Frullania chenii* S. Hatt. & P. J. Lin 和瘤萼耳叶苔 *F. tubercularis* S. Hatt. & P. J. Lin。

除了秦岭地区新分类群的报道，还有一些该地区苔类植物的专科专属研究。Hattori 和 Zhang（1985）对光萼苔科的研究，记载了 2 属 12 种，即耳坠苔属 *Ascidiota*（1 种）和光萼苔属 *Porella*（11 种）。Zhang 和 Guo（1998）对裂叶苔科的研究，报道了 6 属 20 种，即褶萼苔属 *Plicanthus*（1 种）、细裂瓣苔属 *Barbilophozia*（4 种）、三瓣苔属 *Tritomaria*（3 种）、卷叶苔属 *Anastrepta*（1 种）、裂叶苔属 *Lophozia*（9 种）和挺叶苔属 *Anastrophyllum*（2 种）。Guo 和 Zhang（1999）首次报道了秦岭地区的角苔科，文中记载了 3 属 6 种 1 亚种，包括角苔 *Anthoceros punctatus*、褐角苔 *Folioceros fuciformis*、腺褐角苔 *F. glandulosus*、黄角苔 *Phaeoceros laevis*、黄角苔高领亚种 *P. laevis* subsp. *carolinianus*、球根黄角苔 *P. bulbiculosus* 和 *P. miyakeanus*（=*Phaeoceros laevis*）。此外，Zhang（2005）对陕西省的指叶苔科进行研究，报道了陕西分布的指叶苔科有 2 属 8 种，其中指叶苔属 *Lepidozia* 和鞭苔属 *Bazzania* 各 4 种，分别为丝形指叶苔 *Lepidozia filamentosa*、指叶苔 *L. reptans*、圆钝指叶苔 *L. subtransversa*、大指叶苔 *L. robusta*，双齿鞭苔 *Bazzania bidentula*、裸茎鞭苔 *B. denudata*、瘤叶鞭苔 *B. mayabarae*、三齿鞭苔 *B. tricrenata*。陈清等（2008a）还报道了秦岭地区拟大萼苔科的 2 个新记录种：红色拟大萼苔 *Cephaloziella rubella* 和刺茎拟大萼苔 *C. spinicaulis*。

此外，还有一些关于秦岭局部地区苔类植物的研究报道。鲁德全（1990）报道了秦岭的佛坪国家级自然保护区的苔类植物 5 科 5 属 5 种，而王玛丽等（1999）的报道将该保护区苔类植物增加到 13 科 14 属 21 种。叶永忠等（2004）对小秦岭的苔藓植物进行了调查，其中苔类植物有 19 科 22 属 37 种 2 变种 1 变型。王诚吉等（2005）对陕西天

华山自然保护区苔藓植物区系进行研究，报道了该保护区苔类植物 14 科 18 属 37 种。李粉霞（2006）对秦岭南坡佛坪国家级自然保护区苔藓植物进行了详细的研究，报道了该保护区的苔类植物 25 科 34 属 111 种（包括种下单位）。宋鸣芳（2007）报道了太白山的苔类植物 22 科 29 属 82 种。陈清等（2008b）对秦岭地区苔藓植物区系进行了初步研究，报道了秦岭地区苔类、角苔类植物 35 科 66 属 270 种，但是文中没有列出具体名录。Jia 等（2016）在总结前人资料的基础之上，加之对新采集标本的整理和鉴定，对秦岭地区的苔类和角苔类植物做了全面的梳理，编制出秦岭地区苔类和角苔类植物名录，共计 44 科 86 属 261 种 9 亚种 20 变种和 2 变型，其中有 122 种 6 亚种和 6 变种是秦岭地区新记录，东方唇鳞苔 *Cheilolejeunea orientalis* (Gott.) Mizt.和日本光萼苔北美亚种 *Porella japonica* subsp. *appalachiana* R. M. Schust.为中国新记录。

## 2. 存在的问题

通过资料的收集、整理和分析，我们对秦岭地区的苔藓植物有了一定的认识和了解。秦岭地区作为中国重要的生物多样性保存中心和植被分界线区域，苔类植物多样性研究方面已具一些基础，但还存在一些问题。

### 1）采集和研究地域需要扩大

在标本收集方面，早期的标本多采自秦岭太白山、光头山等北坡地区。例如，Giraldi 采集的苔类标本多集中在户县境内和太白山等秦岭中脉及北坡，而南坡的标本多由 Giraldi 委托他人采集；张满祥在 1972 年整理的秦岭名录中，引证的标本多采自东太白山、西太白山、户县等地，秦岭南坡的标本也很少，仅涉及宁陕县和洋县两地。鲁德全（1990）、王玛丽等（1999）、王诚吉等（2005）的报道只是秦岭的局部地区。研究地域存在明显的局限性，在以前的研究工作中有关秦岭地区的报道几乎集中在陕西省的范围。而实际上秦岭地区的范围还包括甘肃、河南及湖北的部分地区，因此，从论述整个秦岭地区来讲仍然存在缺陷，尤其是秦岭东段的采集还很欠缺，这些地区涉及河南、湖北等某些地区。

为了让本书的编研更全面地反映秦岭地区苔类和角苔类植物的多样性及其分布格局，作者何强于 2013 年和 2014 年分别在位于秦岭地区东部的湖北、河南和陕西等部分地区进行了较为详细的采集，部分弥补了秦岭东部地区的采集缺陷。有些县可能是第一次针对苔藓植物的专门采集，如鲁山县、卢氏县等。

### 2）缺乏完整系统的苔类和角苔类植物名录

在名录上，Massalongo（1897）和 Levier（1906）报道的都是陕西苔类植物，而不是秦岭苔类植物名录，且分别只有 47 种（包括种下单位）和 74 种（包括种下单位），两个名录中都没有角苔科的种类，温带分布的叶苔科的种类也很少，但在以后的研究（Guo and Zhang，1999）中却显示角苔科和叶苔科在秦岭地区有较多的分布，可见这两个报道并没有全面地反映秦岭苔类植物的多样性分布情况。且 Massalongo 和 Levier 对陕西苔藓植物的调查报告是发表于 1897-1906 年，距今已达百年之久，当时苔类植物的研究尚处于起步阶段，Massalongo（1897）对 Giraldi 采集的陕西标本进行鉴定时资料非常有限，只能利用一些零星的苔类研究资料，对种类的认识存在一定的历史局限性。张满祥在 1972 年编著了秦岭苔藓植物名录，但该名录只是油印本，并没有正式发表，并且名录中记载的苔类植物仅 68 种，该名录中未包括秦岭地区常见的叶苔属 *Jungermannia*、小睫毛苔 *Blepharostoma minus* 和小蛇苔 *Conocephalum japonicum* 等种类，还不能全面反映出秦岭地区分布的苔类植物。陈清等（2008b）虽然在文章中报道秦岭地区有苔类植物 270 种，但是作者并未列出具体的名录和引证标本，也并没有指明野外考察的范围。

随着世界范围内类群分类学研究的深入开展，人们对于某些类群的认识已经取得了较大的进展，例如，耳叶苔科、细鳞苔科和鞭苔属等，为我们的工作奠定了很好的基础。

### 3. 秦岭地区苔类和角苔类的初步研究结果

在全面整理秦岭地区标本，并且借阅了国内其他标本馆的该地区标本，以及参考文献的基础之上，作者初步整理出秦岭地区的苔类和角苔类标本的名录。这对于本书的编研是一个很好的基础。

根据国际标准即地区物种丰富度和特有种的数量，以及中国专家长期综合研究的结果，秦岭山地是中国 17 个具有全球保护意义的生物多样性关键地区之一。在中国苔藓植物研究蓬勃发展的今天，对秦岭的苔类植物进行系统的研究，不仅为我国生物多样性的编目和信息管理提供了基础资料，也为秦岭苔藓植物的生物多样性保护提供了名录和详细的资料，具有重要的理论和实践意义。

本书是在对现有的秦岭苔类植物研究的文献的收集和整理，结合对国内外各大标本馆收藏的秦岭苔类植物标本的整理、查阅和鉴定，并进行野外补点采集的基础之上形成的。本书包括苔类和角苔类植物47科86属273种11亚种和20变种。在秦岭地区，种类最多的属分别是耳叶苔属（23 种）和羽苔属（21 种）。有122种6亚种和6变种是第一次记录于该地区。通过对秦岭地区苔类和角苔类植物区系成分的分析，东亚分布和北温带分布类型最多（表2），中国特有分布有15种8变种和2个变型。

表 2　秦岭地区苔类和角苔类植物的区系成分
Table 2　Floristic elements of liverworts and hornworts of Qinling Mts.

| 成分类型 | 数量（包括种下等级） | 百分比（%） |
|---|---|---|
| 世界广布 Cosmopolitan | 13 | 4.28 |
| 北温带分布 North temperate | 90 | 29.6 |
| 旧世界温带分布 Old world temperate | 8 | 2.63 |
| 温带亚洲分布 Temperate Asia | 21 | 6.91 |
| 东亚-北美分布 East Asian-N. American | 10 | 3.29 |
| 东亚分布 East Asian | 105 | 34.54 |
| 泛热带分布 Pantropical | 5 | 1.64 |
| 热带亚洲至热带澳洲 Tropical Asia to tropical Australasia | 8 | 2.63 |
| 热带亚洲至热带非洲 Tropical Asia to tropical Africa | 1 | 0.33 |
| 热带亚洲分布 Tropical Asia | 18 | 5.92 |
| 中国特有 Endemic to China | 25 | 8.22 |

# 苔类植物门 Marchantiophyta

目前的研究显示，苔类植物是高等植物中最早分化出来的类群，而且是一个单系类群。在所有苔藓植物中所发现的最古老的化石记录也是苔类植物。它是一个形态上高度分化的类群，大约有 5250 种，分为 8 纲 32 目 89 科 380 属。根据外部形态，我们通常可以把苔类植物分为三大类：复杂叶状体（complex thallose）、简单叶状体（simple thallose）和茎叶体（leafy）。大部分种类（约 80%）属于叶苔亚纲（Jungermanniidae），通常也称为茎叶体类。有约 150 属属于单种属，有 14 属的种类超过 100 种。例如，扁萼苔属有 150-200 种，疣鳞苔属约有 225 种，耳叶苔属约有 350 种，羽苔属有 425 种。约有 25 属为单种科，22 科包含的种类少于 10 种，39 科是单属科。细鳞苔科是属和种最丰富的科，有 87 属 1280 种。

苔类植物生活于地球上除海洋外的所有环境中，不仅可以生存于极地，也能生存于沙漠中的结皮层。

苔类植物体外观呈叶状体或茎叶体；通常一层细胞厚，缺乏中肋。复杂的叶状体通常具气室和组织的分化。简单的叶状体和半茎叶体（semi-leafy）常具中轴的分化。茎叶体类叶片呈 2 列或 3 列排列。细胞通常具有油体。假根通常生于腹面，稀生于叶片背面（如扁萼苔属）或叶状体边缘（如叉苔属），由单列细胞构成，平滑。在地钱纲中，假根呈管状（tuberculate）；在附生类群中，假根常融合在一起形成假根盘（rhizoid disk）。导水细胞通过胞间连丝次生孔（plasmodesmata-derived pore）输导水分（如裸蒴苔属、带叶苔目）。蒴柄通常无色透明。孢蒴成熟时呈瓣状开裂。弹丝是苔类植物中特有的散发孢子的器官，具有多种形态。

## 科 1　壶苞苔科 Blasiaceae H. Klinggr.

植物体叶状，黄绿色、鲜绿色或暗绿色。常交织成群丛。叶状体单一或叉状分枝，边缘有明显的分瓣，腹面有鳞片状腹叶，边缘有齿；背面中肋两侧具黏液腔，腔内因着生念珠藻致叶状体外观形成黑色斑点。常有一种或两种无性繁殖芽胞，由多细胞形成的星形芽胞散生于叶状体背面，圆形芽胞生于壶形芽胞器中。叶状体细胞具 1-2 个油体或无油体。腹鳞片中常有念球藻共生。

雌雄同株或异株。雄株较小。雌株总苞喇叭口状，颈卵器着生于叶状体顶端。孢蒴卵形或卵圆形，成熟时呈 2 裂或 4 瓣裂，孢蒴壁由 3-4 层细胞组成。孢子球形，具淡褐色疣。弹丝具 2-3 列螺纹加厚。

全世界有 2 属，中国有 1 属，本地区有 1 属。

### 1. 壶苞苔属 Blasia L.

叶状体叉形分枝，两侧单层细胞，瓣裂，基部呈耳状；中肋明显；两侧各具 1 列腹叶。雌雄苞均着生于叶状体背面。颈卵器裸露，受精后沉生于叶状体内，由菱形蒴苞覆盖。蒴被薄，膜质。孢蒴卵形，具长柄，成熟后呈4-6瓣裂。孢子单细胞。弹丝具2列螺纹加厚。

全世界有1种。

### 1. 壶苞苔 　　　　　　　　　　　　　　　　　　　　　　　　　　　图1

**Blasia pusilla** L., Sp. Pl. 2: 1138. 1753.

植物体片状，淡绿色，鳞片绿色或略带紫色，常形成交织状群丛，长2-3 cm，宽3-5 mm，叉形多次分枝，边缘常背曲，有多数圆分瓣，每瓣基部具2个圆形空隙，内生念珠藻，外面有黑色小孔。中肋前端常有小壶状芽胞，芽胞为两种类型：一类圆形或卵形，着生于叶状体中肋背面壶状体内；另一类着生于叶状体背面尖部，呈星状，无柄。腹面有多数透明的假根和腹鳞片，腹鳞片长卵形，基部收缩，粉红色，边缘全缘或具不明显的细齿。

雌雄异株。雄株较小，精子器陷于叶状体内。雌株总苞喇叭口状。孢蒴卵形，成熟时裂成4瓣。蒴柄长达2 cm。孢子直径约40 μm，黄褐色，具细疣。

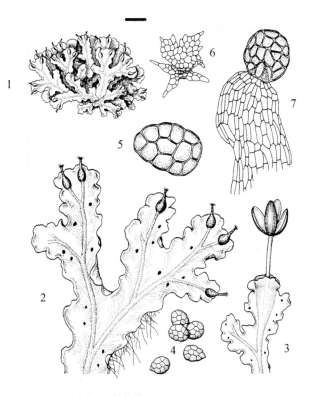

图 1　壶苞苔 Blasia pusilla L.

1. 植物体；2. 带芽胞的植物体；3. 带有孢子体的植物体；4-6. 芽胞；7. 鳞片。标尺=6.7 mm, 1；=1.7 mm, 2；=2 mm, 3；=0.17 mm, 4；=0.06 mm, 5；=0.14 mm, 6；=0.08 mm, 7。(河南，灵宝市，小秦岭国家级自然保护区，岩面薄土，2011 m, 何强 7742, PE)（郭木森绘）

Figure 1　Blasia pusilla L.

1. Thallus; 2. Thallus with gemmae; 3. Thallus with sporophyte; 4-6. Gemmae; 7. Scale. Scale bar=6.7 mm, for 1; =1.7 mm, for 2; =2 mm, for 3; =0.17 mm, for 4; =0.06 mm, for 5; =0.14 mm, for 6; =0.08 mm, for 7. (Henan, Lingbao City, Xiaoqinling National Nature Reserve, on thin soil over rock, 2011 m, He Qiang 7742, PE) (Drawn by Guo Mu-Sen)

**生境**：生于岩面、岩面薄土或土面上；海拔 1700-2900 m。

**产地**：**甘肃**：舟曲县，汪楣芝 52877（PE）；天水市（安定国，2002）。**河南**：灵宝市，小秦岭国家级自然保护区，何强 7742（PE）。**陕西**：佛坪县，李粉霞、王幼芳 3，355（HSUN）；太白山，黎兴江 484，530（PE）；宁陕县，陈邦杰 250，251（PE）。

**分布**：印度、尼泊尔、不丹、朝鲜、日本、俄罗斯西伯利亚和远东地区；欧洲和北美洲。

# 科 2　疣冠苔科 Aytoniaceae Cavers

叶状体小至中等大小，多数叉状分枝或具腹枝。气室被多个细胞组成的片层所隔离，气孔单一型，由多列 6-8 个细胞围绕而成，呈火山口状。腹鳞片 2 列排列，大，半月形，紫堇色，覆瓦状排列，具 1-3 细胞组成的丝状或披针形的附器。细胞有或无油体。

雌雄同株或异株。精子器生于花芽状枝上或单个着生于叶状体上。颈卵器着生于叶状体背部先端的雌器托上，托柄上有 1 条假根沟，有气室和大的山口形气孔，托顶上部有一些气室，每一个总苞中有 1-4 个孢子体。在雌器托腹面具有由颈卵器苞裂成的单个长裂片。蒴柄短，基足球形。孢蒴球形，成熟后由顶端向下开裂 1/3 或盖裂或不规则并裂，开裂后不呈裂片状。孢蒴外壁无环状加厚螺纹。孢子具疣或小凹，具宽的透明边。弹丝具 2-3 列螺纹加厚。

全世界有 5 属，中国有 5 属，本地区有 4 属。

**分属检索表**

1. 雌器托生于叶状体中部；托柄无假根沟；托上仅有 1-3 个孢子体；叶状体的气孔仅由 1 列 6-8 个细胞围绕，壁具放射状加厚 ······························**3.紫背苔属 Plagiochasma**
1. 雌器托生于叶状体末端；托柄具 1 条假根沟；托上有 3-8 个孢子体；叶状体的气孔由 2-5 个细胞围绕 ····························································································2
2. 植物体旱生型；托柄有单假根沟和气室；雌器托分裂为 4-7 瓣 ·······**4.石地钱属 Reboulia**
2. 植物体湿生或旱生型；托柄无气室；雌器托头状或盘状，不裂成瓣状 ································3
3. 植物体旱生型，干时边缘卷曲；同化组织层紧密，有与叶状体垂直的分隔区；雌器托头状半球形，总苞不裂成瓣状 ·······················································**2.疣冠苔属 Mannia**
3. 植物体非旱生型；同化组织疏松，常无垂直分隔区；雌器托圆盘形，总苞 2 裂 ····································································································**1.薄地钱属 Cryptomitrium**

## 1. 薄地钱属 Cryptomitrium Austin ex Underw.

叶状体中等大小，呈带形，多为 1-2 回叉状分枝，顶端或腹面常产生次生枝，绿色或黄绿色，有时腹面带紫红色，质地薄，较柔软；叶片顶端心形；中肋分界不明显，8-10 个细胞厚，向边缘渐薄，边缘有不规则的小圆齿或波纹。背面平展；腹鳞片细小，圆形或近于三角形，顶端具由 5-6 个细胞组成的丝状附器。气室多层；气孔单一，稍微突起，口部周围细胞单层，薄壁。

雌雄同株。雄器托生于叶状体背面的中肋处。雌器托圆盘状，质地薄，边缘浅裂，下方常着生二瓣状蒴苞，每一蒴苞内含 1 个孢子体；雌器托柄长，具 1 条假根沟，生于叶状体腹面的前端缺刻处。孢蒴球形，孢蒴壁无加厚带（thickening band），成熟时顶端 1/3 处不规则盖裂。孢子四分体型，表面具脊状网纹，棕色。弹丝具 2-3 列螺纹加厚。

全世界有 3 种，分布于热带或亚热带山区，中国有 1 种，本地区有 1 种。

## 1. 喜马拉雅薄地钱　　　　　　　　　　　　　　　　　　　　　　　　　图 2

**Cryptomitrium himalayense** Kashyap, New Phytol. 14: 2. 1915.

叶状体质地薄，较柔软，中等大小，呈带状，宽 4-6 mm，长 2-4 cm，中间有 1 个明显的背槽（dorsal groove），绿色，有时腹面带紫红色；多回叉状分枝。气室多层；气孔单一型，口部周围有 3 个细胞，呈 1-3（-4）圈，细胞单层，细胞壁薄。腹鳞片小，圆形或近于三角形。

雌雄同株。雄器托生于叶状体背面的中肋前端。雌器托圆盘形，质地薄，边缘 3-7 浅裂，下方具二瓣状蒴苞，每一蒴苞内各含 1 个孢子体。雌器托柄长 2-3 cm，具 1 条假根沟，生于叶状体前端的缺刻处。孢蒴球形，成熟时顶端 1/3 处不规则盖裂。孢子四分体型，表面具脊状网纹，直径 50-65 µm。弹丝长 280-455 µm，具 3 列螺纹加厚。

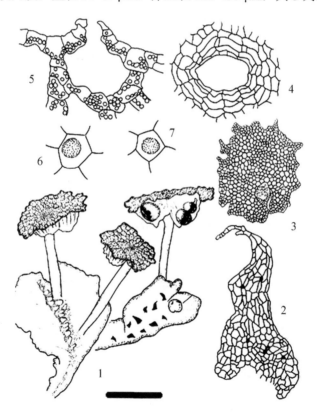

图 2　喜马拉雅薄地钱 Cryptomitrium himalayense Kashyap
1. 带孢蒴的叶状体；2-3. 腹鳞片；4. 气孔及周围细胞；5. 气孔和气室横切面；6-7. 叶细胞。标尺=2 cm, 1; =0.13 mm, 2-3; =40 µm, 4-5; =37 µm, 6-7。（陕西，柞水县，岩面薄土，1120-1497 m，何强 7098，PE）（何强、汪楣芝绘）
Figure 2　Cryptomitrium himalayense Kashyap
1. Thallus with capsules; 2-3. Ventral scales; 4. Pore and peripheral epidermal cells; 5. Cross section of pore and chamber; 6-7. Leaf cells. Scale bar=2 cm, for 1; =0.13 mm, for 2-3; =40 µm, for 4-5; =37 µm, for 6-7. (Shaanxi, Zhashui Co., on thin soil over rock, 1120-1497 m, He Qiang 7098, PE) (Drawn by He Qiang and Wang Mei-Zhi)

**生境：**生于岩面薄土上；海拔 1120-1497 m。

**产地：陕西：**柞水县，何强 7098（PE）。

**分布：**不丹、印度和尼泊尔。

本种的主要特征：①雌器托圆盘状，浅裂，腹面着生唇形蒴苞；②孢子四分体型，表面具脊状网纹。

## 2. 疣冠苔属 Mannia Opiz

叶状体小形，呈带形或舌形，灰绿色至绿色，质厚；多叉状分枝。叶状体背面表皮细胞有时具油胞（oil cell）；气室多层，无绿色丝状体（chlorophyllose filament）；气孔单一，有时明显突起，口部周围细胞单层，由 1-3 圈形成，每圈由 5-7 个细胞组成，无明显的放射状加厚壁；中肋分界不明显，向边缘渐薄。叶状体横切面有时具油胞。腹鳞片于中肋两侧各 1 列，覆瓦状排列；形较大，近半月形，常具油胞及边缘有黏液细胞疣；先端多具 1-2（-3）个附器，呈披针形或狭长披针形。

雌雄同株或异株。雄器托无柄，生于叶状体背面前端。雌器托近球形或半球形，基部通常浅裂或近于不开裂；下方具蒴苞；每一蒴苞内各含 1 个孢子体。雌器托柄短或长，具 1 条假根沟，着生于叶状体中肋前端缺刻处。孢蒴球形，成熟时，顶端 1/3 处不规则盖裂。孢子四分体型，表面常具细疣及网纹，直径 55-80 μm。弹丝直径 8-15 μm，长 200-300 μm，具 2-3（-4）列螺纹加厚。

全世界有 16 种，中国有 5 种，本地区有 2 种。

### 分种检索表

1. 叶状体近于单一，稀疏二歧分枝，宽 1.5-3.5 mm，硬挺且厚；植物体呈旱生型，腹面组织发育良好，同化组织排列紧密；雌苞位于叶状体前端或伸长部分，散状生长，生殖盘通常不明显 ·········
··············································································· **1. 无隔疣冠苔 M. fragrans**
1. 叶状体呈二歧分叉，小，宽 1.5-2 mm，长 1-1.5 cm；植物体通常不呈旱生型，腹面组织为叶状体高的 0.3-0.4，同化组织排列疏松至中等紧密状态；雌苞位于短的多少具柄的腹枝上，形成明显的生殖盘 ···································································· **2. 西伯利亚疣冠苔 M. sibirica**

### 1. 无隔疣冠苔 　　　　　　　　　　　　　　　　　　　　　　　　　　图 3

**Mannia fragrans** (Balb.) Frye & Clark, Univ. Wash. Publ. Biol. 6: 62. 1937.
*Machantia fragrans* Balb., Mém. Acad. Sci. Turin, Sci. Phys. 7: 76. 1804.
*Fimbraria fragrans* (Balb.) Nees, Horae Phys. Berol.: 45. 1820.
*Grimaldia fragrans* (Balb.) Corda ex Nees, Naturgesch. Eur. Leberm. 4: 225. 1838.
*Mannia barbifrons* Shimizu & S. Hatt., J. Hattori Bot. Lab. 10: 49, f. 6-7. 1953.

叶状体灰绿色，呈带形，稀疏的二歧分枝，稍大，叶状体上部表面略具光泽，下部和侧面呈红棕色，多数宽 1.5-3.5 mm，长 1-2.5 cm，叶边波曲，但不卷曲，呈紫色、棕色或红色；通常从腹面产生腹面分枝（ventral branch）。叶状体背面表皮细胞壁略厚，三角体大，无油胞；气室 2-3 层，通气组织结构紧密，厚 0.2-0.23 mm，是叶状体厚度的 0.35-0.5；气孔口部周围细胞 6-8 个，一般呈 2-3 圈；中肋与叶细胞分界不明显。叶状体横切面下部基本组织厚度约为整个叶状体的 1/2。腹鳞片暗紫色，半月形，长 0.6-0.65 mm，宽约 1.2 mm，先端具 1-3 条狭披针形附器。

雌雄同株。雌器托半球形，边缘不整齐；下方具膨大的球形孢子体；雌器托柄长（0.2-）0.4-1 cm。孢子黄棕色，表面具穴状网纹，直径 60-80 μm。弹丝直径 10-22 μm，长 140-280 μm，具 2-3 列螺纹加厚。

生境：不详。

产地：陕西：户县（Levier，1906，as *Grimaldia fragrans*）。

分布：日本、蒙古、俄罗斯远东和西伯利亚地区；欧洲和北美洲。

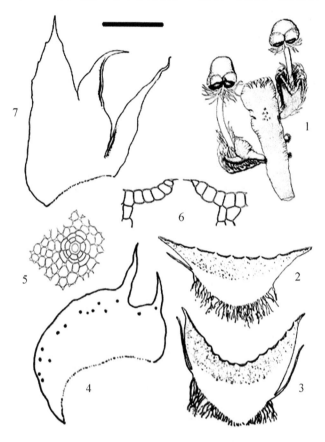

图 3 无隔疣冠苔 Mannia fragrans (Balb.) Frye & Clark

1. 叶状体；2-3. 叶横切面；4. 腹鳞片；5. 叶状体背面细胞及气孔；6. 气孔和气室横切面；7. 内雌苞叶。标尺=0.5 mm，1；=0.3 mm，2-3，7；=0.17 mm，4；=0.1 mm，5-6。（引自《中国高等植物》第一卷）

Figure 3　Mannia fragrans (Balb.) Frye & Clark

1. Thallus; 2-3. Cross section of leaf; 4. Ventral scale; 5. Cells and pore of thallus (dorsal view); 6. Cross section of pore and chamber; 7. Inner perichaetial leaf. Scale bar=0.5 mm, for 1; =0.3 mm, for 2-3, 7; =0.17 mm, for 4; =0.1 mm, 5-6. (from *Higher Plants of China* Vol. 1)

## 2. 西伯利亚疣冠苔

图 4

**Mannia sibirica** (K. Müller) Frye & Clark, Univ. Wash. Publ. Biol. 6: 66. 1937.

*Grimaldia pilosa* var. *sibirica* K. Müller, Lebermoose: 265. 1907.

*Arnelliella sibirica* (K. Müller) C. Massal., Atti Reale Ist. Veneto Sci., Lett. Art. 16(2): 928. 1914.

*Grimaldia sibirica* (K. Müller) K. Müller, Lebermoose 2: 721. 1916.

叶状体深绿色，革质状，狭带形，叉状分枝，宽 1.5-2 mm，长 1-1.5 cm，干燥时叶状体边缘内曲，腹面红褐色，干燥时棕色，叶状体背面近于平展，表皮细胞壁稍厚，无明显三角体；气室 2 至多层，通气组织海绵状，高 0.17-0.23 mm，排列紧密；气孔口部仅由 5-7 个细胞围绕形成。叶状体横切面下部基本厚度约为基本组织的 1/2。腹鳞片卵状新月形，大，长约 0.55 mm，红褐色，近边缘处有透明的油胞，先端具 1-2 条披针形附器。

雌雄同株。雌器托球形，直径约 2 mm，边缘 2-6 裂，表面粗糙，下面有 3-4 个总苞和孢子体；雌器托柄长 1-2 cm，基部和下部具鳞片状毛。雄器托盘状，生于叶状体末端。假蒴萼呈半球形。孢子褐色，具网纹，直径 55-65 μm，宽边黄色具疣。弹丝直径 9-12 μm，长 140-180 μm，具 1-3 列螺纹加厚。

生境：生于岩面薄土上；海拔 543-645 m。

产地：湖北：郧县，大柳乡，曹威 377，416（PE）；何强 6185（PE）。

分布：欧洲和北美洲。

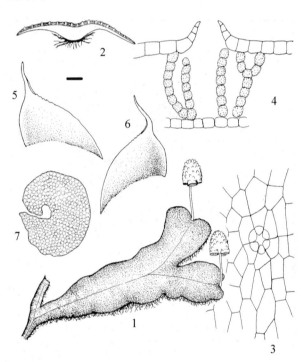

图 4　西伯利亚疣冠苔 Mannia sibirica (K. Müller) Frye & Clark
1. 带雌器托的叶状体；2. 叶状体横切面；3. 气孔及周围细胞；4. 气孔横切面；5-6. 腹鳞片；7. 雌器托柄横切面。标尺=1.25 mm，1；=0.6 mm，2，5-7；=49 μm，3-4。（湖北，郧县，大柳乡，岩面薄土，543-645 m，曹威 416，PE）（郭木森绘）
Figure 4　Mannia sibirica (K. Müller) Frye & Clark
1. Thallus with archegoniophores; 2. Cross section of thallus; 3. Pore and peripheral epidermal cells; 4. Cross section of pore; 5-6. Ventral scales; 7. Cross section of female receptacle. Scale bar=1.25 mm, for 1; =0.6 mm, for 2, 5-7; =49 μm, 3-4. (Hubei, Yunxian Co., Daliuxiang, on thin soil over rock, 543-645 m, Cao Wei 416, PE) (Drawn by Guo Mu-Sen)

## 3. 紫背苔属 Plagiochasma Lehm. & Lindenb.

叶状体属于非常耐旱型，小至中等大小，外形类似于石地钱属，长 1-4 cm，宽 3-5 mm，呈带形，一般绿色至深绿色，有时腹面带紫色，质地厚；多叉状分枝，形成向四周伸展的片状结构。叶状体背面表皮有时具油胞；气室多层；气孔单一，有时明显突起，由 1-3 圈细胞形成，每一圈由 6-8 个细胞组成，口部周围细胞单层，细胞具或不具放射状细胞壁（radial wall）；中肋分界不明显，向边缘渐薄。叶状体横切面有时具大形油胞；下部基本组织较厚，细胞稍大，薄壁。腹鳞片着生于中肋两侧各 1 列，呈覆瓦状排列，较大，近于半月形，带紫色，常具油胞，先端多具 1-2（-3）个宽披针形附器，附器基部常明显收缩。

雌雄同株或异株。雄器托无柄，生于叶状体背面中肋处。雌器托常退化，下方有贝壳状蒴苞（involucre），内有孢子体；雌器托通常具短柄，生于叶状体背面中肋的前端，柄上无假根沟。孢蒴球形，孢蒴壁单层，绿色直至孢子成熟，孢蒴壁细胞常透明，具明显的三角体，无加厚带，孢蒴成熟时顶端 1/3 处不规则开裂或盖裂。孢子黄色或棕色，四分体型，表面常具细疣和规则的网纹，直径 65-115 μm。弹丝直径 7-15 μm，无螺纹或具螺纹加厚。

全世界有 16 种，中国有 6 种，本地区有 6 种。

## 分种检索表

1. 叶状体绿色或白色；表皮气孔相对于表皮不凸起，开口窄（5 μm），周围环绕着 4-6 个大小不等的细胞构成的单环，没有透明环，腹鳞片边缘不分化，没有齿突和黏液滴细胞 ·················· **6. 小孔紫背苔 P. rupestre**
1. 叶状体绿色或黄绿色，有时部分带有紫色或红色；表皮气孔凸起，开口宽（12-35 μm），周围环绕着 6-8 个细胞构成的 2-4 层同心透明环，腹鳞片边缘分化为 1-2 行较小的细胞，弯曲或斜列，或具单细胞或多细胞齿突，少数边缘具黏液滴细胞 ··································································· 2
2. 腹鳞片只有 1 个附器，圆形或椭圆形，中部最大宽度为 20-30 个细胞，顶部透明圆形或钝角，基部狭窄皱缩，边缘细胞不明显分化；弹丝具规则螺纹加厚 ········ **1. 钝鳞紫背苔 P. appendiculatum**
2. 腹鳞片有 1-3 个附器，宽或窄三角形，基部最宽，中部 6-15 个细胞，透明或红色，顶端渐尖或锐尖，基部稍窄，有时纵向或横向褶皱，边缘未分化，有时呈齿状或裂片状；弹丝具螺旋加厚、间断加厚或不加厚 ··································································· 3
3. 腹鳞片具 1-2 个附器，附器宽三角形或椭圆形，钝尖或锐尖，透明或粉红色，明显在基部皱缩，边缘细胞有时斜列，平滑或有齿突；弹丝无螺旋加厚 ··································· 4
3. 腹鳞片具 2-3 个附器，附器狭三角形，长渐尖，红色，基部不收缩或折叠，但有时纵向折叠或卷曲，边缘未分化，通常具单细胞或多细胞齿突；弹丝具螺旋加厚，或间断的螺旋加厚，或没有螺旋加厚 ··································································· 5
4. 腹鳞片附器阔三角形，具钝尖，边缘平滑 ······································ **4. 日本紫背苔 P. japonicum**
4. 腹鳞片附器长条形，顶端渐尖，边缘具齿突 ······························· **3. 无纹紫背苔 P. intermedium**
5. 叶状体宽 4.5-6 mm，具有短的顶端分枝；表皮细胞长 35-47 μm，三角体小，壁孔不明显；弹丝具间断的螺旋加厚或不具螺旋加厚；孢子直径 68-87 μm ··················· **2. 紫背苔 P. cordatum**
5. 叶状体宽 2.9-4 mm，通常具长的顶端分枝或短的侧枝；表皮细胞长 28-35 μm，三角体大，常呈节状加厚，壁孔明显；弹丝具 2-4 列规则的螺纹加厚 ··············· **5. 短柄紫背苔 P. pterospermum**

## 1. 钝鳞紫背苔

图 5

**Plagiochasma appendiculatum** Lehm. & Lindenb., Nov. Stirp. Pug. 4: 14. 1832.

*Rupinia appendiculate* (Lehm. & Lindenb.) Trevis., Mem. Reale Ist. Lombardo Sci., Ser. 3, Cl. Sci. Mat. 4:

437. 1877.

*Aytonia appendiculate* (Lehm. & Lindenb.) Kuntze, Revisio Generum Plantarum 1: 143. 1891.

*Plagiochasma reboulioides* Horik., Bot. Mag. (Tokyo) 49: 672. 1935.

　　叶状体呈大片状生长；宽的带状，黄绿色、淡绿色或暗绿色，通常长 1-4 cm，宽 4-10 mm，二歧状分枝，偶尔产生不定枝进行营养繁殖，叶状体边缘宽，紫色或红色。叶片呈倒心形。背面平滑；叶细胞 5-6 角形，细胞壁和角处加厚，三角体中等至大；气孔单一，大，突起于表面，由 2-3 圈细胞组成，每圈有 6-10 个细胞，细胞具放射状加厚壁；气室由多层细胞组成。腹面中肋两侧各具 1 排紫色或深绿色的鳞片，鳞片宽半月形，通常透明，全缘，具 1 个圆形或卵形附器，附器顶端宽圆形，偶尔锐尖。

　　雌雄同株。雄器托圆形，肾形或马蹄形，位于叶状体中部，其中具 12-20 个精子器；雌器托位于叶状体中部，具 5-9 个裂片；蒴苞 1-5 个，黄色、红色或棕色。孢子棕色或暗黄色，直径 70-90 μm，表面具泡状突起。弹丝具 2-3 个螺纹，长 220-290 μm，直径 9-12 μm。

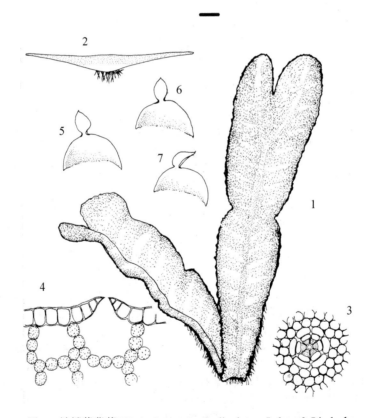

图 5　钝鳞紫背苔 Plagiochasma appendiculatum Lehm. & Lindenb.

1. 叶状体；2. 叶状体横切面；3. 叶状体气孔；4. 气孔和气室横切面；5-7. 腹鳞片。标尺=1.25 mm, 1; =0.6 mm, 2, 5-7; =49 μm, 3-4。(河南，鲁山县，龙潭峡，潮湿岩面，711 m，何强 7289，PE)（郭木森绘）

Figure 5　Plagiochasma appendiculatum Lehm. & Lindenb.

1. Thallus; 2. Cross section of thallus; 3. Pore of thallus; 4. Cross section of pore and chamber; 5-7. Ventral scales of thallus. Scale bar=1.25 mm, for 1; =0.6 mm, for 2, 5-7; =49 μm, 3-4. (Henan, Lushan Co., Longtanxia, on moist rock, 711 m, He Qiang 7289, PE) (Drawn by Guo Mu-Sen)

**生境**：生于潮湿岩面和岩面薄土上；海拔 711-821 m。

**产地**：**甘肃**：文县，汪楣芝 63837（PE）。**河南**：鲁山县，龙潭峡，何强 7289（PE）。**湖北**：郧西县，何强 6118（PE）。

**分布**：阿富汗、缅甸、斯里兰卡、印度、尼泊尔、巴基斯坦、菲律宾、越南；非洲。

## 2. 紫背苔

图 6

**Plagiochasma cordatum** Lehm. & Lindenb., Nov. Stirp. Pug. 4: 13. 1898.
*Aytonia cordata* (Lehm. & Lindenb.) A. Evans, Trans. Connecticut Acad. Arts 8: 8. 1891.
*Plagiochasma fissisquamum* (Steph.) Steph., Sp. Hepat. 1: 75. 1898.

叶状体带形，黄绿色、暗绿色，或橄榄绿色，具有短的顶端分枝，边缘为红色或紫色，多数宽 4.5-6 mm，长 1-3 cm。叶状体背面表皮细胞薄壁，长 35-47 μm，三角体小，壁孔不明显，有时具油胞；气孔明显突起于叶状体表面，呈 2-4 圈放射状排列，每一圈由 6-10 个细胞组成；气室在叶状体中部由 4-5 层细胞组成。中肋与叶细胞分界不明显。腹鳞片 1-3 排，先端具 1 个椭圆形附器，基部强烈收缩，边缘常具黏液细胞疣。

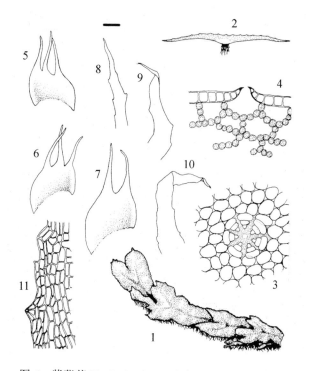

图 6　紫背苔 Plagiochasma cordatum Lehm. & Lindenb.

1. 叶状体；2. 叶状体横切面；3. 叶状体背部细胞及气孔；4. 气孔和气室横切面；5-7. 腹鳞片；8-10. 腹鳞片顶端附属裂片；11. 腹鳞片基部边缘细胞。标尺=2.5 mm, 1；=0.6 mm, 2；=49 μm, 3-4；=0.48 mm, 5-7；=0.24 mm, 8-10；=57 μm, 11。（河南，卢氏县，双龙湾，岩面薄土，635-688 m，何强 7718，PE）（郭木森绘）

Figure 6　Plagiochasma cordatum Lehm. & Lindenb.

1. Thallus; 2. Cross section of thallus; 3. Cells and pore of thallus (dorsal view); 4. Cross section of pore and chamber; 5-7. Ventral scales of thallus; 8-10. Ventral scale appendage apices; 11. Basal and margin leaf cells of ventral scale. Scale bar=2.5 mm, for 1; =0.6 mm, for 2; =49 μm, for 3-4; =0.48 mm, 5-7; =0.24 mm, for 8-10; =57 μm, for 11. (Henan, Lushi Co., Shuanglongwan, on thin soil over rock, 635-688 m, He Qiang 7718, PE) (Drawn by Guo Mu-Sen)

雌雄同株。雄器托肾形，稀圆形，其中具 25-30 个精子器；雌器托退化；下方一般有 2-4 个贝壳状蒴苞，每一蒴苞内具孢子体；雌器托柄长 0.2-7 mm。孢子具略深的穴状网纹，直径 68-87 μm。弹丝直径 8-17 μm，长 150-300 μm，弹丝具间断的螺旋加厚或不具螺旋加厚。

**生境：**生于岩面薄土上；海拔 540-680 m。

**产地：河南：**卢氏县，双龙湾，何强 7718（PE）。**湖北：**郧县，何强 6263（PE）。**陕西：**汉中市（Levier，1906）。

**分布：**阿富汗、不丹、印度、尼泊尔和美国（夏威夷）。

### 3. 无纹紫背苔 图 7

**Plagiochasma intermedium** Lindenb. & Gottsche, Syn. Hepatat.: 513. 1846.

叶状体密集片状，背面浅绿色，腹面紫红色，长 1-2 cm，宽 2.5-5 mm，长舌状或带状，二歧分叉，先端有小凹，边缘具 1 条狭窄的紫色或黑紫色的带，类似于石地钱属的

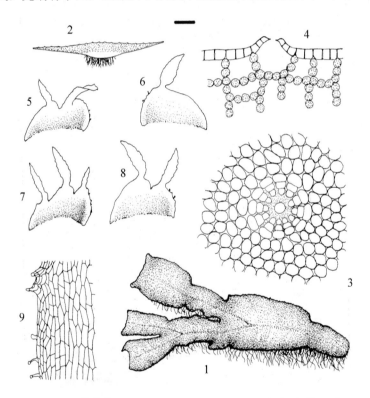

图 7　无纹紫背苔 Plagiochasma intermedium Lindenb. & Gottsche

1. 叶状体；2. 叶状体横切面；3. 叶状体背部细胞及气孔；4. 气孔和气室横切面；5-8. 腹鳞片；9. 腹鳞片基部边缘细胞。标尺=1.7 mm，1；=0.6 mm，2；=49 μm，3；=57 μm，4，9；=0.3 mm，5-8。（河南，卢氏县，双龙湾，潮湿岩面，635-688 m，何强 7706，PE）（郭木森绘）

Figure 7　Plagiochasma intermedium Lindenb. & Gottsche

1. Thallus; 2. Cross section of thallus; 3. Cells and pore of thallus (dorsal view); 4. Cross section of pore and chamber; 5-8. Ventral scales of thallus; 9. Basal and margin leaf cells of ventral scale. Scale bar=1.7 mm, for 1; =0.6 mm, for 2; =49 μm, for 3; =57 μm, for 4, 9; =0.3 mm, 5-8. (Henan, Lushi Co., Shuanglongwan, on moist rock, 635-688 m, He Qiang 7706, PE) (Drawn by Guo Mu-Sen)

外观，边缘薄，常波曲。叶状体薄，中部的厚度为叶状体宽度的 0.12-0.15，中肋不明显。气孔大，明显突出于叶状体表面，由 3-4 圈细胞组成，每圈具 6-8 个细胞，具放射状加厚的壁。叶状体表皮细胞大，薄壁，三角体明显，角质层平滑，直径 20-25 μm，油胞存在。鳞片呈覆瓦状排列，紫红色，附器 1-2 条，长条形，渐尖，基部强烈扭转，边缘具不规则的齿突。

雌雄同株。雄器托生于叶状体侧生分枝或短的腹面新枝的顶端，雌器托柄短，长 10-12 mm，无假根沟，基部和上部有鳞片。托上有气室和气孔，具 1-3 个大的球形贝壳状二裂的总苞，每个总苞中有 1 个短柄的孢蒴，孢蒴壁无环纹加厚，孢蒴成熟后上部 1/3 开裂。孢子近圆形，黄棕色，直径 60-80 μm，表面具网纹。弹丝棕色，蠕虫形，但不卷缩，直径 9-16 μm，长 180-220 μm，黄褐色，无螺纹加厚。

**生境：**生于潮湿岩面上；海拔 635-688 m。

**产地：**河南：卢氏县，双龙湾，何强 7706，7722（PE）。陕西：佛坪县，李粉霞、王幼芳 1959，1972（HSNU）。

**分布：**日本和墨西哥。

## 4. 日本紫背苔

图 8

**Plagiochasma japonicum** (Steph.) C. Massal., Mem. Accad. Agric. Verona 73(2): 47. 1897.
*Aytonia japonica* Steph., Bull. Herb. Boissier 5: 84. 1897.
*Plagiochasma japonicum* var. *chinense* C. Massal, Mem. Accad. Agric. Verona 73(2): 48. 1897.
*Plagiochasma levieri* Steph. in Levier, Nuovo Giorn. Bot. Ital. 13: 353. 1906.
*Plagiochasma macrosporum* Steph., Sp. Hepat. 6: 8. 1917.

叶状体呈带形，黄绿色、棕色或橄榄绿色，边缘紫色或红色，宽 3-5 mm，一般长 0.5-2 cm。叶状体背面表皮细胞薄壁，具三角体，有时三角体膨大，角质层平滑；气孔明显突起于叶状体表面，呈 3-4 圈，每一圈通常具 6-8 个细胞，具放射状细胞壁加厚；气室在叶状体中部占 3-4 层细胞高。中肋与叶细胞分界不明显。腹鳞片先端具 1-2 个阔三角形附器，附器边缘平滑，有时基部略收缩。

雄器托肾形，稀圆形，位于叶状体中部；雌器托大，圆盘形，质略薄，顶部粗糙，边缘不规则浅裂，一般具 1-2（-4）个蒴苞，内有孢子体；雌器托柄长 0-5 mm。孢子棕色，表面具穴状网纹，直径 70-85 μm。弹丝直径 12-16 μm，长 180-300 μm，具 1-2（-4）列螺纹加厚。

**生境：**生于岩面薄土和土面上；海拔 755-2740 m。

**产地：**陕西：汉中市（Bischler，1979）；户县（Massalongo，1897，as *P. japonicum* var. *chinensis*；Levier，1906，as *P. levieri*；Bischler，1979），魏志平 4549（WNU）；太白山，魏志平 5441，5965（WNU，PE）；宁陕县，陈邦杰等 226（PE）；山阳县（Levier，1906，as *P. levieri*；Bischler，1979）；太白县，魏志平 5227（WNU，PE）。湖北：郧县，何强 6134（PE）。

**分布：**不丹、印度、日本、菲律宾和美国（夏威夷）。

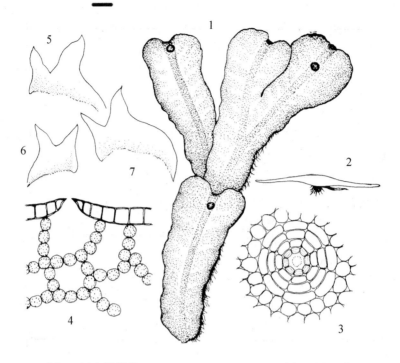

图 8　日本紫背苔 Plagiochasma japonicum (Steph.) C. Massal.

1. 叶状体；2. 叶状体横切面；3. 叶状体背部细胞及气孔；4. 气孔和气室横切面；5-7. 腹鳞片. 标尺=1.1 mm, 1；=0.6 mm, 2；=26 μm, 3-4；=0.3 mm, 5-7.（湖北，郧县，岩面薄土，755 m，何强 6134，PE）（郭木森绘）

Figure 8　Plagiochasma japonicum (Steph.) C. Massal.

1. Thallus; 2. Cross section of thallus; 3. Cells and pore of thallus (dorsal view); 4. Cross section of pore and chamber; 5-7. Ventral scales of thallus. Scale bar=1.1 mm, for 1; =0.6 mm, for 2; =26 μm, for 3-4; =0.3 mm, for 5-7. (Hubei, Yunxian Co., on thin soil over rock, 755 m, He Qiang 6134, PE) (Drawn by Guo Mu-Sen)

## 5. 短柄紫背苔　　　　　　　　　　　　　　　　　　　　　图 9

**Plagiochasma pterospermum** C. Massal., Mem. Accad. Agric. Verona 73(2): 46. 1897.

*Plagiochasma elongatum* Lindenb. & Gott. var. *ambiguum* Mass., Mem. Accad. Agric. Verona 73: 49. 1897.

*Plagiochasma sessilicephalum* Horik., J. Sci. Hiroshima Univ., Ser. B, Div. 2, Bot. 2: 109. 1934.

　　叶状体带形，黄绿色、橄榄绿色或淡绿色，通常具长的顶端分枝或短的侧枝，宽 2.9-4 mm，长 0.5-2 cm，边缘紫色或红色。叶状体背面表皮细胞近卵状方形或椭圆形，薄壁，长 28-35 μm，三角体大，常呈节状加厚，壁孔明显，有时具少数油胞；气孔突起于叶状体表面，呈 2-4 圈放射状排列，每一圈具 6-9 个细胞；气室在叶状体中部处具 3-6 层细胞；中肋与叶细胞分界不明显。腹鳞片边缘呈红色或橙色，先端具 1-3 条狭三角形且长渐尖的附器，有时边缘具黏液疣。

　　雌雄同株。雄器托马蹄形或肾形，稀圆形，内有精子器 20-30 个。雌器托 3-4 瓣裂，退化；一般具 1-4 个蒴苞，内有孢子体。雌器托柄长 0-9 mm。孢子棕色，表面具深穴状网纹，直径 50-85 μm。弹丝直径 12-16 μm，长 170-240 μm，具 2-4 列螺纹加厚。

　　**生境**：生于岩面上；海拔 545-1660 m。

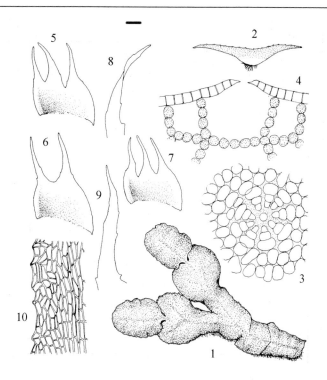

图 9 短柄紫背苔 Plagiochasma pterospermum C. Massal.

1. 叶状体；2. 叶状体横切面；3. 叶状体背部细胞及气孔；4. 气孔和气室横切面；5-7. 腹鳞片；8-9. 腹鳞片顶端附属裂片附器；10. 腹鳞片基部细胞。标尺=2 mm, 1；=0.8 mm, 2；=49 μm, 3-4；=0.3 mm, 5-7；=0.24 mm, 8-9；=57 μm, 10。
（甘肃，文县，甘家沟，石上，1420-1660 m，裴林英 1131，PE）（郭木森绘）

Figure 9 Plagiochasma pterospermum C. Massal.

1. Thallus; 2. Cross section of thallus; 3. Cells and pore of thallus (dorsal view); 4. Cross section of pore and chamber; 5-7. Ventral scales of thallus; 8-9. Ventral scale appendage apices; 10. Basal leaf cells of ventral scale. Scale bar=2 mm, for 1; =0.8 mm, for 2; =49 μm, for 3-4; =0.3 mm, for 5-7; =0.24 mm, for 8-9; =57 μm, for 10. (Gansu, Wenxian Co., Ganjiagou, on stone, 1420-1660 m, Pei Lin-Ying 1131, PE) (Drawn by Guo Mu-Sen)

**产地：甘肃**：文县，甘家沟，裴林英 1131（PE）。**湖北**：郧县，何强 6270（PE）。**陕西**：户县（Levier，1906；Bischler，1979）；山阳县（Massalongo，1897；Stephani，1900；Levier，1906；Bischler，1979）。

**分布**：印度、尼泊尔、巴基斯坦、菲律宾、日本、朝鲜、俄罗斯远东和西伯利亚地区。

## 6. 小孔紫背苔 图 10

**Plagiochasma rupestre** (Forst.) Steph., Bull. Herb. Boissier 6: 783 (Sp. Hepat. 1: 80). 1898.

*Aytonia rupestre* Forst., Char. Gen. Pl. (ed. 2): 148. 1776.

*Plagiochasma elongatum* var. *ambiguum* C. Massal., Mem. Accad. Agric. Verona 73(2): 49. 1897.

叶状体带形，软绵状，绿白色、蓝绿色、橄榄绿色或褐绿色，宽 3.3-5 mm，长 1-3.5 cm，边缘宽，全缘或稍具细圆齿，紫色、红色或棕色。叶状体背面表皮细胞近于圆多边形，薄壁，具三角体，有时具油胞；气孔小，不突起于表面，孔口狭窄，口部周围仅由 4-6 个细胞组成 1 圈，不呈放射状排列；气室不明显或由叶状体中部 2-3 层细胞组成；中肋

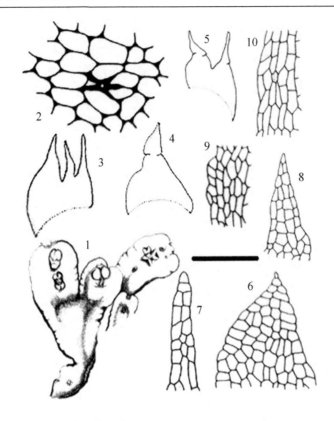

图 10　小孔紫背苔 Plagiochasma rupestre (Forst.) Steph.

1. 叶状体；2. 叶状体背部细胞及气孔；3-5. 腹鳞片；6. 腹鳞片附器；7-8. 腹鳞片先端细胞；9. 腹鳞片边缘细胞；10. 腹鳞片中部细胞。标尺=3.3 mm，1；=50 μm，2；=1.3 mm，3-5；=0.17 mm；6-10。（引自《中国高等植物》第一卷）

Figure 10　Plagiochasma rupestre (Forst.) Steph.

1. Thallus; 2. Cells and pore of thallus (dorsal view); 3-5. Ventral scales; 6. Appendage of ventral scale; 7-8. Apical cells of ventral scale; 9. Marginal cells of ventral scale; 10. Median cells of ventral scale. Scale bar=3.3 mm, for 1; =50 μm, for 2; =1.3 mm, for 3-5; =0.17 mm, for 6-10. (from *Higher Plants of China* Vol. 1)

与叶细胞分界不明显。腹鳞片红色，先端具 1-2（-3）条披针形附器，基部略宽阔，腹鳞片边缘不分化，没有齿突和黏液滴细胞，附器不与鳞片完全分离。

　　雌雄同株。雄器托通常圆形，垫状，有时肾形，位于叶状体中部，内有精子器 8-50 个；雌器位于叶状体中部，一般具 1-3 个蒴苞，黄绿色或棕色，内有孢子体；雌器托柄长 2-4 mm。孢子棕色或暗棕色，表面具深穴状网纹，直径 70-85 μm。弹丝直径 12-14 μm，长 190-280 μm，具 2-3 列螺纹加厚。

　　**生境**：不详。

　　**产地**：陕西：户县（Massalongo, 1897, as *Plagiochasma elongatum* var. *ambiquum*）。

　　**分布**：伊朗、印度、巴基斯坦、越南、日本；欧洲、南美洲、北美洲。

# 4. 石地钱属 Reboulia Raddi

　　叶状体中等大小，呈带形，宽（3-）5-8 mm，长 1-4 cm，绿色至深绿色，质厚，干燥时边缘有时背卷，多叉状分枝。叶状体背面表皮细胞常具明显膨大的三角体，有时具油胞，角质层平滑；气室多层，通气组织约占叶状体厚度的一半；气孔稍微突起于叶状体表面，由 4-6 圈细胞组成，细胞壁多较薄；中肋与叶细胞分界不明显，向边缘渐薄。叶状体横切面有时具油胞。腹鳞片在中肋两侧各 1 列，呈覆瓦状排列；形较大，近于半月形，带紫色，常具油胞；先端多具 1-3 条狭长披针形附器。

多数雌雄同株。雄器托无柄，生于叶状体背面前端。雌器托半球形，边缘（4-）5-7 深裂，形成 4-7 瓣；顶部平滑或凹凸不平，有时具气室与气孔；裂瓣下方有蒴苞，内含 1 个孢子体。雌器托柄长 1-3 cm，柄上具 1 条假根沟；柄上或柄两端有时具多数狭长鳞毛，着生于叶状体中肋前端缺刻处。孢蒴球形，成熟时顶端 1/3 处不规则开裂，孢蒴壁无环纹加厚。孢子四分体型，表面常具细疣和网纹，直径 60-90 μm。弹丝直径 10-12 μm，长可达 400 μm，具 2-3 列螺纹加厚。

全世界有 1 种。

## 1. 石地钱 图 11

**Reboulia hemisphaerica** (L.) Raddi, Opusco. Sci. 2(6): 357. 1818.
*Marchantia hemisphaerica* L., Sp. Pl.: 1138. 1753.

种的特征同属。

**生境**：生于石上、岩面薄土、石壁、林下腐殖土、土壁、土坡和土面上；海拔 700-3200 m。

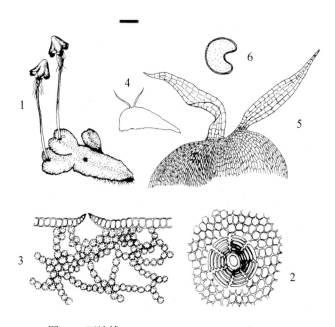

图 11 石地钱 Reboulia hemisphaerica (L.) Raddi
1. 带孢蒴的叶状体；2. 叶状体背部细胞及气孔；3. 气孔和气室横切面；4. 腹鳞片；5. 腹鳞片细胞；6. 雄器托横切面。标尺=3.3 mm, 1；=57 μm, 2-3；=0.6 mm, 4；=0.2 mm, 5；=0.3 mm, 6。（河南，西峡县，太平镇，老界岭，林下腐殖土上，1309-1904 m，何强 6428，PE）（郭木森绘）
Figure 11 Reboulia hemisphaerica (L.) Raddi
1. Thallus with sporophytes; 2. Cells and pore of thallus (dorsal view); 3. Cross section of pore and chamber; 4. Ventral scale of thallus; 5. Ventral scale cells; 6. Cross section of male receptacle. Scale bar=3.3 mm, for 1; =57 μm, for 2-3; =0.6 mm, for 4; =0.2 mm, for 5; =0.3 mm, for 6. (Henan, Xixia Co., Taiping Town, Laojieling, on humus in the forest, 1309-1904 m, He Qiang 6428, PE) (Drawn by Guo Mu-Sen)

**产地：甘肃：**天水市（安定国，2002）；文县，裴林英 1486（PE），魏志平 6836，6840，6843（WNU）。**河南：**灵宝市（叶永忠等，2004）；西峡县，何强 6428（PE）。**陕西：**佛坪县（王玛丽等，1999；鲁德全，1990），汪楣芝 55614，55660，55700，55702，55703（PE）；汉中市（Levier，1906）；户县（Massalongo，1897；Levier，1906）；眉县（Levier，1906），汪楣芝 54822，56912，56943a（PE）；太白山，黎兴江 537a（PE），张满祥 142（PE）；宁陕县（Levier，1906），陈邦杰等 188，226，231（PE），邢吉庆 1794（WNU）；商南县，何强 6878，6903（PE）；太白山，刘慎谔、钟补求 916（PE），张满祥 166（PE）；洋县，汪楣芝 54864，54844，54865，54859，55381，55383，55384，55385，55389，55408，55412，55422，55524（PE）；周至县（Levier，1906），汪楣芝 56642（PE）；华山，陈邦杰等 743（PE），张满祥 314，335，538（WNU）。

本种因雌器托半球形，质地厚，柄长，具 1 条假根沟而区别于其他种。

# 科3  地钱科 **Marchantiaceae** Lindl.

叶状体多大形，稀小形，带状，灰绿色、绿色至暗绿色，多数质厚，常多回叉状分枝，有时自腹面着生新枝。叶状体背面气室 1 层或有时退化，常具绿色营养丝；烟突型气孔口部圆桶形，内常呈十字形；中肋与叶细胞分界不明显，叶状体向边缘渐薄；横切面下部基本组织厚，多为大形薄壁细胞，常有大形黏液细胞及小形油胞。腹鳞片近于半月形，常具油胞；先端具 1 个心形、椭圆形或披针形附器，多数基部收缩，边全缘、具粗齿或齿突；一般在中肋两侧各具 1-3 列，呈覆瓦状排列。通常腹面密生平滑或具疣两种假根。叶中肋背面常着生杯状芽胞杯，边缘平滑或具齿；杯内着生具短柄的近扁圆形芽胞。

雌雄异株或同株。雌器托、雄器托伞形或圆盘形，均具长柄。托柄有 2 条假根沟，一般着生于叶状体背面中肋上或前端缺刻处。雄器托边缘深或浅裂。雌器托边缘常深裂，下方具多数二瓣状蒴苞；内有数个假蒴萼，各含单个孢子体。孢蒴卵形，由蒴被包裹，成熟时伸出，不规则开裂，蒴壁具环纹加厚。孢子通常四分体型，表面具疣或脊状网纹。弹丝具螺纹加厚。

全世界有 3 属，中国有 2 属，本地区有 2 属。

**分属检索表**

1. 叶状体背面具芽胞杯；腹鳞片具油胞，多 2-6 列；雌器托边缘 5-9 瓣深裂 ⋯⋯**1.地钱属 Marchantia**
1. 叶状体无芽胞杯；腹鳞片无油胞，呈 2 列；雌器托近于不开裂 ⋯⋯⋯⋯⋯⋯⋯⋯**2.背托苔属 Preissia**

## 1. 地钱属 **Marchantia** L.

叶状体多较大，稀小形，带状，平展，长通常超过 2 cm，多年生，灰绿色、绿色至暗绿色，边缘和背面有时呈紫红色，多数质厚，干燥时边缘有时背卷，常多回叉状分枝或单轴分枝，有时腹面着生新枝。叶状体背表面细胞明显，呈多角形，叶状体背面气室较小或退化，常着生绿色营养丝；具烟突型气孔，口部呈圆桶形，下方常呈十字形；中肋与叶细胞分界不明显，叶状体向边缘渐薄；横切面下部基本组织厚，多为大形薄壁细胞，常有大形黏液细胞及小形油胞。鳞片多 2-6 列呈覆瓦状排列，叶状体中部的腹鳞片一般较大，近于半月形，有时呈紫色，常具油胞；先端具 1 个心形、椭圆形或披针形附器，多数基部收缩，边缘具细齿或齿突，叶状体其他部位的腹鳞片小，无附器。杯形芽胞杯着生于叶背面中肋处，边缘平滑或具齿，杯内着生具短柄的近扁圆形芽胞。

雌雄异株。雌器托、雄器托伞形或圆盘形，均具长柄，一般着生于叶状体背面中肋或前端缺刻处。雌器托边缘一般深裂为 5-9 瓣，下方裂瓣间常具二瓣状蒴苞，内有数个呈 1 列的假蒴萼，各含单个孢子体；托柄具 2 条假根沟。孢蒴卵形，由蒴被包裹，成熟时伸出后呈不规则开裂，蒴壁具环纹加厚。孢子小，直径 10-36 μm，通常四分体型，表面具疣或脊状网纹。弹丝具螺纹加厚。

全世界有 36 种，中国有 10 种，本地区有 4 种 3 亚种。

分种检索表

1. 叶状体边缘波皱；腹鳞片 4-6 列，附器圆形，宽大于长，全缘或齿尖；雄器托浅裂，盘形，边缘具微凹；芽胞杯边缘具粗齿，多细胞，基部宽 6 个细胞以上，背部具疣 ⋯⋯⋯⋯⋯⋯⋯2
1. 叶状体边缘平直；腹鳞片 2-4 列，附器长形或长圆形，长大于宽，具粗齿或毛状齿；雄器托深裂成裂瓣或指状；芽胞杯边缘具细齿，基部单细胞或 2-3 个细胞宽，背部平滑 ⋯⋯⋯⋯⋯3
2. 雌器托裂瓣平均细长，指状，托柄基部常无叶状鳞毛 ⋯⋯⋯⋯⋯**4.地钱 M. polymorpha**
2. 雌器托裂瓣宽片状或不平均，或具 2 个翼状瓣，托柄基部常具宽叶状鳞片 ⋯**2.粗裂地钱 M. paleacea**
3. 叶状体气孔大而明显；雌器托背面气孔凸起成粗疣状；裂瓣大小不均匀 ⋯**5.拳卷地钱 M. subintegra**
3. 叶状体气孔小，呈细点状；雌器托背面气孔不凸起成粗疣状；裂瓣大小近于相等 ⋯⋯⋯⋯4
4. 叶状体背表皮常具瘤；腹鳞片附器常长椭圆形，具 2-3 个细胞毛尖，边缘具 2-3 个细胞的锐齿，伸向基部 ⋯⋯⋯⋯⋯⋯⋯⋯⋯⋯⋯⋯**1.楔瓣地钱 M. emarginata**
4. 叶状体背表皮无瘤；腹鳞片附器宽三角形，边缘具单细胞齿突 ⋯⋯⋯⋯⋯**3.疣鳞地钱 M. papillata**

## 1. 楔瓣地钱

**Marchantia emarginata** Reinw., Blume & Nees, Nova Acta Phys.-Med. Acad. Caes. Leopo.-Carol. Nat. Cur. 12: 192. 1824.

种下等级检索表

1. 成熟的雌器托裂瓣先端具 1-2 个缺刻 ⋯⋯⋯⋯⋯**1b.楔瓣地钱东亚亚种 M. emarginata** subsp. **tosata**
1. 成熟的雌器托裂瓣先端全缘 ⋯⋯⋯⋯⋯**1a.楔瓣地钱原亚种 M. emarginata** subsp. **emarginata**

## 1a. 楔瓣地钱原亚种

**Marchantia emarginata** Reinw., Blume & Nees subsp. **emarginata**

叶状体淡黄绿色或暗绿色，背面无明显中线，长 0.3-1 cm，宽 2-4 mm，呈连续不断的叉状分枝，叶状体边缘全缘，偶尔呈波曲状，淡紫色或透明，2-4 个细胞宽，细胞壁略加厚；皮部 1-2 层细胞厚，细胞壁薄或略加厚，气孔直径 50-110 μm，由 4-8 个细胞组成，表面 4-5 个细胞，气室内营养丝 3-4 个细胞高，叶状体横切面中部基本组织 12-22 个细胞厚，向边缘处逐渐变薄，硬结细胞多数，紫色；黏液腔 1-2 个或缺失。叶状体腹面绿色、紫色或褐色；腹鳞片紫色，油胞散生，无油体，附器常为紫色，有时红色或透明，卵圆形，先端锐尖，常具 2-3 个细胞组成的小尖头，边缘具 2-3 个细胞组成的不规则的锐齿，常向基部弯曲，边缘处细胞小，色淡。

雌雄异株。雌器托生于叶状体先端，托柄长 1-2 cm，具 1-2 条气腔带，2-4 条假根沟，鳞片紫色或透明，2-4 个细胞宽，毛状；雌器盘直径 2-4 mm，深裂为 5-10 瓣，背面具气孔，先端平截且宽。雄器托生于叶状体先端，托柄长 0.2-1.2 cm，无气腔带，具 2 条假根沟，鳞片毛状，2-6 个细胞宽，雄器盘直径 3-7 mm，成熟时深裂成 4-10 瓣。孢子淡褐色，直径 19-30 μm。芽胞杯裂瓣短细，长 1-5 个细胞，基部 1-2 个细胞宽。

生境：生于林地和石壁上；海拔 2000-2300 m。

产地：陕西：太白山，魏志平 5250，5270，6504（WNU）。

分布：印度、印度尼西亚、马来西亚、菲律宾和巴布亚新几内亚。

## 1b. 楔瓣地钱东亚亚种                                                          图 12

**Marchantia emarginata** subsp. **tosata** (Steph.) Bischl., Cryptog. Bryol. Lichénol. 10: 77. 1989.
*Marchantia tosana* Steph., Bull. Herb. Boissier 5: 99. 1897.
*Marchantia radiata* Horik., Sci. Rep. Tôhoku Imp. Univ., Ser. 4, Biol. 5: 629. 1930.
*Marchantia cuneiloba* Steph., Bull. Herb. Boissier 5: 98. 1897.

叶状体暗绿色，宽 3-4 mm，单个枝条长 1-3 cm；2-3 回叉状分枝。具烟突式气孔，口部周围一般 4 个细胞，气孔呈桶形，由 6-8 圈细胞组成。腹鳞片呈 4 列覆瓦状排列，紫色，弯月形；先端附器淡黄色，卵状披针形，钝尖或锐尖，边缘具多数弯长齿；常具大形黏液细胞及小形油胞。芽胞杯表面平滑，边缘具 1-3 个单列细胞尖齿。

雌雄异株。雄器托星形，具 4-6 深裂瓣，托柄长 0.2-1.2 cm。雌器托 5-7 瓣深裂，裂瓣楔形，近于呈放射状排列，成熟的雌器托裂瓣先端具 1-2 个缺刻；每一袋状蒴苞内具 1 个孢子体；托柄长 1-2 cm，具 2 条假根沟。孢子表面具不规则弯曲的宽脊状纹，直径 15-25 μm。

生境：生于岩面薄土上；海拔 543-645 m。

产地：湖北：郧县，何强 6256（PE）。

分布：不丹、印度、尼泊尔、日本和朝鲜。

## 2. 粗裂地钱

**Marchantia paleacea** Bertol., Opuscoli Scientifici d'una Società di Professori della Pontifical Università di Bologna 1(4): 242. 1817.
*Marchantia confissa* Steph. ex Bonner, Candollea 14: 104. 1953.
*Marchantia fargesiana* Steph., Bull. Herb. Boissier 7: 521. 1899.
*Marchantia nitida* Lehm. & Lindenb., Nov. Stirp. Pug. 4: 11. 1832.
*Marchantia paleacea* fo. *purpuracens* Herzog, Symb. Sin. 5: 5. 1930.
*Marchantia squamosa* var. *ramosior* C. Massal, Mem. Accad. Agric. Verona 73(2): 54. 1897.

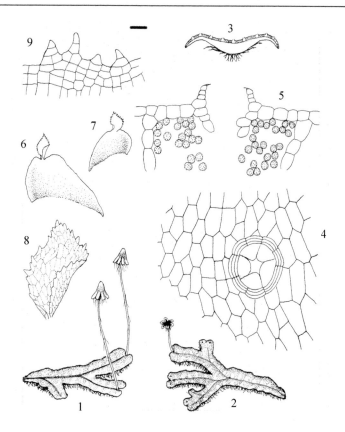

图 12　楔瓣地钱东亚亚种 Marchantia emarginata subsp. tosata (Steph.) Bischl.

1. 带雌器托的叶状体；2. 带雄器托的叶状体；3. 叶状体横切面；4. 叶状体背部细胞及气孔；5. 气孔和气室横切面；6-7. 腹鳞片；8. 腹鳞片附器；9. 芽胞杯边缘细胞。标尺=2.5 mm，1-2；=0.6 mm，3；=38 μm，4-5；=0.3 mm，6-7；=57 μm，8；=49 μm，9。(湖北，郧县，大柳乡，岩面薄土，543-645 m，何强 6256，PE)（郭木森绘）

Figure 12　Marchantia emarginata subsp. tosata (Steph.) Bischl.

1. Thallus with archegoniophores; 2. Thallus with antheridiophores; 3. Cross section of thallus; 4. Cells and pore of thallus (dorsal view); 5. Cross section of pore and chamber; 6-7. Ventral scales; 8. Appendage from scale; 9. Tooth of gemmae cup. Scale bar =2.5 mm, for 1-2; =0.6 mm, for 3; =38 μm, for 4-5; =0.3 mm, for 6-7; =57 μm, for 8; =49 μm, for 9. (Hubei, Yunxian Co., Daliuxiang, on thin soil over rock, 543-645 m, He Qiang 6256, PE) (Drawn by Guo Mu-Sen)

### 种下等级检索表

1. 雌器托具明显膨大的 2 裂瓣，呈翅状 ·················· **2b.粗裂地钱风兜亚种 M. paleacea** subsp. **diptera**

1. 雌器托多瓣深裂，裂瓣楔形 ·················· **2a.粗裂地钱原亚种 M. paleacea** subsp. **paleacea**

## 2a. 粗裂地钱原亚种 　　　　　　　　　　　图 13

**Marchantia paleacea** Bertol. subsp. **paleacea**

叶状体绿色至暗绿色，宽 5-9 mm，长 2-4 cm；叉状分枝。气孔烟突型，桶状口部多为 4 个细胞，高 5-6 个细胞。腹鳞片在叶状体腹面呈 4 列生长，带紫色，弯月形，先端附器宽卵形或宽三角形，多数具短钝尖，边缘具少数齿突，常具大形黏液细胞及油胞；芽胞杯外壁有时具疣突；边缘粗齿上具多数齿突。

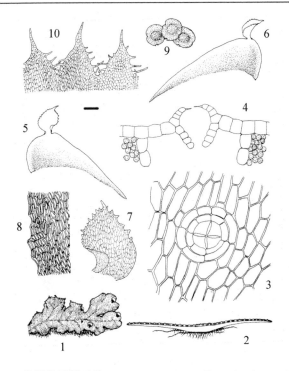

图 13　粗裂地钱原亚种 Marchantia paleacea Bertol. subsp. paleacea

1. 带芽胞杯的叶状体；2. 叶状体横切面；3. 气孔及周围细胞；4. 气孔横切面；5-6. 腹鳞片；7. 腹鳞片附器；8. 腹鳞片基部边缘细胞；9. 芽胞；10. 芽胞杯口部的齿。标尺=5 mm, 1；=0.7 mm, 2；=38 μm, 3-4；=0.29 mm, 5-6, 9；=0.19 mm, 7, 10；=57 μm, 8。（湖北，郧西县，安家乡，岩面薄土，423-520 m，曹威 028，PE）（郭木森绘）

Figure 13　Marchantia paleacea Bertol. subsp. paleacea

1. Thallus with gemmae cups; 2. Cross section of thallus; 3. Pore and peripheral epidermal cells; 4. Cross section of pore; 5-6. Ventral scales; 7. Appendage from scale; 8. Basal marginal cells of ventral scale; 9. Gemmae; 10. Tooth of gemmae cup. Scale bar=5 mm, for 1; =0.7 mm, for 2; =38 μm, for 3-4; =0.29 mm, for 5-6, 9; =0.19 mm, for 7, 10; =57 μm, for 8. (Hubei, Yunxi Co., Anjiaxiang, on thin soil over rock, 423-520 m, Cao Wei 028, PE) (Drawn by Guo Mu-Sen)

　　雌雄异株。雄器托圆盘形，5-8 瓣浅裂；托柄长 0.5-1.5 cm。雌器托（5-）9（-10）瓣深裂，裂瓣楔形；每一袋状蒴苞内具 1 个孢子体；托柄长 1-4 cm，具 2 条假根沟。孢子表面具网纹，直径 22-35 μm。弹丝直径 6-8 μm，具 2 列螺纹加厚。

　　**生境：**生于岩面和岩面薄土上；海拔 540-640 m。

　　**产地：**湖北：郧县，何强 6262，6276，6332（PE）。陕西：长安区（Massalongo，1897，as *M. nitida*；Levier，1906，as *M. nitida*）；佛坪县，李粉霞、王幼芳 1861，3804（HSUN）；户县（Massalongo，1897，as *M. nitida*；Levier，1906，as *M. nitida*）；眉县（Massalongo，1897，as *M. nitida*；Levier，1906，as *M. nitida*）。

　　**分布：**土耳其、伊朗、印度、尼泊尔、不丹、越南、菲律宾、日本、朝鲜、俄罗斯远东和西伯利亚地区；欧洲、北美洲和非洲。

**2b. 粗裂地钱风兜亚种**　　　　　　　　　　　　　　　　　　　　**图 14**

**Marchantia paleacea** subsp. **diptera** (Nees & Mont.) Inoue, J. Jap. Bot. 64: 194. 1989.

*Marchantia diptera* Nees & Mont., Ann. Sci. Nat., Bot., Ser. 2, 19: 243. 1843.

*Marchantia hariotiana* Steph. ex Bonner, Candollea 14: 107. 1953.

*Marchantia hastata* Steph. ex Bonner, Candollea 14: 107. 1953.

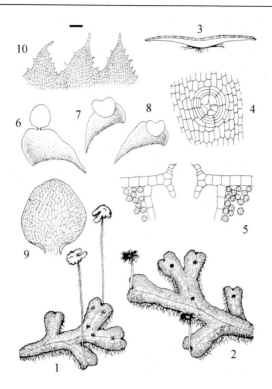

图 14　粗裂地钱风兜亚种 Marchantia paleacea subsp. diptera (Nees & Mont.) Inoue
1. 带雌器托的叶状体；2. 带雄器托的叶状体；3. 叶状体横切面；4. 气孔及周围的细胞（背面观）；5. 气孔横切面；6-8. 腹
鳞片；9. 腹鳞片附器；10. 芽胞杯上的齿。标尺=2.5 mm，1-2；=0.6 mm，3；=63 μm，4；=49 μm，5；=0.3 mm，6-8；
=0.2 mm，9-10。（河南，灵宝市，小秦岭国家级自然保护区，岩面薄土，2011-2429 m，何强 7818，PE）（郭木森绘）

Figure 14　Marchantia paleacea subsp. diptera (Nees & Mont.) Inoue
1. Thallus with archegoniophores; 2. Thallus with antheridiophores; 3. Cross section of thallus; 4. Pore and peripheral epidermal
cells (dorsal view); 5. Cross section of pore; 6-8. Ventral scales; 9. Appendage from scale; 10. Tooth of gemmae cup. Scale bar=2.5 mm,
for 1-2; =0.6 mm, for 3; =63 μm, for 4; =49 μm, for 5; =0.3 mm, for 6-8; =0.2 mm, for 9-10. (Henan, Lingbao City, Xiaoqinling
National Nature Reserve, on thin soil over rock, 2011-2429 m, He Qiang 7818, PE) (Drawn by Guo Mu-Sen)

叶状体中部腹鳞片附器圆形，稀呈圆钝状，边缘全缘或仅具少数小圆齿。叶状体边
缘细胞方形或长方形，长轴与边平行。气孔常由 7-8 个细胞环绕。雄器托直径 4-8 mm，
雌器托直径 6-8 mm，具对称的 2 大裂瓣，呈翅状。

与原亚种的主要区别：雌器托深裂，其中 1 对为大卵圆形裂瓣，近于呈两侧对称，
其他裂瓣明显较小，向一侧伸展。

**生境：**生于岩面和岩面薄土上；海拔 650-2429 m。

**产地：陕西：**商南县，何强 6911（PE）。**河南：**灵宝市，小秦岭国家级自然保护区，
何强 7818（PE）。**湖北：**郧西县，何强 6045（PE）。

**分布：**日本和朝鲜。

本亚种的主要特征：①雌器托具明显膨大的 2 瓣；②腹鳞片的附器全缘；③芽胞杯
外壁常具细刺状疣。

## 3. 疣鳞地钱粗鳞亚种　　　　　　　　　　　　　　　　　　　　　　　图 15

**Marchantia papillata** subsp. **grossibarba** (Steph.) Bischl., Crypt. Bryol. Lichénol. 10: 78. 1989.
*Marchantia grossibarba* Steph., Mém. Soc. Sci. Nat. Math. Cherbourg 29: 221. 1894.

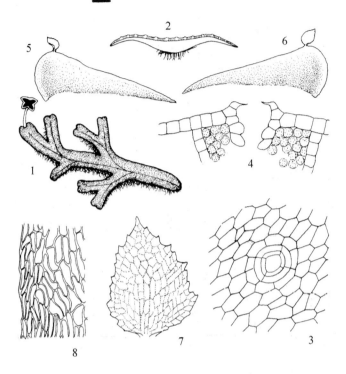

图 15　疣鳞地钱粗鳞亚种 Marchantia papillata subsp. grossibarba (Steph.) Bischl.
1. 带雄器托的叶状体；2. 叶状体横切面；3. 叶状体背部细胞及气孔；4. 气孔和气室横切面；5-6. 腹鳞片；7. 腹鳞片附器；
8. 腹鳞片基部边缘细胞. 标尺=3.3 mm, 1；=0.59 mm, 2；=38 μm, 3-4；=0.29 mm, 5-6；=57 μm, 7；=49 μm, 8.（甘
肃，文县，碧口镇，746-884 m，李粉霞 735，PE）（郭木森绘）

Figure 15　Marchantia papillata subsp. grossibarba (Steph.) Bischl.
1. Thallus with antheridiophores; 2. Cross section of thallus; 3. Cells and pore of thallus (dorsal view); 4. Cross section of pore and
chamber; 5-6. Ventral scales; 7. Appendage from scale; 8. Basal marginal cells of ventral scale. Scale bar=3.3 mm, for 1; =0.59 mm,
for 2; =38 μm, for 3-4; =0.29 mm, for 5-6; =57 μm, for 7; =49 μm, 8. (Gansu, Wenxian Co., Bikou Town, 746-884 m, Li Fen-Xia
735, PE) (Drawn by Guo Mu-Sen)

　　叶状体小形，深绿色，宽 2.5-5 mm，长 0.5-1.5 cm，边缘带紫色，背面中央具 1 条
中线，中肋不明显；叉状分枝。气孔烟突型，由狭长的细胞围绕而成。腹鳞片先端附器
近于呈宽三角形，具短尖，边缘具少数齿突；常具大形黏液细胞及油胞。芽胞杯外壁有
时具疣突；边缘粗齿上具多数齿突。

　　雌雄异株。雄器托 6-8 瓣深裂，托柄具 2 条假根沟和 2 层气室。雌器托呈 9-11 瓣深
裂，其中 1 裂瓣深裂至近基部，裂瓣楔形。孢子表面具不规则网纹，直径 19-24 μm。

　　**生境：** 生于岩面薄土上；海拔 540-884 m。

　　**产地：湖北：** 郧县，何强 6282，6232（PE）。**甘肃：** 文县，李粉霞 735（PE）。

　　**分布：** 不丹、印度、缅甸、斯里兰卡和泰国。

　　原亚种叶状体狭长，叶边全缘，紫色或透明，背面中线呈明显的紫色，分布于南美
地区，中国无分布。疣鳞地钱粗鳞亚种背面中线不明显。

## 4. 地钱　　　　　　　　　　　　　　　　　　　　　　　　　　　　　　　图 16

**Marchantia polymorpha** L., Sp. Pl.: 1137. 1753.

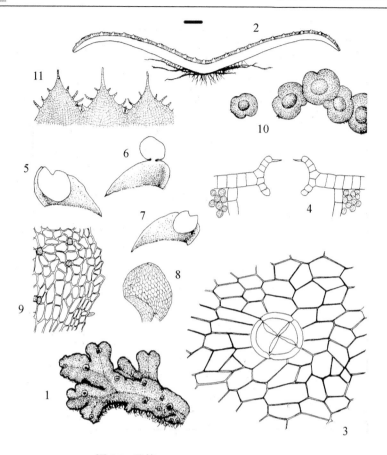

图 16　地钱　Marchantia polymorpha L.

1. 带有芽胞杯的叶状体；2. 叶状体横切面；3. 气孔及周围细胞；4. 气孔横切面；5-7. 腹鳞片；8. 腹鳞片附器；9. 腹鳞片边缘细胞（具油胞）；10. 芽胞；11. 芽胞杯口部齿。标尺=5 mm, 1; =0.6 mm, 2; =38 μm, 3-4; =0.29 mm, 5-7, 10; =0.19 mm, 8, 11; =57 μm, 9。（河南，西峡县，太平镇，老界岭，潮湿岩面，1059 m，何强 6368，PE）（郭木森绘）

Figure 16　Marchantia polymorpha L.

1. Thallus with gemmae cups; 2. Cross section of thallus; 3. Pore and peripheral epidermal cells; 4. Cross section of pore; 5-7. Ventral scales; 8. Appendage from scale; 9. Marginal cells of ventral scale (with ocellis); 10. Gemmae; 11. Tooth of gemmae cup. Scale bar=5 mm, for 1; =0.6 mm, for 2; =38 μm, for 3-4; =0.29 mm, for 5-7, 10; =0.19 mm, for 8, 11; =57 μm, for 9. (Henan, Xixia Co., Taiping Town, Laojieling, on moist rock, 1059 m, He Qiang 6368, PE) (Drawn by Guo Mu-Sen)

叶状体深绿色，宽 7-15 mm，长 3-10 cm；多回叉状分枝。气孔烟突型，桶状口部具 4 个细胞，高 4-6 个细胞。腹鳞片 4-6 列；紫色，弯月形；先端附器宽卵形或宽三角形，边缘具密集齿突；常具大形黏液细胞及油胞。芽胞杯边缘粗齿上具多数齿突。

雌雄异株。雄器托圆盘形，7-8 浅裂；托柄长 1-3 cm。雌器托 6-10 瓣深裂，裂瓣指状；托柄长 3-6 cm。孢子表面具网纹，直径 13-17 μm。弹丝直径 3-5 μm，长 300-500 μm，具 2 列螺纹加厚。

**生境：**生于潮湿的岩面、土面上；海拔 832-1800 m。

**产地：甘肃：**天水市，刘继孟 10118（PE）。**河南：**灵宝市（叶永忠等，2004）；陕县，王作宾 15391（PE）；西峡县，何强 6368，6476（PE）。**湖北：**郧县，何强 6244（PE）；**陕西：**长安区，终南山，孔宪武 2766（PE）；佛坪县（鲁德全，1990）；户县（Levier，1906）；商南县，何强 6806，6827，6831，6964，6965（PE）；宁陕县，邢吉庆 5620（WNU），

张珍万 1490（WNU）。

    **分布**：世界广泛分布。

### 5. 拳卷地钱 图 17

**Marchantia subintegra** Mitt., J. Proc. Linn. Soc., Bot. 5: 125. 1861.

*Marchantia convoluta* C. Gao & G. C. Zhang, Acta Bot. Yunnan. 3: 390. 1981.

    叶状体小，细长形，深绿色或油绿色，叉状分枝，宽 2-4 mm，长 0.6-1 cm，叶状体边缘呈淡紫色，腹面紫色。中肋厚，腹面凸出，密被假根。气孔烟突型，桶状口部周围为 4-8 个近于方形的细胞，高 7-10 个细胞，气室 1 层，具多数直立的营养

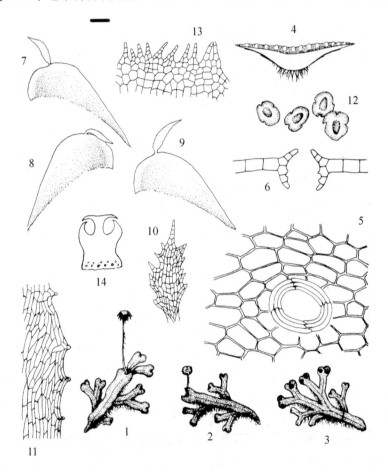

图 17　拳卷地钱 Marchantia subintegra Mitt.

1. 带雌器托的叶状体；2. 带雄器托的叶状体；3. 带芽胞杯的叶状体；4. 叶状体横切面；5. 气孔及周围细胞；6. 气孔横切面；7-9. 腹鳞片；10. 腹鳞片附器；11. 腹鳞片边缘细胞；12. 芽胞；13. 芽胞杯口部齿；14. 雌器托柄横切面。标尺=5 mm，1-3；=0.6 mm，4；=49 μm，5-6；=0.48 mm，7-9；=0.19 mm，10；=57 μm，11；=0.29 mm，12-13；=0.24 mm，14。

（湖北，郧西县，湖北口乡，岩面，821 m，何强 6108，PE）（郭木森绘）

Figure 17　Marchantia subintegra Mitt.

1. Thallus with archegoniophores; 2. Thallus with antheridiophores; 3. Thallus with gemmae cups; 4. Cross section of thallus; 5. Pore and peripheral epidermal cells; 6. Cross section of pore; 7-9. Ventral scales; 10. Appendage from scale; 11. Marginal cells of ventral scale; 12. Gemmae; 13. Tooth of gemmae cup; 14. Cross section of archegoniophore stalk. Scale bar=5 mm, for 1-3; =0.6 mm, for 4; =49 μm, for 5-6; =0.48 mm, for 7-9; =0.19 mm, for 10; =57 μm, for 11; =0.29 mm, for 12-13; =0.24 mm, for 14.

(Hubei, Yunxi Co., Hubeikouxiang, on rock, 821 m, He Qiang 6108, PE) (Drawn by Guo Mu-Sen)

丝，储藏组织有 18-29 个细胞厚。腹鳞片先端附器卵状披针形，紫色，在腹面呈 2 列排列，腹鳞片上的附器披针形，边缘具小齿。芽胞杯边缘具细齿。芽胞杯紫色，边缘具细齿。

雌雄异株。雄器托星形，托柄长约 8 mm，上部生有假根。雌器托呈 4-7 瓣裂，裂瓣拳卷，裂瓣内卷外观近于呈球形。

**生境：** 生于岩面上；海拔 821 m。

**产地：湖北：** 郧西县，湖北口乡，何强 6108（PE）。

**分布：** 尼泊尔、印度和不丹。

## 2. 背托苔属 Preissia Corda

叶状体较大，带形，宽 5-15 mm，长 2-4（-10）cm，浅绿色、深绿色或灰绿色，质地薄，干燥时边缘略波曲，常叉状分枝。叶状体背面细胞薄壁，无三角体，无油胞。气室较小或退化，有时具绿色营养丝；气孔突起于叶状体表面，烟突型，口部呈圆形，由 4 个细胞构成，高 4-5 个细胞，由 5 圈细胞组成；下方细胞常向中央弯曲，呈十字形；中肋分界不明显；叶状体向边缘渐薄，边缘为红棕色；横切面下部基本组织较厚，多为大形薄壁细胞。腹鳞片一般较大，呈 2 列覆瓦状排列；近半月形，有时呈紫色，无油胞；先端具 1 个细小披针形附器，基部不收缩。无芽胞杯。

雌雄异株或同株。雌器托、雄器托伞形或圆盘形，均具长柄，通常托柄具 2 条假根沟，一般着生于叶状体背面中肋处或前端缺刻处。雄器托边缘多浅裂。雌器托边缘近于不开裂，仅具 4 瓣痕，每瓣下方具单个瓣形蒴苞，内有 2-3 个假蒴萼，各含 1 个孢子体。雌器托柄长 1-2.5 cm。孢蒴卵形，由蒴被包裹，成熟时伸出，呈不规则 6-7 瓣裂，蒴壁具环纹或半环纹加厚。孢子近于球形，四分体型，表面具不规则网纹和脊状纹，直径 45-80 μm，具小圆齿状，半透明的翅状边缘。弹丝直径 8-9 μm，长约 250 μm，具 2-3 列黄棕色的螺纹加厚。

全世界有 1 种。

### 1. 背托苔 图 18

**Preissia quadrata** (Scop.) Nees, Naturgesch. Eur. Leberm. 4: 135. 1838.
*Marchantia quadrata* Scop., Fl. Carniol. (ed. 2) 2: 355. 1772.

种的特征同属。

**生境：** 生于林下土面上；海拔 2550-2900 m。

**产地：甘肃：** 康乐县，莲花山，汪楣芝 60497，60498（PE）；舟曲县，汪楣芝 53001，53231（PE）。

**分布：** 巴基斯坦、尼泊尔、日本、俄罗斯远东和西伯利亚地区；欧洲和北美洲。

本种主要特征：①叶状体质地薄；②雌器托浅 3-4 裂，柄具 2 条假根沟；③气室 1 层；④孢子表面具不规则的网纹。

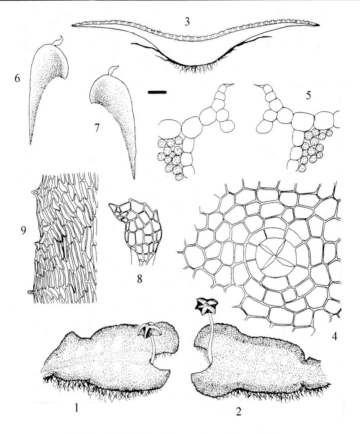

图 18    背托苔 Preissia quadrata (Scop.) Nees

1. 具雄器托的叶状体；2. 具雌器托的叶状体；3. 叶状体横切面；4. 叶状体背部细胞及气孔；5. 气孔和气室横切面；6-7. 腹鳞片；8. 鳞片附器；9. 腹鳞片基部边缘细胞。标尺=2.5 mm, 1-2; =0.59 mm, 3; =38 μm, 4-5; =0.29 mm, 6-7; =57 μm, 8-9。（甘肃，康乐县，莲花山，2700-2900 m，汪楣芝 60498，PE）（郭木森绘）

Figure 18    Preissia quadrata (Scop.) Nees

1. Thallus with antheridiophores; 2. Thallus with archegoniophores; 3. Cross section of thallus; 4. Cells and pore of thallus (dorsal view); 5. Cross section of pore and chamber; 6-7. Ventral scales; 8. Appendage from scale; 9. Basal marginal cells of ventral scale. Scale bar=2.5 mm, for 1-2; =0.59 mm, for 3; =38 μm, for 4-5; =0.29 mm, for 6-7; =57 μm, for 8-9. (Gansu, Kangle Co., Mt. Lianhua, 2700-2900 m, Wang Mei-Zhi 60498, PE) (Drawn by Guo Mu-Sen)

# 科 4    魏氏苔科 Wiesnerellaceae Inoue

叶状体绿色，略具光泽，宽约 1 cm，长 2-5 cm，表面平滑，边缘略呈波曲。背面气室单层，内有球形细胞构成的绿色营养丝；具单一气孔，一般由 5-6 个单层辐射状排列的细胞构成，形成 4-5 圈；中肋分界不明显，向边缘渐薄；横切面腹面基本组织高 5-7 个细胞；腹鳞片在中肋两侧各具 1 列，透明，半月形，先端具近椭圆形附器。

雌雄同株。雄器托圆盘形，无托柄；雌器托半球形，通常 5-7 浅裂，其下着生孢子体；托柄长 1-4 cm，具 2 条假根沟；每一雌器托裂瓣下具一个由 2 个瓣形成的蒴苞，蒴苞内有 1 个孢子体；孢蒴球形，由蒴被包裹，成熟时伸出，呈 4 瓣裂；孢蒴外壁细胞具环纹加厚；孢子为四分体型，直径 30-40 μm。弹丝具 3 列螺纹加厚。

本科全世界有 1 属。

# 1. 魏氏苔属 Wiesnerella Schiffn.

属的特征同科。本属全世界现有 1 种。

## 1. 魏氏苔                                                                图 19

**Wiesnerella denudata** (Mitt.) Steph., Sp. Hepat. 1: 154. 1899.

*Damortiera denudata* Mitt., J. Proc. Linn. Soc., Bot. 5: 125. 1861.

*Wiesnerella javanica* Schiffner, Oesterr. Bot. Z. 46: 87. 1896.

*Wiesnerella fasciaria* C. Gao & G. C. Zhang, Acta Bot. Yunnan. 3: 391. 1981.

种的特征同属。

**生境**：生于岩面薄土上；海拔 1371-1431 m。

**产地**：河南：内乡县，宝天曼国家级自然保护区，何强 6716（PE）。

**分布**：克什米尔地区、印度尼西亚、日本、朝鲜和美国（夏威夷群岛）。

本种的主要特征：①具单式气孔，气室内不具无色的顶细胞；②腹鳞片透明，半月形，附器近椭圆形；③雌器托半球形，肉质，具 5-7 个浅裂瓣。

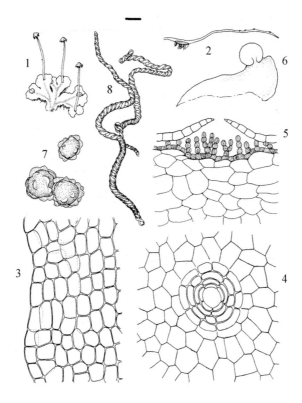

图 19   魏氏苔 Wiesnerella denudata (Mitt.) Steph.

1. 具孢子体的叶状体；2. 叶状体横切面；3. 叶状体细胞；4. 气孔；5. 气孔横切面；6. 腹鳞片；7. 孢子；8. 弹丝。标尺 =5 mm，1；=0.8 mm，2；=36 μm，3-5，8；=0.33 mm，6；=28 μm，7。（河南，内乡县，岩面薄土，1371-1431 m，何强 6716，PE）（郭木森绘）

Figure 19   Wiesnerella denudata (Mitt.) Steph.

1. Thallus with sporophytes; 2. Cross section of thallus; 3. Cells of thallus; 4. Pore; 5. Cross section of pore; 6. Ventral scale; 7. Spores; 8. Elater. Scale bar=5 mm, for 1; =0.8 mm, for 2; =36 μm, for 3-5, 8; =0.33 mm, for 6; =28 μm, for 7. (Henan, Neixiang Co., on thin soil over rock, 1371-1431 m, He Qiang 6716, PE) (Drawn by Guo Mu-Sen)

# 科5 蛇苔科 Conocephalaceae Müll. Frib. ex Grolle

叶状体宽或狭带形，绿色，多回叉状分枝。叶状体背面表皮细胞薄壁；具明显的气孔和气室，气室单层，内有营养丝，营养丝顶端常着生无色透明的长颈瓶形或梨形细胞；中肋分界不明显。腹鳞片先端具1个近椭圆形附器。无芽胞杯。

雌雄异株。雄器托椭圆形，无柄。雌器托长圆锥形，下方具袋状蒴苞，内着生孢子体。孢蒴长卵形，孢蒴外壁具半环纹加厚。雌器托柄长，具1条假根沟。孢子近球形。弹丝具螺纹加厚。

全世界有1属。

## 1. 蛇苔属 Conocephalum F. H. Wigg.

叶状体小或大形，浅绿色至暗绿色，有时具光泽，多回叉状分枝。叶状体背面表皮细胞无色，薄壁；常具明显的气孔和多边形气室分格；气室单层，内有绿色、球形细胞组成的营养丝，气孔下方的营养丝顶端常着生无色透明的长颈瓶形或梨形细胞；气孔口部周围有6-7个单层细胞，5-8圈呈放射状排列；中肋分界不明显，向边缘渐薄。叶状体横切面下部为基本组织，高约10个细胞。腹鳞片弯月形，先端具1个近椭圆形附器。无芽胞杯。

雌雄异株。雄器托椭圆形，生于叶状体背面的前端，无托柄。雌器托长圆锥形，边缘5-9浅裂。每一裂瓣下的袋状蒴苞内着生1个孢子体。孢蒴长卵形，成熟时伸出，不规则8瓣开裂；孢蒴外壁具半环纹加厚。雌器托柄长，具1条假根沟。孢子近球形，表面具粗及细密疣。弹丝具2-5列螺纹加厚。

全世界有3种，中国有3种，本地区有3种。

### 分种检索表

1. 叶状体小至中等大小，浅绿色，宽2-7 mm；气室内具无色的梨形细胞 ……… **2.小蛇苔 C. japonicum**
1. 叶状体大形，深绿色，一般宽约1 cm；气室内具长颈瓶形无色细胞 ……………………………………2
2. 植物体具明显的光泽；叶边缘透明带由3-4列细胞组成；叶状体背面通常均匀；气室与表面其他细胞在同一平面 …………………………………… **1.蛇苔 C. conicum**
2. 植物体稍具光泽；叶边缘透明带由1-2列细胞组成；叶状体背面不均匀；气室与表面其他细胞不在同一平面，明显突出于表面 ………………… **3.暗色蛇苔 C. salebrosum**

## 1. 蛇苔                                                                                        图 20

**Conocephalum conicum** (L.) Dumort., Bot. Gaz. 20: 67. 1895.

*Marchantia conicum* L., Sp. Pl.: 1138. 1753.

叶状体宽带形，宽0.7-2 cm，长5-10 cm，偶有清香味，深绿色至暗绿色，有时具光泽。叶状体背面具明显气孔和多边形气室分格，内有绿色营养丝，其顶端常着生无色透明的长颈瓶形细胞；气孔单一，口部周围6-7个单层细胞，呈5-6圈；中肋分界不明显。叶状体横切面下部为基本组织，高 10-15 个细胞。腹鳞片弯月形，先端具 1 个椭圆形附器。

雌雄异株。雌器托长圆锥形，边缘具 5-9 浅裂；雌器托柄长 3-7 cm，具 1 条假根沟。孢蒴成熟时呈不规则 8 瓣裂；孢蒴外壁具半环纹加厚带。孢子表面具粗及细密疣。弹丝具 2-5 列螺纹加厚。

**生境：**生于岩面、岩面薄土、土面或石上；海拔 1299-2250 m。

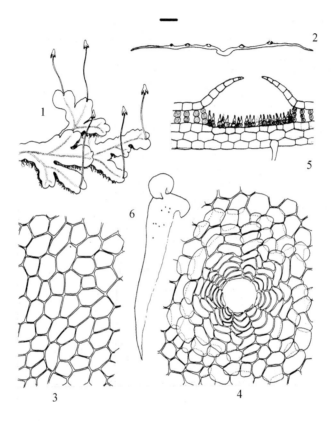

图 20　蛇苔 Conocephalum conicum (L.) Dumort.
1. 具雌器托的叶状体；2. 叶状体横切面；3. 叶状体表皮细胞；4. 气孔背面观；5. 气孔和气室横切面；6. 腹鳞片和附器。标尺=0.67 mm，1；=0.83 mm，2；=53 μm，3-5；=1 mm，6。（河南，内乡县，宝天曼国家级自然保护区，潮湿岩面，1299 m，何强 6537，PE）（郭木森绘）

Figure 20　Conocephalum conicum (L.) Dumort.
1. Thallus with archegoniophores; 2. Cross section of thallus; 3. Epidermal cells of thallus; 4. Pore (dorsal view); 5. Cross section of pore and chamber; 6. Ventral scale and appendage. Scale bar=0.67 mm, for 1; =0.83 mm, for 2; =53 μm, for 3-5; =1 mm, for 6. (Henan, Neixiang Co., Baotianman National Nature Reserve, on moist rock, 1299 m, He Qiang 6537, PE) (Drawn by Guo Mu-Sen)

**产地：甘肃：**文县，李粉霞 554，556（PE），汪楣芝 64053（PE）；舟曲县，汪楣芝 53228，53232（PE）。**河南：**灵宝市（叶永忠等，2004）；内乡县，何强 6537，6603，6608，6627，6710，6712，6714，6717，6719，6760（PE）；**湖北：**郧西县，何强 5905（PE）；郧县，何强 6055，6319（PE）。**陕西：**佛坪县，李粉霞、王幼芳 14c，118，120a，124，203a，690，696a，696b，949b，1006，1086，1767，1978b，2001，2113b，3582b，3818，3842，3881，4201（HSNU）；户县（鲁德全，1990；Massalongo，1897，as *Hepatcia conica*；Levier，1906，as *Fegatella conica*），魏志平 4287，4356，4464，4704，4764，

4786，4791（WNU）；眉县，汪楣芝56880，56913，56918，56930，56935，56937，56941a（PE）；魏志平4918，4962（WNU）；陈邦杰1a，124，148，571，774（PE）；商南县，何强6900，6918（PE）；山阳县（Massalongo，1897，as *Hepatica conica*；Levier，1906，as *Fegatella conica*）。

**分布**：北半球广泛分布。

这是本地区的一个常见种，也在全国各地常见。本种因叶状体大形，背面具明显的多边形气室分格而极易与其他种类区别。

## 2. 小蛇苔 图21

**Conocephalum japonicum** (Thunb.) Grolle, J. Hattori Bot. Lab. 55: 501. 1984.

*Lichen japonicus* Thunb., Fl. Jap.: 344. 1784.

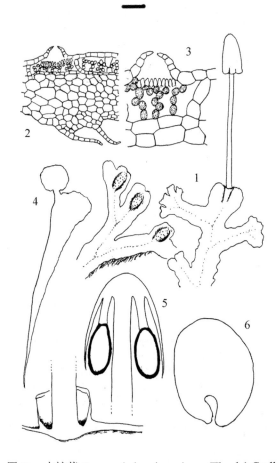

图21 小蛇苔 Conocephalum japonicum (Thunb.) Grolle

1. 具雌器托的叶状体；2. 叶状体横切面；3. 气孔和气室横切面；4. 腹鳞片和附器；5. 雌器托纵切面；6.附器。标尺=0.67 mm，1；=0.2 mm，2；=50 μm，3；=1 mm，4；=0.15 mm，5；=0.12 mm，6。（湖北，郧县，岩面薄土，543 m，何强6280，PE）（何强、汪楣芝绘）

Figure 21 Conocephalum japonicum (Thunb.) Grolle

1. Thallus with archegoniophores; 2. Cross section of thallus; 3. Cross section of pore and chamber; 4. Ventral scale and appendage; 5. Longitudinal section of female receptacle; 6. Appendage. Scale bar=0.67 mm, for 1; =0.2 mm, for 2; =50 μm, for 3; =1 mm, for 4; =0.15 mm, for 5; =0.12 mm, for 6. (Hubei, Yunxian Co., on thin soil over rock, 543 m, He Qiang 6280, PE) (Drawn by He Qiang and Wang Mei-Zhi)

叶状体小至中等大小，狭带状，宽 2-7 mm，长 1-3 cm，浅绿色。叶状体前端常具多数不规则的小裂瓣，呈花边状，叶状体背面常具明显气孔和多边形气室分格；气室单层，内具绿色营养丝，其顶端常着生无色透明的梨形细胞；气孔单一，口部周围由 5-6 圈形成，每圈由 6-7 个细胞构成；中肋与叶细胞分界不明显。叶状体横切面下部为基本组织，高 4-8 个细胞。腹鳞片呈弯月形，先端具 1 个近椭圆形附器。

雌雄异株。雌器托长圆锥形，边缘具 5-9 浅裂；雌器托柄长 2-3 cm，具 1 条假根沟。孢蒴成熟时不规则 8 瓣裂；孢蒴外壁具环纹加厚。孢子表面具粗和细两种疣。弹丝具 2-4 列螺纹加厚。

**生境：** 生于潮湿土面、岩石和岩面薄土上；海拔 423-1700 m。

**产地：** 河南：灵宝市（叶永忠等，2004）；卢氏县，何强 7726（PE）；嵩县，何强 7352，7354，7396（PE）。湖北：郧西县，曹威 025，077（PE），何强 5919，5960（PE），郧县，何强 5960，6191，6266，6267，6280（PE），曹威 278，289，405，418（PE）。陕西：佛坪县，王幼芳 2011-0183（HSNU）；户县（Levier，1906，as *Fegatella supradecomposita* fo. *propagulifera*）；眉县，汪楣芝 56863（PE）；宁陕县，陈邦杰 231，243，247（PE）；商南县，何强 6854，6857，6919，6939，6974，6978（PE）；山阳县（Massalongo，1897，as *Hepatica supradecomposita* fo. *propagulifera*；Levier，1906，as *Fegatella supradecomposita* fo. *propagulifera*；Bonner，1966，as "*Hepatica conica* fo. *propagulifera*"；Grolle，1984）；洋县，魏志平 6768（PE）；周至县（Levier，1906，as *Fegatella supradecomposita* fo. *propagulifera*）。

**分布：** 不丹、印度、尼泊尔、柬埔寨、菲律宾、朝鲜、日本、俄罗斯远东地区和美国（夏威夷）。

本种的主要特征：①叶状体小至中等大小；②叶状体前端常具多数不规则的小裂瓣，呈花边状；③气室内具梨状透明细胞。

## 3. 暗色蛇苔

**Conocephalum salebrosum** Szweyk., Buczkowska & Odrzykoski, Pl. Syst. Evol. 253: 146. 2005.

这个种是 2005 年由 Szweykowski 等通过分子和形态的研究而从蛇苔分离出来的一个物种，它与蛇苔的主要区别在于：①植物体背面无论是活体还是标本均呈暗色；②体形较蛇苔小，长 3-5 cm，宽 5-12 mm；③在中肋和叶状体边缘之间通常有 4-5 排气室；④叶片边缘具 1-2 列长形细胞组成的狭窄透明的边缘分化；⑤在 2 个气室之间的表面形成沟槽状；⑥叶状体的表面是不均匀的；⑦气室中最高的细胞是镶嵌在表皮细胞中的。

**生境：** 生于潮湿土面、腐殖土、岩面薄土和岩石上；海拔 423-3000 m。

**产地：** 甘肃：文县，赵遵田、韩国营 20061270（PE），汪楣芝 63433（PE）。河南：栾川县，何强 7411，7441，7450，7452，7469，7470，7477，7492（PE）；鲁山县，何强 7208，7210，7212，7214，7217，7218，7224，7227，7266，7267，7290（PE）；卢氏县，何强 7550，7551，7557，7577，7583，7597（PE）；内乡县，何强 6540，7139

（PE），曹威 733，932，957（PE）；嵩县，何强 7318，7337，7347，7348，7350，7357，7359，7383（PE）；西峡县，曹威 557，559，582，683（PE），何强 6424，6425，6436，6437，6455，6474，6486，6488，6489，6493，6497，6502，6530（PE）；柞水县，何强 7071，7100（PE）。**湖北**：郧西县，何强 6037，6128（PE）。**陕西**：丹凤县，何强 7052（PE）；商南县，何强 6838，6942，6947，6981（PE）。

**分布**：不丹、印度、尼泊尔、日本、俄罗斯远东和西伯利亚地区；欧洲和北美洲。

# 科 6　毛地钱科 **Dumortieraceae** D. G. Long

叶状体大形，一般宽 1-2 cm，长 2-15 cm，暗绿色，表面常具长纤毛，多回叉状分枝，边缘略波曲。叶状体背面表皮由密集排列的乳头状细胞构成，无气室和气孔分化；中肋与叶细胞分界不明显。叶状体横切面下部基本组织厚达 12-16 个细胞。腹鳞片小，不规则或退化后略有痕迹。

雌雄同株或异株。雄器托圆盘形，精子器着生其上，周围密生长刺状毛，托柄极短。雌器托半球形，表面具多数纤毛，6-10 瓣浅裂，孢子体着生于其下方。托柄长 3-6 cm，具 2 条假根沟。每一雌器托裂瓣下有 1 个二瓣形的蒴苞，每一蒴苞内有 1 个孢子体。孢蒴球形，外由蒴被包裹，成熟时孢蒴伸出，并呈不规则的 4-8 瓣裂；蒴壁具环纹加厚。孢子球形或不规则的形状，直径 30-40 μm，表面为翅状脊纹。弹丝细长，22-28（-34）μm，具 2-5 列螺纹加厚。

全世界有 1 属。

## 1. 毛地钱属 **Dumortiera** Nees

属的特征同科。

本属植物体表面具密的毛，以及雄器托和雌器托具密生长刺状毛或纤毛是其野外识别的重要特征。

全世界有 1 种。

### 1. 毛地钱　　　　　　　　　　　　　　　　　　　　　　　　　　　图 22

**Dumortiera hirsuta** (Sw.) Nees, Fl. Bras. Enum. Pl. 1: 307. 1833.

*Marchantia hirsuta* Sw., Prodr.: 145. 1788.

种的特征同科。

**生境**：生于岩面薄土、潮湿岩壁上；海拔 423-1100 m。

**产地**：**甘肃**：文县，汪楣芝 64050（PE）。**湖北**：郧西县，何强 5965，5973（PE）。

**分布**：伊朗、不丹、印度、尼泊尔、菲律宾、印度尼西亚、日本、朝鲜、新几内亚岛；欧洲、南美洲和北美洲。

本种因叶状体暗绿色，边缘常具多数纤毛而易于识别。

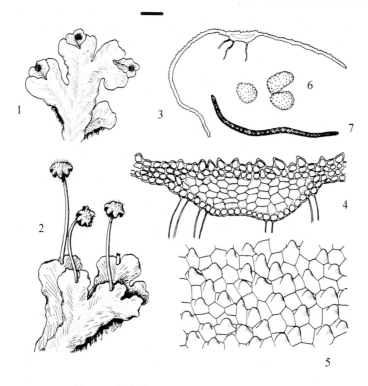

图 22　毛地钱 Dumortiera hirsuta (Sw.) Nees

1. 叶状体（雄株）；2. 叶状体（雌株）；3. 叶状体横切面；4. 叶状体切面一部分；5. 叶状体细胞；6. 孢子；7. 弹丝。标尺=1 cm, 1-2；=0.3 mm, 3；=0.05 mm, 4；=67 μm, 5；=28 μm, 6-7。(甘肃，文县，碧口镇，石龙沟，潮湿岩壁，750-1100 m，汪楣芝 64050，PE)（郭木森绘）

Figure 22　Dumortiera hirsuta (Sw.) Nees

1. Thallus (male); 2. Thallus (female); 3. Cross section of thallus; 4. A portion of cross section of thallus; 5. Cells of thallus; 6. Spores; 7. Elater. Scale bar=1 cm, for 1-2; =0.3 mm, for 3; =0.05 mm, for 4; =67 μm, for 5; =28 μm, for 6-7. (Gansu, Wenxian Co., Bikou Town, Shilonggou, on moist cliff, 750-1100 m, Wang Mei-Zhi 64050, PE) (Drawn by Guo Mu-Sen)

# 科 7　星孔苔科 Claveaceae Cavers

　　叶状体小至中等大小，带形，质厚，灰绿色、亮绿色或深绿色，干燥时边缘常背卷；叉状分枝，有时腹面着生新枝。叶状体背面表皮有时具油胞；气室一般较大，多层，稀单层；具单一型气孔，口部周围的细胞具放射状加厚的壁，常明显呈星状；中肋与叶细胞分界不明显，向边缘渐薄。叶状体横切面下部基本组织较厚，细胞稍大，薄壁。腹鳞片近于三角形，无色透明或略带紫色，多散生，有的属和种具油胞和黏液细胞疣；先端的附器基部不收缩。

　　雌雄同株或异株。精子器散生或群生，着生于叶状体背面中肋处，精子器上方具 1 突起的开口。雌器托退化，一般具近于圆柱形或稍扁的裂瓣，裂瓣内具 1-2 个二瓣状的蒴苞；每个蒴苞含单个孢子体。雌器托柄长或短，柄上具 0-2 条假根沟，着生于叶状体中肋的背面。孢蒴球形，生于杯形蒴被内，成熟时不规则开裂；蒴壁具环纹加厚。孢子球形，表面具疣。弹丝具螺纹加厚。

　　全世界有 4 属，中国有 4 属，本地区有 2 属。

秦岭地区苔类和角苔类植物志

分属检索表

1. 叶状体背面表皮及腹鳞片无油胞；雌器托生于叶状体背面中肋处；雌器托柄无假根沟……………
………………………………………………………………………………………**1.克氏苔属 Clevea**

1. 叶状体背面表皮及腹鳞片有时具油胞；雌器托生于叶状体先端缺刻处；雌器托柄具 1 条假根沟……
………………………………………………………………………………………**2.星孔苔属 Sauteria**

# 1. 克氏苔属 Clevea Lindb.

叶状体带状，质厚，灰绿色至亮绿色，略透明，腹面边缘有时呈浅粉红色至紫色；叉状分枝，有时从腹面处着生新枝。叶状体气室由多层细胞构成，通常多具绿色次级分隔，稀单层；气孔单一型，口部周围细胞排列成 1-2 圈，细胞具放射状加厚的壁，常形成星状外观；中肋与叶细胞分界不明显。叶状体向边缘逐渐变薄；横切面下部基本组织较厚，细胞稍大，薄壁。腹鳞片散生，近于呈三角形，无色透明或带紫色，先端附器多披针形，基部不收缩；一般不具黏液细胞疣。叶状体与鳞片通常均无油胞。

雌雄同株或异株。精子器散生或群生，着生于叶状体背面中肋处，每个精子器上方具突起的开口。雌器托退化，一般具近于圆柱形裂瓣，内有 1 个二瓣状蒴苞；每个蒴苞内含单个孢子体。托柄无假根沟，着生于叶状体背面中肋处。孢蒴球形，成熟时不规则开裂；孢蒴外壁具环纹加厚。孢子球形，表面具疣。弹丝具螺纹加厚。

全世界有 3 种，中国有 2 种，本地区有 2 种。

分种检索表

1. 腹鳞片呈宽卵形；精子器沿叶状体中线稀疏生长；雌器托柄长 2-15 mm ⋯ **1.托鳞克氏苔 C. hyalina**
1. 腹鳞片呈披针形；精子器丛生成簇状；雌器托柄短，长 1-4 mm⋯⋯⋯⋯⋯⋯**2.小克氏苔 C. pusilla**

## 1. 托鳞克氏苔

**Clevea hyalina** (Sommerf.) Lindb., Not. Sällsk. Fauna Fl. Fenn. Förh. 9: 291. 1868.

*Marchantia hyalina* Sommerf., Mag. Naturvidensk., Ser. 2, 11(2): 234. 1833.

叶状体小至中等大小，淡灰绿色或暗绿色，长 8-15 mm，宽 3-5 mm，叶状体边缘或更多时候在背面多少呈紫色，有时无色；叶状体稀疏的二歧分叉，腹面不产生新枝。叶状体背面表面具零散的油胞，四至六边形，表面细胞（24-42）μm ×（40-80）μm，细胞壁薄，三角体不明显。气孔单一型，周围由 6-7 个细胞组成，它们的细胞壁具放射状加厚，细胞壁强烈加厚，气孔外观上呈星状。通气组织占叶状体横切面的 0.6-0.75，气室 2-3 层。中肋分界不明显。腹面和腹鳞片没有油胞；腹鳞片由多细胞组成，无色或淡紫色，不对称，宽卵形，长 0.6-0.8 mm，先端呈短披针形。

雌雄异株。雄苞周围没有雄苞叶。雌器托具 1-5 个裂瓣，每个裂瓣内具 1 个蒴苞与孢子体，雌器托柄长 2-15 mm，近于无色，基部无鳞片，托盘宽 2.5-4 mm；孢蒴外壁细胞具明显或不明显的环状加厚，具叶绿体，长 40-75 μm，宽 28-36 μm。孢子直径

**40**

45-55 μm，红棕色或橙色，表面粗糙。弹丝直径 9-12 μm，长 160-220 μm，在中部具 3-4 列螺旋状加厚，在末端具 2 列螺纹加厚。

**生境：** 生于土面上；海拔 690-900 m。

**产地：** 陕西：周至县，楼观台，张满祥 1725（WNU）。

**分布：** 俄罗斯；欧洲和北美洲。

## 2. 小克氏苔    图 23

**Clevea pusilla** (Steph.) Rubasinghe & D. G. Long, J. Bryol. 33(2): 167. 2011.

*Gollaniella pusilla* Steph., Hedwigia 64: 74. 1905.

*Athalamia pusilla* (Steph.) Kashyap, Liverw. W. Himal. 1: 87. pl. 18: 1-6. 1929.

*Clevea chinensis* Steph., Nuovo Giorn. Bot. Ital. (Ser. 2) 13: 347, 1906.

*Athalamia chinensis* (Steph.) S. Hatt. in Shimizu & Hattori, J. Hattori Bot. Lab. 12: 54, 1954.

*Gollaniella nana* Shimizu & S. Hatt., J. Hattori Bot. Lab. 9: 34, 1953.

*Athalamia nana* (Shimizu & S. Hatt.) S. Hatt. in Shimizu & Hattori, J. Hattori Bot. Lab. 12: 56, 1954.

*Athalamia glauco-virens* Shimizu & S. Hatt., J. Hattori Bot. Lab. 12: 56, 1954.

*Athalamia glauco-virens* fo. *subsessilis* Shimizu & S. Hatt., J. Hattori Bot. Lab. 12: 58, 1954.

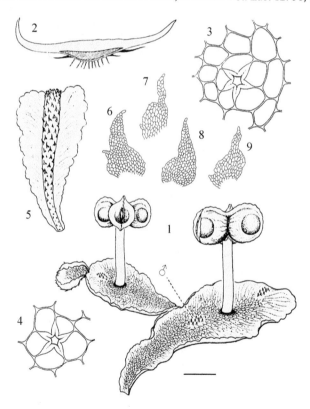

图 23　小克氏苔 Clevea pusilla (Steph.) Rubasinghe & D. G. Long

1. 具生殖托的叶状体；2. 叶状体横切面；3-4. 叶状体背部细胞及气孔；5. 叶状体腹面观；6-9. 腹鳞片。标尺=1.3 mm, 1; =0.5 mm, 2; =83 μm, 3-4; =4 mm, 5; =0.1 mm, 6-9。（陕西，柞水县，岩面薄土，1120-1497 m，何强 7095，PE）（郭木森绘）

Figure 23　Clevea pusilla (Steph.) Rubasinghe & D. G. Long

1. Thallus with receptacle; 2. Cross section of thallus; 3-4. Cells and pore of thallus (dorsal view); 5. Thallus (ventral view); 6-9. Ventral scales. Scale bar=1.3 mm, for 1; =0.5 mm, for 2; =83 μm, for 3-4; =4 mm, for 5; =0.1 mm, for 6-9. (Shaanxi, Zhashui Co., on thin soil over rock, 1120-1497 m, He Qiang 7095, PE) (Drawn by Guo Mu-Sen)

叶状体带形，宽 2-3 mm，长 0.5-1 cm；背面表皮细胞多边形，薄壁，三角体小；气孔口部周围 5 个细胞；中肋与叶细胞分界不明显。腹鳞片较均匀地散生于中肋处，呈披针形，鳞片先端具 1 披针形或舌形附器，细胞近方形或长方形。

雌雄异株。雌器托退化；一般具 1-3 个裂瓣，常略纵向扁平，内具 1 个蒴苞，含 1 个孢子体；雌器托柄长 1-4 mm。孢蒴球形。孢子表面具有近于半球形的粗疣，直径 56-70 μm。弹丝直径 8-10 μm，长 140-200 μm，具 2-3 列螺纹加厚。

**生境：** 生于岩面薄土上；海拔 1120-1497 m。

**产地：** 陕西：柞水县，何强 7095（PE）；户县（Levier，1906）。

**分布：** 印度和日本。

## 2. 星孔苔属 Sauteria Nees

叶状体小形至中等大小，呈带形，灰绿色至深绿色；叉状分枝，偶尔从中肋的腹面生出新枝。叶状体背表面呈明显凸起的网状；具单一型气孔，口部周围细胞 1-2 圈，放射状厚壁呈星状；通气组织和同化组织多层，占叶状体厚度的 0.5-0.75，形成多数大而空的气室，少数为单层；中肋分界不明显，向边缘渐薄。叶状体横切面下部基本组织较厚，细胞稍大，薄壁；有时具油胞。腹鳞片小，2-3 不规则的纵向排列，不对称的卵状三角形，锐尖至短渐尖，无色透明或略带紫色，先端的附器不收缩，常有油胞和黏液细胞疣。

雌雄同株。精子器散生或群生于叶状体背面中肋处，每一精子器上方具 1 突起的开口。雌器托半球形、圆盘形或退化，一般有近于圆柱形的裂瓣，内有 1 个二瓣状蒴苞；每一蒴苞含单个孢子体。托柄具 1 条假根沟，着生于叶状体先端缺刻处。孢蒴球形，成熟时不规则开裂；蒴壁具环纹加厚。孢子球形，表面具疣。弹丝具螺纹加厚。

全世界有 7 种，中国有 3 种，本地区有 1 种。

### 1. 星孔苔

图 24

Sauteria alpina (Nees) Nees, Naturgesch. Eur. Leberm. 4: 143. 1838.

*Lunularia alpina* Nees in Bisschoff & Nees, Flora 13: 399. 1830.

叶状体呈带形，宽 3-6 mm，长 0.5-1.7 cm，灰绿色；具 1-2 回叉状分枝。叶状体背面表皮细胞具三角体或缺失，有时具油胞；气室 2-3 层，气孔口部周围有 5-8 个细胞，放射状加厚的壁呈星状。腹鳞片散生；近于三角形，常带紫色，先端的附器不收缩，有时具油胞和黏液细胞疣。

雌雄同株。精子器散生或群生于叶状体背面中肋处，每一精子器上方具 1 突起的开口。雌器托半球形或退化，一般有 4-7 个近于圆柱形的裂瓣，内有 1 个二瓣状蒴苞；每一蒴苞里含单个孢子体。托柄无色、透明，长 0.5-1.5 cm，具 1 条假根沟，着生于叶状体先端缺刻处。孢蒴球形；蒴壁具环纹加厚。孢子深棕色，球形，直径 55-80 μm，表面具近半球形的粗疣或节状疣。弹丝直径 10-15（20）μm，长 120-280 μm，上部具 3-4 列螺纹加厚，下部为 2-3 列螺纹加厚。

**生境：** 生于岩面上；海拔 832-1112 m。

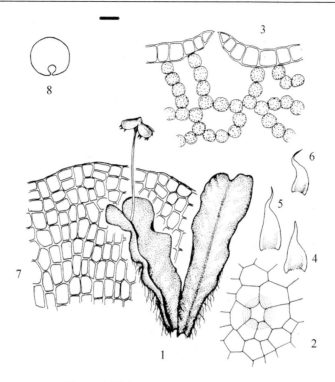

图 24　星孔苔 Sauteria alpina (Nees) Nees

1. 带孢子体的叶状体；2. 气孔（背面观）；3. 气孔横切面；4-6. 腹鳞片；7. 叶状体先端细胞；8. 雌器托柄横切面。标尺 =0.9 mm, 1；=49 μm, 2-3, 7；=0.29 mm, 4-6, 8。（陕西，商南县，金丝峡自然保护区，岩面，832-1112 m，何强 6863，PE）（郭木森绘）

Figure 24　Sauteria alpina (Nees) Nees

1. Thallus with sporophyte; 2. Pore of thallus (dorsal view); 3. Cross section of pore; 4-6. Ventral scales; 7. Apical cells of thallus; 8. Cross section of archegoniophore stalk. Scale bar=0.9 mm, for 1; =49 μm, 2-3, 7; =0.29 mm, for 4-6, 8. (Shaanxi, Shangnan Co., Jinsixia Nature Reserve, on rock, 832-1112 m, He Qiang 6863, PE) (Drawn by Guo Mu-Sen)

**产地：陕西**：商南县，金丝峡自然保护区，何强 6863，6946（PE）。

**分布**：亚洲、欧洲和北美洲。

# 科 8　光苔科 Cyathodiaceae Stotler & Crand.-Stotl.

叶状体质薄，小至大形，二歧分枝，黄绿色或绿色，呈扇状或带状，气室将叶状体分为背腹两层；气室通常单层，稀多层，无隔丝，具简单气孔或气孔缺失；气孔由 1 至多圈细胞组成。中肋常缺失，少数具中肋。鳞片细小，在叶状体生长点附近呈 1-2 列，有时缺失。假根有两种类型。

雌雄同株或异株。雄株多变异，雄器托无柄或有柄，有柄时具 1 浅的假根沟。蒴苞常着生于叶状体尖部腹面，呈筒状或二瓣状；颈卵器一般稀少。蒴柄细弱。孢蒴球形或近于球形，孢蒴壁单层细胞，孢蒴壁上部细胞具环状或半环状加厚，成熟时 8 瓣开裂。孢子圆球形，具刺状疣，或表面粗糙，直径 26-83 μm。弹丝褐色，纺锤形，长 260-900 μm，直径 12-24 μm，2-3 列，有时为 4 列螺纹加厚。

全世界有 1 属。

## 1. 光苔属 Cyathodium Kunze

属的特性同科。该属可以分为两个亚属（Srivastava and Dixit, 1996）：光苔亚属 *Cyathodium*（叶状体海绵状，无明显的中肋和储藏带）和亚属 *Metacyathodoium*（叶状体海绵状或紧密，具明显的中肋和储藏带）。

全世界有 12 种，中国有 5 种，本地区有 1 种。

### 1. 芽胞光苔

**Cyathodium tuberosum** Kash., New Phytol. 13: 210. 1914.
*Cyathodium penicillatum* Steph., Sp. Hepat. 6: 4. 1916.

植物体绿色或黄绿色，狭长，长 4-10 mm，宽 2-8 mm，一回或二回分枝，叶片密集生长相互交织，形成垫状；营养体、年幼的雄株或雌株上通常缺乏背孔（dorsal pore），仅存在于发育良好的雌株上，形成 2-3 个同心圆，每个圆由 4-5 个细胞组成；背面表皮细胞薄壁，（36-54）μm ×（32-36）μm，内壁突出到气室，由于存在叶绿体而呈现绿色，下面的表皮细胞由于叶绿体的存在也呈现绿色，薄壁，多少呈长方形，（40-60）μm ×（32-36）μm；腹面孔存在，局限于表皮细胞中。无中肋。气室 1 排无丝状体，通常 4-5 个细胞高，单层。腹面具多数假根。腹鳞片单一不分枝，单或双层，有时小，盘状，4-6 个细胞长，2-3 个细胞宽，内含叶绿体。管状结构存在于顶部或分枝的侧面，被假根覆盖。

雌雄异株。雄株通常不分枝，小，长 2-6 mm，宽 2-2.5 mm。雌株大，长 6-10 mm，宽 2.5-8 mm，分枝或不分枝。孢蒴卵形或球形，直径 0.4-0.7 mm，棕色。孢蒴壁单层，孢子单极性，暗棕色或近于黑色，球形，直径 48-72 μm，表面具刺状疣。每个孢蒴内有 15-20 个弹丝，长 280-360 μm，宽 14-21 μm。

本种的主要特征：①植物体大，长 4-10 mm，先端浅裂，黄绿色，不育体先端常具块状芽体；②雌雄异株；③雌苞的总苞外常具刺毛；④孢子具柱状长刺疣，疣先端钝头等。

**生境**：生于岩面薄土上；海拔 1120-1497 m。

**产地**：陕西：商南县，何强 6803，6894，6899，6929，6932，6935（PE）；柞水县，何强 7102，7103（PE）。

**分布**：尼泊尔、印度、不丹和缅甸。

## 科 9　皮叶苔科 **Targioniaceae** Dumort.

叶状体片状，分枝由腹面生长。气室大形，有营养丝；气孔单一，具 6-10 个保卫细胞。叶状体腹面具 2 列大形紫色鳞片。

精子器着生于叶状体短分枝顶部，呈小托盘状。颈卵器丛生叶状体前端，因叶状体继续生长而由背面转向腹面。蒴柄极短。孢蒴单生，由 2 片深红色蒴苞所包被；孢蒴壁单层细胞，具不规则螺纹或半螺纹加厚。弹丝具 2-3 列螺纹加厚，常具分枝。

全世界有 1 属。

## 1. 皮叶苔属 Targionia L.

成片生于干旱的土面，稀石生。叶状体呈带状，边缘黑色或黑紫色，腹面分枝，背面表皮细胞圆形，薄壁，具明显三角体，具明显由气室形成的网纹。每一气室具单一型的气孔，明显突起，气孔由 2-3 圈明显分化的细胞组成，每一圈由 6-9 个细胞组成。气室内具绿色丝状组织，3-4 个细胞高。叶状体腹面具 2 列暗紫色至紫色鳞片，呈半月形至狭长三角形，覆瓦状排列，每一鳞片具 1 附器，边缘具黏液疣。叶片上有零散的油胞。

雌雄同株或异株。雄苞生于腹面侧生枝的末端；雌苞在弱枝的背面中，顶生或由腹面伸出，雌器托无柄。蒴苞二瓣状，颈卵器着生于其中。孢蒴成熟后不规则开裂。

全世界有 5 种，中国有 5 种，本地区有 1 种。

### 1. 皮叶苔

**Targionia hypophylla** L., Sp. Pl.: 1136. 1753.

植物体淡绿色，楔形或带形，长 10-15 mm，宽 2-4 mm，稀假二歧分枝（pseudodichotomously furcate）；萌枝由腹面生长；尖端楔形开裂；背面具由气室形成的不明显的网纹，表皮细胞为不明显的六角形，薄壁，角部加厚；叶状体边缘和腹面多少呈暗紫色。气孔在叶状体表面不明显，气孔单一，具 2 列细胞，每列由 6-9 个细胞组成。气室内具营养丝，顶细胞卵形或梨形，基本组织由 10-16 层细胞组成。腹面两侧各具 1 列半圆形的紫色或红色的鳞片，顶端各具 1 个阔卵状披针形附器。

雌雄同株或异株。孢蒴球形。孢子红褐色，直径 50-60 μm，表面具细网纹，边缘形成翅状。弹丝直径 8-14 μm，具 2-3 列螺旋状加厚。

**生境：**生于岩面薄土或砂岩上；海拔 540-2180 m。

**产地：湖北：**郧县，何强 6277，6348，6350（PE）。**陕西：**太白县，魏志平 5968（WNU）；洋县，魏志平 6768（PE）；太白山，张满祥 201（WNU）。

**分布：**土耳其、伊朗、不丹、印度、尼泊尔、蒙古、朝鲜、日本；欧洲、南美洲和北美洲。

本种的蒴苞为贝壳状，着生于叶状体腹面的前端。

# 科 10　钱苔科 **Ricciaceae** Rchb.

叶状体通常小形，卵状三角形、长卵状心形或呈带形；多紧密二歧状分枝，呈放射状排列，形成圆形或莲座形群落，有时成片生长；潮湿土生或水面漂浮。叶状体肉质或多少革质。叶状体背面具气室及少数不明显的气孔，或具 1 层排列紧密的柱状细胞构成的同化组织，中央常凹陷成沟槽，多数营养丝为单列细胞，顶端细胞大或为乳头状，与叶状体垂直并列，在营养丝中间形成气道；另外一类同化组织海绵状，由单层绿色细胞相间隔形成气室，有单型气孔。基本组织一般为多层细胞，细胞同形，无色，腹面向下突起；叶状体腹面通常具平滑与粗糙两种类型的假根。腹鳞片通常细小，稀大形，无附器，呈 1 列或 2 列。

通常雌雄同株，稀雌雄异株。精子器与颈卵器散生，埋于叶状体的组织中。孢蒴无蒴柄，直接着生于叶状体上，成熟时蒴壁破碎，孢蒴外壁无环纹加厚。蒴柄和基足缺失。孢子一般呈四分体型，较大，直径40-200 μm，孢子外壁纹饰变化较大。弹丝缺失。

全世界有2属，中国有2属，本地区有2属。

### 分属检索表

1. 叶状体腹鳞片大，呈长剑形，边缘具齿；通常在水面漂浮生长 ·················**2.浮苔属 Ricciocarpos**
1. 叶状体腹面无大形鳞片；通常生长于土面 ···································································**1.钱苔属 Riccia**

## 1. 钱苔属 Riccia L.

叶状体通常小，多生于潮湿的土面上，极少数为水生；多为灰绿色、鲜绿色至暗绿色，无光泽，三角状心形或长条形，1-2 回或多回二歧分枝，多辐射匍匐状延伸形成圆盘状或扇形群落，有时相互重叠贴生或呈条状。叶背面常有沟，具多层气室，常由单层绿色细胞间隔，一般无明显气孔，或具1层排列紧密的柱状细胞构成的同化组织，同化组织的营养丝为单列细胞，平行排列，中间有气道，或营养细胞排列成片状，形成网格气室，有单气孔。中央常凹陷形成1条沟槽；基本组织横切面厚可达10多个细胞；腹面突起，具平滑或胞壁具密疣的假根。腹鳞片常小形或退化，如有则为两列排列，无色透明，或紫红色，或暗红色。假根胞壁具密疣或平滑。一般无黏液细胞与油胞。

多数雌雄同株，稀雌雄异株。精子器和颈卵器散生，埋于叶状体组织中。孢蒴成熟时不规则开裂，蒴壁自行腐失。孢子较大，直径40-150 μm，一般为四分体型，表面具网纹。无弹丝。

全世界有155种，中国有19种，本地区有2种。

### 分种检索表

1. 叶状体具2-3层气室 ·························································································**1.叉钱苔 R. fluitans**
1. 叶状体无气室分化 ·······························································································**2.钱苔 R. glauca**

### 1. 叉钱苔 　　　　　　　　　　　　　　　　　　　　　　　　　　　　　图 25

**Riccia fluitans** L., Sp. Pl.: 1139. 1753.

叶状体细长带形，淡绿色，偶尔细胞壁具不明显的色素，宽 0.5-1（-2）mm，长 1-5 cm；多回较规则的叉状分枝，常成片生长。叶状体先端呈楔形；背面表皮具不明显气孔，由 4 个细胞组成，有时由 5-6 个细胞组成，呈 1-2 圈；气室横切面 2-3 层，宽度为厚度的 3-4 倍。腹鳞片仅 1 排，半圆形至半月形，无色至紫色。

多雌雄异株。精子器和颈卵器埋于叶状体组织中。孢蒴成熟时不规则开裂，蒴壁自行腐失。孢子四分体型，较大，直径50-80 μm，表面具穴状低网纹。无弹丝。

**生境**：生于潮湿土面上；海拔950 m。

**产地**：**河南**：灵宝市（叶永忠等，2004）。**陕西**：佛坪县，汪楣芝55662（PE）。

**分布**：伊朗、印度、蒙古、朝鲜、日本、俄罗斯远东和西伯利亚地区；欧洲和北美洲。

本种的主要特征：①叶状体细长带状，宽一般为 0.5-1 mm；②横切面具气室。

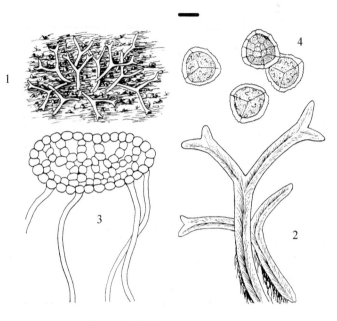

图 25　叉钱苔 Riccia fluitans L.

1. 叶状体；2. 叶状体一部分；3. 叶状体横切面；4. 孢子。标尺=1 cm，1；=1.67 mm，2；=70 μm，3；=18 μm，4。（陕西，佛坪县，汪楣芝 55662，PE）（郭木森绘）

Figure 25　Riccia fluitans L.

1. Thallus; 2. A portion of thallus; 3. Cross section of thallus; 4. Spores. Scale bar=1 cm, for 1; =1.67 mm, for 2; =70 μm, for 3; =18 μm, for 4. (Shaanxi, Foping Co., Wang Mei-Zhi 55662, PE) (Drawn by Guo Mu-Sen)

## 2. 钱苔　　　　　　　　　　　　　　　　　　　　　　　　　　　图 26

**Riccia glauca** L., Sp. Pl.: 1139. 1753.

叶状体形较小，宽 1-3 mm，长 0.3-1 cm，灰绿色，长三角形；规则的 2-3 回叉状分枝，常呈圆形群落，直径 1-2 cm。叶状体先端半圆形，中央具宽的浅沟槽；背面具 1 层排列紧密的柱状细胞构成的同化组织，顶细胞近于半圆形；无气室和气孔；横切面宽度为厚度的 4-6 倍。有时腹面具无色小形鳞片，表面无突起。

雌雄同株。精子器和颈卵器埋于叶状体组织中。孢蒴成熟时不规则开裂，蒴壁自行腐失。孢子褐色，四分体型，直径 80-95 μm，表面具明显的穴状网纹，孢子边缘翅波曲，表面平滑或具细颗粒。无弹丝。

**生境**：不详。

**产地**：河南：灵宝市（叶永忠等，2004）。

**分布**：土耳其、伊朗、朝鲜、日本、俄罗斯远东和西伯利亚地区；欧洲和北美洲。

本种的主要特征：①叶状体长三角形，质地厚；②横切面无气室；③孢子表面具密的网纹或节状疣。

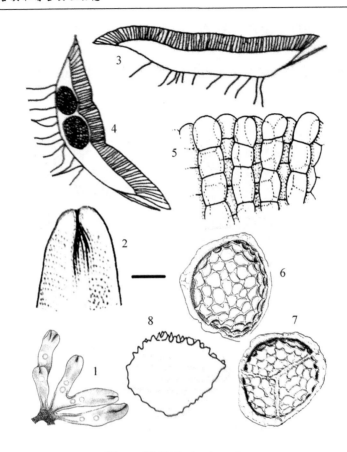

图 26　钱苔 Riccia glauca L.

1. 叶状体；2. 叶状体先端；3-4. 叶状体横切面；5. 叶状体表皮细胞；6-7. 孢子；8. 雌苞叶。标尺=2 mm，1；=1 mm，2；
=0.14 mm，3-4；=77 μm，5；=40 μm，6-7。(引自《中国高等植物》第一卷)

Figure 26　Riccia glauca L.

1. Thallus; 2. Apex of thallus; 3-4. Cross section of thallus; 5. Epidermal cells of thallus; 6-7. Spores; 8. Perichaetial leaf. Scale
bar=2 mm, for 1; =1 mm, for 2; =0.14 mm, for 3-4; =77 μm, for 5; =40 μm, for 6-7. (from *Higher Plants of China* Vol. 1)

## 2. 浮苔属 Ricciocarpos Corda

　　叶状体中等大小，长 4-10 mm，宽 4-10 mm，暗绿色或带紫色，一般呈三角状心形；叉状分枝；多漂浮于水面，有时土生。叶状体气室多层；背面表皮具不明显的气孔，口部周围细胞同形；中央常凹陷成沟。腹面具多数大形紫色鳞片，宽带形，长约 5 mm，边缘具齿。

　　雌雄同株或异株。精子器与颈卵器散生，埋于叶状体的组织中。孢蒴成熟时蒴壁破碎、腐失；孢蒴外壁无环纹加厚；无蒴柄和基足。孢子球形，较大，直径 45-55 μm，一般少见。弹丝缺失。

　　全世界有 1 种。

### 1. 浮苔　　　　　　　　　　　　　　　　　　　　　　　　　　　　图 27

**Ricciocarpos natans** (L.) Corda, Naturalientausch 12: 651. 1829.
*Riccia natans* L., Syst. Nat. (ed. 10) 2: 1339. 1759.

种的特征同属。

**生境**：生于水田中；海拔 950-1000 m。

**产地**：陕西：佛坪县，汪楣芝 55663（PE）；洋县，魏志平 6767（PE）。

**分布**：伊朗、不丹、印度、尼泊尔、菲律宾、蒙古、朝鲜、日本、俄罗斯远东和西伯利亚地区；欧洲、南美洲、北美洲和非洲。

本种最重要的特征是：①常生于水面；②具多数紫色宽带状鳞片。

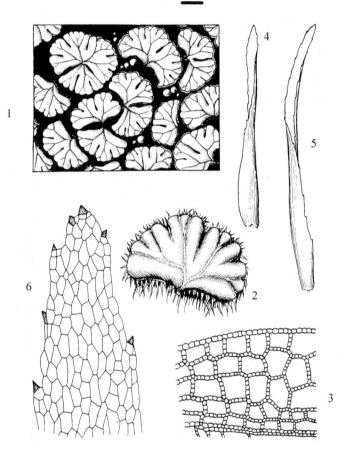

图 27　浮苔 Ricciocarpos natans (L.) Corda

1. 叶状体群落；2. 叶状体；3. 叶状体横切面一部分；4-5. 腹鳞片；6. 腹鳞片先端。标尺=1 cm, 1；=1.67 mm, 2；=55 μm, 3；=0.7 mm, 4-5；=71 μm, 6。（陕西，佛坪县，汪楣芝 55663, PE）（郭木森绘）

Figure 27　Ricciocarpos natans (L.) Corda

1. Population of thallus; 2. Thallus; 3. A portion of cross section of thallus; 4-5. Ventral scales; 6. Apical ventral scale cells. Scale bar=1 cm, for 1; =1.67 mm, for 2; =55 μm, for 3; =0.7 mm, for 4-5; =71 μm, for 6. (Shaanxi, Foping Co., Wang Mei-Zhi 55663, PE) (Drawn by Guo Mu-Sen)

# 科 11　南溪苔科 **Makinoaceae** Nakai

叶状体宽阔，深绿色，不规则二歧分枝，一般呈片状生长；无气室和气孔；边缘多明显波曲；中央色泽明显深于两侧；腹面密生红棕色假根；腹鳞片细小，宽 1 个细胞，长数个细胞。叶状体表皮细胞薄壁，每个细胞内含 5-15 个球形油体。

雌雄异株。雌苞着生于叶状体背面前端。蒴被筒状，尖端边缘具齿。蒴柄细长。成熟时由蒴被内伸出。孢蒴长椭圆形，成熟时一侧开裂。

全世界有 1 属。

# 1. 南溪苔属 Makinoa Miyake

叶状体暗绿色，长 5-8 cm，二歧分枝；中肋宽，与叶状体界限不明显；两侧边缘波曲，全缘；假根红褐色，密生于中肋腹面；中肋略凹陷；鳞片细小，由数个线状细胞组成，着生于叶状体腹面。

雌雄异株。精子器多数，密生于叶状体先端半月形凹槽内。蒴苞半圆形，边缘呈齿状，着生于中肋背面。蒴被筒状。孢蒴长椭圆形，成熟后一侧纵裂。弹丝细长。孢子黄褐色，表面具细网纹。

本属全世界只有 1 种。

## 1. 南溪苔                                                                图 28

**Makinoa crispata** (Steph.) Miyake, Bot. Mag. (Tokyo) 13: 21. 1899.
*Pellia crispata* Steph., Bull. Herb. Boissier 5: 103. 1897.

种的特征同属。

**生境**：生于潮湿的岩面、林下土面或岩面薄土上；海拔 832-2800 m。

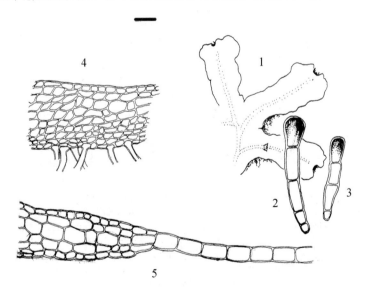

图 28　南溪苔 Makinoa crispata (Steph.) Miyake
1. 叶状体；2-3. 腹鳞片；4. 叶状体横切面（中肋处）；5. 叶状体横切面一部分。标尺=6.7 mm，1；=73 μm，2-3；
=0.14 mm，4-5。（湖北，郧县，何强 6228，PE）（郭木森绘）

Figure 28　Makinoa crispata (Steph.) Miyake
1. Thallus; 2-3. Ventral scales; 4. Cross section of thallus (rib region); 5. A portion of cross section of thallus. Scale bar=6.7 mm, for 1; =73 μm, for 2-3; =0.14 mm, for 4-5. (Hubei, Yunxian Co., He Qiang 6228, PE) (Drawn by Guo Mu-Sen)

**产地：湖北**：郧县，何强 6228，6271（PE）。**陕西**：佛坪县，李粉霞、王幼芳 270，1797（HSUN）；户县，魏志平 4826（PE）；商南县，何强 6826（PE）；太白县，魏志平 5924（WNU），魏志平 6707（PE）。

**分布**：菲律宾、印度尼西亚、朝鲜、日本和巴布亚新几内亚。

本种的重要特征在于叶状体宽阔，边缘稍具波曲，中肋略凹陷。

# 科 12　莫氏苔科 **Moerckiaceae** Stotler & Crand.-Stotl.

植物体匍匐状生长，细胞壁缺乏色素，呈透明状，通过一个楔形顶端细胞进行生长。分枝的末端是假二歧分枝（false dichotomy）；无侧腹面分枝，叶状体基部具柄或无。叶状体上不产生新的叶片。叶状体横切面具中轴分化，常为 2 个分化的中轴。腹鳞片具多细胞的黏液毛。

雌雄异株。配子囊生于叶状体背面，带有精子器的雄苞位于背鳞片下，精子器柄短。雌苞外由环形、口部边缘有齿的蒴苞包被，成熟后形成 1 个管状的假蒴萼（pseudoperianth）。孢蒴壁 4-6 层。孢子表面具网状或蠕虫状纹饰。

全世界有 2 属，中国有 1 属。

## 1. 拟带叶苔属 **Hattorianthus** R. M. Schust. & Inoue

植物体叶状，具细柄，黄色，柄基部为黄色。叶状体上部直立或倾立，边缘波曲，中部厚，两侧边缘为单层细胞，叶状体横切面具双中轴；假根叶柄上；叶状体先端具单列细胞组成的黏液毛；腹鳞片小，生于腹面中肋两侧。

雌雄异株。雌苞单个着生于叶状体背面。总苞生于颈卵器后侧，上部分裂成毛状；假蒴萼长椭圆形，蒴帽不高出于假蒴萼，孢蒴壁由 3-5 层细胞组成。精子器集生于叶状体背面。孢子具疣。

全世界仅有 1 种。

### 1. 假带叶苔　　　　　　　　　　　　　　　　　　　　　　　　　　　　图 29

**Hattorianthus erimonus** (Steph.) R. M. Schust. & Inoue, Bull. Natl. Sci. Mus., Tokyo, B. Bot. 1: 106. 1975.

*Pallavicinia erimona* Steph., Bull. Herb. Boissier 5: 102. 1897.

*Moerckia erimona* (Steph.) S. Hatt., J. Jap. Bot. 18: 472. 1942.

*Cordaea erimona* (Steph.) Mamontov, Konstant., Vilnet & Bakalin, Arctoa 24: 113. 2015.

种的特征同属。

**生境**：生于岩面薄土上；海拔 1164 m。

**产地**：**陕西**：洋县，华阳，汪楣芝 57054（PE）。

**分布**：日本；欧洲和北美洲。

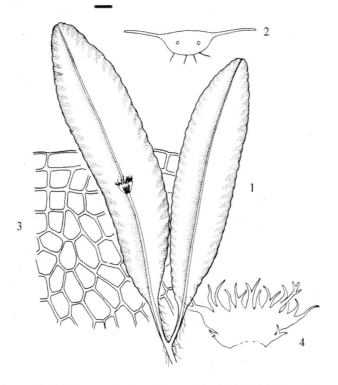

图 29　假带叶苔 Hattorianthus erimonus (Steph.) R. M. Schust. & Inoue

1. 叶状体；2. 叶状体横切面；3. 叶状体细胞；4. 雌苞叶。标尺=1.4 mm, 1; =0.29 mm, 2; =44 μm; 3; =0.59 mm, 4。

（陕西，洋县，华阳，岩面薄土，1164 m，汪楣芝 57054, PE）（郭木森绘）

Figure 29　Hattorianthus erimonus (Steph.) R. M. Schust. & Inoue

1. Thallus; 2. Cross section of thallus; 3. Cells of thallus; 4. Perichaetial leaf. Scale bar=1.4 mm, for 1; =0.29 mm, for 2; =44 μm; for 3; =0.59 mm, for 4. (Shaanxi, Yangxian Co., Huayang, on thin soil over rock, 1164 m, Wang Mei-Zhi 57054, PE) (Drawn by Guo Mu-Sen)

# 科 13　带叶苔科 Pallaviciniaceae Mig.

叶状体宽阔带状，二歧分枝；中肋明显，与叶状体间具清晰界限；横切面中央有厚壁细胞组成的中轴。叶状体细胞单层，多边形，薄壁；假根着生于中肋腹面。腹鳞片单细胞。

雌雄苞无特化生殖枝。雄苞 2 至多列着生于中肋背面。颈卵器群生。孢蒴通常圆柱形，成熟时不完全 2-4 瓣裂，孢蒴外壁无半球状加厚。

全世界有 7 属，中国有 1 属。

## 1. 带叶苔属 Pallavicinia Gray

叶状体淡绿色，二歧分枝，匍匐状生长，边缘呈宽的波曲的翅状；中肋明显，向背腹面突出，具分化中轴；假根或生于整个腹面，或仅生于腹面中肋区域；叶状体两侧细胞单层，边缘有时具直立或略弯曲的单生纤毛；中肋处的细胞长形，厚壁且具壁孔；鳞片长 2-3 细胞，仅见于叶状体腹面尖部。

雌雄异株。雄苞 2 至多列，着生于中肋上。雌苞着生于叶状体背面，蒴苞杯形，假蒴萼筒状，高于蒴苞。蒴柄白色，纤长。孢蒴短圆柱形，成熟时呈 2-4 瓣开裂。孢子红棕色，球形，小，直径 12-25 μm。弹丝 2 列，具螺纹加厚。

全世界有 15 种，中国有 4 种，本地区有 2 种。

### 分种检索表

1. 叶状体边缘具 4-9 个细胞形成的纤毛 ·········································**1.多形带叶苔 P. ambigua**
1. 叶状体边缘具 1-2 个细胞形成的纤毛 ·············································**2.带叶苔 P. lyellii**

## 1. 多形带叶苔

**Pallavicinia ambigua** (Mitt.) Steph., Mém. Herb. Boissier 11: 7. 1900.
*Steetzia ambigua* Mitt., J. Proc. Linn. Soc., Bot. 5: 123. 1861.
*Makednothallus isoblastus* Herz., J. Hattori Bot. Lab. 14: 31. 1955.
*Symphyogyna sinensis* C. Gao, E. Z. Bai & C. Li, Bull. Bot. Res. 7(4): 57, f. 1. 1987.

植物体中等大小，黄绿色、绿色或褐绿色，长可达 5 cm，宽可达 4.5 mm。叶状体匍匐生长，具多数假根，不规则的稀疏分枝。分枝叶片状、舌形或狭舌形，1-2 回叉状分枝，或单一不分枝。直立或倾立，基部具柄，柄长 0.1-1 cm，边缘略具波纹和少数纤毛，纤毛长 4-9 个细胞，基部 1-2 个细胞宽；中肋粗，宽约 0.3 mm，在横切面上向背腹面凸出，中部从中肋到边缘约 20 个细胞宽。腹鳞片小，2-3 个细胞构成，在中肋两侧成对平行排列。

雌雄异株。雌器苞钟形，口部截齐形，流苏状。颈卵器多个，丛生于雄蒴苞中。孢蒴成熟时红棕色，呈 2-4 瓣裂。孢子球形，红棕色，直径 12-16 μm。弹丝具 2-3 列螺纹加厚，长约 600 μm，直径约 6 μm。

**生境：**生于岩面薄土上；海拔 1300-1430 m。
**产地：河南：**内乡县，何强 6716（PE）。
**分布：**印度、印度尼西亚和日本。

## 2. 带叶苔                                                                图 30

**Pallavicinia lyellii** (Hook.) Gray, Nat. Arr. Brit. Pl. 1: 685, f. 775. 1821.
*Jungermannia lyellii* Hook., Brit. Jungerm. Pl.: 77. 1816.

叶状体阔带状，稀二歧分枝；长 2-3 cm，宽 4-5 mm；中肋粗壮，常不贯顶，中轴分化；中肋两侧为单层细胞，宽 10 多个细胞，细胞均呈不规则六角形，细胞壁薄，（24-48）μm ×（38-105）μm，边缘处细胞变为长形；细胞具多而小的油体，通常每个细胞具 40-60 个；叶状体边缘不规则波曲，具 1-2 个细胞长的纤毛。鳞片圆形，单细胞，不规则着生于叶状体腹面尖部。

雌雄异株。精子器在中肋两侧成 1 列生长，由具齿的鳞片覆盖。蒴苞着生于叶状体背面；假蒴萼圆筒形。蒴柄透明，细长。孢蒴长圆柱形。孢子红棕色，表面具细网状纹饰，直径 14-24 μm。

**生境**：生于岩壁或岩面上；海拔 1200-1300 m。

**产地：陕西**：户县，魏志平 4734（PE）；太白山，黎兴江 803（PE）。

**分布**：不丹、尼泊尔、新加坡、印度尼西亚、菲律宾、日本、巴布亚新几内亚、俄罗斯远东地区、土耳其、澳大利亚、新西兰；南美洲、北美洲和非洲。

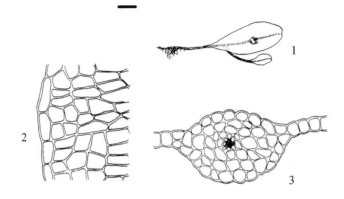

图 30　带叶苔 Pallavicinia lyellii (Hook.) Gray

1. 叶状体；2. 叶状体边缘细胞；3. 叶状体横切面一部分（中肋处）。标尺=3.2 mm, 1；=57 μm, 2-3。（陕西，户县，石壁，1300 m，魏志平 4734，PE）（郭木森绘）

Figure 30　Pallavicinia lyellii (Hook.) Gray

1. Thallus; 2. Marginal cells of thallus; 3. A portion of cross section of thallus (rib region). Scale bar=3.2 mm, for 1; =57 μm, for 2-3. (Shaanxi, Huxian Co., on cliff, 1300 m, Wei Zhi-Ping 4734, PE) (Drawn by Guo Mu-Sen)

# 科 14　溪苔科 **Pelliaceae** H. Klinggr.

叶状体带状，宽度不等，色泽多绿色或黄绿色，常叉状分枝，多成片相互贴生；横切面中部厚达 10 多层细胞，向边缘逐渐变薄为单层细胞；假根着生于腹面中央。缺乏专门的无性繁殖体。

雌雄同株或异株。雌苞和雄苞均生于叶状体背面上。精子器呈棒状，多生于叶状体内前端。颈卵器着生于叶状体背面袋形或圆形总苞内。孢蒴球形，成熟时 4 瓣纵裂，由两层细胞组成，外层细胞大。孢子大，绿色，单细胞或多细胞。弹丝具 2-4 列螺纹加厚。

全世界有 1 属。

## 1. 溪苔属 **Pellia** Raddi

叶状体有宽和窄多种形状，叉状分枝或不规则分枝；边缘多波曲。叶状体表皮细胞小形，六角形，多具叶绿体，中部细胞无色，大形，薄壁，有时胞壁具加厚，每个细胞具 15-35 个小球形或卵形的油体。叶状体尖部具单列细胞形成的鳞片。

雌雄同株或异株。精子器隐生于叶状体背面近中肋处，散生或成群。雌苞卵形或袋形，生于叶状体背面中肋处。孢蒴球形，黄色或褐绿色，孢蒴壁 2-3 层，孢蒴外壁细胞近于方形，具角隅加厚；孢蒴成熟后高出于雌苞，蒴柄长 5-8 cm；孢蒴外壁为大形细胞，内层为小形细胞。孢子球形，大，（50-80）μm ×（70-130）μm，单细胞或多细胞。弹丝细而长，着生于弹蒴内基部弹丝托上，直径 5-12 μm，长 150-500 μm，具 2-4 列螺纹加厚。

全世界有 6 种，中国有种 3 种，本地区有 3 种。

分种检索表

1. 叶状体细胞里无红色加厚边缘；叶状体先端腹面具黏茸毛，长 4-8 个细胞，末端具黏疣；蒴帽隐生于总苞内 ·············**1.花叶溪苔 P. endiviifolia**
1. 叶状体细胞里具红色加厚边缘；叶状体先端具黏疣，短棒状，基部多为 1 个细胞；蒴帽长，伸出苞膜之外 ······2
2. 雌雄异株；总苞杯状 ·············**3.波绿溪苔 P. neesiana**
2. 雌雄同株；总苞囊状 ·············**2.溪苔 P. epiphylla**

## 1. 花叶溪苔　　　　　　　图 31

**Pellia endiviifolia** (Dicks.) Dumort, Recueil Observ. Jungerm.: 27. 1835.

*Jungermannia endiviaefolia* Dicks., Fas. Pl. Crypt. Brit. 4: 19. 1801.

*Pellia fabbroniana* Raddi, Mem. Mat. Fis. Soc. Ital. Sci. Modena, Pt. Mem. Fis. 18: 49. 1818[1820].

植物体呈带状，淡绿色或褐绿色，稀红色至紫色，不规则叉状分枝，先端腹面具黏茸毛，长 4-8 个细胞，末端具黏疣，尖端常产生多数小裂瓣，叶状体宽 4-7 mm，边缘半透明，常呈波曲状，稀明显卷曲；横切面中央厚 8-10 层细胞，边缘为单层细胞。边缘细胞近于方形或短的椭圆形。

雌雄异株。雌苞杯形。蒴柄成熟时高出于雌苞，透明。孢蒴球形，成熟时呈 4 瓣开裂，蒴帽隐生于总苞内。孢子椭圆状卵形，多细胞，表面具疣，直径 80-100 μm。弹丝具 2 列螺纹加厚。

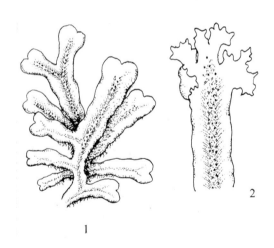

图 31　花叶溪苔 Pellia endiviifolia (Dicks.) Dumort
1. 叶状体；2. 叶状体一部分。标尺=2.5 mm, 1；=1.7 mm, 2。（甘肃，舟曲县，茶岗乡，溪流边，1850-1950 m，汪楣芝 53535，PE）（郭木森绘）
Figure 31　Pellia endiviifolia (Dicks.) Dumort
1. Thallus; 2. A portion of thallus. Scale bar=2.5 mm, for 1; =1.7 mm, for 2. (Gansu, Zhouqu Co., Chagangxiang, beside the stream, 1850-1950 m, Wang Mei-Zhi 53535, PE) (Drawn by Guo Mu-Sen)

**生境：**生于潮湿土面、岩面薄土和岩面上；海拔 423-2400 m。

**产地：河南：**灵宝市（叶永忠等，2004）；内乡县，曹威 930，937（PE）；西峡县，曹威 486，502（PE）。**湖北：**郧县，何强 5909，5970（PE）。**陕西：**佛坪县，李粉霞、王幼芳 307，573，1290，1839a，1841a，1847，2043，2117（HSNU）；户县，魏志平 4735，4791a，4807（PE）；眉县（Massalongo，1897；Levier，1906，as *Pellia fabbroniana*）；太白山，魏志平 5326（PE）；洋县，秦岭南坡，魏志平 6768（PE）。**甘肃：**舟曲县，汪楣芝 53535（PE）。

**分布：**巴基斯坦、不丹、印度、尼泊尔、日本、朝鲜、俄罗斯远东和西伯利亚地区、土耳其；欧洲和北美洲。

本种因尖端常产生多数小裂瓣而区别于本属其他种类。

## 2. 溪苔 图 32

**Pellia epiphylla** (L.) Corda, Naturalientausch 12: 654. 1829.

*Jungermannia epiphylla* L., Sp. Pl.: 1135. 1753.

叶状体大形，匍匐状生长，黄绿色或深绿色，中肋区域有时红色或红紫色，长 2-4 cm，宽 5-7 mm；多叉状分枝；假根丰富，褐色；中肋与叶细胞分界不明显；边缘呈波状，常为紫红色。叶状体横切面中部厚 8-12 层细胞，边缘单层细胞宽达 10 多个；背腹面表皮细胞薄壁，近于长方形，长 70-80 μm，宽 25-45 μm，边缘处细胞变长；每个细胞含 16-23 个椭圆形的油体；腹面的黏疣（slime papillae）发生于一个基部呈柄状的细胞上，细胞长 54-58 μm，宽 18-21 μm。

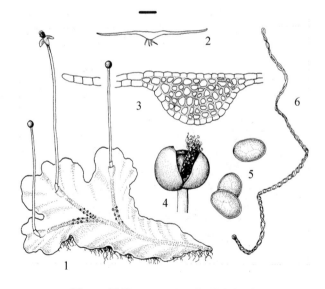

图 32 溪苔 Pellia epiphylla (L.) Corda

1. 带孢子体的叶状体；2. 叶状体横切面；3. 叶状体横切面一部分；4. 孢蒴；5. 孢子；6. 弹丝。标尺=1.25 mm，1；=0.7 mm，2，4；=0.13 mm，3；=28 μm，5-6。（陕西，商南县，金丝峡自然保护区，潮湿岩面，832-1112 m，何强 6834，PE）（郭木森绘）

Figure 32　Pellia epiphylla (L.) Corda

1. Thallus with sporophytes; 2. Cross section of thallus; 3. A portion of cross section of thallus; 4. Capsule; 5. Spores; 6. Elater. Scale bar=1.25 mm, for 1; =0.7 mm, for 2, 4; =0.13 mm, for 3; =28 μm, for 5-6. (Shaanxi, Shangnan Co., Jinsixia Nature Reserve, on moist rock, 832-1112 m, He Qiang 6834, PE) (Drawn by Guo Mu-Sen)

雌雄有序同苞（paroecious）。蒴苞囊状。孢子绿色，表面具细疣，（50-60）μm × （70-90）μm。弹丝细，扭曲，直径 7-8 μm，长 400-500 μm，具 2-3 列螺纹加厚。

**生境：**生于林下土面、石壁上或水中；海拔 1200-3000 m。

**产地：甘肃：**舟曲县，汪楣芝 53006（PE）。**河南：**西峡县，曹威 685（PE）。**湖北：**郧西县，曹威 033（PE）；郧县，何强 6188（PE）。**陕西：**佛坪县，汪楣芝 55747（PE）；户县，魏志平 4312，4328（WNU）；眉县，汪楣芝 56856，56934（PE）；宁陕县，陈邦杰等 412a（PE）；商南县，何强 6834（PE）；洋县，汪楣芝 54891，57096，57097（PE）；西太白山，魏志平 5981（WNU），魏志平 6145，6441（PE）；太白山，魏志平 5008（PE）。

**分布：**不丹、印度、伊朗、朝鲜、日本、也门、土耳其、俄罗斯远东和西伯利亚地区；欧洲和北美洲。

## 3. 波绿溪苔 图 33

**Pellia neesiana** (Gottsche) Limpr., Hedwigia 15: 18. 1876.

*Pellia epiphylla* fo. *neesiana* Gottsche, Hedwigia 6: 69. 1867.

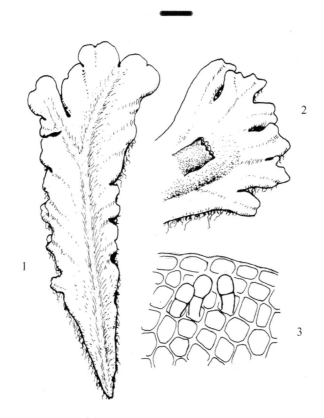

图 33　波绿溪苔 Pellia neesiana (Gottsche) Limpr.

1. 叶状体；2. 植物体一部分（带蒴萼）；3. 叶细胞。标尺=1.7 mm，1-2；=57 μm，3。（陕西，商南县，金丝峡自然保护区，潮湿岩面，832-1112 m，何强 6828，PE）（郭木森绘）

Figure 33　Pellia neesiana (Gottsche) Limpr.

1. Thallus; 2. A portion of thallus (with perianth); 3. Leaf cells. Scale bar=1.7 mm, for 1-2; =57 μm, for 3. (Shaanxi, Shangnan Co., Jinsixia Nature Reserve, on moist rock, 832-1112 m, He Qiang 6828, PE) (Drawn by Guo Mu-Sen)

植物体灰白色或黄绿色，偶尔在中肋区域处呈红色，长 1-3 cm，宽 6-12 mm，带状，偶尔植物体远端叉状分枝，但并不形成明显的裂瓣，植物体边缘呈波曲状或波状起伏。叶状体横切面约 12 个细胞厚，中间部分具明显的加厚带，通常是 U 形或环形。叶状体边缘细胞（35-42）μm ×（52-95）μm，叶状体中部细胞（40-50）μm ×（70-90）μm，每个细胞中有 8-30 个油体。叶状体先端的腹面具黏液滴。

雌雄异株。雄株通常更小，常分叉，体形更狭窄，紫色至红色。雌株较雄株更显波曲状，植物体更宽，中部有 12 个细胞厚。蒴萼近于平滑，有 1-2 个细胞或 2 至数个细胞组成的毛。每个孢蒴里有 20-30 个弹丝，直径 15-38 μm。孢子直径 51-133 μm。

**生境：** 生于土面、岩面薄土或岩石上；海拔 423-1112 m。

**产地：河南：**灵宝市（叶永忠等，2004）。**湖北：**郧西县，曹威 004，007（PE），何强 5902（PE）。**陕西：**商南县，何强 6823，6825，6828，6846（PE）。

**分布：**尼泊尔、日本、朝鲜、俄罗斯远东和西伯利亚地区；欧洲和北美洲。

本种突出的特征是假蒴萼长柱状并高出于雌苞；叶状体横切面显示细胞具加厚带。

# 科 15　叶苔科 **Jungermanniaceae** Rchb.

植物体细小至中等大小，绿色、黄绿色、暗绿色或红褐色。茎直立、倾立或匍匐，侧枝发生于茎的腹面，少数种类具鞭状枝。假根无色或淡褐色或紫色，散生于茎的腹面、叶片基部或叶片腹面，有时假根呈束状沿茎呈下垂状。侧叶蔽后式，全缘，偶尔先端微凹，稀呈浅二裂状，斜列生长或近于横生，前缘基部有短或长下延。腹叶多缺失，如存在则呈舌形或三角状披针形，稀 2 裂。叶细胞方形或圆六角形，壁厚，三角体大，有时呈球状，有时不明显，通常细胞平滑，少数具疣；油体少至多数，球形、椭圆形或长条形。

雌雄同株、异株或有序同苞。雄苞顶生或间生，雄苞叶 2-3 对。雌苞顶生或生于短侧枝上；雌苞叶多大于侧叶，同形或略异形。蒴萼通常为圆柱形、卵形、梨形或纺锤形，平滑或上部有纵褶，部分种类在茎先端膨大形成蒴囊。蒴萼生于蒴囊上。孢蒴通常圆形或长椭圆形，黑色，成熟时呈 4 瓣裂，蒴壁细胞多层，外层细胞壁球状加厚。蒴柄由多数细胞构成。孢子褐色或红褐色，表面具细疣，直径 10-20 μm。弹丝多为 2 列螺纹加厚，稀 1 列或 3-4 列螺纹加厚。

全世界有 31 属，中国有 9 属，本地区有 5 属。

## 分属检索表

1. 腹叶存在，常较小或在老茎部分消失，但雌苞腹叶宿存 ......................................................2
1. 腹叶缺失，雌苞无腹叶 ...................................................................................................3
2. 叶片先端 2 裂 .........................................................................**2.无褶苔属 Leiocolea**
2. 叶片先端圆钝 ..........................................................................**4.被蒴苔属 Nardia**
3. 蒴萼圆柱形，平滑，骤缩形成 1 短喙；无蒴囊；叶片舌形 ..................**3.狭叶苔属 Liochlaena**
3. 蒴萼椭圆形、卵形、纺锤形或棍棒形，至少在顶部具有 4-5 条纵褶，逐渐收缩成喙或无喙；蒴囊存在或缺乏；叶片卵形、椭圆形、半圆形、心形或肾形 .................................................4
4. 蒴萼逐渐收缩，不形成喙；无蒴囊 ........................................**1.叶苔属 Jungermannia**

4. 蒴萼骤缩成 1 短喙，或逐步收缩不形成喙；蒴囊常存在，若无蒴囊则蒴萼具喙 ·············
··················································· **5.管口苔属 Solenostoma**

# 1. 叶苔属 Jungermannia L.

植物体绿色、黄绿色，有时呈红色，直立或倾立，丛集生长。茎具不规则分枝，直径 10-15 个细胞，稀茎腹面具有鞭状枝。假根无色，或老时褐色，或呈紫红色，散生，或呈束状沿茎呈下垂状。叶蔽后式，侧叶为卵形、圆形、肾形或长舌形，多不对称，斜列，离生或覆瓦状排列；叶边平滑；叶面有时有波纹。腹叶缺失，有时仅有残痕。叶细胞薄壁，三角体明显或不明显。油体常存，形状各异。

雌雄异株或异苞同株。雄苞叶排列成穗状，基部膨起。雌苞顶生，稀侧生；蒴萼棒槌形或纺锤形，或圆形，有褶或无褶。孢蒴圆形或卵形，成熟时 4 瓣开裂。蒴柄细长。孢子直径 10-24 μm，表面具细疣。弹丝具 2 列螺纹加厚。

全世界有 58 种，中国有 9 种，本地区有 2 种。

## 分种检索表

1. 叶片覆瓦状着生；蒴萼顶生，长棒形或圆柱形，先端有 4-5 条纵褶 ·········· **1.深绿叶苔 J. atrovirens**
1. 叶片稀疏着生；蒴萼顶生，长棒状，先端无纵褶 ·········· **2.疏叶叶苔 J. sparsofolia**

## 1. 深绿叶苔

**Jungermannia atrovirens** Dumort., Sylloge Jungerm.: 51. 1831.

*Aplozia atrovirens* (Dumort.) Dumort., Bull. Soc. Roy. Bot. Belgique 13: 63. 1874.

*Haplozia atrovirens* (Dumort.) K. Müller in Rabenh., Krypt. Fl. Deutschl. Oest. Schweiz (ed. 2) 6(1): 563. 1909.

*Jungermannia tristis* Nees, Naturgesch. Eur. Leberm. 2: 448. 1836.

*Solenostoma triste* (Nees) K. Müller, Hedwigia 81: 117. 1942.

*Jungermannia lanceolata* L., Sp. Pl.: 1131. 1753.

植物体大小变化较大，长 0.5-4 cm，连叶宽 0.5-5 mm，黄绿色至暗绿色，片状生长。茎匍匐至倾立，绿色或黄绿色，直径约 0.3 mm；不分枝或叉状分枝，分枝生于茎侧面、腹面或雌苞基部。假根多，在茎腹面伸出，无色或浅褐色。叶片长椭圆形，先端圆钝，长宽近于相等，或长略大于宽，斜列，后缘基部略下延。叶边缘细胞方形或短长方形，宽 15-22 μm，长 22-30 μm，叶中部细胞长六边形，宽 18-30 μm，长 22-40 μm，叶基部细胞宽 28-40 μm，长 50-80 μm，细胞壁薄，三角体小或不明显，表面平滑，每个细胞含 2-3 个纺锤形或球形的油体。

雌雄异株。雄株细小。蒴萼顶生，长棒形或圆柱形，先端有 4-5 条纵褶，渐收缩成喙状，伸出雌苞叶约 3/4。雌苞叶 1 对，与茎叶同形或稍大于茎叶。孢蒴球形，成熟时呈 4 瓣纵裂。孢子褐色，直径 11-18 μm。

**生境：** 生于腐木、岩面薄土、石上或潮湿岩面上；海拔 1500 m。

**产地：河南：** 灵宝市（叶永忠等，2004，as *Jungermannia lanceolata*）。**陕西：** 佛坪县，李粉霞、王幼芳 1299a，1337b，3121，3123，3430，3590，3901，4623b（HSNU）。

分布：朝鲜、日本、俄罗斯远东和西伯利亚地区；欧洲和北美洲。

## 2. 疏叶叶苔

**Jungermannia sparsofolia** C. Gao & J. Sun, Bull. Bot. Res. 27: 139. 2007. Replaced: *Jungermannia laxifolia* C. Gao, Fl. Bryophyt. Sin. 9: 270. 2003, *nom. illeg.* Replaced: *Jungermannia microphylla* (C. Gao) G. C. Zhang, Fl. Heilongjiang. 1: 86. 1985.

*Solenostoma microphyllum* C. Gao, Fl. Hepat. Chin. Boreali-Orient.: 206. pl. 23. 1981.

植物体丛生，小垫状，长 0.4-0.8 cm，宽 0.4-0.5 mm，深绿色或褐绿色，茎直立，不分枝或稀叉状分枝，直径 0.12-0.18 mm，横切面椭圆形，内部细胞不分化，薄壁。假根生于茎上，稀疏，略带褐色。叶片 2 列着生，侧叶互生，斜列，稀疏着生，卵椭圆形，长宽几乎相等或略长于宽，长 160-188 μm，宽 120-144 μm；叶细胞壁薄，无三角体，叶片边缘细胞（15-19）μm ×（19-23）μm，叶中部细胞（19-24）μm ×（24-28）μm，叶基部细胞（19-24）μm ×（28-32）μm，油体椭圆形，（5-8）μm ×（8-10）μm，每个细胞中有 1-2 个，靠近细胞壁常有多数叶绿体。

雌雄异株。雄株粗壮，雄穗生于植株中部；雌苞多对，基部囊状，较侧叶略大。雌株叶片多，但不相接，蒴萼顶生，长棒状，长约 0.4 mm，口部收缩成小口状，仅有细胞突状，外壁细胞长多边形或等轴多边形；蒴囊不发育。

**生境**：不详。

**产地**：陕西：佛坪县，李粉霞、王幼芳 5003（HSNU）。

**分布**：中国特有。

## 2. 无褶苔属 Leiocolea (K. Müller) H. Buch

植物体小至大形，长 0.8-8 cm，宽 0.5-5 mm，绿色，褐色，红色或紫色；茎横切面 7-16 层细胞，皮层细胞与髓部细胞无分化，基本同形。叶片先端 2 裂，与茎的结合线呈斜向，叶片腹缘后侧全缘。腹叶存在，大或小，先端 2-3 裂。叶细胞大，叶中部细胞直径 30-50 μm，通常具大的三角体，有时无三角体；细胞表面角质层具疣或条形状疣；每个细胞具 2-5 个油体，油体大，稀产生芽胞。

雌雄异株或同株。雌苞叶大于营养叶，先端 2 裂。蒴萼细而长，长伸出，先端收缩形成喙状口部，口部具细齿或纤毛。蒴柄横切面由多层细胞构成。孢蒴壁由 2-3 层细胞组成，外壁细胞壁具放射状加厚。

Yatscentyuk 等（2004）的分子数据支持将原来裂叶苔属中的无褶苔亚属提升为属：无褶苔属。它与裂叶苔属的区别在于：①茎横切面上通常有大的皮层细胞，髓部细胞同形，没有菌根带；②腹叶存在；③雌雄异株或雌雄有序同苞；④蒴萼急剧收缩形成喙状口部；⑤雌苞叶通常大于营养叶；⑥极少产生芽胞；⑦喜生于钙质土壤中。泛北极分布。

全世界约有 11 种，中国有 3 种，本地区有 2 种。

### 分种检索表

1. 植物体大，宽 3-4 mm；腹叶大，边缘具纤毛或齿；叶中部细胞（35-40）μm ×（45-60）μm ···········
··············································································**1.方叶无褶苔 L. bantriensis**

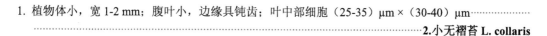

1. 植物体小，宽 1-2 mm；腹叶小，边缘具钝齿；叶中部细胞（25-35）μm ×（30-40）μm ⋯⋯⋯⋯⋯⋯⋯
⋯⋯⋯⋯⋯⋯⋯⋯⋯⋯⋯⋯⋯⋯⋯⋯⋯⋯⋯⋯⋯⋯⋯⋯⋯⋯⋯⋯⋯⋯⋯⋯⋯⋯⋯⋯⋯⋯⋯⋯**2.小无褶苔 L. collaris**

## 1. 方叶无褶苔

**Leiocolea bantriensis** (Hook.) Steph., Sp. Hepat. 2: 236. 1906.

*Jungermannia bantriensis* Hook., Brit. Jungermann. Pl.: 41. 1816.

*Lophozia bantriensis* (Hook.) Steph., Sp. Hepat. 2: 133. 1906.

植物体大形，暗绿色或黑色，长 2-5 cm，宽 3-4 mm。茎匍匐，先端上倾，单一或稀疏分枝；茎横切面圆形，细胞分化不明显。腹面假根密集。侧叶相邻或覆瓦状排列，斜列，长圆方形，宽椭圆形，前缘基部略下延，先端 2 裂至长度的 1/6-1/4，裂瓣近于等大，呈宽的三角形，尖部钝或锐尖。腹叶小至中等大小，披针形，稀呈 2 裂，基部边缘有 1-2 个齿或纤毛。叶细胞多边形，细胞壁薄，三角体小，角质层表面具条纹或疣，尖部细胞直径 30-38 μm，中部细胞直径 35-55 μm，基部细胞直径 40-60 μm。每个细胞含 2-4 个油体，油体大，椭圆形、纺锤形或卵形。

雌雄异株。雌苞顶生；雌苞叶与侧叶同形，大于侧叶，边缘全缘；雌苞腹叶大。蒴萼伸出苞叶 2/3-3/4，长卵形，无褶，口部收缩成短喙状，边缘有毛状突起。孢蒴壁由 3 层细胞组成，外层细胞大，近于方形，细胞壁具节状加厚，内层细胞小，长方方形，细胞壁具半环状加厚。孢子红棕色，直径 12-16 μm，表面具疣。弹丝直径 10-12 μm，具 2 列螺纹加厚。

**生境**：生于潮湿岩面、腐木、岩面薄土或腐殖土上；海拔 1700-2900 m。

**产地**：甘肃：康乐县，汪楣芝 60444（PE）；榆中县，张满祥 4327b。陕西：长安区，M. Li 1679a（PE）；凤县，张满祥 1285a，1287，1344a（WNU）；太白山，魏志平 5056，5242a，5261，5275a，5424a，5786a，5818a（WNU）；张满祥 7a，27a，177a（WNU）；太白县，魏志平 6691a，6695a，6703a（WNU）；西太白山，魏志平 6410a（WNU）。

**分布**：俄罗斯远东和西伯利亚地区；欧洲和北美洲。

## 2. 小无褶苔

**Leiocolea collaris** (Nees) Jörg., Bergens Mus. Skr. 16: 163. 1934.

*Jungermannia collaris* Nees, Fl. Crypt. Erlang.: xv. 1817.

*Lophozia collaris* (Mart.) Dumort., Recueil Observ. Jungerm.: 17. 1835.

*Jungermannia mülleri* Nees in Lindb., Nova Acat Acad. Caes. Leop.-Carol. Nat. Cur. 14 Suppl.: 39. 1829.

*Leiocolea mülleri* (Nees) Jörg., Bergens Mus. Skr. 16: 163. 1934.

*Lophozia mülleri* (Nees) Dumort., Recueil Observ. Jungerm.: 17. 1835.

植物体小形或中等大小，黄绿色或鲜绿色，密集生长，单一或稀疏分枝，枝条长 0.8-3 cm，宽 1-2 mm。茎匍匐生长；横切面近圆形，由 10-14 层细胞组成，细胞无明显分化。假根多，无色，多生于茎上部。侧叶覆瓦状排列，斜生于茎上，宽卵形或圆方形，长 0.45-0.6 mm，宽 0.5-0.6 mm，基部宽阔，前缘基部略下延，先端 2 裂至长度的 1/4-1/3，裂瓣圆三角形，渐尖，尖部由 2 个细胞组成。腹叶小而明显，披针形或钻形，长 0.12-0.5 mm，基部 3-5 个细胞宽，稀 2 裂，具钝齿。叶细胞圆多边形，细胞壁薄，三角体小，角质层表面具细疣或条纹，叶边缘细胞直径 22-25 μm，叶中部细胞直径 23-30 μm，叶基部细胞直径 30-40 μm。每个细胞含 3-8 个油体，油体大，椭圆形、卵形或棒槌形。

雌雄异株。雄苞顶生或生于茎枝中部。雌苞顶生；雌苞叶大，与侧叶同形，稀先端多裂。蒴萼 3/4-4/5 伸出苞叶外，梨形或短柱形，无褶，口部收缩成短喙状，有毛状突起。孢蒴外壁细胞壁具节状加厚。孢子棕色，直径 12-15 μm，表面具疣。弹丝直径 7-10 μm，具 2 列螺纹加厚。

**生境**：生于潮湿岩面、岩面薄土、石壁、土面或腐木上；海拔 1030-3000 m。

**产地：甘肃**：康县，张满祥等 1970a（WNU）。**陕西**：长安区，张满祥等 492（WNU）；凤县，张满祥 940a（WNU）；户县，魏志平 4653（PE）；太白山，张满祥 29b，65a，89a，777a（WNU），魏志平 5057a，5238a（PE），魏志平 5457b（WNU）；宁陕县，陈邦杰等 469a（PE），张大成 32b（WNU）。

**分布**：日本；欧洲和北美洲。

本种最重要的特征为：①油体大；②腹叶小而明显。

## 3. 狭叶苔属 Liochlaena Nees

植物体绿色或褐绿色，有时为橙色或淡红色。不育植株常匍匐或倾立。假根生于腹面，多数，无色或褐色。叶片呈舌形，背侧基角略下延。无性枝生于特殊鞭状枝先端或鞭状枝叶上。

雌苞叶 1 对。蒴萼柱状，先端骤缩成管状喙；蒴萼壁细胞与叶细胞同形。无蒴囊。

全世界约有 4 种，中国有 2 种，本地区有 2 种。

### 分种检索表

1. 植物体大，长 4-6 cm；雌雄同株；常生蒴萼；无性枝条和无性芽胞少见……**1.狭叶苔 L. lanceolata**
1. 植物体小，长 1-3 cm；雌雄异株；常不生蒴萼；无性枝条和无性芽胞常见··**2.锥叶狭叶苔 L. subulata**

### 1. 狭叶苔

**Liochlaena lanceolata** Nees, Syn. Hepat.: 150. 1845.
*Jungermannia leiantha* Grolle, Taxon 15: 187. 1966.
*Solenostoma lanceolata* sensu Steph., Sp. Hepat. 2: 60. 1901.

植物体大形，长 4-6 cm，连叶宽 1.5-2 mm，深绿色或褐绿色，交织生长。茎匍匐，直径 0.15-0.2 mm。假根淡褐色，透明，密生于腹面。叶片在茎上 2 列斜生，舌形，先端圆钝，长 1.0-1.2 mm，中部宽 0.9-1.0 mm，后缘基部略下延。叶中部细胞长 29-47 μm，叶边缘细胞长 29-39 μm，细胞薄壁，有明显三角体。油体大，椭圆形或圆形，透明或带褐色，多含 5-8 个。

雌雄同株。雄苞叶 5-6 对，生于雌苞下方或雄株上。雌苞生于茎顶端或侧枝先端，雌苞叶与侧叶同形，全缘，雌苞腹叶大。蒴萼圆柱形，表面无褶，口部收缩成喙状，边缘有毛状突起。雌苞叶与茎叶同形，基部呈兜形。弹丝具 2 列螺纹加厚。

**生境**：生于岩面薄土或石上；海拔 1500-2900 m。

**产地：甘肃**：康乐县，汪楣芝 60429，60448，60452，60577（PE）；**陕西**：佛坪县，

李粉霞、王幼芳 1275，3828a（HSNU）。

  **分布**：伊朗、俄罗斯西伯利亚地区；欧洲和北美洲。

## 2. 锥叶狭叶苔

**Liochlaena subulata** (A. Evans) Schljakov, Bot. Zurn. (Moscow & Leningrad) 58: 1547. 1973.

*Jungermannia subulata* A. Evans, Trans. Connecticut. Acad. Arts 8: 258. 1892.

*Jungermannia breviperiantha* C. Gao, Fl. Hepat. Chin. Boreali-Orient.: 206. 1981.

*Jungermannia lanceolata* L. subsp. *stephnii*, Amakawa, J. Hattori Bot. Lab. 22: 71. 1960.

  植物体中等大小，长 1-3 cm，连叶宽 1-2 mm，绿色或黄绿色，有时带微红色，小片状生长。茎匍匐至倾立，单一或分枝，在不育株的先端常呈鞭状；枝端和小叶边着生红色的无性芽胞。假根多，生于茎腹面，无色或淡褐色。叶疏斜列，卵形或长椭圆形，或舌形，后缘基部沿茎下延，长 1.5-2.5 mm，宽 1.5-1.8 mm，先端圆钝。叶边细胞宽 18-22 μm，长 18-30 μm，叶中部细胞宽 28-30 μm，长 36-50 μm，叶近基部处细胞宽 20-30 μm，长 36-56 μm，细胞壁薄，三角体明显，常呈球状加厚，表面平滑。油体球形或长椭圆形，每个细胞含 6-10 个。无性芽胞由单细胞构成，卵圆形。

  雌雄异株。雄苞间生，蒴萼有时高出雌苞叶，棒槌形，长 2-3 mm，上部突收缩成小喙，上部无疣或具短褶。无蒴囊。孢子球形，褐色，直径 10-13 μm。

  **生境**：生于腐木上；海拔 1299-1714 m。

  **产地**：河南：内乡县，何强 6542（PE）。

  **分布**：不丹、印度、伊朗、尼泊尔、斯里兰卡、泰国、日本、朝鲜、俄罗斯远东和西伯利亚地区；欧洲。

## 4. 被蒴苔属 Nardia Gray

  植物体大小多变，通常中等大小，稀细小，绿色或暗绿色，垫状或片状生长。茎硬挺和粗壮，匍匐或向上生长，常从腹面产生不规则的稀疏分枝，先端常倾立，稀在末端产生二叉分枝，连叶宽 1-2.5 mm；茎横切面皮层细胞薄壁，近于方形，髓部细胞薄壁，长形；假根多，散生。叶片 3 列，横生于茎上；侧叶圆形、肾形或近于方形，在茎基部常疏生，渐上密集，斜生，蔽后式，后缘基部略下延，先端圆钝，或有缺刻，或 2 浅裂；叶边全缘。叶细胞六边形，细胞壁薄，三角体大或不明显，少数种有细疣或角质层。油体大，每个细胞中有 2-6 个。腹叶明显，披针形至三角形。

  雌雄异株。雄苞生于株间；雄苞叶 2-3 对。蒴囊生于顶端，筒形，稀在茎腹面形成囊状。雌苞叶 2-3 对，常 2 浅裂。蒴萼短，常隐没于雌苞叶中，蒴口收缩形成口部，口部边缘具细圆齿。孢蒴圆形或卵形，成熟时 4 裂至基部。孢子具细疣，直径 9-24 μm。弹丝具 2-4 列螺纹加厚。

  全世界有 17 种，中国有 6 种，本地区有 1 种。

## 1. 细茎被蒴苔

**Nardia leptocaulis** C. Gao, Fl. Hepat. Chinae Boreali.-Orient.: 84. 1981.

  植物体纤细，长 1-1.5 cm，直立或倾立，绿色或褐绿色。茎粗 0.15-0.2 mm，不分枝或稀分枝，假根少，散生或沿茎下垂。侧叶疏生，覆瓦状排列，阔椭圆形，近似横生，先端圆钝，长 0.6-0.7 mm，宽 0.7-1 mm。叶细胞厚壁，角部不明显加厚，叶边缘细胞（14-19）mm ×（19-23）mm，叶片中部细胞（14-16）mm ×（24-26）mm，叶片基部细胞略大，三角体不明显。每个细胞中有 2-3 个油体，圆形或椭圆形，体积较大，6 μm × 10 μm 或 6 μm × 6 μm。

雌雄异株。雄株细小，稍带紫红色；雄苞叶 2-6 对。雌株倾立，雌苞顶生；蒴萼短，生于假蒴萼的上部，粗 0.4-0.45 mm，长 0.6-0.8 mm，稍高出苞叶，口部有 4-6 条褶。孢蒴球形，黑褐色。

本种与日本分布的 *Nardia ubclavate* (Steph.) Amak. 相似，但是本种的茎宽不超过 0.2 mm，叶片细胞角部不明显加厚，叶片椭圆形或阔椭圆形。

**生境：** 生于高山石缝中；海拔 3100 m。

**产地：** 陕西：眉县，汪楣芝 56685，56707（PE）；太白山，魏志平 5475b（PE）。

**分布：** 中国特有。

## 5. 管口苔属 Solenostoma Mitt.

植物体大小差异较大，生于多种潮湿环境和基质中，绿色或油绿色，直立或倾立，片状或垫状丛生，常具稀疏的侧生分枝，或不规则叉状分枝，分枝长短不齐。茎宽 10-15 个细胞，皮部细胞长大于宽，皮部细胞和髓部细胞同形，有些种类在茎腹面产生鞭状枝。假根散生或呈束状沿茎下垂，无色或老时呈褐色，有些种类呈紫红色。叶片 2 列着生；侧叶大小和形状变化多样，一般为卵形、圆形、肾形或长舌形，边缘平滑全缘，叶片有时具波纹，多不对称，斜列着生、离生或覆瓦状排列；腹叶缺失，有时仅有残痕。叶中部细胞等大，薄壁，三角体明显或不明显。油体常存。

雌雄异株或同株异苞。雄苞叶排列成穗状，基部鼓起成囊状。雌苞顶生，稀侧生；蒴萼棒状或纺锤状，有褶或无褶，蒴萼骤缩呈 1 短喙，或逐步收缩不形成喙。有些种类蒴萼基部形成多层细胞的假蒴萼。蒴囊常存在，若无蒴囊则蒴萼具喙。孢蒴圆形或卵形，成熟后裂成 4 瓣；蒴柄长，皮部有 16-20 个细胞，内部有 8-16 个或 12-20 个细胞。孢子直径 10-24 μm，有细疣或瘤。弹丝具 2 列螺纹加厚，直径与孢子直径相近。

本属全世界约有 60 种，中国约有 35 种，本地区有 6 种。

### 分种检索表

1. 蒴萼上部骤缩成管状小喙；无蒴囊··········································································2
1. 蒴萼上部逐渐收缩成细口，不呈喙状；具蒴囊·····················································3
2. 假根多，呈束状沿茎下垂；叶片圆形，宽大于长；雌雄同株 ·········· **4.圆萼管口苔 S. confertissimum**
2. 假根少，不呈束状沿茎下垂；叶片卵形，长大于宽；雌雄异株 ·········· **1.细茎管口苔 S. bengalensis**
3. 叶片抱茎着生，与茎的结合线呈弧形，短；叶片常长大于宽·····································4
3. 叶片横生或斜生，与茎的结合线不呈弧形，长；叶片长与宽近于相等或略小于宽············5
4. 叶片卵圆形；雌雄同株······································································ **3.倒卵叶管口苔 S. obovatum**
4. 叶片圆形或肾形，常背仰；雌雄异株·············································· **5.卷苞管口苔 S. torticalyx**
5. 植物体中等大小，长 1-1.5 cm；叶片圆方形、卵形或卵状舌形，长宽近相等，与茎结合线短············
　　　　　　　　　　　　　　　　　　　　　　　　　　　　　　　 **6.截叶管口苔 S. truncatum**

5. 植物体小，长 0.8-1.5 cm；叶片半圆形，宽明显大于长，与茎结合线长⋯**2.透明管口苔 S. Hyalinum**

## 1. 细茎管口苔

**Solenostoma bengalensis** (Amakawa) Váňa & D. G. Long, Nova Hedwigia 89: 496. 2009.
*Jungermannia bengalensis* Amakawa, J. Hattori Bot. Lab. 31: 112. 1968.
*Jungermannm filamentosa* Amakawa, J. Hattori Bot. Lab. 30: 194. 1967.
*Solenostoma filamentosa* (Amakawa) C. Gao in Li, Bryofl. Xizang: 495. 1985.

植物体纤细，褐绿色或油绿色，松软丛生。茎直立或倾立，直径约 0.2 mm，不规则分枝，常具鞭状枝。假根少，稀疏生。叶片疏生，斜列，卵形，略背凸，长 0.8-1 mm，宽 0.6-1 mm；叶边缘细胞（22-32）μm×（15-30）μm，叶中部细胞（32-60）μm×（25-35）μm，叶基部细胞大于中部细胞，长六边形，细胞壁薄，平滑，无三角体。

蒴萼梨形，2-3 条褶，蒴口小。苞叶成对，略大于茎叶。

**生境：**生于林下土面上；海拔 1105-1405 m。

**产地：河南：**内乡县，曹威 904（PE）。**湖北：**郧西县，何强 6093（PE）。

**分布：**印度和尼泊尔。

## 2. 透明管口苔

**Solenostoma hyalinum** (Lyell) Mitt. in Godmell, Nat. Hist. Azores: 319. 1870.
*Jungermannia hyalina* Lyell. in Hook., Brit. Jungerm. Pl.: 63. 1814.

植物体中等大小，长 0.8-1.5 cm，连叶宽 1.2-1.6 mm，淡黄绿色，略透明，呈小簇状生长。茎倾立，或匍匐，单一，直径约 0.2 mm，茎横切面皮层细胞壁薄，透明，狭长。假根多数，通常淡褐色。叶卵形或半圆形，直展，基部不下延或稍呈波状下延，长 0.8-1.3 mm，宽 0.8-1.5 mm。叶边缘细胞长 25-30 μm，宽 15-22 μm，基部细胞长 43-60 μm，宽 30-42 μm，壁薄，三角体大。油体长椭圆形，每个细胞含 3-6 个。

雌雄异株。雄苞顶生；雄苞叶 5 对。蒴萼纺锤形，具 4-6 条褶，口部具细圆齿。蒴囊直立，与蒴萼等长；蒴萼不成熟时通常隐生于苞叶内，成熟时稍伸出苞叶外，狭卵形，具 4-6 条纵褶。雌苞叶 1-2 对，与茎叶相似。孢蒴卵形。孢子棕色，直径 14-17 μm，表面具颗粒状疣。弹丝直径约 9 μm，具 2 列螺纹加厚。

**生境：**生于树干基部、土面、腐木或石上；海拔 1400-1800 m。

**产地：陕西：**佛坪县，李粉霞、王幼芳 1475，3150，3339a，3557，4458，4756（HSNU）。

**分布：**伊朗、印度、菲律宾、朝鲜、日本、俄罗斯远东和西伯利亚地区；南美洲、北美洲。

本种的主要鉴别特征：①假根多，且为褐色；②茎横切面皮层细胞壁薄，透明，狭长。

## 3. 倒卵叶管口苔

**Solenostoma obovatum** (Nees) C. Massal., Erb. Crittog. Ital.: 17. 1903.
*Jungermannia obovata* Nees, Naturgesch. Eur. Leberm. 1: 332. 1833.
*Solenostoma obovatum* (Nees) R. M. Schust., Hepat. Anthocer. N. Amer. 1969: 1007, *nom. illeg.*

*Plectocolea obovata* (Nees) Mitt., Fl. Vit.: 405. 1873.

植物体疏松丛生或小片状生长，深绿色或带褐色，有时暗紫褐色，长 2-5 cm，宽 1-2 mm，在强光下呈黑绿色。茎先端倾立或直立；分枝生于叶腋。假根多，多具色泽，常生于叶片基部。叶斜列，后缘基部延伸，基部狭，中部宽，先端圆钝，略内凹；叶边全缘。叶细胞大，薄壁，近叶边缘处细胞长 19-30 μm，叶中部细胞宽 24-28 μm，长 30-35 μm，叶基部细胞宽 35-38 μm，长 47-60 μm。油体小，长椭圆形，每个细胞含 3-5（6）个。

雌雄同株异苞。雄苞间生，雄苞叶通常 2-3 对。雌苞顶生；雌苞叶短阔，基部内凹，先端背仰。蒴萼上部高出于雌苞叶，具 4-6 条纵褶，口部具齿。蒴囊与蒴萼相等。孢蒴椭圆形。弹丝具 2 列螺纹加厚。孢子具细疣。

**生境：**生于潮湿土面上；海拔 2000 m。

**产地：陕西：**佛坪县（王玛丽等，1999），李粉霞、王幼芳 w-38（HSNU）。

**分布：**俄罗斯远东和西伯利亚地区；欧洲和北美洲。

## 4. 圆萼管口苔 图 34

**Solenostoma confertissimum** (Nees) Schljakov, Pechen. Mkhi Severa SSSR 4: 51. 1981.
*Jungermannia confertissima* Nees, Naturgesch. Eur. Leberm. 1: 227. 1833.
*Solenostoma duthiana* Steph., Sp. Hepat. 2: 71. 1901.

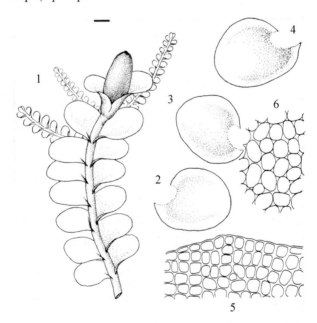

图 34　圆萼管口苔 Solenostoma confertissimum (Nees) Schljakov
1. 植物体带孢蒴；2-4. 叶片；5. 叶尖部细胞；6. 叶中部细胞。标尺=0.6 mm，1；=0.3 mm，2-4；=49 μm，5-6。（河南，内乡县，宝天曼国家级自然保护区，潮湿岩面，1371-1431 m，曹威 933，PE）（郭木森绘）
Figure 34　Solenostoma confertissimum (Nees) Schljakov
1. Plant with sporophyte; 2-4. Leaves; 5. Apical leaf cells; 6. Median leaf cells. Scale bar=0.6 mm, for 1; =0.3 mm, for 2-4; =49 μm, for 5-6. (Henan, Neixiang Co., Baotianman National Nature Reserve, on moist rock, 1371-1431 m, Cao Wei 933, PE) (Drawn by Guo Mu-Sen)

植物体细小，长 1-1.2 cm，连叶宽 1.2-1.5 mm，黄绿色或褐绿色，密集生长。茎直径达 0.5 mm，稀分枝。假根多，常呈束状沿茎下垂。叶片圆形，长 0.7-0.8 mm，宽 0.9-1 mm，内凹，斜列，后缘基部下延。叶边缘细胞长 25-30 μm，宽 15-25 μm，叶中部细胞长 25-30 μm，宽 18-25 μm，叶基部细胞长 25-28 μm，细胞壁薄，三角体小或无。

雌雄有序同株。雄苞生于雌苞下部；雄苞叶 2-3 对。蒴萼高出于雌苞叶。孢子直径约 20 μm，黄绿色，近于平滑。

**生境：**生于潮湿岩面上；海拔 1371-1431 m。

**产地：河南：**内乡县，曹威 933（PE）。**陕西：**佛坪县，李粉霞、王幼芳 w-27，w-49，w-62（HSNU）。

**分布：**不丹、尼泊尔、日本、巴布亚新几内亚、俄罗斯远东地区；欧洲和北美洲。

## 5. 卷苞管口苔

**Solenostoma torticalyx** (Steph.) C. Gao, Fl. Hepat. Chin. Boreali-Orient.: 69. 1981.

*Jungermannia torticalyx* Steph., Sp. Hepat. 6: 94. 1917.

*Plectocolea torticalyx* (Steph.) S. Hatt., Bull. Tokyo Sci. Mus. 11: 38. 1944.

植物体大形，长 1.5-3（4）cm，宽约 2 mm，绿色，丛集生长。茎直立，先端上升，直径 0.2-0.3 mm，不分枝或在雌苞下分枝。假根着生于叶基部，沿茎下延成束状，淡紫红色。叶近横生，圆形或肾形，后缘基部稍下延，长 0.7-2 mm，宽 1.5-2.6 mm，先端圆钝，叶边稍背仰。叶边缘细胞宽 14-24 μm，长 24-30 μm，叶基部细胞宽 37-50 μm，长 60-80 μm，细胞壁薄，三角体小，油体长椭圆形，每个细胞含 2-5 个。

雌雄异株。雄苞顶生，雄苞叶与侧叶相似。雌苞叶小，直立，上部边缘背卷。蒴萼纺锤形，长约 3 mm，直径约 1.2 mm，具不规则褶，口部具不规则齿。蒴囊与蒴萼等长。

**生境：**生于潮湿土面上；海拔 1200 m。

**产地：陕西：**佛坪县（王玛丽等，1999）。

**分布：**不丹、印度、斯里兰卡、泰国、马来西亚、印度尼西亚、菲律宾、日本、巴布亚新几内亚、澳大利亚；大洋洲。

## 6. 截叶管口苔

**Solenostoma truncatum** (Nees) Váňa & D. G. Long, Nova Hedwigia 89: 509. 2009.

*Jungermannia truncata* Nees, Hepat. Jav.: 29. 1830.

*Clasmatocolea innovata* Herzog, J. Hattori Bot. Lab. 14: 39. 1955.

*Eucalyx truncatus* (Nees) Verd., Ann. Bryol. 10: 124. 1938.

*Haplozia chiloscyphoides* Horikawa, J. Sci Hiroshima Univ., Ser. B, Div. 2, Bot. 2: 145. 1934.

*Jungermannia shinii* Amakawa, J. Hattori Bot. Lab. 33: 157. 1976.

*Nardia truncata* (Nees) Schiffn., Denkschr. Kaiserl. Akad. Wiss. Math.-Naturwiss. Kl. 67: 189. 1898.

*Plectocolea setulosa* Herzog, J. Hattori Bot. Lab. 14: 33. 1955.

*Plectocolea sordida* Herzog, J. Hattori Bot. Lab. 14: 34. 1955.

*Plectocolea truncata* (Nees) Herzog, Trans. Brit. Bryol. Soc. 1: 281. 1950.

*Plectocolea truncata* (Nees) Bakalin, Hepat. Fl. Phytogeogr. Kamchatka: 359. 2009.

*Phragmatocolea innovate* (Herz.) Grolle, Rev. Bryol. Lichénol. 25: 298. 1956.

植物体长 1-1.5 cm，连叶宽 0.8-2 mm，淡黄褐色，稀紫红色，丛集生长。茎单一或有分枝，分枝产生于蒴萼下部。假根多数，散生，浅褐色，稀紫红色，着生于茎基部。

叶斜列，圆方形、卵形或卵状舌形，稀舌形，长 0.7-1.3 mm，宽 0.6-1.4 mm，前端平截或圆钝，后缘基部下延。叶边缘细胞长 18-25 μm，宽 12-25 μm，叶基部细胞长 30-60 μm，宽 20-30 μm，细胞壁薄，表面具条状疣，三角体小或大。

雌雄异株。雄株顶生；雄苞叶 4-10 对。雌苞叶 1 对，大于茎叶。蒴萼短，卵形或纺锤形，具 3 个不规则纵褶，蒴口收缩，边缘有时有纤毛。

**生境：** 生于石上、土面、腐木或岩面薄土上；海拔 1240-1714 m。

**产地：河南：** 内乡县，曹威 736（PE）。**陕西：** 佛坪县，李粉霞、王幼芳 1435，1824，1945，3201，3447a，3507b（HSNU）；洋县，汪楣芝 55308，57102（PE）。

**分布：** 不丹、印度、尼泊尔、孟加拉国、缅甸、泰国、斯里兰卡、柬埔寨、新加坡、马来西亚、印度尼西亚、菲律宾、日本、朝鲜、新几内亚岛；大洋洲。

# 科 16　小萼苔科 **Myliaceae** Schljakov

植物体匍匐或直立，茎单一或多少分叉，其上着生密集的假根。腹叶小，钻形。叶片尖部产生由 2 个细胞形成的芽胞来进行无性繁殖。

雌雄异株。蒴萼生于枝条的末端，明显伸出，具明显的脊。精子器球形，具单列细胞构成的长柄。孢蒴壁 3-5 层，未成熟时表皮细胞缺乏加厚的壁，当孢蒴成熟时，大多数纵向壁具有少量明显的垂直加厚，并与相邻的联合形成带状。

全世界有 2 属，中国有 1 属，本地区有 1 属。

## 1. 小萼苔属 **Mylia** Gray

植物体密集或疏松丛生，浅黄绿色至黄绿色。茎匍匐，长 2-10 cm，宽 1.5-4 mm，单一或稀疏的不规则分枝，有时分枝出自蒴萼腹面，匍匐状或向上伸展；茎横切面中皮层细胞与髓部细胞无分化。假根成束生于叶和腹叶的基部。叶 3 列，侧叶长方形或长椭圆形，先端圆钝，斜列，上下叶相接或离生，基部不下延；叶边全缘。叶细胞大，薄壁或厚壁，通常具三角体，表面具细疣或平滑，中部叶细胞近于圆形，直径 45-55 μm。油体较大，长梭形，每个细胞含 5-12 个。腹叶明显，大，狭披针形，基部常密被假根。植物体上部叶片产生由 2 个细胞组成的芽胞。

雌雄异株。雌苞生于茎顶端，雌苞叶与侧叶同形或略大。蒴萼长椭圆形或扁平卵形，口部平滑或有短毛。雄株较纤细；雄苞生于茎、枝中部；雄苞叶莲瓣形，1-2 对，形态与叶片相似，体积稍小，但在基部呈囊状；精子器柄由单列细胞组成。孢蒴球形，蒴壁由 3-5 层细胞组成，外部细胞角隅处常具节状加厚，并可以延伸至纵向壁，形成加厚带。蒴柄高出蒴萼口部。孢子直径 15-20 μm。弹丝具 2 列螺纹加厚。

**1. 小萼苔**　　　　　　　　　　　　　　　　　　　　　　　　　　　　　图 35

**Mylia taylorii** (Hook.) S. Gray, Not. Arr. Brit. Pl. 1: 693. 1821.

*Jungermannia taylori* Hook., Brit. Jungermann. Pl.: 57. 1813.

*Aplozia taylori* (Hook.) Dumort., Recueil Observ. Jungerm.: 16. 1835.

*Jungermannia retculato-papillata* Steph., Mém. Soc. Sci. Nat. Math. Cherbourg 29: 215. 1894.

*Leptoscyphus taylori* Mitt., J. Sp. Bot. 3: 358. 1851.

植物体粗壮，密集或疏松片状丛生，淡黄绿色、黄褐色或红色至红褐色。茎匍匐或向上伸展，长 3-8 cm，连叶宽 3-4 mm，直径 0.3-0.4 mm，假根长，褐色，分散着生，常聚生于叶和腹叶的基部；茎单一或稀疏的不规则分枝。叶片 3 列着生，侧叶覆瓦状排列，蔽后式，通常上下叶相连，斜生于茎上，长椭圆形或圆形，有时呈方形，全缘，背侧边缘常内曲，在近基部处多少内凹；叶细胞近于等轴形，薄壁，三角体加厚，呈节状，叶中部细胞（40-45）μm ×（45-60）μm，叶边缘细胞（34-38）μm ×（40-45）μm，叶基部细胞略呈长形，细胞壁有细疣；每个细胞内含 7-17 个油体，聚合粒状，不透明，灰色或棕灰色。腹叶小，狭披针或细条状，隐没于假根中，长 0.4-0.5 mm，宽约 0.1 mm。芽胞少见，由 1-2 个细胞构成。

雌雄异株。雄株小，雄穗集生，略小于雌株，4-6 对雄苞叶，苞叶基部形成囊状，每个苞叶中通常 2 个精子器。雌株较粗壮，雌苞顶生，基部常萌生 1-2 枝条，雌苞叶与侧叶同形，略大，宽卵形或圆形。蒴萼长椭圆形或短柱形，口部具毛，全蒴萼平滑无疣。蒴柄长约 2 mm，9-10 个细胞粗。孢蒴卵形，黑色，孢蒴壁 3-5 层细胞，外壁细胞有时由于角隅加厚延伸至纵向壁而形成放射状带。孢子粒状，直径 16-21 μm。弹丝直径 10-14 μm，具 2 列螺纹加厚。

**生境：**不详。

**产地：河南：**灵宝市（叶永忠等，2004）。**陕西：**户县（张满祥，1972）。

**分布：**印度、尼泊尔、不丹、日本、朝鲜、俄罗斯远东和西伯利亚地区；欧洲和北美洲。

本种的主要特征：①叶片长椭圆形或圆形，有时呈方形，基部下延；②叶细胞壁薄，三角体明显且具节状加厚；③蒴萼扁平，表面平滑。

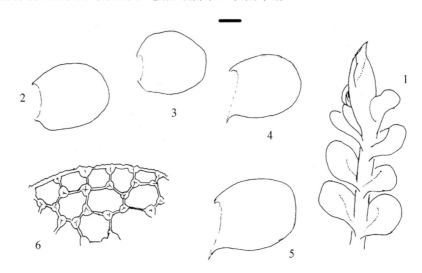

图 35　小萼苔 Mylia taylorii (Hook.) S. Gray
1. 植物体一部分；2-5. 叶片；6. 叶边缘细胞。标尺=1.3 mm, 1; =0.9 mm, 2-5; =27 μm, 6.（引自《横断山区苔藓志》）
Figure 35　Mylia taylorii (Hook.) S. Gray
1. A portion of plant; 2-5. Leaves; 6. Marginal leaf cells. Scale bar=1.3 mm, for 1; =0.9 mm, for 2-5; =27 μm, for 6. (from *Bryoflora of Hengduan Mts.*)

# 科 17 斜裂苔科（新拟）Mesoptychiaceae Inoue & Steere

植物体通常红色、棕色或紫色。叶片斜向或水平生长，不对称 2 裂。腹叶大，2 裂；叶边缘具纤毛状齿。雌雄异株。雄器苞存在。

全世界有 1 属。

## 1. 斜裂苔属（新拟）Mesoptychia (Lindb. & Arnell) A. Evans

植物体大，连叶宽 3.5-4.5 mm。茎横切面由 15-16 层细胞组成，皮层细胞小而壁厚。假根多，散生。叶片互生，蔽后式生长，但几乎横生茎上，宽大于长，叶顶端截形至微凹，在中部有 1 个纵向内凹的折叠，全缘，在顶端形成 2 裂，边缘具明显的外卷；裂片若存在则稍微具尖。腹叶存在，深的 2 裂，裂瓣大小不一致，纤毛状的细裂片。叶细胞壁薄，三角体明显，叶边缘细胞直径约 25 μm，叶中部细胞直径约 28 μm，细胞角质层表面具不明显的疣。每个细胞含油体 2-9 个，淡灰色。

雌雄异株。雌苞叶顶端微凹；雌苞叶类似于叶片，但更大。蒴萼发育良好，生于蒴囊顶端，蒴囊则与茎呈直角，蒴萼上部逐渐收缩形成喙状，有 1 长的背脊或纵褶，口部具 3-4 个浅的纵褶。孢蒴椭圆形，孢蒴壁由 3-4 层细胞组成，孢蒴外壁无次生加厚。孢子球形，直径 12-15 μm。弹丝直径 7-9 μm，长 110-130 μm，具 2 列螺纹加厚。

全世界有 18 种，中国有 2 种，本地区有 1 种。

本属最重要的特征是发育良好的蒴囊与茎呈直角。

**1. 粗疣斜裂苔（新拟）** 图 36

**Mesoptychia igiana** (S. Hatt.) L. Söderstr. & Váňa, Phytotaxa 65: 54. 2012.
*Lophozia igiana* S. Hatt., J. Jap. Bot. 31: 201. 1956.
*Leiocolea igiana* (S. Hatt.) Inoue, J. Hattori Bot. Lab. 25: 190. 1962.

植物体小，橄榄绿色或淡黄褐色，生于岩面上或岩壁上。主茎匍匐生长，长不超过 1 cm，直径约 0.2 mm，横切面有 13-15 个细胞，连叶宽约 1 mm，褐色，分枝稀少，腹面生大量无色的假根，稀有鞭状枝，生于主茎上，其上着生小叶。茎叶密集着生，相互覆盖，叶片斜向生长，无下延，通常内凹，近于方形，长 0.5-0.7 mm，宽与长近于相等，边缘下侧至基部形成宽的弓形，尖部 2 裂至叶片长度的 1/4-1/3。叶尖部细胞近于方形，约 20 μm，叶中部细胞 [18-24 (-28)] μm×20 (-22) μm，叶基部细胞 [20-28 (-40)] μm×[18-20 (-24)] μm，六边形，中部和基部细胞的三角体明显，细胞表面具明显粗大的瘤。茎腹叶大，披针形，基部 4-7 个细胞宽，边缘具少数细齿，齿的尖端呈疣状透明，腹叶细胞角质层具条纹状疣。蒴萼生于枝条末端，梨形，顶端收缩成喙状，并且有细齿。雌苞叶 2-3 裂，与茎叶相似。

**生境**：生于岩面上；海拔 2400-2700 m。
**产地**：陕西：太白山，黎兴江 578a（PE）；洋县，汪楣芝 55230（PE）。

分布：日本。

本种的主要特征：①具明显的腹叶；②叶细胞表面具明显粗大的瘤。

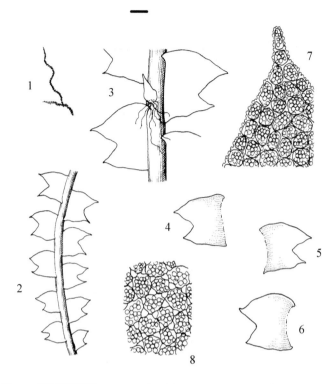

图 36　粗疣斜裂苔 Mesoptychia igiana (S. Hatt.) L. Söderstr. & Váňa

1. 植物体；2. 植物体一部分（背面观）；3. 植物体一部分（腹面观）；4-6. 叶片；7. 叶尖部细胞；8. 叶基部细胞。标尺=1 cm，
1；=0.36 mm，2；=0.27 mm，3；=0.22 mm，4-6；=27 μm，7-8。（陕西，太白山，岩面，2700 m，黎兴江 578a，PE）
（郭木森绘）

Figure 36　Mesoptychia igiana (S. Hatt.) L. Söderstr. & Váňa

1. Plant; 2. A portion of plant (dorsal view); 3. A portion of plant (ventral view); 4-6. Leaves; 7. Apical leaf cells; 8. Basal leaf cells.
Scale bar=1 cm, for 1; =0.36 mm, for 2; =0.27 mm, for 3; =0.22 mm, for 4-6; =27 μm, for 7-8. (Shaanxi, Mt. Taibai, on rock,
2700 m, Li Xing-Jiang 578a, PE) (Drawn by Guo Mu-Sen)

# 科 18　全萼苔科 Gymnomitriaceae H. Klinggr.

植物体密集成丛生长，灰色、褐色或紫色，小形至中等大小，稀大形，连叶宽
1-3.5 mm，长 1-8 cm。茎直立、葡匐或倾立，单一或有分枝，无背腹面的分化；茎横切
面具 1 层透明、短的皮层细胞；枝纤细；假根散生于茎上，无色或浅褐色。叶交替横生
茎上，疏松或紧密地覆瓦状排列，圆形或宽卵形，内凹，顶端 2 裂，基部不下延。叶细
胞小，细胞壁薄，或稍微加厚，三角体小至大，有时邻近三角体膨大而融合在一起，叶
细胞角质层平滑或具细疣，叶边缘和近顶端的细胞近圆形，直径 8-15 μm，叶中部细胞
直径 12-24 μm，叶近基部细胞变长，细胞壁厚；每个细胞含 2-4 个无色的油体，球形至
卵形。腹叶常缺失，偶尔发育具 2-3 个细胞宽的钻形或披针形的腹叶。

雌雄同株或异株。雄苞叶数对，每个雄苞叶具 1-4 个具长柄的精子器，无侧丝。雌
苞顶生；蒴萼常缺失或存在，如存在时，其雌苞叶基部合生。孢蒴球形或近球形，成熟

时 4 瓣裂至基部。孢子球形，红色至黑褐色，常具疣。弹丝具 2-4 列螺纹加厚。

全世界有 13 属，中国有 5 属，本地区有 4 属。

### 分属检索表

1. 叶细胞二型，大部分细胞无油体，有些细胞具单个大油体充满整个细胞腔；蒴萼明显，高出于雌苞叶，囊状·················································**2.湿生苔属 Eremonotus**
1. 叶细胞不为二型，均具油体；蒴萼缺失或退化，不高出于雌苞叶，短筒形·················2
2. 蒴萼明显但不发达，不高出于雌苞叶；蒴囊发育，常与蒴萼等长；叶细胞均具叶绿体和油体·········
·····································**4.钱袋苔属 Marsupella**
2. 蒴萼缺失；蒴囊退化；叶边或叶尖细胞常无叶绿体和油体·····································3
3. 叶片直立，紧贴茎上；叶边平展；分枝腋生，为侧面间生型·····································
·····································**3.全萼苔属 Gymnomitrion**
3. 叶片明显分离（茎裸露），伸展；叶边强烈背卷，不透明；分枝为背面间生型·················
·····································**1.类钱袋苔属 Apomarsupella**

## 1. 类钱袋苔属 Apomarsupella R. M. Schust.

植物体直立，黑色、深青色或深棕黑色，干燥时具光泽，硬挺。茎长 2-5 cm，宽 1.2-1.9 mm，分枝常为背面间生型；横切面皮部细胞较小；假根无或极少，仅着生于小枝的基部或横茎上。叶片紧密贴生或稍呈覆瓦状排列，长椭圆形或卵形，稀倒卵形，基部呈鞘状，两侧均下延，不对称或上部 2 裂，裂片圆钝或具钝尖，三角形或卵状三角形；叶边强烈背卷。叶边细胞常无色透明，缺乏油体，直径 10-12 μm，叶中部细胞宽 12-14 μm，长 15-25 μm，叶基部细胞宽 14-16 μm，长（24）28-38（43）μm。腹叶缺失。

雌雄异株。雄苞叶类似茎叶。雌苞直立，外雌苞叶类似于茎叶，稍大，内雌苞叶具 1-2（3）较小的不分裂或浅裂的裂瓣。孢蒴球形，直径约 0.5 mm；孢蒴壁由 2-3 层细胞组成，外壁细胞方形或短的椭圆形，在纵向壁上具加厚。孢子黄褐色，直径 10-13 μm。弹丝长 125-140 μm，直径 6-6.5 μm，具 2 列螺纹加厚。

全世界有 5 种，中国有 4 种，本地区有 1 种。

### 1. 类钱袋苔  图 37

**Apomarsupella revoluta** (Nees) R. M. Schust., J. Hattori. Bot. Lab. 80: 85. 1996.
*Sarcoscypnus revolutus* Nees, Naturgesch. Eur. Leberm. 2: 419. 1836.
*Acolea revoluta* (Nees) Steph., Sp. Hepat. 2: 11. 1901.
*Gymnomitrium reflexifolium* Horik., J. Sci. Hiroshima Univ., Ser. B, Div. 2, Bot. 2: 140. 1934.
*Gymnomitrium revolutum* (Nees) Philibert, Rev. Bryol. 17: 34. 1890.
*Marsupella revoluta* (Nees) Dumort., Bull. Soc. Bot. Belgique 13: 129. 1874.
*Marsupella* (*Sarcoscyphus*) *delavayi* Steph., Mém. Soc. Sci. Nat. Math. Cherbourg 29: 221. 1894.

植物体中等大小，紫红色、紫褐色至黑褐色，紧密或疏松丛生，具光泽。茎长 1-2 cm，连叶宽 1.2-1.8 mm，倾立或直立，硬挺，单一或具稀疏的分枝和鞭状枝；假根散生，稀疏，无色。茎横切面直径 200-300 μm，具 1-2 层黄色、厚壁的皮层细胞。叶片稀疏地覆瓦状排列于茎上，叶横生，伸展，椭圆形或卵形，长 0.8-1 mm，宽 0.7-0.8 mm，基部窄，抱茎，先端背仰，2 瓣裂至叶片长度的 1/3-1/2，裂瓣先端急尖或稍钝，腹部微凹，叶边背卷，具明显的下延；叶细胞近圆多角形，叶尖部细胞直径 10-12 μm，叶中部细胞宽 12-14 μm，长 15-25 μm，细胞壁稍加厚，叶基部细胞宽 14-17 μm，长 20-37 μm，胞壁不等加厚，三角体大；表面平滑或具粗疣。每个细胞具 2-3 个卵形或椭圆形的油体。

雌雄异株。雄苞生于枝顶端，雌苞生于新枝上。雌雄苞叶大于茎叶，顶端具浅的 2 裂。无蒴萼。孢蒴球形，直径约 0.5 mm，蒴壁由 2-3 层细胞组成，孢蒴外壁细胞具角隅加厚并形成节状。蒴柄长约 1.1 mm，直径约 0.15 mm。孢子红褐色，直径 10-15 μm，表面具细疣，弹丝直径 6-8 μm，具 2 列螺纹加厚。

**生境**：生于岩面上；海拔 2300 m。

**产地**：甘肃：文县，裴林英 1161，1177（PE）。

**分布**：不丹、印度、尼泊尔、印度尼西亚、菲律宾、日本、俄罗斯西伯利亚地区、新几内亚岛；欧洲和美洲。

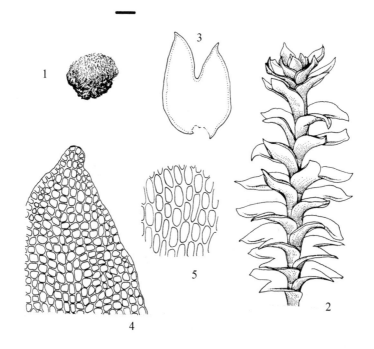

图 37　类钱袋苔 Apomarsupella revoluta (Nees) R. M. Schust.

1. 植物体；2. 枝条一部分；3. 叶片；4. 叶尖部细胞；5. 叶中部细胞。标尺=1 cm，1；=0.36 mm，2；=0.2 mm，3；=27 μm，4-5。（甘肃，文县，岩面，2300 m，裴林英 1177，PE）（郭木森绘）

Figure 37　Apomarsupella revoluta (Nees) R. M. Schust.

1. Plants; 2. A portion of branch; 3. Leaf; 4. Apical leaf cells; 5. Median leaf cells. Scale bar=1 cm, for 1; =0.36 mm, for 2; =0.2 mm, for 3; =27 μm, for 4-5. (Gansu, Wenxian Co., on rock, 2300 m, Pei Lin-Ying 1177, PE) (Drawn by Guo Mu-Sen)

## 2. 湿生苔属 Eremonotus Lindb. & Kaal. ex Pearson

植物体小形，黄褐色，丛生。茎直立，长 4-12 mm，连叶宽约 0.6 mm，分枝产生于叶腋；茎横切面直径为 6-7 层细胞；假根散生于茎上，无色或浅褐色。叶近于方形，宽约 0.6 mm，内折，基部不下延，2 裂至叶片长度的 1/2，裂瓣急尖至渐尖，不等大，叶边全缘。叶细胞小，细胞壁通常加厚，但不形成角隅状，叶顶部细胞宽约 9 μm，长约 12 μm，叶中部细胞宽约 10 μm，长 12-16 μm。腹叶缺失。无芽胞。

雌雄异株。雄苞叶呈穗状。雌苞侧生或顶生；雌苞叶与侧叶同形，略大，裂瓣先端钝；雌苞腹叶缺失。蒴萼高出于雌苞叶，背腹扁阔，具沟槽，口部具 2-3 个细胞构成的毛状齿。孢蒴阔卵形，蒴壁由 2 层细胞组成。孢子平滑，直径 12-14 μm。弹丝直径 7-8 μm。

全世界有 1 种。

## 1. 湿生苔

**Eremonotus myriocarpus** (Carrington) Lindb. & Kaal. ex Pearson, Hepat. Brit Isl.: 201. 1902.

*Jungermannia myriocarpa* Carrington, Trans. & Proc. Bot. Soc. Edinburgh: 466. 1879.

*Cephalozia myriocarpa* (Carrington) Lindb., Helsingfors Dagblad (310): 2. 1882.

*Sphenolobus filiformis* Wollny, Hedwigia 48: 345. 1909.

种的特征同属。

**生境：**生于岩面上；海拔 2300 m。

**产地：甘肃：**文县，裴林英 1191（PE）。

**分布：**日本、俄罗斯远东和西伯利亚地区。

# 3. 全萼苔属 **Gymnomitrion** Corda

植物体小至中等大小，银灰色或红褐色，形成紧密的褥垫状，通常成片生长在岩石或酸性土壤上。茎直立，多分枝，圆形或背腹型，分枝腋生，为侧面间生型；茎横切面的皮层细胞短椭圆形，壁略加厚，缺乏发育良好的透明层（hyalodermal）。枝条有两种形态：向上生长并着生叶片；匍匐生长类似于横走茎或鞭枝。假根生于横走茎和老枝条上。叶 2 列密集覆瓦状排列，横生于茎上，宽卵形，通常长宽近于相等，叶边平展，强烈内凹，基部不下延，2 裂不及叶片长度的 1/2，2 裂瓣相等，钝或急尖，或叶顶端微裂；叶边细胞常无色透明，缺乏油体，叶中部细胞具小的三角体，每个细胞具 2-3 个油体，角质层平滑或具细小的疣。腹叶缺失或仅有退化痕迹。芽胞缺失。

雌雄异株，稀同株。雄苞叶数对，膨起，每个雄苞叶中有 1-3 个精子器。雌苞着生枝顶，雌苞叶较叶片大而宽，内雌苞叶小，常具齿，雌苞腹叶缺失。蒴萼缺失或发育不全。孢蒴球形，暗棕色，孢蒴壁由 2-3 层细胞组成，孢蒴外壁细胞具球状加厚。孢子直径 8-14 μm。弹丝具 2-4 列螺纹加厚。

全世界有 20 种，中国有 3 种，本地区有 1 种。

## 1. 附基全萼苔

**Gymnomitrion laceratum** (Steph.) Horik., Acta Phytotax. Geobot. 13: 212. 1943.

*Acolea lacerata* Steph., Sp. Hepat. 6: 78. 1917.

植物体活体时为灰绿色，干标本时为棕黄色，密集形成垫状，枝多少扁平。茎长 5-8 mm，连叶宽 0.2-0.5 mm，匍匐或直立，分枝多且相互缠绕；茎横切面皮层细胞

2-3 层，几乎不分化，细胞壁薄，或略加厚，具角隅加厚，黄色，髓部细胞薄壁、透明；假根多，无色，生于茎上。叶片横向着生于茎上，密集覆瓦状排列，长椭圆形或椭圆状卵形，长 0.4-0.45 mm，宽 0.3-0.35 mm，全缘，叶片 2 裂至叶片长度的 1/3-1/2，裂片三角状心形，尖锐或渐尖，几乎对称，裂瓣基部 10-15 个细胞宽；叶边缘细胞有 1-2 列细胞与其他部分的细胞分化明显，透明，具均匀加厚的细胞壁。叶片顶端细胞 10 μm × 10 μm，叶中部细胞（11-15）μm×（20-25）μm，叶基部细胞（15-18）μm×（30-40）μm，细胞壁厚，三角体大，但不明显，叶片表面平滑或具少量疣；每个细胞具 1-4 个球形、卵形或椭圆形、无色的油体。腹叶常缺失，偶尔残存小的腹叶，仅由 2-8 个细胞组成，呈披针形或三角形，零星分布于茎上。

雌雄异株。雄苞为粗的棒形，有 5-7 对雄苞叶，其中有配丝，雄苞叶体积大于叶片；精子器卵形，由 2 列细胞构成精子器柄。雌苞顶生，雌苞叶较茎叶宽，裂片浅，内雌苞叶较小，常 3 裂，裂片边缘常具细齿或刺状齿。无蒴萼。孢蒴红棕色，球形，直径约 0.4 mm，4 瓣裂至基部；孢蒴壁由 2 层细胞组成，外层蒴壁细胞常具节状加厚。孢子红棕色，近球形，直径 13-16 μm，具密疣。弹丝棕红色，长约 80 μm，直径 6-14 μm，具 2 列螺纹加厚。

**生境**：生于石上；海拔 2300 m。

**产地**：甘肃：文县，裴林英 1162（PE）。

**分布**：尼泊尔、印度尼西亚、日本、俄罗斯西伯利亚地区；南美洲、北美洲和非洲。

# 4. 钱袋苔属 Marsupella Dumort.

植物体小至中等大小，柔弱或硬挺，褐绿色、褐色或黑紫色，常带红色，稀疏或密集生长。茎直立或匍匐，单一或稀疏的分枝，长 0.3-10 cm。假根少，生于茎基部。叶横展或斜生，疏松或紧密覆瓦状排列，内凹或对折，叶片顶端 2 裂不超过叶片长度的一半，裂瓣相等或不等，尖端圆钝或急尖，基部不下延，叶边全缘。叶细胞小，近于圆形，裂瓣细胞的直径 9-12 μm，叶中部细胞直径 12-20 μm，细胞角质层平滑。每个细胞具 2-4 个油体。腹叶缺失。无芽胞。

雌雄同株或异株。雄苞顶生或间生；具数对雄苞叶；雄苞叶大于叶片，在基部一侧膨大形成囊状。雌苞顶生；雌苞叶数对，内雌叶常相连；蒴萼常存，小而短，隐生于雌苞叶中。孢蒴球形或卵形，具短或长的柄，4 瓣裂至基部；孢蒴壁由 2-3 层细胞组成；孢蒴外壁细胞大，多角形至长方形，细胞壁具明显的放射状加厚。孢子小，直径 7-13 μm。弹丝具 2-4 列螺纹加厚。

全世界有 45 种，中国有 8 种，本地区有 3 种。

## 分种检索表

1. 叶片圆形或圆方形；蒴萼发育 ················· **3.缺刻钱袋苔 M. emarginata**
1. 叶片卵形或长椭圆形；蒴萼缺失或退化 ······································· 2
2. 植物体细小，茎长仅 3-4 mm；假根褐色；弹丝具 3-4 列螺纹 ······· **1.矮钱袋苔 M. brevissima**
2. 植物体硬挺，茎长 1-1.5 cm；假根无色；弹丝具 2 列螺纹 ········· **2.锐裂钱袋苔 M. commutata**

## 1. 矮钱袋苔

**Marsupella brevissima** (Dumort.) Grolle, J. Jap. Bot. 40(7): 213. 1965.

*Acolea brevissima* Dumort., Syll. Jungerm. Europ.: 76. 1831.

植物体呈疏松或密集的片状，棕褐色至黑褐色，体小形，直立或倾立。茎长 0.3-0.4 cm，分枝少；假根较少，仅生于植物体老的部分，褐色。叶片 2 列，较密集，上部呈明显的覆瓦状排列，下部排列疏松；叶椭圆状卵形或卵形，明显内凹，腹微凹，叶缘平展，先端瓣裂至叶长的 1/5-1/4，裂瓣卵状三角形或三角形，先端急尖或近急尖；叶片长 0.35-0.5 mm，宽约 0.25 mm。叶细胞褐色或红褐色，圆多边形，叶边缘细胞 9-11 μm，叶中部细胞直径（11-14）μm×（12-20）μm，细胞壁厚，三角体明显；角质层平滑；每个细胞具 2-3 个油体。

雌雄有序同苞，有时雌雄异苞。雄苞通常生于雌苞的下方，雄苞叶 2-3 对，每个雄苞叶内具 1-2 个精子器，精子器柄由 2 列细胞组成。雌苞叶大于茎叶，裂瓣尖。蒴萼缺失或退化。孢蒴深褐色，近球形，直径约 0.3 mm；孢蒴壁由 2-3 层细胞组成，孢蒴壁细胞均具节状加厚。孢子直径 8-12 μm，浅红褐色，具细疣。弹丝直径 8-10 μm，具 3-4 条螺纹加厚。

**生境**：生于树桩上；海拔 2000-2600 m。

**产地**：陕西：洋县，汪楣芝 55232（PE）。

**分布**：亚洲中部、欧洲和北美洲。

## 2. 锐裂钱袋苔

**Marsupella commutata** (Limpr.) Bernet, Cat. Hepat. Suisee: 29. 1888.

*Sarcoscyphus commutatus* Limpr., Jahresb. Schles. Ges. Bal. Kult. 5: 314. 1880.

*Gymnomitrion uncrenulatum* C. Gao & G. C. Zhang, Fl. Hepat. Chin. Boreali.-Orient.: 89. 1981.

*Marsupella commutata* var. *microfolia* C. Gao & G. C. Zhang, Fl. Hepat. Chin. Boreali.-Orient.: 88. 1981.

*Marsupella parvitexta* Steph., Sp. Hepat. 2: 26. 1901.

植物体黑褐色或红棕色，呈密集或松散成丛生长。茎长 1-1.5 cm，连叶宽约 0.7 mm，匍匐或直立，稀疏分枝；假根少，无色或略有颜色。叶斜折合状着生，卵形，长 0.75-1.2 mm，宽 0.5-1 mm，上部 2 裂成相等的背腹两瓣，先端尖或圆钝，2 裂瓣间呈锐角；叶边全缘，略背卷。叶细胞圆方形，叶尖部细胞直径 9-10 μm，叶中部细胞宽 9-12 μm，长 12-20 μm，叶基部细胞长方形，宽 10-15 μm，长 15-25 μm，细胞壁具三角体及中部球状加厚，表面具疣。

雌雄异株。雄苞顶生，雄苞叶数对，常大于侧叶。雌苞顶生；雌苞叶大，基部不相连。蒴萼缺失。孢蒴球形，红褐色，直径约 0.3 mm，孢蒴壁由 2 层细胞组成。孢子红褐色，具细疣，直径约 9 μm，弹丝具 2 列螺纹加厚。

**生境**：生于石上；海拔 2300 m。

**产地**：甘肃：文县，裴林英 1192（PE）。

**分布**：不丹、尼泊尔、日本、朝鲜；欧洲和北美洲。

## 3. 缺刻钱袋苔

**Marsupella emarginata** (Ehrh.) Dumort., Recueil Observ. Jungerm.: 24. 1835.

*Jungermannia emarginata* Ehrh., Beitr. Naturk. 3: 80. 1788.

植物体大小多变异，绿色、橄榄绿色、黄褐色或红褐色，丛生成片状，生于潮湿的岩石上。茎直立，硬挺，单一或稀少分枝，常具鞭状枝，长 2-5 cm，直径 0.2-0.3 mm；茎横切面表面有 1 层透明的厚壁细胞，下面的 2-4 层细胞明显增厚，黄色。假根少，多分布于鞭状枝和茎基部。叶覆瓦状生长，半抱茎状，圆形或圆方形，长 0.5-0.8 mm，宽 0.7-1 mm，长宽相等或宽大于长，最宽处在叶片中部以下，上部浅 2 裂，裂瓣三角形，顶端钝；叶边稍背卷。叶边缘处细胞近于方形，直径 11-13 μm，叶中部细胞圆六边形，直径 16-23 μm，中部以下细胞宽 17-22 μm，长 22-32 μm，胞壁薄，具明显三角体及胞壁中部球状加厚，叶基部细胞宽 17-22 μm，长 38-55 μm，细胞壁厚；每个细胞具 2-3 个油体。

雌雄异株。雄苞红色或红棕色，雄苞叶 3-5 对，顶端浅的 2 裂，每个雄苞叶内精子器 2-6 个。雌苞叶大。蒴萼明显。孢蒴球形，孢蒴壁由 2-3 层细胞组成，外层细胞壁具球状加厚，内层细胞壁具半环状加厚。孢子褐色，直径 10-13 μm，表面具细疣。弹丝红棕色，直径 7-12 μm，长 100-175 μm，具 2-3 列螺纹加厚。

**生境：** 生于岩壁上；海拔 3300 m。

**产地：** **陕西：** 太白山，魏志平 6310（WNU）。

**分布：** 尼泊尔、日本、朝鲜、俄罗斯远东和西伯利亚地区；欧洲。

# 科 19　护蒴苔科 Calypogeiaceae Arnell

植物体小形至中等大小，绿色或褐绿色，疏松生长，常与其他苔藓植物形成小片群落。茎柔弱，稀疏分枝；茎横切面皮层细胞与髓部细胞同形，有时皮部细胞略小，壁稍加厚。侧叶斜列于茎上，蔽前式排列，近于与茎平行，卵形、椭圆形、狭长椭圆形或钝三角形，一般基部至中部宽阔，向上渐窄，先端圆钝或浅 2 裂；叶边全缘。腹叶大，形状多变，圆形至 2-4 瓣裂，基部中央有 2-3 层细胞厚。假根着生于腹叶基部。叶细胞通常大形，薄壁，或有三角体。油体球形或长椭圆形，每个细胞具 3-10 个油体。

雌雄同株或异株。雄枝短，生于茎腹面；雄苞穗状。雄苞叶膨起，上部 2-3 裂，每个雄苞叶中有 1-3 个精子器。雌苞在卵细胞受精后于雌枝先端迅速膨大。蒴囊长椭圆形或短柱形，外部有假根或鳞叶。孢蒴圆柱形或近椭圆形，黑色，成熟后 4 裂至基部；孢蒴壁两层，外层为 8-6 列长方形细胞，壁厚，有时不规则球状加厚，内层细胞壁呈环状加厚。孢子球形，直径 9-16 μm。弹丝直径 7-12 μm，具 2（3）列螺纹加厚。

全世界有 4 属，中国有 2 属，本地区有 2 属。

分属检索表

1. 植物体色深，深绿色或褐绿色，不透明；叶细胞壁三角体大；油体大而多，粗粒状，不透明；角质层粗糙具疣；孢蒴裂瓣长椭圆形，长度约为宽度的 3 倍，不扭曲，外层细胞壁球状不连续增厚；假根生于腹叶基部和茎上 ·················· **2.假护蒴苔属 Metacalypogeia**
1. 植物体色淡，灰绿色或绿色，略透明；叶细胞壁薄，三角体无或不明显；油体小而少，常透明；表面平滑或具疣；孢蒴裂瓣披针形，长度为宽度的 2-3 倍，扭曲，外层细胞壁连续加厚；假根仅生于腹叶基部 ·················· **1.护蒴苔属 Calypogeia**

## 1. 护蒴苔属 Calypogeia Raddi

植物体纤细，扁平，灰绿色或绿色，略透明。茎匍匐，直径 0.8-4.5 mm，单一或具少数不规则分枝。假根生于腹叶基部。侧叶斜列于茎上，覆瓦状蔽前式排列，椭圆形或椭圆状三角形，先端圆钝，尖锐，或具两钝齿。腹叶较大，近圆形或长椭圆形，全缘，或 1/4-1/2 二裂，裂瓣外侧常具小齿。叶细胞四至六边形，薄壁，三角体无或不明显。每个细胞含有 10-20 个油体。芽胞椭圆形，由 1-2 个细胞组成，多生于茎枝先端。

雌雄同株或异株。雄枝小，呈穗状，有 2-8 对雄苞叶，覆瓦状排列，顶端 2-3 裂，内凹。雌苞几乎无柄，蒴囊长椭圆形。孢蒴短柱形，成熟时纵向开裂，裂瓣披针形，扭曲。孢蒴壁 2 层细胞，外层细胞壁连续加厚，内层细胞壁螺纹加厚。孢子圆球形，直径 8-18 μm。弹丝直径 8-18 μm，具 2-3 列螺纹加厚。

全世界有 35 种，中国有 12 种，本地区有 5 种。

### 分种检索表

1. 腹叶圆钝，先端全缘或微凹 ……………………………………… **4.钝叶护蒴苔 C. neesiana**
1. 腹叶先端浅或深 2 裂 …………………………………………………………………… 2
2. 腹叶裂瓣全缘，呈 2 裂瓣状 ………………………………………… **2.三角护蒴苔 C. azurea**
2. 腹叶裂瓣外侧具钝齿或锐齿，呈 4 裂瓣状 ………………………………………………… 3
3. 腹叶甚小，裂瓣外侧具长锐齿，小裂片呈披针形 ……………………… **1.刺叶护蒴苔 C. arguta**
3. 腹叶大，裂瓣外侧具粗钝齿，小裂片不呈披针形 ………………………………………… 4
4. 叶细胞大，中部细胞直径 40-44 μm ………………………………………… **3.护蒴苔 C. fissa**
4. 叶细胞小，中部细胞直径约 36 μm ………………………………… **5.双齿护蒴苔 C. tosana**

### 1. 刺叶护蒴苔

**Calypogeia arguta** Nees & Mont. ex Nees, Naturgesch. Eur. Leberm. 3: 24. 1838.
*Cincinnulus argutus* (Nees & Mont. ex Nees) Dumort., Bull. Soc. Roy. Bot. Belgique 13: 117. 1874.
*Calypogeia pusilla* Steph., Sp. Hepat. 6: 450. 1924.

植物体细小，灰绿色，透明。茎匍匐，长约 1 cm，具稀疏分枝，有时具鞭状枝。假根多而长，着生于腹叶基部。叶离生或稀疏相接，长卵形，基部沿茎长下延，先端稍窄，具 2 锐齿，齿由 2-3 个细胞组成。腹叶小，与茎直径等宽，2 裂至腹叶长度的 1/2，裂瓣两侧具长锐齿。叶细胞大，细胞壁薄，多边形，叶中部细胞长 70-80 μm，宽 40-42 μm，表面具细疣。每个细胞具 2-5 个圆形或椭圆形油体。

**生境**：生于土面、腐木或石上；海拔 2150-2250 m。

**产地**：**河南**：灵宝市（叶永忠等，2004）。**陕西**：佛坪县，李粉霞、王幼芳 745a，814a，5000b（HSNU）。

**分布**：伊朗、印度、土耳其、泰国、新加坡、印度尼西亚、日本、朝鲜、俄罗斯远东地区、新几内亚岛；欧洲、北美洲和非洲南部。

### 2. 三角护蒴苔 图 38

**Calypogeia azurea** Stotler & Crotz, Taxon 32: 74. 1983.
*Calypogeia trichomanis* (L.) Cardot in Opiz., Beitr. Naturgesch. 12: 653. 1829.

*Mnium trichomanis* L., Sp. Pl.: 1114. 1753.

　　植物体平卧生长，淡绿色。茎具少数分枝。叶多斜生，阔心脏形，宽度约为长度的1/3，基部宽，向上渐圆钝，稀具缺刻。腹叶与茎同宽或略宽于茎，阔椭圆形，先端 2 裂至叶长度的 1/4-1/2，裂瓣三角形；叶边全缘。假根少。叶细胞四至六边形，薄壁，角部不加厚，叶尖部细胞 22 μm × 27 μm，叶中部细胞（33-42）μm ×（44-50）μm。油体淡青色，长椭圆形，每个细胞含 3-7 个，由较细油滴聚集而成。

　　雌雄异株。雄苞穗状。雌苞生于腹叶叶腋，颈卵器受精后向土中伸展形成蒴囊。孢蒴裂瓣长度为宽度的 7-9 倍，外层宽 8-16 个细胞，厚壁，内层宽 14-16 个细胞，具环状加厚。孢子直径 12-16 μm。弹丝直径 9-10 μm。

　　**生境：** 生于土面上；海拔 1400-1540 m。

　　**产地：甘肃：** 文县，裴林英 1656（PE）。

　　**分布：** 日本、朝鲜、俄罗斯远东和西伯利亚地区；欧洲和北美洲。

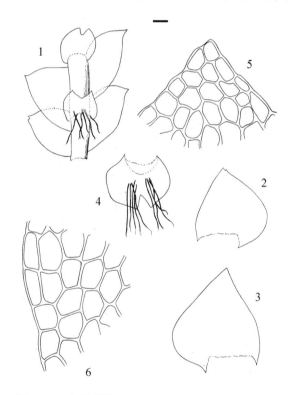

图 38　三角护蒴苔 Calypogeia azurea Stotler & Crotz

1. 植物体一部分；2-3. 叶片；4. 腹叶；5. 叶尖部细胞；6. 叶边缘细胞。标尺=0.25 mm, 1；=0.2 mm, 2-4；=35 μm, 5-6。

（甘肃，文县，土面，1400-1540 m，裴林英 1656，PE）（何强绘）

Figure 38　Calypogeia azurea Stotler & Crotz

1. A portion of plant; 2-3. Leaves; 4. Underleaf; 5. Apical leaf cells; 6. Marginal leaf cells. Scale bar=0.25 mm, for 1; =0.2 mm, for 2-4; =35 μm, for 5-6. (Gansu, Wenxian Co., on soil, 1400-1540 m, Pei Lin-Ying 1656, PE) (Drawn by He Qiang)

## 3. 护蒴苔

**Calypogeia fissa** (L.) Raddi, Mem. Soc. Ital. Sci. Modena 18: 44. 1820.

*Mnium fissum* L., Sp. Fl.: 1144. 1753.

植物体主要生长于无机基质上，平展，灰白色或淡绿色，干燥时具光泽。茎长 1-2 cm，宽 1.8-2.8 mm，单一或具不规则分枝。侧叶蔽前式覆瓦状排列，斜生，与茎的结合线为直线，长卵形或近卵形，稍内凹，先端较窄，具短而窄的双齿，齿长 3 个细胞，基部略下延。叶细胞近方形至六边形，壁薄，角隅不加厚，叶边缘处细胞直径 28-30 μm，叶尖部细胞直径 30-34 μm，叶中部细胞直径 40-44 μm。油体黄绿色，每个细胞含 15-20 个。腹叶宽大于长，两裂瓣角度大，两侧各有 1 钝齿。

雌雄同株。孢子直径 12-16 μm。

生境：生于腐木上；海拔 2150 m。

产地：陕西：佛坪县，李粉霞、王幼芳 5007，w-32（HSNU）。

分布：土耳其、伊朗、日本、俄罗斯远东和西伯利亚地区；欧洲和北美洲。

本种的主要特征：①叶片窄，先端具小的 2 裂，与茎的结合线为直线；②腹叶宽大于长，两裂瓣角度大，两侧各有 1 钝齿。

## 4. 钝叶护蒴苔

**Calypogeia neesiana** (C. Massal. & Carest.) K. Müller ex Loeske, Verh. Bot. Ver. Brandenburg 47: 320. 1905.

*Kantia trichomanis* var. *neesiana* C. Massal. & Carest., Nuovo. Giorn. Bot. Bot. Ital. 12: 351. 1880.

植物体灰绿色，平卧生长。茎长 1-2 cm，连叶宽 1.5-2.6 mm，具稀疏分枝。叶蔽前式密覆瓦状排列，阔卵形或卵状椭圆形，长度与宽度近于相等，或长稍大于宽，宽约 1 mm，长 1-1.5 mm，先端圆钝，具明显的分化边缘。叶细胞平滑，薄壁；叶顶端细胞等轴形，直径 25-36 μm，叶中部细胞长 33-38 μm，宽 34-40 μm，叶基部细胞逐渐变长，长 50-60 μm，宽 31-40 μm；叶边 1 列细胞长方形，宽 23-26 μm，长 31-37 μm。腹叶大，圆肾形，宽度为茎直径的 2-3 倍，全缘或先端内凹，宽稍大于长，基部圆形，不下延。每个细胞具 3-8 个圆形或椭圆形、无色的油体。芽胞有时存在。

雌雄同株。孢蒴裂瓣红色。孢子直径 10-16 μm。弹丝直径约 8 μm，具 2 列螺旋加厚。

生境：生于岩壁上；海拔 3100-3200 m。

产地：陕西：太白山，魏志平 5771，6407（WNU，PE）。

分布：日本、朝鲜、俄罗斯远东和西伯利亚地区；欧洲和北美洲。

本种与 *Calypogeia integristipula* Steph. 非常相似，但是与后者的区别在于：①植物体更小；②叶先端具更明显的分化边缘；③油体更少，特别是在叶中部细胞和腹叶细胞中更明显；④叶片基部稍微或者明显的收缩，使叶片呈斜的宽椭圆状卵形至心形，叶片最宽处在基部上方；⑤假根发生区更狭窄；⑥腹叶更窄，顶端具明显内凹。

## 5. 双齿护蒴苔

**Calypogeia tosana** (Steph.) Steph., Sp. Hepat. 3: 410. 1908.

*Kantia tosana* Steph., Hedwigia 34: 54. 1895.

植物体淡黄绿色，平匍丛生于其他苔藓之中。茎匍匐，长 1-2.5 cm，宽 0.8-1.5 mm，单一或稀疏分枝。侧叶覆瓦状排列，略内凹，倒卵形或三角形，大小变异较大，宽

0.6-1 mm，长 0.7-1.3 mm，全缘，先端齿裂或尖锐，稀钝尖。腹叶宽，为茎粗的 2-3 倍，宽 0.5-0.6 mm，长约 0.2 mm，先端裂至腹叶长度的 1/2-3/4 处，裂口宽，基部略下延；裂瓣三角形，先端钝，外缘常具粗齿。叶片细胞壁薄，近方形至六边形，角隅不加厚，表面平滑或具细疣，中部细胞直径 7-35 μm，长 38-50 μm。每个细胞具 3-7 个油体。假根多数，生于腹叶基部。芽胞多数，生于叶先端，由 2 个细胞组成。孢子体未见。

**生境**：生于石上；海拔 1160-1236 m。

**产地**：**甘肃**：文县，裴林英 1607（PE）。**河南**：灵宝市（叶永忠等，2004）。

**分布**：日本、朝鲜；北美洲。

## 2. 假护蒴苔属 Metacalypogeia (Hatt.) Inoue

植物体深绿色或褐绿色，匍匐，常与其他苔藓形成群丛。茎单一或稀疏分枝。叶疏生或覆瓦状蔽前式排列，三角状卵形，先端钝尖或浅 2 裂；叶边全缘。腹叶圆形或肾形，横生茎上，全缘，先端平截或微凹。假根多，无色，生于腹叶基部，有时散生于茎上。叶细胞因充满叶绿体和油体而不透明，胞壁略加厚，常呈黄褐色，三角体明显，表面粗糙，具细疣，油体大，淡褐色，由多数细粒组成，每个细胞含 10-20 个。

雌雄异株。雄苞小，由腹叶叶腋伸出，具 4-8 对雄苞叶。精子器单生。蒴囊黄褐色，长椭圆形，表面有毛状假根。蒴柄长，横切面直径 8 个细胞。孢蒴长椭圆形，黑褐色，成熟时呈 4 瓣开裂；裂瓣长椭圆形，不扭曲，长度约为宽度的 3 倍；胞壁由 2 层细胞组成，外层细胞壁具球状加厚，内层细胞壁常具环状加厚。孢子褐色，直径 13-17 μm。弹丝直径 8-10 μm，具 2 列螺纹加厚。

全世界有 2 种，中国有 2 种，本地区有 2 种。

### 分种检索表

1. 假根着生于腹叶基部及茎上；侧叶扁平不内凹；腹叶圆形或长椭圆形⋯⋯⋯**2.假护蒴苔 M. cordifolia**
1. 假根多着生于腹叶基部；侧叶强烈内凹；腹叶肾形⋯⋯⋯⋯⋯⋯⋯⋯**1.疏叶假护蒴苔 M. alternifolia**

### 1. 疏叶假护蒴苔
图 39

**Metacalypogeia alternifolia** (Nees) Grolle, Oesterr. Bot. Z. 111: 185. 1964.

*Mastrigoyum alternifolium* Nees in Gottsche, Lindb. & Nees, Syn. Hepat.: 216. 1845.

*Bazzania montana* Horik., J. Sci. Hiroshima Univ., Ser. B, Div. 2, Bot. 1: 80. 1931.

*Bazzania subdistens* Horik., J. Sci. Hiroshima Univ., Ser. B, Div. 2, Bot. 2: 190. 1934.

*Calypogeia remotifolia* Herzog, Symb. Sin. 5: 23. 1930.

*Metacalypogeia remotifolia* (Herzog) Inoue, J. Jap. Bot. 38(7): 218. 1963.

植物体小形，黄褐色或深褐色，匍匐生长。茎单一不分枝，长 1-1.5 cm，宽 1-2 mm；横切面皮部 1-2 层细胞与髓部细胞同形，壁略增厚。假根多生于腹叶基部。侧叶疏生或相接，呈蔽前式覆瓦状排列，长卵形至卵状三角形，强烈内凹，先端圆钝或锐尖，有时略内凹成 2 裂。叶细胞薄壁，黄褐色，三角体大，细胞壁中部球状加厚，叶尖部细胞长 23-27 μm，宽 21-25 μm，叶中部细胞长 27-31 μm，宽 33-42 μm，表面具细疣。油体大，球形或椭圆形，每个细胞含 7-12 个。腹叶形大，肾形，相互贴生或分离，宽度为长度的 1.5-2 倍，为茎直径的 3 倍以上，先端圆钝或微凹，全缘。

**生境：**生于岩石上；海拔 2300 m。

**产地：**甘肃：文县，裴林英 1160a（PE）。

**分布：**不丹、印度、尼泊尔、日本和美国（夏威夷群岛）。

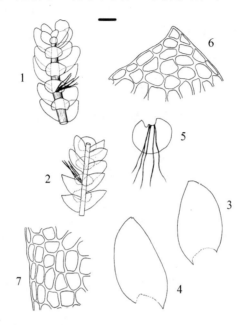

图 39　疏叶假护蒴苔 Metacalypogeia alternifolia (Nees) Grolle

1. 植物体（腹面观）；2. 植物体（背面观）；3-4. 叶片；5. 腹叶；6. 叶尖部细胞；7. 叶中部细胞。标尺=0.4 mm, 1-2；=0.2 mm, 3-5；=35 μm, 6-7。（甘肃，文县，岩面，2300 m，裴林英 1160a，PE）（何强绘）

Figure 39　Metacalypogeia alternifolia (Nees) Grolle

1. Plant (ventral view); 2. Plant (dorsal view); 3-4. Leaves; 5. Underleaf; 6. Apical leaf cells; 7. Median leaf cells. Scale bar=0.4 mm, for 1-2; =0.2 mm, for 3-5; =35 μm, for 6-7. (Gansu, Wenxian Co., on rock, 2300 m, Pei Lin-Ying 1160a, PE) (Drawn by He Qiang)

## 2. 假护蒴苔

**Metacalypogeia cordifolia** (Steph.) Inoue, J. Hattori Bot. Lab. 21: 233. 1959.

*Calypogeia cordifolia* Steph., Sp. Hepat. 3: 393. 1908.

*Calypogeia rigida* Horik., J. Sci. Hiroshima Univ., Ser. B, Div. 2, Bot. 2: 185. 1934.

植物体淡褐色，长 1-2 cm，连叶宽 2-3 mm，匍匐生长，常与其他苔藓组成小片群落。茎单一或稀疏分枝；横切面背腹扁平，椭圆形，皮层细胞与中部细胞同形，薄壁。假根着生于腹叶基部及茎上。侧叶覆瓦状蔽前式排列，卵状三角形至椭圆状三角形，斜出，扁平，最宽处在中部，向上先端圆钝，浅裂成 2 齿。叶细胞圆四至六边形，细胞壁厚，具多数油体而呈黄褐色，具明显三角体；叶尖部细胞长 25-36 μm，宽 24-32 μm，叶中部细胞长 27-31 μm，宽 36-42 μm，表面具细疣。油体较大，每个细胞 10-20 个。腹叶圆形或长椭圆形，略背曲，宽度约为茎直径的 2 倍，先端全缘或略具缺刻。蒴囊生于腹面短侧枝上，长椭圆形，具假根。

**生境：**生于腐殖土和石上；海拔 2350-3090 m。

**产地：**甘肃：文县，裴林英 838（PE）。陕西：太白山，魏志平 5804（WNU）。

分布：菲律宾、日本、朝鲜和俄罗斯远东地区。

# 科 20　兔耳苔科 Antheliaceae R. M. Schust.

植物体密集生长，绿色或黑色。茎具密短枝，硬挺；横切面皮部细胞厚壁；假根多生于腹叶基部，交织。叶片互生，内凹，着生线近于直线，深的 2 裂，裂瓣直立；腹叶与侧叶在形态和体积上相同。叶细胞椭圆形，薄壁，无油体。无性繁殖体缺乏。

雌雄异株或同株。蒴萼短，有纵褶，卵形至椭圆形，在口部收缩。蒴柄非常短。孢蒴球形，孢蒴壁由 2 层细胞构成。孢子直径 12-24 μm，表面具细疣。弹丝具 2-3 列螺纹加厚。

全世界有 1 属。

## 1. 兔耳苔属 Anthelia Dumort.

植物体密集丛生，倾立，褐绿色，有光泽。茎短，横切面细胞同形，皮部细胞厚壁，中部细胞薄壁；分枝密集。叶片密集覆瓦状排列，长椭圆形，近于横生茎上，2 裂至叶片长度的 1/2-2/3 处，基部常具 2-3 层细胞。叶细胞薄壁或厚壁，无油体。腹叶大，近于与侧叶同形。颈卵器顶生。蒴萼卵圆形，有多条纵褶，口部具多个裂瓣。蒴柄短。

全世界有 2 种，中国有 2 种，本地区有 1 种。

### 1. 兔耳苔

**Anthelia julacea** (L.) Dumort., Recueil Observ. Jungerm.: 18. 1834.

*Jungermannia julacea* L., Sp. Pl.: 1135. 1753.

*Anthelia julacea* var. *nana* Schiffn., Kdit. Bernerk. 29: 24. 1943.

*Anthelia julacea* var. *sphagnicola* C. E. O. Jensen, Meddel. Grønland 15: 375. 1898.

植物体长 1-4 cm，淡绿色或黄绿色，常有光泽；垫状丛生。茎直立或倾立，具多数密集分枝，枝条近于等长。叶片密集覆瓦状排列，近于横生，长卵形，2 裂至叶片长度的 2/3-3/4，基部略呈瓢状背凸，2-3 层细胞厚，2 个裂瓣向上呈尖三角形，边缘呈微波状；腹叶与侧叶同形；叶细胞壁厚，叶先端细胞约 10 μm × 16 μm，叶中部细胞 15 μm ×（20-30）μm。

雌雄异株。雄穗顶生。雌器苞生于茎枝上端；雌苞叶与侧叶同形，仅稍大；蒴萼短柱形，有多条纵褶，口部呈短裂片状。孢子红褐色，表面具颗粒状疣，直径约 15 μm。弹丝直径 7-8 μm，具 2 列螺纹加厚。

**生境**：生于石上；海拔 2300 m。

**产地**：**甘肃**：文县，裴林英 1174a（PE）。

**分布**：亚洲北部、欧洲和北美洲。

# 科 21　地萼苔科 Geocalycaceae H. Klinggr.

植物体大小多变化，苍白色或暗褐绿色，具光泽，呈单独小群落或与其他苔藓混生。茎匍匐，横切面皮部细胞不分化；分枝多顶生，生殖枝侧生；假根散生于茎枝腹面，或生于腹叶基部。叶斜生于茎上，蔽后式覆瓦状排列，先端 2 裂或具齿。叶细胞薄壁，表面平滑或具细疣或粗疣；油体球形或长椭圆形，一般每个细胞含 2-15（25）个。腹叶 2 裂，或浅 2 裂，两侧具齿，稀呈舌形，基部两侧或一侧与侧叶基部相连。

雄枝侧生，雄苞叶数对，囊状。雌苞顶生或生于侧短枝上，雌苞叶分化或不分化，仅少数属具隔丝，有的发育为蒴囊，有的转变为茎顶倾垂蒴囊。蒴柄长，由多个同形细胞构成。孢蒴卵形或长椭圆形，成熟后呈 4 瓣裂至基部；孢蒴壁由 4-5（8）层细胞组成。孢子小，直径 8-22 μm。弹丝具 2 列螺纹加厚，直径为孢子直径的 1/4-1/2。无性芽胞多生于叶先端边缘，2 至多个细胞，椭圆形或不规则形。

全世界有 4 属，中国有 4 属，本地区有 1 属。

## 1. 地萼苔属 Geocalyx Nees

植物体中等大小，鲜绿色或黄绿色，有时呈褐色，常与其他苔藓形成群落。茎匍匐，褐绿色，不规则分枝，分枝多产生于茎腹面；横切面细胞无分化。假根呈束状，生于腹叶基部。叶密或疏覆瓦状蔽后式排列，近圆形或长卵形，两侧对称或不对称，先端圆钝或 2-3 裂，前缘平滑，基部斜列，后缘基部常与腹叶相连。叶细胞六边形，叶下部细胞长六边形或近于长方形，三角体大或不明显，表面平滑；油体棱形或椭圆形。腹叶与茎近于等宽，2 裂至中下部，裂瓣呈三角形，两侧平滑或具钝齿。

雌雄异株。雄苞顶生或由于植株继续生长而成间生，或生于腹面短枝上，雌苞生于短侧枝上。雌苞叶大于茎叶，蒴萼长椭圆形，具 3 纵褶，口部 3 裂，平滑或具齿。孢蒴卵形，蒴壁由 2-4 层细胞组成。孢子球形，具细疣，褐色。弹丝具 2 列螺纹加厚。

全世界有 4 种，中国有 1 种，本地区有 1 种。

### 1. 狭叶地萼苔

**Geocalyx lancistipulus** (Steph.) S. Hatt., J. Jap. Bot. 28: 234. 1953.

*Lophocolea lancistipulus* Steph., Sp. Hepat. 6: 281. 1922.

植物体中等大小，淡绿色至深绿色，常与其他苔藓形成群落。茎匍匐，长 1-2.5 cm，连叶宽 2-3 mm，分枝少，间生型，发生于茎腹面。假根束状，生于腹叶基部。叶覆瓦状蔽后式排列，长卵形或长方形，2 裂至叶片长度的 1/4-1/3，后缘圆弧形，前缘弧形；叶边平滑。叶细胞近六边形，基部细胞稍长大，壁薄，三角体小或缺失，表面具细疣；油体小，球形或稍呈椭圆形。腹叶小，与茎近于等宽，2 裂至腹叶长度的 3/5-4/5 处，两侧平滑或具齿。芽胞生于鞭状枝先端或叶尖。

雌雄同株。雄苞生于茎腹面短枝上。雌苞生于茎腹面假根间的短枝上。雌苞叶三角形，颈卵器受精后发育成长圆柱形蒴囊，外被多数假根。蒴柄粗，由多数无分化细胞组成。孢蒴卵形或球形，成熟后呈 4 瓣开裂。孢子直径 12-13 μm。弹丝直径 8-9 μm，具 2 列螺纹加厚。

**生境**：生于岩面薄土上；海拔 1311-1405 m。

**产地**：河南：内乡县，何强 6672（PE）。

**分布**：印度、尼泊尔、日本和俄罗斯远东地区。

# 科 22　圆叶苔科 **Jamesoniellaceae** He-Nygrén, Julén, Ahonen, Glenny & Piippo

植物体通常坚挺，深褐色。向地生长的假根轴存在或缺乏。叶片蔽后式生长，无腹瓣。腹叶钻形或披针形，非常小或者缺乏。雌雄异株。雌雄生殖器官具 1-2 个苞叶。雌苞腹叶大而明显，但在 *Anomacaulis* 中缺乏。蒴萼突出。无蒴囊。蒴帽明显，呈棒状。孢蒴壁由 4-7 层细胞组成。

全世界有 11 属，中国有 4 属，本地区有 1 属。

## 1. 对耳苔属 **Syzygiella** Spruce

植物体大形，棕色、黄褐色或红褐色，交织成松散的垫状。茎倾立，单一，稀具鞭状枝，长 2.5-5 cm，带叶宽 2-3 mm；茎横切面圆形，直径 0.4-0.6 mm，皮部由 2-3 层厚壁的小形细胞组成，髓部细胞大形，薄壁。腹面生有无色或浅褐色的假根。叶片对生，疏生，长舌形，腹面基部相连，呈抱茎状，基部阔卵形，全缘，长 1.2-1.5 mm，宽 0.8-1 mm；斜生于茎上，水平伸展。腹叶发育不完全。叶细胞方形，20-35 μm，叶边缘细胞略加长，细胞壁厚，三角体明显，角质层表面平滑；每个细胞具 4-8 个球形油体，直径 4-6 μm。

雌雄异株。雄苞间生。雌苞顶生，腹面常具 1-2 新生枝。蒴萼长椭圆形，口部收缩，边缘具纤毛状齿。

全世界有 27 种，中国有 4 种，本地区有 2 种。

### 分种检索表

1. 叶片阔卵形或圆方形；蒴萼长圆柱形，具 4-5 条纵褶 ············**1.筒萼对耳苔 S. autumnalis**
1. 叶片椭圆形；蒴萼短圆形或梨形，具 5-7 条纵褶 ············**2.东亚对耳苔 S. nipponica**

## 1. 筒萼对耳苔　　　　　　　　　　　　　图 40

**Syzygiella autumnalis** (DC.) K. Feldberg, Váňa, Hentschel & J. Heinrichs, Cryptog. Bryol. 31(2): 144. 2010.
*Jungermannia autumnalis* DC., Fl. France Suppl.: 202. 1815.
*Jamesoniella autumnalis* (DC.) Steph., Sp. Hepat. 2: 92. 1901.
*Crossogyna autumnalis* (DC.) Schljakov, Novosti Sist. Niza. Rast. 12: 311. 1975.

植物体形稍大，长 2-4 cm，绿色或褐绿色，密集生长或形成片状。茎匍匐，先端上倾，直径 0.2-0.3 mm；不分枝，或在雌苞下部分枝，枝条长 1-4 cm，连叶宽 1.3-2.4 mm。假根多，生于茎腹面至顶端，散生。叶片覆瓦状斜列，阔卵形或圆方形，基部下延，上部背仰，长 0.9-1.1 mm，宽 0.9-1.2 mm。叶细胞圆形，近于方形或长椭圆形，叶边上部细胞宽 19-20 μm，长 19-23 μm，叶中部细胞长约 28 μm，宽 24-26 μm，叶基部细胞略长大，均薄壁，三角体明显，细胞角质层近于平滑。每个细胞具 7-15 个油体，卵形、椭圆形或球形。腹叶在茎中下部缺失。

雌雄异株。雄株较细小，常单独成小群丛，雄苞顶生或生于植株中间。雄苞叶 3-6 对，圆形。雌苞叶 3 对，卵形，内雌苞叶先端开裂成毛状或齿状，或深裂成瓣，外雌苞叶侧面或基部具 2-3 个齿。蒴萼长圆柱形，直立，上部 1/4 具 4-5 条纵褶，先端收缩成小口，口部有单列细胞长毛。孢蒴长卵形，黑褐色，孢蒴壁由 4-5 层细胞组成。孢子球形，具细疣，直径 11-13 μm。弹丝直径约 8 μm，具 2 列螺纹加厚。

**生境：**生于岩面、腐殖土、土面、石上和岩面薄土上；海拔 750-3200 m。

**产地：甘肃：**文县，魏志平 6910，裴林英 1465（PE）。**河南：**卢氏县，张满祥等 1843（WNU）。**陕西：**长安区，张满祥等 227a，1844，1850，2847a，2853a（WNU）；户县，魏志平 4398（PE）；太白山，魏志平 5159（PE）；西太白山，魏志平 6394（PE）。

**分布：**印度、菲律宾、日本、朝鲜、俄罗斯远东和西伯利亚地区；欧洲和北美洲。

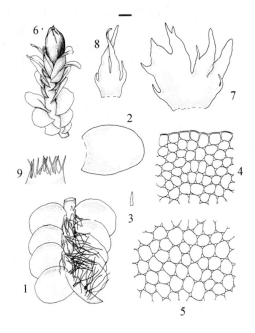

图 40　筒萼对耳苔 Syzygiella autumnalis (DC.) K. Feldberg, Váňa, Hentschel & J. Heinrichs

1. 植物体一部分；2. 叶片；3. 腹叶；4. 叶尖部细胞；5. 叶基部细胞；6. 带雌苞的植物体一部分；7. 雌苞叶；8. 雌苞腹叶；9. 蒴萼口部。标尺=0.4 mm，1；=0.33 mm，2，7-9；=0.18 mm，3；=36 μm，4-5；=0.7 mm，6。（甘肃，文县，裴林英 1465，PE）（郭木森绘）

Figure 40　Syzygiella autumnalis (DC.) K. Feldberg, Váňa, Hentschel & J. Heinrichs

1. A portion of plant; 2. Leaf; 3. Underleaf; 4. Apical leaf cells; 5. Basal leaf cells; 6. A portion of plant with gynoecium; 7. Perichaetial leaf; 8. Bracteole; 9. Mouth of perianth. Scale bar=0.4 mm, for 1; =0.33 mm, for 2, 7-9; =0.18 mm, for 3; =36 μm, for 4-5; =0.7 mm, for 6. (Gansu, Wenxian Co., Pei Lin-Ying 1465, PE) (Drawn by Guo Mu-Sen)

## 2. 东亚对耳苔

**Syzygiella nipponica** (S. Hatt.) K. Feldberg, Váňa, Hentschel & J. Heinrichs, Cryptog. Bryol. 31(2): 145. 2010.

*Jamesoniella nipponica* S. Hatt., J. Jap. Bot. 19: 350. 1943.

*Jamesoniella verrucosa* Horik., J. Sci. Hiroshima Univ., Ser. B, Div. 2, Bot. 2: 146. 1934.

*Jamesoniella horikawana* S. Hatt., Candollea 23(2): 281. 1968.

*Jamesoniella nipponica* Hatt., J. Jap. Bot. 19: 350. 1943.

植物体较大，长可达 3 cm，褐绿色，密集生长。茎匍匐，先端上倾，连片宽 2.4-2.9 mm。横切直径约 0.3 mm；雌苞基部常分枝。假根生于叶基部，常无色透明。叶片覆瓦状着生，斜列，椭圆形，后缘基部稍下延，长 1.2-1.3 mm，宽 1.0-1.1 mm。叶尖部细胞长 24-26 μm，宽 18-22 μm，叶中部细胞长 26-34 μm，宽 24-26 μm，叶基部细胞长 30-36 μm，宽 22-24 μm，薄壁，三角体明显，呈球状，表面有疣。腹叶在茎上退化或由几个细胞构成，线形。

雌雄异株。外雌苞叶大，边缘浅裂或有不规则齿；内雌苞叶小，边缘有细裂片，雌苞腹叶小，三角形，2-3 裂，常与内雌苞叶基部相连。蒴萼大，高出于雌苞叶，倒卵形，先端具 5-7 条纵褶，口部收缩，具纤毛。雄苞生于茎中间，雄苞叶多对。

**生境：**生于岩面薄土上；海拔 1324-2011 m。
**产地：河南：**灵宝市，何强 7902（PE）。
**分布：**印度、尼泊尔、不丹、马来西亚、印度尼西亚和日本。

# 科 23　大萼苔科 Cephaloziaceae Mig.

植物体细小，黄绿色或淡绿色，有时透明。茎匍匐生长，先端倾立，皮部有 1 层大形细胞，内部细胞小，薄壁或厚壁；不规则分枝。叶 3 列排列，腹叶小或缺失；侧叶 2 列，斜列于茎上，先端 2 裂，全缘。叶细胞薄壁或厚壁，无色，稀稍呈黄色；油体小或缺失。

雌雄同株。雌苞生于茎腹面短枝或茎顶端。蒴萼长筒形，上部有 3 条纵褶。蒴柄粗，横切面表皮细胞 8 个，髓部细胞 4 个。孢蒴卵圆形，蒴壁 2 层细胞。弹丝具 2 列螺纹。芽胞生于茎顶端，由 1-2 个细胞组成，黄绿色。

全世界有 15 属，中国有 7 属，本地区有 3 属。

### 分属检索表

1. 植物体具明显的腹叶 ································································ **2.长胞苔属 Hygrobiella**
1. 植物体无腹叶或仅有残余腹叶 ································································ 2
2. 叶片无水囊 ································································ **1.大萼苔属 Cephalozia**
2. 叶片具水囊 ································································ **3.拳叶苔属 Nowellia**

## 1. 大萼苔属 Cephalozia (Dumort.) Dumort.

植物体细小或中等大小，有时透明，浅黄绿色或鲜绿色，老时呈黄褐色。茎匍匐生长，生殖枝常分化，具背腹分化；横切面皮部细胞较大，壁薄，略透明，杂生多数小形厚壁细胞。侧叶疏生，不呈覆瓦状排列，有时宽于茎直径，斜列，卵形或圆形，平展或内凹，一般先端 2 裂，裂瓣锐或钝，一侧基部常下延。叶细胞多薄壁，形大，三角体通常小或缺失；有油体，形态多样。腹叶存在时，常着生于雌苞或雄苞腹面。无性芽胞小，卵圆形或长椭圆形，由 1-2 个细胞组成，生于茎、枝顶端或叶尖。

雌雄同株或异株，少数杂株。雌苞生于长枝或短侧枝上；雌苞叶一般大于侧叶，裂瓣边缘常具粗齿，有时分裂成 3-4 个细胞裂瓣；雌苞腹叶大，与雌苞叶同形。蒴萼大，高出于雌苞叶，长椭圆形或短柱形，口部有毛状突起，具 1-3 个纵长褶。蒴柄长，透明或白色，横切面周围 8 个细胞，中部 4 个细胞。孢蒴圆形或椭圆形。孢子直径 8-15（18）μm，有细疣。弹丝直径与孢子直径相近，具 2 列螺纹加厚。

全世界有 29 种，中国有 21 种，本地区有 3 种。

## 分种检索表

1. 雌雄同株·····················································································**3.细瓣大萼苔 C. pleniceps**
1. 雌雄异株···························································································································2
2. 细胞壁薄，无色透明·····································································**1.毛口大萼苔 C. lacinulata**
2. 细胞壁厚或略厚壁，黄色······························································**2.短瓣大萼苔 C. macounii**

## 1. 毛口大萼苔

**Cephalozia lacinulata** (J. B. Jack) Spruce, Cephalozia: 45. 1882.
*Jungermannia lacinulata* J. B. Jack ex Gottsche & Rabenh., Hepat. Eur.: 624. 1877.

植物体纤细，黄绿色。茎匍匐，具分枝，横切面直径为 5-6 个细胞。背面扁平，腹面凸出，表皮有 11-12 个大形细胞，髓部 8-11 个小形细胞。叶片斜列，椭圆形，2 裂至叶片长度的 1/2-2/3，2 裂瓣间呈 45°或小于 45°，基部宽 4-6 个细胞，裂瓣披针形，直立或略向内弯曲，尖部具 1-2 个细胞。叶细胞薄壁，透明，叶中部细胞宽 19-28 μm，长 28-38 μm。

雌雄异株。雌苞生于茎腹面短枝上；蒴萼具 3 条深纵褶，口部具长裂片，有 2-3 个细胞的长毛。芽胞椭圆形至三角形，由 1-2 个细胞组成，薄壁。

**生境：** 生于土面上；海拔 1400-1500 m。

**产地：** 甘肃：文县，裴林英 1687（PE）。

**分布：** 朝鲜、俄罗斯西伯利亚地区；欧洲和北美洲。

## 2. 短瓣大萼苔

**Cephalozia macounii** (Austin) Austin, Hepat. Bor. Amer. No.: 14. 1873.
*Jungermannia macounii* Austin, Proc. Acad. Nat. Sci. Philadelphia 21(1869): 222. 1870.

植物体较小，淡绿色，外观似睫毛苔。茎匍匐，不规则分枝，连叶宽 0.2-0.3 mm，茎横切面直径 4 个细胞，表皮细胞大，有 10-11 个，髓部细胞小，有 8-10 个，内外细胞近于相等。叶片斜列，有 6-7 个细胞宽，2 裂至叶片长度的 2/3 处，2 裂瓣间约呈 45°，直展，裂瓣基部有 3-4 个细胞宽，裂瓣先端 2-3 个细胞宽。叶细胞壁厚或略加厚，黄色，中部细胞宽 12（20）-15（22）μm，长 16（22）-20（27）μm。

雌雄异株。雌苞生于短或长枝上。雌苞叶 2 裂，叶边有齿突或刺状齿。蒴萼长椭圆形，具 3 条纵长褶，口部具 1-2 个细胞形成的齿突。

**生境：** 不详。

**产地：** 河南：灵宝市（叶永忠等，2004）。

**分布：** 俄罗斯西伯利亚地区；欧洲和北美洲。

### 3. 细瓣大萼苔

**Cephalozia pleniceps** (Austin) Lindb., Meddeland. Soc. Fauna Fl. Fenn. 9: 158. 1883.

*Jungermannia pleniceps* Austin, Proc. Acad. Nat. Sci. Philadelphia 21(1869): 222. 1870.

植物体密集丛生，绿色或黄绿色。茎长 0.8-1.5 cm，具多数腹生枝，茎横切面近似圆形，直径 6-8 个细胞，皮部大细胞 15-17 个，髓部小细胞 20-30 个，茎上表皮细胞 30-70 µm。叶片 3 列；侧叶宽卵形或圆形，背基角下延，斜列着生，2 裂至叶片长度的 1/4-1/2，裂角小于 45°或等于 25°，裂瓣直立，渐尖，基部宽 12-18 个细胞，薄壁；腹叶有时在新枝上存在。叶细胞大，叶中部细胞（25-30）µm×（35-45）µm。细胞无油体。

雌雄同株。雌器苞生于腹侧短枝上；苞叶 3-4 裂，裂瓣有细齿或全缘；腹苞叶 2 裂，与苞叶在基部连生。蒴萼先端钝，具 3 条纵长褶，口部具不整齐裂瓣和齿突。孢子直径 10-12 µm。雄枝短，雄苞叶呈穗状着生，雄苞叶囊球形，先端 2 裂，腹侧边缘常生有刺状突起。芽胞椭圆形，（9-10）µm×（12-14）µm，绿色。

**生境**：不详。

**产地**：陕西：太白山（Levier，1906）。

**分布**：不丹、俄罗斯远东和西伯利亚地区；欧洲和南美洲、北美洲。

## 2. 长胞苔属 Hygrobiella Spruce

植物体细小，绿色或褐绿色，长 5-20 mm，连叶宽 0.2-0.5 mm，不规则分枝，腹叶叶腋处生有鞭状枝。叶片呈 3 列排列，侧叶卵圆形，2 裂至叶片长度的 1/3-1/2 处，裂瓣不等大。中上部叶细胞常为多边形，薄壁，透明，下部和基部叶细胞为长方形或六边形，无三角体，角质层平滑。腹叶大，与侧叶同形，与茎直径等宽或宽于茎。

雌雄异株。雌苞生于茎的先端。蒴萼长柱形，上部具 3 条纵褶，口部具齿突。孢蒴长圆形，蒴壁 2 层细胞，蒴柄横切面皮层 8 个细胞，中部 4 个细胞。雄苞顶生或间生，聚集成穗状，每个雄苞叶 1 个精子器，精子器柄由 2 列细胞组成。

本属全世界仅有 1 种。

### 1. 长胞苔

**Hygrobiella laxifolia** (Hook.) Spruce, Cephalozia: 74. 1882.

*Jungermannia laxifolia* Hook. Brit. Jungermann. Pl.: 59. 1816.

植物体细小，暗绿色或油绿色，有时带黑色，光强时呈红褐色。茎长 5-15 mm，连叶宽 0.2-0.4 mm，先端上仰或倾立；分枝少，不育枝先端常呈鞭状；茎横切面皮部为大形薄壁细胞，髓部为小形薄壁细胞。假根稀少，紫红色，多生于鞭状枝上。叶片 3 列着生，常疏生，近横生，长椭圆形；先端浅 2 裂，裂瓣三角形，叶边常内曲。叶细胞狭长六边形，薄壁，透明，无三角体，表面平滑。腹叶与侧叶同形，仅稍狭短。

雌雄异株。雌雄生殖苞均顶生。雌苞叶与侧叶同形，稍长大。蒴萼圆筒形，口部稍收缩，有细齿。雄苞叶 5-7 对，小穗状，下部强烈膨起。孢子直径约 20 µm，近平滑，红褐色。

**生境：**生于石上；海拔 1680 m。

**产地：陕西：**佛坪县，李粉霞、王幼芳 1740，1759（HSNU）。

**分布：**朝鲜、日本、俄罗斯远东和西伯利亚地区；欧洲和北美洲。

### 3. 拳叶苔属 Nowellia Mitt.

植物体黄绿色或棕绿色，平展或交织生长。茎长 1-2 cm；不规则分枝。叶 2 列着生，拳卷成壳状，先端 2 裂或不裂，叶边多内卷；腹瓣基部强烈膨起成囊状，基部狭窄。无腹叶。

雌雄异株。雌苞生于茎腹面短枝上，具雌苞腹叶。蒴萼长筒形，口部有长刺。雄苞生于茎腹面，雄苞叶多对，呈穗状，每个雄苞叶内包含 1 个精子器。

全世界有 9 种，中国有 2 种，本地区有 1 种。

#### 1. 无毛拳叶苔

**Nowellia aciliata** (P. C. Chen & P. C. Wu) Mizut., Hikobia 11: 469. 1994.

*Nowellia curvifolia* (Dicks.) Mitt. var. *aciliata* P. C. Chen & P. C. Wu, Observ. Fl. Hwangshan: 6. 1965.

植物体纤细，棕绿色或带红色，有时黄褐色，有光泽，平展。茎长可达 2 cm，不规则稀疏分枝。叶片 2 列，覆瓦状蔽前式排列，卵圆形，强烈膨起；叶边全缘，先端不开裂或略内凹，腹瓣多膨起成囊状。叶细胞六边形，或多圆六角形，厚壁，平滑，近基部处的细胞长方形。

雌雄异株。雄苞着生于短侧枝上。雄苞叶多对，排列成穗状。雌苞生于茎腹面短侧枝上；雌苞叶边缘有齿。

**生境：**生于林下石壁上；海拔 2800 m。

**产地：陕西：**太白山，魏志平 5464@（WNU，PE）。

**分布：**日本。

## 科 24　拟大萼苔科 Cephaloziellaceae Douin

植物体细小，通常仅长数毫米，宽 0.1-0.4 mm，多次不规则分枝，平铺或交织生长，淡绿色或带红色。茎横切面圆形或扁圆形，皮部细胞与髓部细胞相似；腹面或侧面分枝。假根常散生于茎腹面。叶片 3 列着生，腹叶常退化或仅存于生殖枝上；侧叶 2 列着生，2 裂成等大的背腹瓣或稍有差异，基部一侧略下延；叶边平滑或具细齿，稀呈刺状齿。叶细胞六边形，多薄壁，芽胞生于茎顶或叶尖，椭圆形或多角形，由 1-2 个细胞组成。

雌雄同株异苞。雌雄苞叶 2 裂，全缘或有齿。蒴萼生于茎顶或短侧枝先端，长筒形，上部具 4-5 条纵褶，口部宽，边缘有长形细胞。孢蒴椭圆形或短圆柱形，黑褐色，成熟后呈 4 瓣裂；蒴柄具 4 列细胞，中间有 1 列细胞。弹丝与孢子同数，弹丝具 2 列螺纹加厚。

全世界有 8 属，中国有 2 属，本地区有 1 属。

# 1. 拟大萼苔属 Cephaloziella (Spruce) Schiffn.

植物体细小,绿色或带红色,平匍状生长。茎先端上倾,不规则分枝,分枝常出自茎腹面;茎横切面细胞无分化。叶片3列着生,腹叶常不发育或小形;侧叶2列,2裂至叶片长度的1/3-1/2,背瓣略小;叶边全缘或有细齿。叶细胞圆六边形,直径15-30 μm;油体小,球形,直径2-3 μm。芽胞生于茎枝先端或叶尖,由1-2个细胞组成。

雌雄同株。雄雌苞均生于茎顶或短侧枝上。雌苞叶分化,全缘或有齿。蒴萼长筒形,上部具4-5条纵褶,口部宽阔,有齿。孢蒴椭圆形或短圆柱形,成熟后呈4瓣裂。孢子非常小,直径6-14 μm,平滑或具细疣。弹丝直径与孢子直径相近,具2列螺纹加厚。

全世界约有100种,中国有11种,本地区有4种。

## 分种检索表

1. 茎表面密被刺状或乳突状 ·················· **4.刺茎拟大萼苔 C. spinicaulis**
1. 茎表面平滑 ································································ 2
2. 叶细胞有细疣 ································ **2.鳞叶拟大萼苔 C. kiaeri**
2. 叶细胞平滑 ······························································ 3
3. 植物体红色或红褐色 ·················· **3.红色拟大萼苔 C. rubella**
3. 植物体绿色或暗绿色 ·················· **1.挺枝拟大萼苔 C. divaricata**

## 1. 挺枝拟大萼苔

**Cephaloziella divaricata** (Sm.) Schiffn., Hepat. (Engl.-Prantl) 3: 320. 1902.
*Jungermannia divaricata* Sm., Engl. Bot. 10: 719. 1800.
*Cephaloziella starkei* (Funck ex Nees) Schiffn., Sitzungsber. Deutsch. Naturwiss.-Med. Vereins Böhmen "Lotos" Prag 20: 341. 1900.
*Jungermannia starkei* Funck ex Nees, Nat. Eur. Lab. 2: 223. 1836.

植物体纤细,绿色或暗绿色丛生。茎具分枝;茎细胞长方形,宽12-14 μm,长23-30 μm。叶片3列;腹叶退化,或仅见于不育枝或苞叶中;侧叶排列稀疏离生,直立,长方形,2裂至叶片长度的1/2处,裂瓣渐尖,三角形,全缘,基部5-10个细胞宽,长6-10个细胞;叶细胞薄壁,角部不加厚,宽9-11 μm,长11-19 μm,表面平滑;腹叶阔披针形或先端2裂。芽胞红褐色,椭圆形,由2个细胞组成,薄壁,宽10-15 μm,长15-23 μm。

雌雄异株。雌器苞生于茎顶端;雌苞叶基部相连,上部裂片具齿。蒴萼狭长筒形,口部有由不规则的大形厚壁细胞构成的齿。孢子表面具颗粒状纹饰,平滑,直径7-8 μm。

**生境**:不详。
**产地**:陕西:户县(Levier,1906,as *Cephalozia divaricata*)。
**分布**:朝鲜、日本、蒙古、土耳其、俄罗斯远东和西伯利亚地区;欧洲和北美洲。

## 2. 鳞叶拟大萼苔

**Cephaloziella kiaeri** (Austin) S. W. Arnell, Bot. Not. 3: 329. 1952.
*Jungermannia kiaeri* Austin, Bull. Torrey Bot. Club 6: 18. 1875.

*Cephalozia minutissima* Kiaer & Pearson, Förh. Vidensk.-Selsk. Kristiania 1892(14): 7. 1892.

*Cephaloziella pentagona* Schiffn. ex Douin, Mém. Soc. Bot. France 29: 79. 1920.

*Cephaloziella willisana* (Steph.) Kitag., J. Hattori. Bot. Lab. 32: 295. 1969.

植物体纤细，绿色或褐绿色，小片状生长。茎直立，长 0.8-1.5 cm，直径 0.22-0.27 mm；横切面皮部细胞厚壁，浅黄褐色；分枝少；假根少，无色。叶片 3 列着生，腹叶退化或仅见于雌苞；侧叶疏生，长方圆形，2 裂至叶片 1/2 处，2 裂瓣等大，基部不下延，略呈褶合状，长 85-130 μm，宽 90-130 μm；叶边全缘或波状。叶尖部细胞直径 6-10 μm，叶中部和基部细胞宽 12-20 μm，长 12-25 μm，细胞壁薄，褐色，三角体不明显，表面有细疣。芽胞生于茎枝先端，黄褐色，由 1-2 个细胞组成，圆形或椭圆形。

雌雄同株异苞。雄苞叶多对。雌苞生于短侧枝上；雌苞叶大于茎叶，直立。蒴萼圆柱形，上部有 5 条纵褶。孢子红褐色，直径 12-14 μm，有细疣。弹丝直径 6-10 μm，具 2 列螺纹加厚。

**生境：**生于河边岩面上；海拔 2150 m。

**产地：**甘肃：舟曲县，汪楣芝 53176（PE）。

**分布：**不丹、印度、斯里兰卡、泰国、马来西亚、新加坡、印度尼西亚、菲律宾、日本、新喀里多尼亚；欧洲、北美洲、马达加斯加和非洲南部。

### 3. 红色拟大萼苔

**Cephaloziella rubella** (Nees) Warnst., Fl.. Brandenburg 1: 231. 1902.

*Jungermannia rubella* Nees, Nat. Eur. Lab. 2: 336. 1836.

*Cephaloziella pulchella* Douin, Mém. Soc. Bot. France 29: 84. 1920.

植物体平铺丛生，红色或红褐色。茎具分枝；茎表皮细胞厚壁，宽 10-14 μm，长 25-37 μm；横切面的外表细胞 11-14 个，细胞壁略加厚，内部细胞薄壁。叶 3 列；腹叶退化；侧叶直立着生，2 裂至叶片长度的 1/2-2/3，2 裂瓣宽披针形，裂瓣基部 4-6 个细胞宽，长 5-6 个细胞，边缘全缘；叶细胞长 10-14 μm，宽 10-11 μm，角部略加厚。芽胞椭圆形，由 2 个细胞组成，平滑。

雌雄同株，偶尔异株。雌器苞生于茎顶端，雌苞叶带有腹苞叶，5-6 个裂瓣，裂瓣上部具有粗齿；雄苞叶全缘或有少数齿。蒴萼短柱形；萼口部细胞厚壁，宽 7-10 μm，长 23-35 μm。孢子颗粒状，直径 7-10 μm。

**生境：**不详。

**产地：**河南：卢氏县（陈清等，2008b）。陕西：长安区（陈清等，2008b）。

**分布：**日本、俄罗斯远东和西伯利亚地区；欧洲和北美洲。

### 4. 刺茎拟大萼苔

**Cephaloziella spinicaulis** Douin, Mém. Soc. Bot. France 29: 62. 1920.

植物体细小，长 5-6 mm，宽 0.4-0.5 mm，常交织丛生或散生成小群落。茎倾立或近垂直，不规则分枝，枝常生于茎腹侧。干时灰绿色，湿时鲜绿色。茎横切面直径 0.15-0.20 mm，茎细胞壁薄，长×宽为（8-16）μm×（10-24）μm。茎表面有大量的刺状或乳突状的突起，1-3 个细胞高，呈纵向排列，每列锯齿状，使茎变硬。假根生于腹面，稀疏而短小。侧叶 2 裂，每裂片呈卵形或卵三角形，渐尖，边缘具 1-2 个细胞组成的齿，叶背面与茎同样生有 1-3 个细胞组成的刺状或乳突状突起，突起使叶片变得坚硬。叶细胞薄壁，（11-14）μm ×（12-16）μm。油体小，均质型，透明，比叶绿体小。腹叶不明显，常呈矛尖状、卵圆形或长方椭圆形，有时宽大于长，在顶端生有 2-3 个齿，（50-135）μm ×（50-90）μm，边缘和背面带刺。芽胞很少见到，绿色，椭圆至卵形。

雌雄异株。雌苞生于茎腹面短枝上，雌苞叶与侧叶相似，长方形，长 0.22-0.25 mm；雄苞比雌苞稍宽，长 0.25-0.3 mm，有数对苞叶，覆瓦状排列。

**生境**：生于土面上；海拔 1450 m。

**产地**：陕西：西安市，翠华山，王玛丽、张满祥 295（WNU）；周至县（陈清等，2008b）。

**分布**：日本、朝鲜、俄罗斯远东地区；北美洲。

# 科 25　挺叶苔科 **Anastrophyllaceae** L. Söderstr., De Roo & Hedd.

植物体的枝条匍匐、倾立或直立，单一或分枝。茎的横切面上由小而厚壁的细胞组成的皮层和由大而薄壁的细胞组成的髓部构成。叶片互生，2-4 裂，蔽后式生长或横向生长。腹叶缺失，单一或大而 2 裂。细胞小至中等大小，具明显或不明显的三角体，有时为厚壁。油体数量和形状多变。芽胞卵形或多边形，由 1-2 个细胞组成，黄绿色或红棕色。

雌雄异株，稀有序同苞（paroicous）。雄性生殖器着生于枝端或中间，外有几对苞叶。雌性生殖器生于主枝顶端。蒴萼大，平直，明显伸出，卵状圆柱形，多个深皱褶，或仅在上部具皱褶；口部稍微收缩，全缘，有由 3-6 个细胞组成的齿或细齿。

全世界有 22 属，中国有 10 属，本地区有 3 属。

## 分属检索表

1. 具腹叶；叶片圆形，边缘具波纹 ················································· **3.圆瓣苔属 Biantheridion**
1. 腹叶缺失；叶片不呈圆形，边缘无波纹 ······················································· 2
2. 叶片边缘强烈外卷，腹侧边缘特别明显 ················································· **1.卷叶苔属 Anastrepta**
2. 叶片边缘不强烈外卷，多少有些内凹 ················································· **2.挺叶苔属 Anastrophyllum**

## 1. 卷叶苔属 Anastrepta (Lindb.) Schiffn.

植物体中等大小，棕绿色至红棕色，较硬挺，密生成垫状或散生于其他苔藓之间。茎匍匐或直立，先端倾立，长 1.5-4 cm，连叶宽 1.5-2.2 mm；分枝少；腹面生有无色假根。茎横切面皮部细胞扁平，髓部细胞大。叶阔卵圆形至卵状心形，密集或疏松蔽后式，斜列，背侧边缘强烈反卷，基部略下延，先端浅裂，裂瓣尖端圆钝。腹叶缺失，或仅在茎尖呈毛状或披针形。叶细胞圆六边形，直径 16-25 μm，平滑，有大或小的三角体；油体小。芽胞由 1-2 个细胞组成，红棕色，呈多角状。

雌雄异株。雄苞叶形状与叶近似，但背部膨大，具齿。雌苞顶生。雌苞叶具齿。蒴萼倒卵形，具 6 条浅的纵褶，口部收缩，具 1-2 个细胞的齿突。孢蒴卵形或椭圆形，孢壁由 5 层细胞组成。孢子直径约 10 μm，表面具细密疣。弹丝具 2 列螺纹加厚。

全世界有 1 种。

## 1. 卷叶苔

图 41

**Anastrepta orcadensis** (Hook.) Schiffn., Hepat. (Engl.-Prantl): 85. 1893.

*Jungermannia orcadensis* Hook., Brit. Jungermann.: 71. 1816.

*Anastrepta sikkimensis* Steph., Sp. Hepat. 6: 119. 1917.

*Anastrophyllum erectifolium* (Steph.) Steph., Sp. Hepat. 2: 115. 1902.

*Jungermannia erectifolia* Steph., Mém. Soc. Sci. Nat. Math. Cherbourg 29: 214. 1894.

*Lophozia decurrentia* Horik., J. Sci. Hiroshima Univ., Ser. B, Div. 2, Bot. 2: 150. 1934.

*Lophozia roundifolia* Horik., J. Sci. Hiroshima Univ., Ser. B, Div. 2, Bot. 2: 150. 1934.

种的形态特征同属。

**生境：**生于土面上；海拔 560 m。

**产地：陕西：**城固县，张满祥等 2666a（WNU）。

**分布：**印度、尼泊尔、不丹、日本、俄罗斯西伯利亚地区；欧洲和北美洲。

本种的鉴别特征在于：①植物体呈红棕色；②叶片背侧边缘强烈反卷。

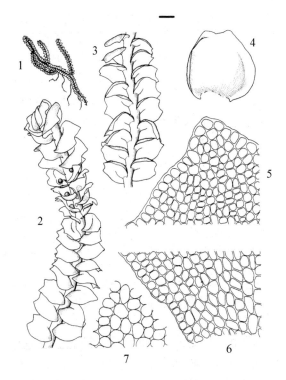

图 41　卷叶苔 Anastrepta orcadensis (Hook.) Schiffn.

1. 植物体；2. 枝条一部分（腹面观）；3. 枝条一部分（背面观）；4. 叶片；5. 叶尖部细胞；6. 叶边缘细胞；7. 叶中部细胞。标尺=5 mm，1；=0.7 mm，2-3；=0.33 mm，4；=28 μm，5-7。（陕西，城固县，张满祥等 2666a，WNU）（郭木森绘）

Figure 41　Anastrepta orcadensis (Hook.) Schiffn.

1. Plant; 2. A portion of branch (ventral view); 3. A portion of branch (dorsal view); 4. Leaf; 5. Apical leaf cells; 6. Marginal leaf cells; 7. Median leaf cells. Scale bar=5 mm, for 1; =0.7 mm, for 2-3; =0.33 mm, for 4; =28 μm, for 5-7. (Shaanxi, Chenggu Co., Zhang Man-Xiang et al. 2666a, WNU) (Drawn by Guo Mu-Sen)

## 2. 挺叶苔属 Anastrophyllum (Spruce) Steph.

植物体小形或稍大，硬挺，红棕色至黑褐色，无光泽。茎匍匐，先端倾立或直立，茎横切面分化成由小而厚壁细胞构成的皮部和由大而壁薄细胞构成的髓部；分枝侧生于叶腋或茎腹面。侧叶斜生于茎上，背面反曲，内折，略抱茎，先端略凹或 2 裂，有时裂口达叶长度的 2/3。腹叶缺失。叶细胞壁不等加厚，三角体明显，有时形大。油体少，粗粒状聚合。芽胞由 1-2 个细胞构成。

雌雄异株，或混生同株。雌苞叶 2-5 裂，边缘一般有齿。蒴萼明显伸出苞叶之外，上部有纵褶，上部逐渐收缩成口部，但不形成喙状，口部边缘有不整齐齿。孢蒴壁由 3-5 层细胞组成。孢子圆球形，直径 10-15 μm。弹丝直径 6-8 μm，具 2 列螺纹加厚。

全世界有 38 种，中国有 9 种，本地区有 3 种。

### 分种检索表

1. 叶对折抱茎，先端 2 裂至 1/4-2/5 ·························· 3.小挺叶苔 A. minutum
1. 叶内凹，先端浅 2 裂或略内凹 ·························································· 2
2. 叶片兜形，先端浅凹 ·························· 1.高山挺叶苔 A. joergensenii
2. 叶片不呈兜形，先端明显 2 裂 ·························· 2.密叶挺叶苔 A. michauxii

### 1. 高山挺叶苔　　　　　　　　　　　　　　　　　　　　　　　　　图 42

**Anastrophyllum joergensenii** Schiffn., Hedwigia 49: 396. 1910.
*Anastrophyllum alpinum* Steph., Sp. Hepat. 6: 103. 1924.

植物体中等大小，硬挺，暗棕色或红褐色，稀疏丛生于其他苔藓植物之间。茎倾立，分枝稀少，长约 2 cm，连叶宽约 1.5 mm；横切面近圆形，细胞分化明显。腹面有时可见假根。叶脆弱易碎，近横生于茎上，近于圆形，背仰，基部强烈内凹，先端阔，浅裂，裂口近半圆形，2 裂不及叶片长度的 1/5。叶细胞形状不规则，从等轴形至长方形，直径 16-50 μm，叶尖部和上部边缘细胞较小，叶基部细胞较大，细胞壁不规则球状加厚，三角体大而明显，黄褐色；表面粗糙。

**生境**：生于岩面上；海拔 3000 m。

**产地**：陕西：太白山，汪发瓒 120b（PE），黎兴江 605a（PE）。

**分布**：不丹、印度、尼泊尔；欧洲和北美洲。

本种重要特征：①叶片近于圆形，内凹成兜形；②叶片 2 裂不及叶片长度的 1/5。

### 2. 密叶挺叶苔

**Anastrophyllum michauxii** (F. Weber) H. Buch, Memoranda Soc. Fauna Fl. Fenn. 8: 289. 1932.
*Jungermannia michauxii* F. Weber, Hist. Musc. Hepat. Prodr.: 76. 1815.
*Anastrophyllum japonicum* Steph., Sp. Hepat. 6: 108. 1924.
*Sphenolobus japonicus* Steph., Sp. Hepat. 2: 160. 1906.
*Sphenolobus michauxii* (F. Weber) Steph., Sp. Hepat. 2: 164. 1906.

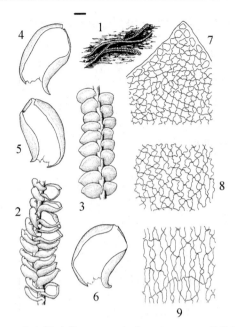

图 42　高山挺叶苔 Anastrophyllum joergensenii Schiffn.

1. 植物体；2. 枝条一部分（腹面观）；3. 枝条一部分（背面观）；4-6. 叶片；7. 叶尖部细胞；8. 叶中部细胞；9. 叶基部细胞。标尺=1 cm，1；=0.7 mm，2-3；=0.3 mm，4-6；=28 μm，7-9。（陕西，太白山，岩面，3000 m，黎兴江 605a，PE）（郭木森）

Figure 42　Anastrophyllum joergensenii Schiffn.

1. Plants; 2. A portion of branch (ventral view); 3. A portion of branch (dorsal view); 4-6. Leaves; 7. Apical leaf cells; 8. Median leaf cells; 9. Basal leaf cells. Scale bar=1 cm, for 1; =0.7 mm, for 2-3; =0.3 mm, for 4-6; =28 μm, for 7-9. (Shaanxi, Mt. Taibai, on rock, 3000 m, Li Xing-Jiang 605a, PE) (Drawn by Guo Mu-Sen)

植物体中等大小，硬挺，褐绿色或浅棕色，密集或稀疏生长，长 1.5-5 cm，连叶宽 1-2.5 mm。茎近直立，硬挺，分枝常从茎腹面中央伸出；茎横切面圆形，直径 0.18-0.3 mm，具 10-14 层细胞，细胞分化明显，皮层由 1-2 层细胞组成，厚壁，髓部细胞薄壁。假根稀疏，无色。叶平展，向背侧倾斜，阔卵形或卵状方形，先端 2 裂，裂口约为叶长度的 1/4，裂瓣近于等大，阔三角形，尖部圆钝或尖锐，背瓣基部明显下延。叶细胞不规则多边形或长方形，叶尖部细胞长 11-14 μm，宽 10-13 μm，叶中部细胞长 17-22 μm，宽 12-16 μm，叶基部细胞长方形，长 24-30 μm，宽 15-17 μm；细胞壁明显不规则增厚，三角体膨大，细胞角质层表面具疣。每个细胞具 3-6 个油体，油体卵形或椭圆形。芽胞生于茎上部叶片的边缘上，红棕色，多角形，由 2 个细胞组成。

雌雄异株。蒴萼顶生，几乎整个蒴萼完全伸出苞叶外，长圆筒形，具 5-6 个不明显的纵褶，近口部收缩，边缘具齿或小裂瓣。孢蒴卵形，孢蒴壁由 3-4 层细胞组成，孢蒴外壁细胞具放射状加厚的壁。孢子棕色，直径 15-17 μm，具细疣。弹丝直径约 8 μm，具 2 列螺纹加厚。

**生境**：生于腐木、潮湿岩面或岩面薄土上；海拔 1850-3200 m。

**产地**：陕西：宝鸡市（Levier，1906，as *Sphenolobus michauxii*）；佛坪县，李粉霞、王幼芳 1523b，4408a，4610（HSNU）；眉县，汪发瓒 120a（PE）；太白山，黎兴江 794（PE），魏志平 5642，5810a（PE）；洋县，汪楣芝 57101a（PE）。

**分布**：日本、俄罗斯远东和西伯利亚地区；欧洲和北美洲。

### 3. 小挺叶苔

**Anastrophyllum minutum** (Schreb. in Cranz) R. M. Schust., Amer. Midl. Naturalist 42: 576. 1949.

*Jungermannia minutum* Schreb. in Cranz, Fortsetz. Hist. Gröenland.: 285. 1770.

植物体细小，硬挺，黄棕色或棕褐色，密集或稀疏生长。茎匍匐，先端上倾，分枝常从叶腋处伸出；茎横切面近圆形，皮部和髓部细胞略有分化。腹面着生无色假根。叶近方形，略背仰，先端 2 裂至叶片长度的 1/4-2/5，裂瓣近于等大，尖部具 1-4 个单列细胞。叶细胞圆方形或圆形，叶边缘细胞直径 12-17 μm，叶中部细胞直径 15-20 μm，叶基部细胞直径 16-24 μm，细胞壁等厚或略不规则增厚，三角体不明显，细胞角质层表面平滑或具不明显疣。每细胞具 3-5 个油体。芽胞生于枝端，多角形，红褐色，由 2 个细胞构成。

雌雄异株。蒴萼 2/3-3/4 伸出苞叶外，椭圆形，口部收缩，有裂瓣，具明显的纵褶。孢蒴球状，孢蒴壁由 2-3 层细胞组成。孢子棕色，表面有细疣，直径 12-15 μm。弹丝直径约 8 μm，具 2 列螺纹加厚。

**生境**：生于岩面、石上、腐木、树干基部、土面、腐殖土或岩面薄土上；海拔 1950-3200 m。

**产地**：**甘肃**：文县，裴林英 1165，1182（PE）。**陕西**：佛坪县，李粉霞、王幼芳 209b，4202，4503，4557c，4570b（HSNU）；太白山，刘慎谔、钟补求 1204b（WNU），魏志平 5762，6289b，6299b（PE）。

**分布**：印度、尼泊尔、不丹、马来西亚、印度尼西亚、日本、朝鲜、俄罗斯西伯利亚地区、新几内亚岛；欧洲、北美洲和非洲。

## 3. 圆瓣苔属 Biantheridion (Grolle) Konstant. & Vilnet

植物体绿色，中等大小，密生。茎匍匐，先端倾立，不分枝，或雌苞基部腹面分枝。假根疏生于茎上。叶片覆瓦状斜列，圆形，叶边有明显波纹。叶细胞圆六边形，上部边缘细胞长 20-25 μm，中部细胞长 30-32 μm，细胞壁薄，三角体明显，不透明。腹叶小，狭披针形。

雌雄异株。雌苞顶生或侧生于短枝上；雌苞叶阔卵形，宽度大于长度；内雌苞叶先端常具不规则裂片。蒴萼隐生于雌苞叶中，仅上部露裸，圆球形，口部开阔，边缘有短毛状齿。

全世界有 1 种。

### 1. 波叶圆瓣苔

**Biantheridion undulifolium** (Nees) Konstant. & Vilnet, Arctoa 18: 67. 2009[2010].

*Jamesoniella undulifolia* (Nees) K. Müller, Lebermoose 2: 758. 1916.

*Jungermannia schraderi* var. *undulifolia* Nees, Naturgesch. Eur. Leberm. 1: 306. 1833.

种的特征同属。

**生境**：生于腐木或石上；海拔 1680-1700 m。

**产地**：**陕西**：佛坪县，李粉霞、王幼芳 1106，1722（HSNU）。

**分布**：朝鲜、俄罗斯远东和西伯利亚地区；欧洲和北美洲。

# 科 26　裂叶苔科 Lophoziaceae Cavers

植物体小形或中等大小，柔弱或硬挺，匍匐或倾立，稀直立；分枝多侧生；假根散生于茎腹面，密集或稀疏。叶交互排列，斜生至横生，先端 2-4 裂，少数种类具不规则裂瓣，稀全缘。腹叶明显或仅存于雌苞腹面，或完全缺失，深 2 裂或呈披针形。叶细胞形态变化较大，从等轴形到长轴形，细胞壁薄或不规则加厚，三角体明显或无。多数种类具芽胞。

雌雄异株，稀同株。蒴萼长椭圆形，表面具纵褶，口部常收缩。雌苞叶与茎叶相似，分离或相连。雄苞生于侧枝的顶端或雌苞的下方。孢蒴卵状球形，成熟时呈瓣裂状；孢蒴壁由 2-5 层细胞组成。孢子小，表面具细密疣，弹丝具 2 列缧纹加厚。

全世界有 11 属，中国有 4 属，本地区有 4 属。

### 分属检索表

1. 植物体叶片先端多 2 裂 ………………………………………………………………2
1. 植物体叶片先端多 3-4 裂 ………………………………………………………………3
2. 叶片近横生，叶缘腹面基部常有纤毛状附属物 …………………1.细裂瓣苔属 Barbilophozia
2. 叶片斜生，叶缘无纤毛状附属物 …………………………………2.裂叶苔属 Lophozia
3. 植物体具腹叶 …………………………………………………………3.褶萼苔属 Plicanthus
3. 植物体无腹叶 …………………………………………………………4.三瓣苔属 Tritomaria

## 1. 细裂瓣苔属 Barbilophozia Loeske

植物体中等大小或较粗，黄褐色至鲜绿色，丛集生或散生于其他藓类植物间。茎匍匐，先端上倾；分枝叉状，稀少。假根无色或略带浅黄色。侧叶 2-5 裂，多 3-4 裂，裂瓣常呈三角形，斜生或近于横生，蔽后式，后缘常有毛状突起。腹叶较大，披针形，深 2 裂，裂瓣呈线形，基部具毛状突起。叶细胞规则多边形，基部细胞略大，稍呈长方形，壁薄，三角体不明显；每个细胞具 3-10 个油体。芽胞多角形，由 1-2 个细胞组成。

雌雄异株。雌苞顶生或间生。雌苞叶裂瓣不规则，先端有锐尖。蒴萼卵形或球形，上部有深纵褶，口部收缩，边缘有齿突。孢蒴圆球形，孢蒴壁由 3-4 层细胞组成，内层壁具半环状加厚。

全世界有 11 种，中国有 7 种，本地区有 4 种。

### 分种检索表

1. 叶片斜列于茎上，多 4 裂瓣，叶面平展或略凸，裂瓣具细或短尖，腹面边缘具长形细胞形成的毛或齿突 …………………………………………………………………………2
1. 叶片横生于茎上，先端多 3 裂瓣，叶面内凹，裂瓣先端无尖，腹面边缘具方形细胞形成毛或无毛 …3
2. 叶近似方形，裂瓣先端急尖或渐尖；腹叶无或发育不全，腹叶边无毛 …………3.细裂瓣苔 B. barbata
2. 叶不对称，方形，裂瓣顶端具长或短尖；腹叶完全，边缘具纤毛 …4.阔叶细裂瓣苔 B. lycopodioides
3. 叶片略反曲，叶细胞壁均匀加厚，三角体小或不明显 …………2.纤枝细裂瓣苔 B. attenuata
3. 叶片内凹，叶细胞壁角部加厚，三角体明显 …………………1.大西洋细裂瓣苔 B. atlantica

### 1. 大西洋细裂瓣苔

**Barbilophozia atlantica** (Kaal.) K. Müller, Leberm. Eur. 6: 639. 1954.
*Jungermannia atlantica* Kaal., Skr. Vidensk.-Selsk. Cristiana, Math.-Naturvidensk. Kl. 1898(9): 11. 1898.

植物体中等大小，绿色或褐绿色，长 1-3 cm，宽 1-1.8 mm，稀疏分枝，枝条末端逐渐形成尾尖，茎绿色或棕色，扭曲，螺旋状上升，直径 0.22-0.45 μm。叶片稍斜向生长，覆瓦状排列，多少内凹。叶片多形，2-4 个裂瓣，通常是 3 个裂瓣，宽大于长，叶片长 0.6-0.9 mm，宽 0.9-1.1 mm，叶片分裂至叶片长度的 1/4-2/5；裂片通常为宽的三角形，内曲，圆钝或锐尖。叶边缘细胞直径 18-27 μm，中部细胞（23-26）μm×（23-30）μm；角质层具细小疣；三角体中等大小，不连接形成节状；每个细胞具 5-7 个油体，油体球形或短的卵形，浅灰色，不透明，在叶片顶端处每个细胞有 4-5 个油体。腹叶的形态是变化的，从丝状至狭的披针形，或由 1-2 个短的纤毛状细胞组成。芽胞大而呈紫色，由 1-2 个细胞组成。

雌雄异株。蒴萼圆柱形，上部具皱褶，在口部收缩，并具短的纤毛。

**生境：** 生于岩面薄土上；海拔 3000 m。

**产地：** 陕西：太白山，魏志平 555c（WNU）。

**分布：** 欧洲和北美洲。

本种的主要特征：①植物体中等大小，枝条末端逐渐形成尾尖状；②产生大而呈紫色的芽胞；③叶细胞大，叶边缘和中部细胞直径为 18-30 μm；④叶细胞三角体中等大小。

## 2. 纤枝细裂瓣苔

**Barbilophozia attenuata** (Mart.) Loeske, Verh. Bot. Ver. Prov. Brandenburg 49: 37. 1907.

*Jungermannia quinquedentata* var. *attenuata* Mart., Fl. Crypt. Erlang.: 177. 1817.

*Barbilophozia gracilis* (Schleich.) K. Müller, Rabenh. Krypt.-Fl. (ed. 3) 6: 637. 1954.

*Jungermannia attenuata* (Mart.) Lindb., Syn. Hepat. Eur.: 48. 1829.

*Lophozia attenuata* (Lindb.) Dumort., Recueil Observ. Jungerm.: 17. 1835.

*Lophozia gracilis* Steph., Sp. Hepat. 2: 147. 1902.

*Orthocaulis attenuata* (Lindb.) A. Evans, Ann. Bryol. 10: 4. 1937.

*Orthocaulis gracilis* (Schleich.) H. Buch, Memoranda Soc. Fauna Fl. Fenn. 8: 294. 1932.

植物体小形，连叶宽约 1.5 mm，黄棕色或油绿色，散生或呈松散的垫状，有时与其他苔藓混生。茎匍匐，先端上倾，长约 2 cm，分枝稀少，有时从腹面生出鞭状枝；茎横切面圆形，皮部细胞小，壁厚，髓部细胞大，透明，壁薄。腹面生有假根。侧叶多 3 裂，裂瓣近于相等，裂口深达叶长度的 1/3，裂瓣三角形，渐尖；腹叶缺失，或退化为 1-3 个细胞。叶细胞方六边形，小，细胞壁略厚，三角体小或不明显，叶边缘细胞直径 13-16 μm，叶尖部细胞直径 14-17 μm，中下部细胞直径 15-23 μm，每个细胞内有 4-10 个椭圆状油体。芽胞生于鞭状枝的末端，淡绿色或黄绿色，三角形、多角形或长椭圆形，由 1-2 个细胞组成。

雌雄异株。蒴萼长伸出，长椭圆形或椭圆状圆柱形，中上部具深纵褶，口部收缩，具多细胞纤毛。孢蒴壁由 3 层细胞组成，外壁细胞壁具球状加厚。孢子红褐色，直径 10-15 μm，具疣。弹丝直径 7-8 μm，具 2 列螺纹加厚。

**生境：** 生于树干、岩面、岩壁、土面、岩面薄土和腐木上；海拔 2300-3200 m。

**产地：** 甘肃：文县，魏志平 6801a（WNU）。陕西：洋县，汪楣芝 55224（PE）；太白山，魏志平 5205b，5301，5393a，5461，5551a，5480，5496a，5810a（WNU），张满祥 16a，106a，196a，795b，814a，809a（WNU）；西太白山，魏志平 6157，6209b，6389（PE）。

**分布：** 日本、朝鲜、俄罗斯西伯利亚地区；欧洲和北美洲。

本种最重要的特征是叶细胞小，叶边缘和尖部的细胞直径为 13-17 μm。

## 3. 细裂瓣苔

**Barbilophozia barbata** (Schmid.) Loeske, Verh. Bot. Ver. Prov. Brandenburg 49: 37. 1907.

*Jungermannia barbata* Schmid., Icon. Pl. & Annal. Part.: 187. 1747.

*Lophozia barbata* (Schmid.) Dumort., Recueil Observ. Jungerm.: 17. 1835.

植物体大形，鲜绿色或黄绿色，丛集生长或散生于其他藓类植物间。茎匍匐，先端略上倾，长 3-10 cm，连叶宽约 5 mm，单一或具稀少叉状分枝；茎横切面近圆形，皮部和髓部细胞分化不明显。假根无色，短而密集。侧叶斜生于茎上，近方形，长 0.5-0.8 mm，宽 0.4-0.6 mm，先端多 4 瓣浅裂，裂口深度为叶片长度的 1/5-1/4，裂瓣三角形。腹叶仅在茎尖生长，2 裂至叶片长度的 1/2 处；叶边具少数齿。叶细胞多边形，宽约 25 μm，长约 35 μm，叶基部细胞较大，细胞壁等厚，三角体小或不明显。芽胞多角形，红褐色，由 2 个细胞组成。

雌雄异株或同株异苞。雄苞叶呈穗状。雌苞顶生；雌苞叶 3-5 裂，裂口深达叶长度的 1/3-1/2。蒴萼明显伸出，长椭圆形，上部有 6-8 个深纵褶，口部收缩，边缘有小齿突。孢蒴卵球形，孢蒴壁由 4 层细胞组成。孢子黄褐色，直径约 15 μm，表面具细密疣。弹丝直径约 8 μm。

**生境：** 生于岩面、土面或腐木上；海拔 3100-3400 m。

**产地：陕西：** 太白山，魏志平 5593a，5636a，6299a，5764a（WNU），张满祥 825a（WNU）；西太白山，魏志平 6299a（WNU）。

**分布：** 伊朗、日本、朝鲜、蒙古、土耳其和俄罗斯远东地区。

本种的主要特征：①植物体外观常呈鲜绿色或黄绿色；②叶片 4 瓣裂；③叶细胞三角体小。

## 4. 阔叶细裂瓣苔

**Barbilophozia lycopodioides** (Wallr.) Loeske, Verh. Bot. Ver. Prov. Brandenburg 49: 37. 1907.

*Jungermannia lycopodioides* Wallr., Fl. Crypt. Germ. 1: 76. 1831.

*Lophozia lycopodioides* (Wallr.) Cogn., Bull. Soc. Bot. Belgique: 278. 1872.

*Lophozia lycopodioides* (Wallr.) Steph., Sp. Hepat. 2: 158. 1906, *nom. illeg.*

植物体较大，淡绿色或黄绿色，散生或呈松散的垫状，常与其他藓类生成群落。茎匍匐，先端上倾，单一，稀叉状分枝，长 3-8 cm，连叶宽可达 5 mm；茎横切面椭圆形，皮部与髓部细胞分化明显。侧叶覆瓦状排列，斜生于茎上，先端 4 瓣浅裂，裂瓣阔三角形，具单列细胞长尖，前缘有多细胞毛状突起，后缘呈明显的弓形。腹叶大，长 0.75-0.9 mm，深 2 裂，裂口深达叶长度的 2/3-4/5，裂瓣狭三角形，边缘有单列细胞长纤毛。叶细胞圆多边形，细胞壁薄，三角体小至大，表面平滑，中部细胞直径 20-30 μm，先端和边缘细胞略小，基部细胞略大。油体椭圆形。芽胞多角形，红棕色，由 1-2 个细胞组成。

雌雄异株。雄苞生于植株间。雌苞顶生。蒴萼长椭圆形，膨大，长 5-6 mm，上部有纵褶；口部收缩，边缘有 1-2 个细胞的短齿。孢蒴椭圆形，孢蒴壁由 3 层细胞组成，孢蒴外壁细胞壁具明显的放射状加厚。孢子黄褐色，直径约 12 μm。弹丝直径 9-10 μm，具 2 列螺纹加厚。

**生境**：生于岩壁上；海拔 3000 m。

**产地**：陕西：太白山，刘慎谔、钟补求 32a（WNU）。

**分布**：日本、俄罗斯西伯利亚地区；欧洲和北美洲。

本种与狭基细裂瓣苔 Barbilophozia hatcheri (A. Evans) Loeske 非常相似，但是与后者的区别在于：①叶片分裂更浅，裂瓣更宽；②裂瓣尖部骤缩成 1 长尖；③叶片后缘呈明显的弓形。

## 2. 裂叶苔属 Lophozia (Dumort.) Dumort.

植物体小形或中等大小，柔弱或稍硬挺，绿色或红棕色，密或疏丛集。茎匍匐，先端倾立；横切面细胞不分化或背腹明显分化，以及皮部与髓部的分化；不分枝或叉状分枝。侧叶斜生或近横生，平展或强内凹，先端常 2 裂，稀 3-4 裂；裂口深度为叶片长度的 1/10-1/2，裂瓣等大或腹侧瓣略大；叶边全缘或具齿。腹叶披针形或深裂，稀腹叶缺失，或仅生于嫩枝上。叶细胞三角体明显或缺失，表面平滑或具疣。油体均一或呈聚合状。芽胞常存，角状或椭圆形，由 1-2 个细胞组成。

雌雄异株或同株异苞。雄苞多顶生或着生于雌苞下部。雌苞多顶生；雌苞叶略大于茎叶，2-5 裂。蒴萼长椭圆形或短柱形，平滑或上部有褶，口部边缘具齿。孢蒴球形或椭圆形，孢蒴壁由 3-5 层细胞组成；蒴柄长，横切面具多列细胞。孢子直径 10-18 μm。弹丝直径为 6-9 μm。

全世界有 79 种，中国有 18 种，本地区有 11 种。

### 分种检索表

## 1. 倾立裂叶苔

**Lophozia ascendens** (Warnst.) R. M. Schust., Bryologist 55: 180. 1952.

*Sphenolobus ascendens* Warnst., Hedwigia 57: 63. 1915.

*Lophozia gracillima* Buch, Ann. Bryol. 6: 123. 1933.

*Lophozia porphyroleuca* K. Müller, Rabenh. Krypt.-Fl. (ed. 3) 6: 669. 1954.

植物体小形，淡绿色或黄绿色，略具光泽，长 0.3-1.5 cm，连叶宽 0.6-1.3 mm。茎匍匐，先端倾立，分枝稀疏，向上直立生长；茎横切面背面细胞透明，腹面细胞红褐色；假根多，生于茎腹面，无色或略带浅棕色。叶长卵形，长 0.75-1 mm，宽 0.5-0.75 mm，近覆瓦状排列，斜生于茎上，与茎的结合线近于呈直线，水平伸展，先端 2 裂至叶片长度的 1/5-1/4，裂瓣三角形，等大，渐尖，常呈角状。腹叶缺失。叶细胞圆多边形，叶中部细胞宽 20-25 μm，长 25-30 μm，叶尖部和边缘细胞略小，叶基部细胞略长；细胞壁薄，略透明，三角体大而明显，表面具不明显条状疣。每个细胞具 6-10 个油体，油体球形或椭圆形，芽胞丰富，多黄绿色，生于叶尖，由 1-2 个细胞组成，多角形。

雌雄异株。雄苞叶略大于茎叶，表面明显具疣。雌苞顶生；雌苞叶大，3-4 深裂。蒴萼圆形或圆柱形，长约 1.5 mm，宽约 0.7 mm，具纵褶，口部收缩，边缘具 8-15 个不整齐的裂瓣。孢子直径 9-11 μm，具细疣。

**生境：**生于土面或腐木上；海拔 2700-3350 m。

**产地：陕西：**太白山，魏志平 5777b，5841a（WNU），西太白山，魏志平 6188，6235a（WNU），刘慎谔、钟补求 1273a（WNU），汪发瓒 44（PE）。

**分布：**日本、朝鲜、俄罗斯远东和西伯利亚地区；欧洲和北美洲。

**本种的主要特征：**①植物体小形，淡绿色或黄绿色，长度通常在 6 mm；②枝条强烈地向上或直立生长；③叶片与茎的结合线近于呈直线，叶片水平伸展；④叶片深裂，狭窄，呈角状；⑤叶片尖部常产生黄绿色的芽胞。

## 2. 异瓣裂叶苔

**Lophozia diversiloba** S. Hatt., J. Jap. Bot. 20: 265. 1944.

*Acrobolbus diversilobus* (S. Hatt.) S. Hatt., J. Hattori Bot. Lab. 12: 76. 1954.

*Hattoriella diversiloba* (S. Hatt.) Inoue, J. Hattori Bot. Lab. 23: 40. 1960.

植物体中等大，中上部黄绿色，下部暗绿色，交织成密集垫状。茎匍匐，先端上升，长 1-2 cm，连叶宽 1-2 mm，分枝稀疏；茎横切面近圆形，直径 0.1-0.2 mm，皮部和中部细胞相似，无明显分化，近方形，细胞壁薄，略透明，20-26 μm；假根多而密集，生于茎腹面，长可达 0.3 mm。侧叶覆瓦状排列，松散或交互连接，背仰，斜生于茎上，背基角下延，近圆方形，长 1.2-1.35 mm，宽 0.85-1.07 mm，先端 2 裂，裂瓣近相等，尖部渐尖，形成由 2-5 个细胞组成的长尖，裂口深度为叶长的 1/5-1/4。叶细胞长圆方形，叶中部细胞 26-32 μm，叶尖部细胞不规则圆形，直径 23-30 μm，叶基部细胞略有加长，宽 24-26 μm，长 40-50 μm；细胞壁薄，三角体大而明显，略带黄色；角质层具明显条形疣；每个细胞具 4-6 个灰色、椭圆形或近球形的油体，直径 6-9 μm。腹叶常缺失。芽胞未见。

雌雄异株。雌苞叶比茎叶略大，多数 2 裂，边缘有时可见 1-3 个齿。蒴萼柱状或卵形柱状，上部具纵褶，口部收缩，边缘具由长细胞组成的齿突，排列较稀。

**生境**：生于腐木或岩面上；海拔 2150-2900 m。

**产地**：甘肃：舟曲县，汪楣芝 53223，53225，53372（PE）。陕西：西太白山，魏志平 5841b（WNU）。

**分布**：不丹和日本。

## 3. 阔瓣裂叶苔

**Lophozia excisa** (Dicks.) Dumort., Recueil Observ. Jungerm.: 17. 1835.

*Jungermannia excisa* Dicks., Fasc. Pl. Crypt. Brit. 3: 11. 1793.

*Lophozia chinensis* Steph., Sp. Hepat. 6: 111. 1917.

*Lophozia jurensis* Meyl. ex K. Müller, Rabenh. Krypt.-Fl. (ed. 2) 6(2): 727. 1910.


植物体小形或中等大小，柔弱，灰绿色或暗绿色，疏生或丛生，长 0.5-3 cm，连叶宽 1.2-2.5 mm。茎匍匐，单一或稀疏分枝；茎横切面近圆形或椭圆形，直径 0.25-0.3 mm，由 15-18 层细胞组成，背腹面细胞分化，皮层细胞和髓部细胞分化不明显。腹面生有大量假根。叶密集生长，明显的蔽后式着生，阔卵形，斜生于茎上，长 0.75-0.85 mm，宽 0.5-0.7 mm，先端 2-3 裂，2 裂至叶片长度的 1/5-1/4 处，裂瓣先端锐尖或圆钝。腹叶缺失。叶细胞多边形或方形，大，叶边缘细胞直径 23-28 μm，叶中部细胞宽 20-25 μm，长 23-27 μm，细胞壁薄，三角体小或不明显，角质层表面平滑，叶基部细胞宽 28-32 μm，长 35-40 μm。油体椭圆形，直径 4-8 μm，每个细胞具 10-24 个油体。芽胞多角形或星形，红褐色，由 1-2 个细胞组成。

雌雄同株。雌苞顶生。蒴萼柱状卵圆形，1/2-2/3 部分伸出苞叶外，长约 2.5 mm，宽约 1.2 mm，上部具纵褶，口部边缘具细齿或长齿。孢蒴卵形，红棕色，孢蒴壁由 3-4 层细胞组成，外壁细胞具节状加厚。孢子红褐色，直径 12-17 μm，表面具细密疣。弹丝直径 7-9 μm，具 2 列螺纹加厚。

**生境**：生于岩面、腐木、腐殖土、岩壁或岩面薄土上；海拔 1850-3600 m。

**产地**：陕西：佛坪县，李粉霞、王幼芳 4606，4619（HSNU）；宁陕县，张满祥等 3890（WNU），陈邦杰等 585（PE）；西太白山，魏志平 5679a，6352a（PE），张满祥 27，177a，809a，824a（WNU）。

**分布**：世界广布。

本种的主要鉴别特征：①植物体灰绿色或暗绿色；②叶片宽而呈阔卵形；③叶细胞大而薄壁；④产生红褐色的芽胞。

## 4. 异沟裂叶苔

**Lophozia heterocolpos** (Thed. ex Hartm.) Howe., Mem. Torrey Bot. Club 7: 108. 1899.

*Jungermannia heterocolpos* Thed. ex Hartm., Kongl. Svenska Vetensk. Acad. Handl. 1837: 52. 1838.

*Leiocolea heterocolpos* (Thed. ex Hartm.) H. Buch, Memoranda Soc. Fauna Fl. Fenn. 8: 284. 1932.


植物体中等大，黄褐色，无光泽。茎先端上升，长可达 1.5 cm，宽 1.5-2 mm，单一不分枝或稀分枝；茎横切面厚 11-13 层细胞，细胞壁薄；假根少，无色或有一部分带褐色。侧叶形态变化较大，椭圆形至阔卵形，背部边缘基角下延，斜列着生，覆瓦状蔽后式排列，先端2裂至叶长度的1/5-1/4，先端缺刻多锐角形，裂瓣先端钝；茎枝先端常直立，分生芽胞。叶细胞圆六边形，角部加厚，三角体明显，叶边缘和先端细胞直径20-25 μm，叶中部细胞（16-25）μm×（20-35）μm，叶基部细胞（16-20）μm×（30-45）μm；油体大，6 μm×（5-8）μm×14 μm，长卵形，粗粒聚合体。腹叶小，披针形，两侧边缘具齿。芽胞多数圆形，少数多角形，由1-2个细胞组成，黄色。

雌雄异株。雌苞顶生，雌苞叶比侧叶宽，2-3（4）裂达苞叶长度的1/5-1/4；蒴萼长椭圆形，口部具短齿。

**生境：**生于腐木或腐殖土上；海拔1500-2900 m。

**产地：河南：**卢氏县，张满祥等1663（WNU）。**陕西：**凤县，张满祥990b（WNU）；西太白山，魏志平5999a（WNU）。

**分布：**日本、朝鲜；欧洲和北美洲。

### 5. 皱叶裂叶苔 图43

**Lophozia incisa** (Schrad.) Dumort., Recueil Observ. Jungerm.: 17. 1835.
*Jungermannia incisa* Schrad., Syst. Samml. Krypt. Gewächse 2: 5. 1797.

植物体形中等大小或大形，柔弱，浅绿色或蓝绿色，疏生或密集生长。茎匍匐，疏叉状分枝，枝条长0.4-1 cm，连叶宽1-2.2 mm；茎横切面扁圆形，宽0.4-0.5 mm，细胞分化。假根密生，无色或略带褐色。叶在茎下部疏松着生，向上呈覆瓦状排列，近长方形，内凹，平展，后缘基部斜生，前缘基部平展，干时强烈收缩，茎下部叶片先端2-3裂，茎下部叶片先端3-5裂，裂片不等大，裂瓣边缘具刺状突起；叶边具皱褶，并有由1-6个细胞组成的齿，常具1大的齿。无腹叶。叶细胞圆方形或多边形，叶边缘细胞直径25-40 μm，叶中部细胞宽35-50 μm，长50-60 μm，细胞壁薄，三角体小或不明显；角质层表面平滑。每个细胞具17-35个油体，油体小，直径2-4 μm。每个细胞内常具大量的叶绿体。芽胞常存在，灰绿色，多角形，由1-2个细胞组成。

雌雄异株。蒴萼顶生，长椭圆形或梨形，约1/2伸出苞叶，直径1.1-1.5 mm，中上部具5-6个深纵褶，口部具由1-3个细胞组成的纤毛。孢蒴卵状球形，红棕色，孢蒴壁由3-4层细胞组成。孢子褐绿色，直径12-15 μm，具细密疣。弹丝直径7-10 μm，具2列螺纹加厚。

**生境：**生于石上和腐木上；海拔2350-3090 m。

**产地：甘肃：**文县，贾渝09210，09222（PE），裴林英1013（PE）。**陕西：**太白山，魏志平5766a，5791a，5820c（WNU）。

**分布：**印度、尼泊尔、不丹、日本、朝鲜、蒙古、土耳其、俄罗斯西伯利亚地区；欧洲和南美洲、北美洲。

本种的主要特征：①植物体中等大小或大形，长0.5-1 cm，形成密集的垫状，蓝绿色；②叶片边缘具刺状齿，裂瓣大小不等；③叶细胞常具大量的叶绿体和油体；④叶细胞壁薄。

本种与刺叶裂叶苔相似，前者裂片边缘的齿较后者短而宽。

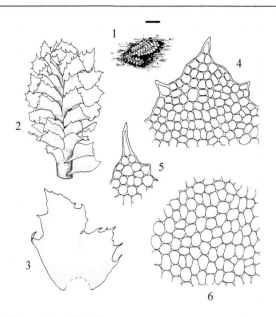

图 43　皱叶裂叶苔 Lophozia incisa (Schrad.) Dumort.

1. 植物体；2. 枝条一部分；3. 叶片；4. 叶尖部细胞；5. 叶边缘细胞；6. 叶中部细胞。标尺=2.5 mm, 1；=0.8 mm, 2；
=0.3 mm, 3；=71 μm, 4-6。（甘肃，文县，贾渝 09210，PE）（郭木森绘）

Figure 43　Lophozia incisa (Schrad.) Dumort.

1. Plants; 2. A portion of branch; 3. Leaf; 4. Apical leaf cells; 5. Marginal leaf cells; 6. Median leaf cells. Scale bar=2.5 mm, for 1;
=0.8 mm, for 2; =0.3 mm, for 3; =71 μm, for 4-6. (Gansu, Wenxian Co., Jia Yu 09210, PE) (Drawn by Guo Mu-Sen)

## 6. 长齿裂叶苔

**Lophozia longidens** (Lindb.) Macoun, Cat. Canad. Pl. Lich. & Hepat.: 18. 1902.

*Jungermannia longidens* Lindb., Bot. Not. 1877: 27. 1877.

*Lophozia ventricosa* Dicks. var. *longidens* (Lindb.) Levier, Nuovo Giorn. Bot. Ital., n. s., 13: 351. 1906.

植物体暗绿色，交织成片状或生于其他苔藓之间。茎匍匐或倾立，长 0.8-2 cm，带叶宽 0.7-1 mm，分枝稀少；茎横切面近圆形，直径 0.16-0.2 mm，细胞背腹面分化明显，背面细胞大，腹面细胞小，有真菌寄生于细胞内，颜色呈棕色；腹面密生假根。叶稀疏覆瓦状排列，下部斜生，上部近横生，平展或略背仰，背面角部略下延；叶长卵形，长 0.5-0.7 mm，宽 0.35-0.45 mm，先端 2 裂，裂瓣三角形，背瓣角状，明显小于腹瓣，裂口深达叶长的 1/4-1/3。叶细胞圆方形，排列紧密，直径 20-30 μm，细胞壁薄，三角体明显，略透明；每个细胞具 6-10 个油体，椭圆形，直径 4-8 μm。腹叶缺失。芽胞红棕色，常生于茎上部叶片上，特别是窄裂瓣尖部，多角形，稀椭圆形，由 1-2 细胞组成。

雌雄异株。雌苞叶 3-4 裂，边缘具齿；蒴萼倒梨形，上部具纵褶，口部收缩，边缘具 1-3 细胞组成的纤毛。

**生境：**不详。

**产地：陕西：**户县（Massalongo，1897，as *Jungermannia ventricosa* var. *longidens*；Levier，1906，as *Lophozia ventricosa* var. *longidens*）。

**分布：**印度、尼泊尔、俄罗斯西伯利亚地区；欧洲和北美洲。

## 7. 秃瓣裂叶苔

**Lophozia obtusa** (Lindb.) A. Evans, Proc. Washington Acad. Sci. 2: 303. 1900.

植物体中等大小，黄绿色或绿色，稀疏状交织生长，长 2-5 cm，连叶宽 1.5-2.5 mm。茎匍匐，先端倾立，下部暗绿色，分枝稀少；茎横切面近圆形，直径 0.3-0.35 mm，由 12-14 层细胞组成，皮层由 1-2 层细胞组成，细胞壁薄，明显小于髓部细胞。腹面着生有多数假根。侧叶稀疏斜列于茎上，方圆形，长 0.8-1 mm，宽 1.1-1.3 mm，内凹，先端 2 裂，裂瓣阔三角形，尖部圆钝，背侧裂瓣常较小，全缘。腹叶多发育不全，有时呈披针形或 2 裂。叶细胞圆六边形，细胞壁薄，三角体小或中等，中部细胞宽 18-25 μm，长 20-28 μm，角质层表面平滑，或具条状疣。每个细胞具 15-25 个油体，球形，直径 2-4 μm。芽胞少，淡绿色，多角形，多为单个细胞。

雌雄异株。雄株通常纤细，雄苞叶 10-20 对。雌苞顶生；雌苞叶略大，2-4 裂，边缘有波纹；雌苞腹叶有不规则齿。蒴萼球形或棒形，上部有纵褶，口部略收缩，边缘有短齿。孢蒴壁由 5 层细胞组成，孢蒴外壁细胞无节状加厚。孢子直径 11-14 μm。弹丝直径 7-9 μm。

**生境**：生于石墙或腐殖土上；海拔 2290-2310 m。

**产地**：**甘肃**：榆中县，张满祥 4384，4397（WNU）。**陕西**：太白山，魏志平 5301（PE）。

**分布**：日本、俄罗斯、冰岛；欧洲和北美洲。

本种最突出的特征是：①叶片稀疏并斜列着生于茎上；②叶裂瓣先端圆形或圆钝。

## 8. 全缘裂叶苔

**Lophozia pallida** (Steph.) Grolle, J. Jap. Bot. 39: 174, 1964.
*Anastrophyllum pallidum* Steph., Bull. Herb. Boissier, Ser. 2, 1: 1131 (Sp. Hepat. 2: 114), 1901.
*Lophozia handelii* Herzog, Symb. Sin. 5: 14, 1930.

植物体小形，密集丛生，黄绿色或淡褐色。茎具分枝，长 0.5-1 cm，连叶宽约 2 mm，基部密生假根。叶密集覆瓦状排列，横生于茎上，呈 90°角展开，内凹，基部宽，阔卵圆形，长 1.1-1.2 mm，宽约 1 mm，先端 2 裂至叶片长度的 1/3；裂瓣阔三角形，具钝尖；叶片细胞直径 20-30 μm，三角体小，平滑。无腹叶。

**生境**：生于潮湿岩面上；海拔 2500-2600 m。

**产地**：**陕西**：洋县，汪楣芝 57112（PE）。

**分布**：不丹、尼泊尔。

## 9. 高山裂叶苔

**Lophozia sudetica** (Nees ex Huebener) Grolle, Trans. Brit. Bryol. Soc. 6: 262. 1971.
*Jungermannia sudetica* Nees ex Huebener, Hepat. Germanicae: 142. 1834.
*Jungermannia gelida* Taylor, London J. Bot. 4: 277. 1845.
*Lophozia alpestris* (Schleich.) A. Evans in Kennedy & Collins, Rhodora 3: 181. 1901.
*Lophozia gelida* (Taylor) Steph., Sp. Hepat. 2: 135. 1906.
*Pseudolophozia sudetica* (Nees ex Huebener) Konstant. & Vilnet, Arctoa 18: 66. 2009[2010].

植物体小到中等大，形态变化大，硬挺，暗绿色或红褐色，有时黑紫色，密集或疏松成垫状。茎匍匐，先端上升，长 1-2 cm，连叶宽 0.8-1.5 mm，分枝稀疏；茎横切面圆形，直径约 0.25 mm，细胞分化明显，皮部 1-2 层小细胞，壁厚，最外层细胞外切向壁明显加厚，浅棕色，髓部细胞大，壁薄，三角体明显，腹面细胞常呈红棕色，并有真菌共生；假根丰富，浅棕色或无色。叶阔卵形或近圆形，长约 0.75 mm，宽约 0.65 mm，斜生于茎上，覆瓦状排列，背向倾斜，基角不下延，先端 2 裂，稀 3 裂，裂瓣近等大，阔三角形，尖部锐尖或钝尖，叶面内凹，裂口新月形，分裂至叶片长度的 1/5-1/4，生芽胞侧叶边缘可见不规则齿。叶细胞圆方形或长圆方形，叶中部细胞 16 μm ×（15-25）μm，叶尖部和边缘细胞略小，叶基部细胞略大；细胞壁薄，常呈红棕色，三角体明显，角质层表面光滑；每个细胞具 5-10 个油体，椭圆形，直径 4-6 μm。无腹叶。芽胞常密集着生于茎尖部叶片边缘，红棕色，多角形，由 1-2 个细胞组成，直径 18-25 μm。

雌雄异株。雄株植物体单独形成群丛，紫红色，雄苞集生成穗状，基部呈囊状，每个雄苞叶具 2-3 个精子器。蒴萼长卵形，上部具浅纵褶，口部边缘具 1-2 细胞齿，雌苞叶与茎叶相似，先端 3 裂。孢蒴球形，孢蒴壁由 3 层细胞组成，表层细胞壁节状加厚，内层细胞壁环带状加厚。孢子直径约 15 μm，表面具细密疣。弹丝直径约 7 μm，具 2 列螺纹加厚。

**生境**：生于岩面上；海拔 2970 m。

**产地**：陕西：户县，王鸣 5888a（XBGH）。

**分布**：日本、俄罗斯远东和西伯利亚地区；欧洲和北美洲。

## 10. 囊苞裂叶苔

**Lophozia ventricosa** (Dicks.) Dumort., Recueil Observ. Jungerm.: 17. 1835.

*Jungermannia ventricosa* Dicks., Fasc. Pl. Crypt. Brit. 2: 14. 1790.

*Lophozia longiflora* (Nees) Schiffn., Sitzungsber. Deutsch. Naturwiss.-Med. Vereins Böhmen "Lotos" Prag 51: 257. 1903.

*Lophozia silvicoloides* N. Kitag., J. Hattori Bot. Lab. 28: 276. 1965.

植物体中等大小，亮绿色或暗绿色。茎匍匐，先端上倾，长 1-5 cm，连叶宽 0.8-2.6 mm，分枝少；茎横切面近圆形，具 16-22 层细胞，背腹面分化明显。假根丰富，无色或浅褐色。叶疏生，近覆瓦状排列，向两侧伸展，略背仰，斜生于茎上，圆方形，长度大于宽度，先端 2 裂至叶片的 1/4-1/3 处，裂瓣三角形，近等大，尖部钝尖或锐尖。无腹叶。叶细胞圆多边形，薄壁，透明，三角体小而明显，叶边缘细胞直径 20-25 μm，叶中上部细胞直径 20-28 μm，基部细胞略大；叶细胞角质层表面无疣。每个细胞有约 15 个油体，油体中间通常具有 1 个大油滴，且油体中央常具眼点状结构。芽胞通常存在，黄绿色，多角形，由 2 个细胞构成。

雌雄异株。雄苞叶覆瓦状排列，4-7 对。雌苞顶生；雌苞叶 2-3 裂，裂瓣三角形。蒴萼长卵形，明显高出苞叶，上部具纵褶，口部收缩，边缘有 1-2 个细胞的齿突。孢蒴卵圆形，孢蒴壁由 3-4 层细胞组成。孢子黄褐色，直径 10-16 μm，表面具细密疣。弹丝直径 7-9 μm，具 2 列螺纹加厚。

**生境**：生于林下土面上。

**产地**：陕西：佛坪县（王玛丽等，1999）。

分布：日本、朝鲜、俄罗斯远东和西伯利亚地区；欧洲和北美洲。

本种变异较大，种下还有较多的变种和变型。

## 11. 圆叶裂叶苔

**Lophozia wenzelii** (Nees) Steph., Sp. Hepat. 2: 135. 1906.

*Jungermannia wenzelii* Nees, Naturgesch. Eur. Leberm. 2: 358. 1836.

*Lophozia confertifolia* Schiffn., Oesterr. Bot. Z. 55: 47. 1905.

*Lophozia formosana* Horik., J. Sci. Hiroshima Univ., Ser. B, Div. 2, Bot. 2: 152. 1934.

植物体小形至中等大小，绿色、黄绿色或红棕色，通常上部为绿色，下部为红棕色，密集或疏松生长。茎匍匐，先端上倾，稀疏叉状分枝，枝条长 1-6 cm，连叶宽 1.2-1.6 mm；茎横切面圆形或近圆形，直径 0.35-0.4 mm，背腹面分化明显。假根无色。叶阔卵形，长宽近于相等，前缘基部近横生，后缘基部斜展，先端 2 裂，裂瓣呈阔三角形，近于相等，尖部钝或近锐尖，2 裂至叶片长度的 1/5-1/4。叶细胞圆方形，叶边缘细胞直径 18-24 μm，叶中部细胞长 24-30 μm，宽 22-27 μm，细胞壁薄，稀红褐色，三角体中等大小，细胞角质层表面平滑。油体近球形，直径 4-6 μm，每个细胞具 4-8 个。无腹叶。芽胞黄绿色，由 1-2 细胞组成，多角形。

雌雄异株。雌苞顶生，雌苞叶 2-3 裂。蒴萼卵状圆柱形，口部具纵褶，边缘具细齿。孢子暗褐色，直径 12-15 μm。

**生境：**生于腐木上；海拔 2200 m。

**产地：陕西：**太白山，魏志平 5238b（PE）。

**分布：**日本、俄罗斯远东和西伯利亚地区；欧洲和北美洲。

## 3. 褶萼苔属 Plicanthus R. M. Schust.

植物体较粗，硬挺，黄褐色至褐色。茎匍匐，先端上倾，单一或有分枝，鞭状枝有时着生于侧叶叶腋或茎腹面。假根生于茎腹面。叶蔽后式覆瓦状排列，近于横生，深（2）3-4 裂，裂口深达叶长度的 2/3 以上，裂瓣披针形或狭披针形，略背仰；叶边全缘或具齿，裂瓣不等大。腹叶大，深 2 裂。叶细胞壁不规则加厚，具明显三角体。每个细胞具 2-6 个近球形的油体。

雌雄异株。蒴萼明显伸出，长卵形，具明显的深纵褶，可达基部，口部收缩，边缘具纤毛。

全世界有 5 种，中国有 2 种，本地区有 2 种。

### 分种检索表

1. 叶边除基部外全缘 ·········································**1.全缘褶萼苔 C. birmensis**
1. 叶边具不规则齿 ···········································**2.齿边褶萼苔 C. hirtellus**

## 1. 全缘褶萼苔 图 44

**Plicanthus birmensis** (Steph.) R. M. Schust., Nova Hedwigia 74: 486. 2002.

*Chandonanthus birmensis* Steph., Sp. Hepat. 3: 643. 1909.

*Temnoma birmense* (Steph.) Horik., Hikobia 1: 90. 1951.

植物体稍大，浅暗绿色或黄棕色，干时较硬挺，易碎，密集生长。茎匍匐，先端倾立；鞭状枝有时从茎腹面生出；茎横切面近圆形，细胞分化明显。茎腹面假根无色。侧叶近横生，深 3 裂，裂瓣长三角形，背侧瓣最大，向腹面渐趋小；裂瓣中上部全缘，基部两侧有 1（2）-3（5）粗齿；叶边反曲。腹叶深 2 裂，裂瓣三角形，基部两侧有 2-3 个粗齿。叶细胞不规则多边形，直径 16-25 μm，细胞壁不规则加厚，三角体明显。每个细胞具 3-4 个球状油体。

雌雄异株。蒴萼长卵形，上部具深纵褶，口部收缩，边缘具多细胞纤毛。

**生境：** 生于岩面和石上；海拔 2300-2350 m。

**产地：甘肃：** 文县，裴林英 839，859，1163，1170，1188（PE）。

**分布：** 印度、尼泊尔、朝鲜、俄罗斯远东地区和马达加斯加。

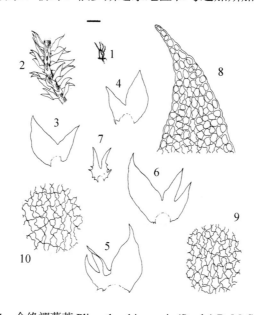

图 44　全缘褶萼苔 Plicanthus birmensis (Steph.) R. M. Schust.

1. 植物体；2. 枝条一部分；3-6. 叶片；7. 腹叶；8. 叶尖部细胞；9. 叶中部细胞；10. 叶基部细胞。标尺=1 cm，1；=0.4 mm，2；=0.2 mm，3-7；=27 μm，8-10。（甘肃，文县，岩面，2300 m，裴林英 1188，PE）（郭木森绘）

Figure 44　Plicanthus birmensis (Steph.) R. M. Schust.

1. Plant; 2. A portion of branch; 3-6. Leaves; 7. Underleaf; 8. Apical leaf cells; 9. Median leaf cells; 10. Basal leaf cells. Scale bar=1 cm, for 1; =0.4 mm, for 2; =0.2 mm, for 3-7; =27 μm, for 8-10. (Gansu, Wenxian Co., on rock, 2300 m, Pei Lin-Ying 1188, PE) (Drawn by Guo Mu-Sen)

## 2. 齿边褶萼苔　　　　　　　　　　　　　　　　　　　　　　图 45

**Plicanthus hirtellus** (F. Weber) R. M. Schust., Nova Hedwigia 74: 492. 2002.

*Jungermannia hirtellus* F. Weber, Hist. Musc. Hepat. Prodro. 50: 43. 1815.

*Chandonanthus hirtellus* (F. Weber) Mitt. in J. D. Hook., Handb. N. Zeal. Fl.: 750. 1867.

*Mastigophora spinosa* Horik., Sci. Rep. Tohoku Imp. Univ., Ser. 4, 5: 634. 1930.

*Temnoma hirtellus* (F. Weber) Horik., Hikobia 1: 90, 1951.

植物体稍大，硬挺，黄色至黄褐色，散生或与其他苔藓成丛生长。茎匍匐，先端倾立，分枝少；茎横切面椭圆形，细胞分化明显。假根少，生于茎腹面。侧叶斜列至近横生，深 3 裂，长三角形，不等大，裂瓣边缘反曲；叶边具多个多细胞长齿。腹叶深 2 裂，裂瓣等大，边缘具多数多细胞长齿。叶细胞形状不规则，尖部细胞略小，多边形，中部细胞大，不规则长方形，胞壁明显不规则增厚，三角体明显，表面具疣。

雌雄异株。蒴萼长卵形，上部具深纵褶，口部收缩，具纤毛。

**生境：**生于腐殖土上；海拔 3300 m。

**产地：陕西：**太白山，张满祥 822b（PE）。

**分布：**尼泊尔、不丹、印度、越南、马来西亚、菲律宾、新几内亚岛、澳大利亚；大洋洲、北美洲和非洲。

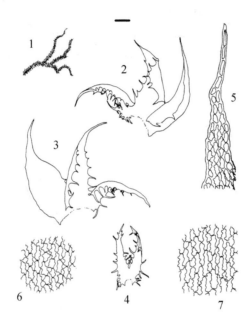

图 45　齿边褶萼苔 *Plicanthus hirtellus* (F. Weber) R. M. Schust.

1. 植物体；2-3. 叶片；4. 腹叶；5. 叶尖部细胞；6. 叶中部细胞；7. 叶基部细胞。标尺=1 cm, 1；=0.36 mm, 2-4；=39 μm, 5-7。（陕西，太白山，腐殖土面，3300 m，张满祥 822b，PE）（郭木森绘）

Figure 45　*Plicanthus hirtellus* (F. Weber) R. M. Schust.

1. Plant; 2-3. Leaves; 4. Underleaf; 5. Apical leaf cells; 6. Median leaf cells; 7. Basal leaf cells. Scale bar=1 cm, for 1; =0.36 mm, for 2-4; =39 μm, for 5-7. (Shaanxi, Mt. Taibai, on humus, 3300 m, Zhang Man-Xiang 822b, PE) (Drawn by Guo Mu-Sen)

## 4. 三瓣苔属 Tritomaria Schiffn. ex Loeske

植物体匍匐状，先端上倾或倾立，浅绿色、黄绿色或红棕色；分枝稀少，无鞭状枝。茎横切面近圆形，细胞分化明显，腹面细胞常与真菌共生而明显小于背面细胞。假根密生。侧叶近横生，常偏向一侧，内凹，前缘基部略下延，先端常 3 浅裂，稀 2-4 裂，背侧裂瓣小，腹面裂瓣渐大。腹叶缺失。芽胞长椭圆形或多角形，多由 2 个细胞组成。

雌雄异株。雌苞顶生。雌苞叶 3-4 裂，裂瓣常等大，有时裂瓣边缘有齿。蒴萼长卵形，上部有褶，口部收缩或不收缩，平滑或具齿和毛。孢蒴球形，孢蒴壁由 3-5 层细胞组成。

全世界有 9 种，中国有 3 种，本地区有 3 种。

### 分种检索表

1. 叶方形，宽大于长或长与宽近于相等，先端裂瓣大；叶细胞三角体明显；芽胞稀少或无 ··················

......................................................................**3.密叶三瓣苔 T. quinquedentata**

1. 叶肾形或阔卵形，长大于宽，先端裂瓣小；叶细胞三角体不明显；常具芽胞 ·································2

2. 叶细胞小，叶中部细胞 8-18 μm；芽胞光滑，椭圆形 ····································**1.三瓣苔 T. exsecta**

2. 叶细胞较大，叶中部细胞 20-25 μm；芽胞多角形或梨形 ················**2.多角胞三瓣苔 T. exsectiformis**

## 1. 三瓣苔 图 46

**Tritomaria exsecta** (Schmid. ex Schrad.) Schiffn. ex Loeske, Hedwigia 49: 13. 1909.

*Jungermannia exsecta* Schmid. ex Schrad., Syst. Samml. Krypt. Gew. 2: 5. 1797.

*Sphenolobus exsecta* Steph., Sp. Hepat. 2: 170. 1906.

*Tritomaria exsecta* (Schmid. ex Schrad.) Schiffn., Ber. Nat. Med. Ver. Innsbruck. 31: 12.1908.

植物体小形到中等大小，淡黄绿色或黄褐色，呈密集的片状。茎较短，先端上倾，分枝稀少，枝条长 0.5-2.0 cm，连叶宽 1.2-1.8 mm；茎横切面圆形，直径 0.2-0.3 mm，细胞背腹面明显分化，有时腹面细胞呈浅紫红色；腹面生有大量无色或浅棕色假根。叶疏松或密斜生，覆瓦状交互排列，背仰，略内凹，略抱茎，卵圆形至长卵圆形，长 0.9-1.0 mm，宽 0.75-0.85 mm，尖部不等 3 裂，背侧瓣小。叶细胞圆四边形或多边形，叶尖部细胞直径 12-16 μm，叶边缘细胞直径 8-16 μm，叶中部细胞直径 8-18 μm；细胞壁平滑，三角体不明显，细胞角质层具疣或条纹。每细胞具 3-6 个油体。芽胞多由 2 个细胞组成，椭圆形，红褐色，长 16-18 μm。

雌雄异株。蒴萼长椭圆形，多露于雌苞叶外，表面有明显深纵褶，口部略收缩，边缘有 4-9 细胞的单列纤毛。雄苞叶基部膨起。孢蒴卵状球形，蒴壁由 3 层细胞组成。孢子直径 9-12 μm，表面具细密疣。弹丝直径约 8 μm，具 2 列螺纹加厚。

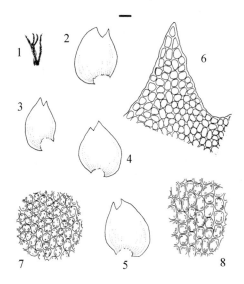

图 46 三瓣苔 Tritomaria exsecta (Schmid. ex Schrad.) Schiffn. ex Loeske

1. 植物体；2-5. 叶片；6. 叶尖部细胞；7. 叶中部细胞；8. 叶基部细胞。标尺=1 cm，1；=0.29 mm，2-5；=27 μm，6-8。

（陕西，洋县，岩面薄土，2550 m，汪楣芝 55230a，PE）（郭木森绘）

Figure 46 Tritomaria exsecta (Schmid. ex Schrad.) Schiffn. ex Loeske

1. Plants; 2-5. Leaves; 6. Apical leaf cells; 7. Median leaf cells; 8. Basal leaf cells. Scale bar=1 cm, for 1; =0.29 mm, for 2-5; =27 μm, for 6-8. (Shaanxi, Yangxian Co., on thin soil over rock, 2550 m, Wang Mei-Zhi 55230a, PE) (Drawn by Guo Mu-Sen)

**生境：**生于潮湿岩面、树干基部、岩面薄土或腐木上；海拔 2350-3200 m。

**产地：甘肃：**舟曲县，汪楣芝 52981（PE）。**陕西：**佛坪县，李粉霞、王幼芳 1714，4198，4557b，4578a（HSNU）；户县，魏志平 4680（WNU）（Massalongo, 1897, as *Jungermannia exsect*; Levier, 1906, as *Sphenolobus exsect*）；太白县，魏志平 6673a（WNU）；太白山，魏志平 5359b，5579a，5593a，5749b，5764a，5767a，5777b（WNU）；西太白山，魏志平 6389，6432，6365a（WNU）；洋县，汪楣芝 55230a，55232b，57058a（PE）。

**分布：**伊朗、印度、尼泊尔、不丹、印度尼西亚、朝鲜、日本、土耳其；欧洲、北美洲和非洲。

本种的主要特征：①叶片长大于宽，近于卵状三角形，叶片不皱曲；②叶细胞较小，细胞壁薄，三角体不强烈球状加厚。

本种与多角胞三瓣苔 *T. exsectiformis* 很相似，与后者最稳定的区别在于芽胞的性状：①三瓣苔的芽胞为椭圆形，而后者为多角形或梨形；②三瓣苔芽胞长为 16-18 μm，后者长为 18-24 μm。

## 2. 多角胞三瓣苔

**Tritomaria exsectiformis** (Breidl.) Loeske, Hedwigia 49: 43. 1909.

*Jungermannia exsectiformis* Breidl., Mitt. Nat. Ver. Steirmark 30: 321. 1894.

*Lophozia exsectiformis* Boulay, Musc. France 2: 92. 1904.

*Sphenolobus exsectiformis* Steph., Sp. Hepat. 2: 170. 1906.

*Sphenolobus exsectiformis* K. Müller, Rabenh. Krypt.-Fl. (ed. 3) 6: 606. 1954.

*Tritomaria exsectiformis* (Breidl.) Schiffn., Ber. Nat. Med. Ver. Innsbruck 31: 12. 1908.

植物体较小，黄绿色至浅红棕色，长约 1.0 cm，连叶宽约 1.3 mm，丛生成垫状。茎匍匐，先端直立，单一，分枝稀少或不分枝；茎横切面近圆形，直径 0.2-0.3 mm，细胞背腹面分化明显，背面细胞大，腹面细胞小并常有真菌共生，呈红色；假根丰富，须状，光滑无色。侧叶展开近卵形，长 0.6-0.85 mm，宽 0.4-0.6 mm，覆瓦状排列，背基角横生，腹基角斜生，表面纵向内凹；先端多 3 浅裂，稀 2 裂，背裂瓣最小，依次向腹裂瓣增大。叶细胞圆方形，中部细胞长 20-25 μm，宽 17-22 μm，细胞壁薄，三角体明显，尖部和边缘细胞略小，基部细胞略大；每个细胞具 7-13 个油体，椭圆形，直径约 5 μm。芽胞多角形或梨形，长 18-24 μm。

雌雄异株。雄苞叶阔卵形，基部囊状，先端 2-3 裂，略反曲。雌苞顶生，雌苞叶近圆形，先端 3-5 裂，裂瓣狭三角形，具锐尖；蒴萼长卵形，上部具 4-5 条深长纵褶，口部收缩，边缘具单列多细胞纤毛。孢蒴椭圆形，孢蒴壁由 3-4 层细胞组成，表层细胞短方形至多边形，径向壁和切向壁边缘节状加厚，横壁加厚少或不明显；内层细胞窄长方形，壁半圆形加厚。孢子直径 10-13 μm，表面具明显疣突。弹丝具 2 列螺纹加厚，长 7-9 μm，直径 2-3 μm。

**生境：**生于腐木、树上、倒木、林地和土面上；海拔 1400-3500 m。

**产地：甘肃：**迭部县，汪楣芝 54435（PE）；文县，裴林英 1650（PE），汪楣芝 63151（PE）。**陕西：**太白山，魏志平 5359a，5372b，5829a，5777，5750a，5642（WNU）；太白县，魏志平 6673a（WNU）；西太白山，魏志平 6278，6389，6432，6365a（WNU）。

**分布：**欧洲和北美洲。

## 3. 密叶三瓣苔

图 47

**Tritomaria quinquedentata** (Huds.) H. Buch, Memoranda Soc. Fauna Fl. Fenn. 8: 290. 1932.

*Jungermannia quinquedentata* Huds., Fl. Angl. (ed. 1): 511. 1762.

*Barbilophozia quinquedentata* (Huds.) Loeske, Verh. Bot. Ver. Proc. Brandengurg 49: 37. 1907.

*Jungermannia lyonii* Taylor, Trans. Proc. Bot. Soc. Edinburgh 1: 116. 1844.

*Jungermannia trilobata* Steph., Hedwigia 34: 50. 1895.

*Lophozia asymmetrica* Horik., J. Sci. Hiroshima Univ., Ser. B, Div. 2, Bot. 2: 153. 1934.

*Lophozia quinquedentata* K. Müller, Leberm. Eur. 6: 624. 1954.

*Sphenolobus trilobatus* Steph., Sp. Hepat. 2: 167. 1906.

*Tritomaria quinquuedentata* var. *asymmerica* (Horik.) N. Kitag., Hikobia 3: 171. 1963.

*Tritomaria quinquuedentata* subsp. *papillifera* R. M. Schust., Rev. Bryol. Lichenol. 34: 275. 1966.

植物体大形，粗壮，绿色或黄棕色。茎匍匐，茎尖倾立，长 2-5 cm，连叶宽 1.8-2.5 mm，分枝稀疏；茎横切面近圆形，直径 0.3-0.4 mm，细胞分化明显，皮部 1-2 层细胞小，细胞壁厚，颜色深，略呈浅褐色，中部细胞大，细胞壁薄，三角体明显，略透明；腹面细胞有时因有真菌共生而呈红棕色；假根密集，无色或浅棕色。侧叶密集覆瓦状排列，叶基腹面斜向着生，背面近横生，叶面略内凹；先端 3 浅裂，裂瓣阔三角形，背瓣小，向腹面依次增大，尖部锐尖或渐尖。叶细胞圆多边形，直径 20-25 μm，叶边缘和尖部细胞略小，叶基部细胞略大；细胞壁薄，略透明或浅棕色；三角体大而明显；每个细胞具 4-10 个球形或椭圆形的油体，直径 4-7 μm；角质层表面具浅条形纹、细密疣或近圆形疣突。芽胞稀少，多角形，黄棕色，由 1-2 个细胞组成。

雌雄异株。雄苞叶 4-20 对，常集生成穗状，基部膨大成囊状，先端 3-4 裂。蒴萼长卵形，表面有明显纵褶，口部收缩，边缘具齿突。雌苞叶与茎叶相似或略小，3-5 裂，

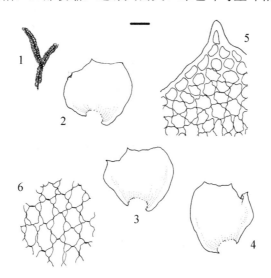

图 47　密叶三瓣苔 Tritomaria quinquedentata (Huds.) H. Buch

1. 植物体；2-4. 叶片；5. 叶尖部细胞；6. 叶中部细胞。标尺=1 cm，1；=0.6 mm，2-4；=27 μm，5-6。（陕西，眉县，林下土面，2400 m，汪发瓒 119，PE）（郭木森绘）

Figure 47　Tritomaria quinquedentata (Huds.) H. Buch

1. Plant; 2-4. Leaves; 5. Apical leaf cells; 6. Median leaf cells. Scale bar=1 cm, for 1; =0.6 mm, for 2-4; =27 μm, for 5-6. (Shaanxi, Meixian Co., on soil in the forest, 2400 m, Wang Fa-Zan 119, PE) (Drawn by Guo Mu-Sen)

裂深达叶片长度的 1/3 处，边缘具齿。孢蒴椭圆形，孢蒴壁由 5 层细胞组成。孢子直径 12-15 μm，表面具细密疣。弹丝直径 6-7 μm。

**生境：**生于岩面、林下土面或土面上；海拔 2400-3300 m。

**产地：甘肃：**文县，魏志平 680（WNU）。**陕西：**眉县，汪发瓒 72a，119，120a；太白山，魏志平 5314a，5325，5563a，5507c，5553b，5534a，5554a，5520a，5511a，5512，5547，5530a，5558a，5477b，5513a，5520a（WNU），黎兴江 595，596，771b，747a（KUN），魏志平 5557b，6157，6299（WNU），刘慎谔、钟补求 805a，4187a（WNU）；西太白山，魏志平 6299c，6318b，6322d，6212c（WNU）。

**分布：**朝鲜、尼泊尔、日本、蒙古、俄罗斯西伯利亚地区；欧洲和北美洲。

本种的主要特征：①叶片宽，宽大于长；②叶片几乎呈水平状着生于茎上；③芽胞稀少。

# 科 27　合叶苔科 **Scapaniaceae** Mig.

植物体小形至略粗大，黄绿色、褐色或红褐色，有时呈紫红色。主茎匍匐，分枝倾立或直立。茎横切面皮层 1-4（5）层为小形厚壁细胞，髓部为大形薄壁细胞。分枝通常产生于叶腋间，稀从叶背面基部或茎腹面生出侧枝。假根多，疏散。叶明显 2 列，蔽前式斜生或横生于茎上，不等深 2 裂，多数呈折合状，背瓣小于腹瓣，背面突出成脊；叶边具齿突或全缘。无腹叶。叶细胞多厚壁，有或无三角体，表面平滑或具疣；油体明显，每个细胞具 2-12 个。无性芽胞常见于茎上部叶先端，多由 1-2 个细胞组成。

雌雄异株，稀雌雄有序同苞或同株异苞。雄苞叶与茎叶相似，精子器生于雄苞叶叶腋，每个苞叶内有 2-4 个精子器。雌苞叶一般与茎叶同形，大而边缘具粗齿。蒴萼生于茎顶端，多背腹扁平，口部宽阔，平截，具齿突，少数口部收缩，有纵褶。孢蒴圆形或椭圆形，褐色，成熟后呈 4 瓣开裂至基部；蒴壁厚，由 3-7 层细胞组成，外层细胞壁具球加厚。孢子直径 11-20 μm，具细疣。弹丝通常具 2 列螺纹加厚。

全世界有 3 属，中国有 2 属，本地区有 2 属。

**分属检索表**

1. 叶基部不抱茎，呈鞘状，裂瓣圆方形至卵圆形，缝合线多数突出形成背脊或翅；蒴萼多数口部宽平，无纵褶，强烈背腹扁平 ·········································**2.合叶苔属 Scapania**
1. 叶基部抱茎，呈鞘状，裂瓣舌形至长卵形，缝合线不突出形成背脊；蒴萼口部收缩，具纵褶，背腹不扁平或略扁平 ·········································**1.折叶苔属 Diplophyllum**

## 1. 折叶苔属 **Diplophyllum** (Dumort.) Dumort.

植物体较小，绿色或褐绿色，硬挺，疏松丛生于岩面或土上。茎长 1-2 cm，稀疏分枝；横切面皮部细胞小，厚壁，1-4 层，髓部细胞大，薄壁。叶呈折合状，抱茎或斜生于茎上，背瓣小，腹瓣大，舌形至狭长卵形，脊部与叶片长度比较小；全缘或有单细胞齿突。无腹叶。叶中上部细胞四至多边形，近基部细胞长，壁薄或加厚，三角体大小不一，胞壁中部有时呈球状加厚。芽胞由 2-4 个细胞组成。

雌雄多异株。蒴萼生于茎顶端，长圆筒形或椭圆形，一般不呈背腹扁平，向上收缩，具多条深纵褶，口部有齿突。孢蒴椭圆形，蒴壁通常由4层细胞组成。孢子球形，直径11-15 μm，表面具不规则网格状纹饰。弹丝具2列螺纹加厚。

全世界有27种，中国有6种，本地区有3种。

### 分种检索表

1. 叶裂瓣具明显由数列长方形细胞组成的假肋 ······················1.折叶苔 D. albicans
1. 叶裂瓣无假肋 ················································································2
2. 叶背瓣短阔，长椭圆至倒卵形，腹瓣宽度为长度的3/5-4/5，先端圆钝 ········
   ····························································2.钝瓣折叶苔 D. obtusifolium
2. 叶背瓣狭长，舌形，腹瓣宽度为长度的近1/2，先端钝或具齿突 ········3.鳞叶折叶苔 D. taxifolium

## 1. 折叶苔                                                          图 48

**Diplophyllum albicans** (L.) Dumort., Recueil Observ. Jungerm.: 16. 1835.
*Jungermannia albicans* L., Sp. Pl. 1, 2: 1133. 1753.

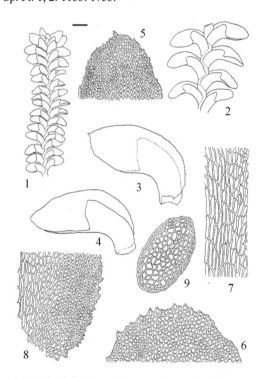

图 48　折叶苔 Diplophyllum albicans (L.) Dumort.

1. 植物体一部分；2. 枝条一部分；3-4. 叶片；5. 腹瓣顶端细胞；6. 背瓣顶端细胞；7. 背瓣中部细胞；8. 背瓣基部边缘细胞；9. 茎横切面。标尺=0.63 mm, 1；=0.3 mm, 2；=0.13 mm, 3-4；=31 μm, 5-9。（甘肃，文县，碧口镇，树上，2320-2380 m，汪楣芝63187，PE）（何强绘）

Figure 48　Diplophyllum albicans (L.) Dumort.

1. A portion of plant; 2. A portion of branch; 3-4. Leaves; 5. Apical leaf cells of ventral lobe; 6. Apical leaf cells of dorsal lobe; 7. Median leaf cells of dorsal lobe; 8. Basal marginal leaf cell of dorsal lobe; 9. Cross section of stem. Scale bar=0.63 mm, for 1; =0.3 mm, for 2; =0.13 mm, for 3-4; =31 μm, for 5-9. (Gansu, Wenxian Co., Bikou Town, on tree trunk, 2320-2380 m, Wang Mei-Zhi 63187, PE) (Drawn by He Qiang)

植物体高 1-4 cm，连叶宽 2-3 mm，黄绿色至深绿色，有时褐色。茎单一或稀疏分枝，横切面皮部由 2-4（5）层、褐色小形厚壁细胞组成，髓部细胞大，壁薄；假根稀少，无色。叶近于斜抱茎，不下延，折合状，裂瓣不等大，中部具 4-6 列长方形细胞构成的假肋；叶边上部有细齿，先端钝，有时有小齿突。背瓣椭圆形或舌形，为腹瓣长度的 1/3-1/2；腹瓣平展，与背瓣同形。叶边缘细胞约 8 μm，中部假肋两侧细胞 12-17 μm；假肋细胞长 12-60 μm，宽约 17 μm；胞壁等厚，三角体不明显，表面近于平滑。芽胞生于裂瓣先端，黄褐色，多角形，由单个细胞组成。

雌雄异株。蒴萼顶生，卵形，背腹略扁平，口部收缩，具纵褶。

**生境：**生于树上、岩面或倒木上；海拔 2320-3000 m。

**产地：甘肃：**文县，邱家坝，汪楣芝 63187（PE）。**陕西：**太白山，黎兴江 601，624（PE），魏志平 5543a（PE）。

**分布：**日本、朝鲜、俄罗斯远东地区；欧洲和北美洲。

## 2. 钝瓣折叶苔

**Diplophyllum obtusifolium** (Hook.) Dumort., Recueil Observ. Jungerm.: 16. 1835.

*Jungermannia obtusifolia* Hook., Brit. Jungerm. Pl.: 126. 1816.

*Scapania microscopia* Culmann, Bull. Soc. Bat. France 2: 54. 1954.

植物体平匍生长，先端上倾，淡绿色或黄绿色，长约 1 cm，连叶宽约 2 mm。茎直径约 0.2 mm，单一或分枝，横切面皮部细胞 1-2 层，较小，胞壁强烈加厚；髓部细胞大，薄壁；假根多簇生，多生于茎上部。叶折合状，相互贴生，基部不下延，脊部为腹瓣长度的 1/3。背瓣椭圆形、长椭圆形至倒卵形，先端圆钝，全缘或具细齿；腹瓣斜展，倒卵形至舌形，宽度为长度的 0.6-0.8 倍，最宽处在叶中部或中部以上，先端圆钝；叶边具细齿。叶细胞小，中部细胞方形或不规则多边形，沿叶边缘细胞宽 8-10 μm，基部细胞宽 8-12 μm，长 17-50 μm，胞壁薄或略加厚，无三角体，表面具疣。芽胞由单个细胞组成。

雌雄有序同苞。雄苞常见于雌苞下方，雄苞叶 3-5 对。蒴萼顶生，高出于雌苞叶，卵形至长椭圆形，背腹不扁平或略扁平，上部具 6-8 条纵褶，口部收缩，具 1-3 个细胞组成的齿突。孢子直径 9-12 μm，表面具疣。弹丝直径 7-8 μm。

**生境：**不详。

**产地：陕西：**太白山（张满祥，1972）。

**分布：**日本、俄罗斯远东和西伯利亚地区；欧洲和北美洲。

本种的主要特征：①叶片为长舌形；②叶片边缘具密的小齿突；③基部不及腹瓣长度的 1/2；④叶细胞方形或不规则多边形。

## 3. 鳞叶折叶苔

**Diplophyllum taxifolium** (Wahlenb.) Dumort., Recueil Observ. Jungerm.: 16. 1835.

*Jungermannia taxifolia* Wahlenb., Fl. Lapp.: 389. 1812.

植物体较小，黄绿色至绿色，有时褐色，长 1-2 cm，连叶宽 1.5-2 mm。茎单一或稀疏分枝，横切面皮部细胞 2 层，厚壁，髓部细胞大，薄壁；假根稀少。叶抱茎，横展，基部不下延；脊部为腹瓣长度的 1/4-1/3，背瓣小，舌形，为腹瓣长度的 1/2-2/3；腹瓣舌形，斜生或平展；先端钝或具小尖，叶边平滑或具不规则单细胞齿突。叶边细胞宽 8-10 μm，中部细胞宽 8-14 μm，长 12-17 μm，近方形；基部细胞长方形，宽 8-14 μm，长 17-50 μm；细胞壁不加厚，三角体不明显；表面具密疣。芽胞生于茎上部叶裂瓣先端，由 2 个细胞组成。

雌雄异株。雄苞叶 6-8 对，穗状。蒴萼长卵形，高出于雌苞叶，背腹不扁平，具 6-8 条纵褶，口部小，具齿突。

**生境**：生于腐木上；海拔 1450 m。

**产地**：陕西：户县，魏志平 4399（PE）。

**分布**：日本、朝鲜、俄罗斯远东和西伯利亚地区；欧洲和北美洲。

## 2. 合叶苔属 Scapania (Dumort.) Dumort.

植物体呈匍匐片状生长，先端倾立或直立，形体大小多变化。茎单一或具稀疏侧枝；横切面皮部由 1-4（5）层小形厚壁细胞构成；髓部细胞大，薄壁。叶片深 2 裂，呈折合状，裂瓣不等大，背瓣多小于腹瓣，圆方形至卵圆形，宽度一般为长度的 1/2 或等长，横展，基部有时沿茎下延；腹瓣较大，舌形、卵形至宽卵形，稀呈长椭圆形，多斜生于茎上，基部常下延。无腹叶。叶边多具齿，少数平滑。叶细胞通常具三角体，有时细胞壁中部加厚，呈球状，表面平滑或具疣。芽胞常见，卵形至纺锤形，有时具棱角，由 1-2 个细胞组成。

雌雄异株。雄苞间生。雌苞叶与侧叶相似，但较大。蒴萼多背腹扁平，无纵褶，口部平截形，平滑或具齿突。孢蒴卵形至长卵形，孢蒴壁厚，由 3-7 层细胞组成，外壁具球状加厚，最内层细胞壁多具螺纹加厚。孢子表面平滑或具细疣。弹丝具 2 列螺纹加厚。

全世界有 90 种，中国有 49 种，本地区有 11 种，1 亚种。

### 分种检索表

1. 植物体细小，高一般不超过 1 cm（稀达 1.5 cm）；背脊长，为腹瓣长的 1/2-2/3；叶缘平滑或具稀齿 ⋯⋯⋯⋯⋯⋯⋯⋯⋯⋯⋯⋯⋯⋯⋯⋯⋯⋯⋯⋯⋯⋯⋯⋯⋯⋯⋯⋯⋯⋯⋯⋯⋯⋯⋯2
1. 植物体中等大小至粗壮，高 1-10 cm；缝合线背脊无或短，少数较长；叶边缘具齿或纤毛 ⋯⋯4
2. 植物体高仅 2-4 mm；叶边全缘，叶裂瓣先端具 2-3 个单列细胞构成的长锐尖 ⋯⋯⋯⋯⋯⋯⋯⋯⋯⋯⋯⋯⋯⋯⋯⋯⋯⋯⋯⋯⋯⋯**4.长尖合叶苔 S. glaucocephala**
2. 植物体较大，一般高 0.5-1 cm；叶边全缘或具齿，叶裂瓣先端具多细胞齿或单细胞钝头 ⋯⋯3
3. 叶边全缘；叶细胞具细疣 ⋯⋯⋯⋯⋯⋯⋯⋯⋯⋯⋯⋯⋯**1.多胞合叶苔 S. apiculata**
3. 叶边具齿突；叶细胞平滑或具细疣 ⋯⋯⋯⋯⋯⋯⋯⋯⋯⋯**3.短合叶苔 S. curta**
4. 背腹瓣近于等大 ⋯⋯⋯⋯⋯⋯⋯⋯⋯⋯⋯⋯⋯⋯⋯⋯⋯⋯⋯⋯⋯⋯⋯⋯⋯5
4. 背瓣明显小于腹瓣 ⋯⋯⋯⋯⋯⋯⋯⋯⋯⋯⋯⋯⋯⋯⋯⋯⋯⋯⋯⋯⋯⋯⋯⋯6
5. 叶细胞表面具粗密疣；裂瓣仅先端或上部具稀齿 ⋯⋯⋯⋯⋯**6.秦岭合叶苔 S. hians**
5. 叶细胞平滑或略粗糙；裂瓣全缘具齿 ⋯⋯⋯⋯⋯⋯⋯**5.灰绿合叶苔 S. glaucoviridis**
6. 叶边缘齿常白色透明，细长，呈纤毛状 ⋯⋯⋯⋯⋯⋯⋯⋯⋯⋯⋯⋯⋯⋯⋯⋯⋯7
6. 叶全缘或边缘齿短钝，不呈纤毛状 ⋯⋯⋯⋯⋯⋯⋯⋯⋯⋯⋯⋯⋯⋯⋯⋯⋯⋯9
7. 叶细胞表面平滑；背瓣基部长下延 ⋯⋯⋯⋯⋯⋯⋯⋯**9.林地合叶苔 S. nemorea**
7. 叶细胞表面具粗疣；背瓣基部不或略下延 ⋯⋯⋯⋯⋯⋯⋯⋯⋯⋯⋯⋯⋯⋯⋯8
8. 叶边缘具规则密集单细胞刺状齿；芽胞 2 个细胞 ⋯⋯⋯⋯⋯**2.刺边合叶苔 S. ciliata**
8. 叶边缘具不规则多细胞长齿；芽胞 1 个细胞 ⋯⋯⋯⋯⋯**11.细齿合叶苔 S. parvitexta**

### 1. 多胞合叶苔

**Scapania apiculata** Spruce, Ann. Mag. Nat. Hist. II, 4: 106. 1849.
*Scapania ensifolia* Grolle, Khumbu Himal. 1(4): 269. 1966.

植物体小形，长仅 2-5 mm，黄绿色，常着生于腐木上。茎单一或稀分枝，直立或先端上倾；横切面皮部 2 层褐色厚壁小细胞，髓部细胞大，薄壁；假根多数。叶相接或覆瓦状排列，分背瓣和腹瓣，脊部为腹瓣长度的 2/3-3/4，背瓣为腹瓣的 3/5-3/4，方舌形，渐尖；腹瓣长卵状舌形；叶边全缘，先端常具小尖。叶细胞较大，圆多边形；三角体大，胞壁明显加厚呈球状；叶尖部细胞宽 18-20 μm，叶中部细胞宽 18-22 μm，长 25-27 μm，表面具疣。油体小，每个细胞有 5-8 个。

雌雄异株。蒴萼顶生，背腹面强烈扁平，口部宽阔，平截形，平滑或具短齿突。芽胞常见于鞭状枝的叶片尖部，红褐色，圆方形，单个细胞。

**生境**：生于石上或腐木上；海拔 1750-2350 m。

**产地：陕西**：佛坪县，李粉霞、王幼芳 1081c，1556b，1715（HSNU）。

**分布**：不丹、日本、朝鲜、俄罗斯远东和西伯利亚地区；欧洲和北美洲。

### 2. 刺边合叶苔　　　　　　　　　　　　　　　　　图 49

**Scapania ciliata** Sande Lac. in Miguel, Ann. Mus. Bot. Lugduno-Batavi 3: 209. 1867.
*Scapania levieri* K. Müller, Beih. Bot. Centralbl. 11: 542. 1902.
*Scapania spinosa* Steph., Bull. Herb. Boissier 5: 107. 1897.

植物体丛集生长，高 2-4 cm，连叶宽 3-4 mm，绿色或黄绿色，有时带褐色。茎单一或叉状分枝，直立或先端上倾；横切面皮部和髓部细胞异形，皮部为 3-4 层褐色小形厚壁细胞，髓部细胞大，薄壁；假根少，无色。叶离生或相接，不等 2 裂至叶片长度的 2/3，呈折合状；脊部约为腹瓣长度的 1/3，平直或略弯曲；背瓣基部覆盖茎，略下延；腹瓣近于横展，卵形，先端圆钝，为背瓣的 2-2.5 倍，基部长下延，叶边具透明刺状齿，长 1 个（稀 2 个）细胞；叶边缘细胞 13-15 μm，叶中部细胞圆方形至圆多边形，宽 16-21 μm，叶基部细胞宽约 18 μm，长 30-40 μm，具中等大小的三角体；表面具密疣。芽胞椭圆形，由 2 个细胞组成。

雌雄异株。蒴萼长筒形，背腹面扁平，平滑无褶，口部阔截形，具密长纤毛状齿，由 1-4 个单列细胞组成。

**生境**：生于树上、石上或腐木上；海拔 1400-2350 m。

产地：甘肃：文县，裴林英 1016-b，1685，1697（PE）。河南：灵宝市（叶永忠等，2004）。陕西：佛坪县，李粉霞、王幼芳 1710，1713，1729，4222a（HSNU），王幼芳 2011-0479（HSNU）。

分布：印度、尼泊尔、不丹、日本、朝鲜和俄罗斯远东地区。

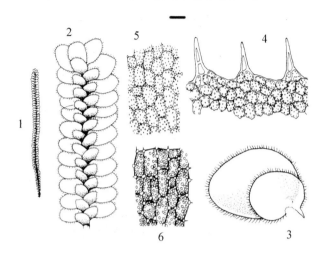

图 49　刺边合叶苔 Scapania ciliata Sande Lac.
1. 植物体（腹面观）；2. 枝条一部分；3. 叶片；4. 叶边缘细胞及齿；5. 叶中部细胞；6. 叶基部细胞。标尺=1 cm，1；
=1.1 mm，2；=0.59 mm，3；=49 μm，4-6。（甘肃，文具，邱家坝，石上，2350 m，裴林英 1016-b，PE）（郭木森绘）
Figure 49　Scapania ciliata Sande Lac.
1. Plant (ventral view); 2. A portion of branch; 3. Leaf; 4. Marginal leaf cells and teeth; 5. Median leaf cells; 6. Basal leaf cells.
Scale bar=1 cm, for 1; =1.1 mm, for 2; =0.59 mm, for 3; =49 μm, for 4-6. (Gansu, Wenxian Co., Qiujiaba, on stone, 2350 m,
Pei Lin-Ying 1016-b, PE) (Drawn by Guo Mu-Sen)

## 3. 短合叶苔

**Scapania curta** (Mart.) Dumort., Recueil Observ. Jungerm.: 14. 1835.
*Jungermannia curta* Mart., Fl. Crypt. Erlang.: 148. 1817.
*Scapania diplophylloides* Amakawa & S. Hatt., J. Hattori Bot. Lab. 9: 59. 1953.
*Scapania nana* Amakawa & S. Hatt., J. Hattori Bot. Lab. 9: 57. 1953.

植物体较小，淡绿色，长 1-1.5 cm，连叶宽 1.5-2.5 mm。茎横切面皮部由 1 层细胞组成，稀 2 层，为小形厚壁细胞，髓部细胞大，薄壁。叶离生或密覆瓦状排列，不等 2 裂，脊部略弓形，约为腹瓣长度的 1/2；腹瓣倒卵形，基部不下延，尖部圆钝，全缘或上部具稀疏单细胞小齿，有时先端具小尖；背瓣与腹瓣同形，约为腹瓣长度的 1/2，先端常有小齿。叶边缘具 1-2（3）列胞壁等厚的厚壁细胞，直径 18-20 μm，形成明显的边缘，叶中部细胞薄壁，角部略加厚，直径 20-24 μm，叶基部细胞直径 18-22 μm，表面平滑或具细疣。每个细胞具 2-4 个圆球形至卵球形的油体。芽胞椭圆形，由 2 个细胞组成。

雌雄异株。蒴萼圆筒形，一般背腹扁平，无皱褶，口部具 1-3 个细胞组成的长齿突。

生境：生于腐木、潮湿岩面、石上或岩面薄土上；海拔 1360-2400 m。

产地：陕西：佛坪县，李粉霞、王幼芳 557a、989、1045、1368、1791、1848、1879、5008（HSNU）；华山，陈邦杰 801b、840（PE）；洋县，汪楣芝 57065（PE）。

分布：日本、朝鲜、俄罗斯远东和西伯利亚地区；欧洲和北美洲。

## 4. 长尖合叶苔

**Scapania glaucocephala** (Taylor) Austin, Bull. Torrey Bot. Club 6: 85. 1876.

*Jungermannia glaucocephala* Taylor, London J. Bot. 5: 277. 1846.

植物体细小，绿色，高仅 2-4 mm，常与其他苔藓植物混生于腐木上。茎单一，直立或先端上升；茎横切面皮部 1 层细胞，壁厚，稍小，与髓部细胞略有区别。侧叶抱茎，疏生或相接排列，2 裂至叶长的 1/2-3/5，背瓣小，腹瓣大；裂瓣间缝合线为腹瓣长的 1/3-1/2，单层细胞，不突出成脊状；背瓣为腹瓣长度的 1/3-1/2，长卵形，全缘，基部不下延，渐尖，先端具 2-3 个单列细胞组成的长尖；腹瓣与背瓣同形，全缘，基部窄，不下延，长为宽的 1/3-1/2，向上渐尖，先端具锐三角形长尖。叶片细胞小，圆方形至圆长方形；叶边缘具 1-3 列细胞，直径 8-10 μm，等轴，细胞壁均匀加厚，形成明显的分化边缘，叶尖部细胞宽 8 μm × 10 μm，叶中部细胞（12-19）15 μm × 11（10-12）μm，叶基部细胞（25-31）29 μm × 14（13-15）μm，壁薄或略加厚，三角体不明显；角质层平滑；油体小，球形或卵形，直径 3-5 μm，每个细胞有 4-6 个。芽胞常见于叶裂瓣先端，红褐色，由 2（1）个细胞组成。

雌雄异株。雌苞叶与侧叶同形，略大，裂瓣先端钝尖；蒴萼宽卵形，背腹扁平，口部宽，平截，背曲，平滑或具齿突。

**生境**：生于石上；海拔 2350 m。

**产地**：甘肃：文县，裴林英 1001（PE）。

**分布**：印度、俄罗斯西伯利亚地区；欧洲和北美洲。

## 5. 灰绿合叶苔

**Scapania glaucoviridis** Horik., J. Sci. Hiroshima Univ., Ser. B, Div. 2, Bot. 2: 221. 1934.

植物体中等大小，灰绿色，向上变红色，长约 2 cm，连叶宽约 2.1 mm，密集垫状生于地上。茎直径约 0.38 mm，强壮，暗棕色。茎叶密生，向同一方向弯折，几乎不下延，近于相等 2 裂至叶片长度的 2/3；背瓣凸起，宽卵形，超过茎，长约 1.3 mm，宽约 1.44 mm，宽大于长，边缘具小齿，先端宽，圆钝；腹瓣略大，宽卵形，凸起，长约 1.55 mm，宽 1.33 mm，边缘具密集齿，齿三角形，多细胞，尖锐，先端圆形，下部平滑；背脊长约 0.45 mm，近于平直。叶先端细胞宽 15 μm，中部细胞 18 μm × 22 μm，近基部细胞 22 μm × 48 μm，细胞壁加厚，三角体大；角质层稍粗糙。

蒴萼卵形，扁平，长约 3 mm，宽约 2 mm，上部反折，口部平截，具齿，细胞 15 μm × 18 μm，壁加厚。

**生境**：生于石上；海拔 2300 m。

**产地**：甘肃：文县，裴林英 1190（PE）。

**分布**：中国特有。

## 6. 秦岭合叶苔

**Scapania hians** K. Müller., Nova Acta Acad. Caes. Leop.-Carol. German. Nat. Cur. 83: 223. 1905.

植物体中等大小，褐绿色，硬挺，常混生于其他藓类中。茎长 1-2 cm，单一，黑色。

叶片密集着生，2 裂至约叶片长度的 1/4 处，背腹瓣近于等大，脊部较长；背瓣宽卵形，基部覆盖茎，不沿茎下延，上部渐尖；叶边全缘或先端具齿。腹瓣圆卵形，渐尖，先端具疏齿或全缘。叶细胞厚壁，角部明显加厚，叶边缘细胞多边形，直径 10-13 μm，叶中部细胞多边形，直径 15-26 μm；表面具粗疣。

  **生境**：不详。

  **产地**：陕西：太白山（Levier，1906；Godfrey and Godfrey，1978）。

  **分布**：中国特有。

## 7. 湿生合叶苔

**Scapania irrigua** (Nees) Nees, Syn. Hepat.: 67. 1844.

*Jungermannia irrigua* Nees, Naturgesch. Eur. Leberm. 1: 193. 1833.

*\*Scapania irrigua* (Nees) Dumort., Recueil Observ. Jungerm.: 14. 1835. Dumortier (Recueil Observ. Jungerm.: 14. 1835) 在发表 *Scapania* 时（*Radula* sect. *Scapania* Dumort.），将 *S. irrigua* 作为裸名列出，没有给描述，也没有给出原名，所以是 *Scapania irrigua* Dumort., *nom. nud.*，直至 1874 年 Dumortier 才提供描述，同时将 *Jungermannia irrigua* Nees (1833)列为异名，但 Nees 已经在 1844 年，根据同一个原名 *Junbermannia irrigua* Nees 做了一个合并，即 *Scapania irrigua* (Nees) Nees，所以既然 Dumortier 和 Nees 认为 *Jungermannia irrigua* 是同一个物种，那么 *Scapania irrigua* (Nees) Nees (1844)具有优先权，因为 *Scapania irrigua* (Nees) Dumort.不成立［Dumortier 在 1835 年时没有提到 *Jungermannia irrigua* Nees (1833)是该种的原名］。

植物体中等大小，长 1-5 cm，褐绿色或黄绿色，常与湿生藓类混生于沼泽地或水湿处。茎单一或具少数分枝；横切面皮部和髓部细胞异形，皮部具 1-2 层褐色小形厚壁细胞，髓部细胞大，薄壁，透明。叶疏生或相互贴生，不等 2 裂至叶长度的 1/2-3/5；脊部较长，约为腹瓣长度的 1/2，略呈弧形弯曲。背瓣肾形，先端圆钝或渐尖，基部不下延，多覆盖茎；叶边全缘或上部具齿突。腹瓣约为背瓣的 2 倍，长方形或长肾形，基部不下延或略下延；叶边先端圆钝或渐尖，全缘或仅上部具少数单细胞齿突。叶细胞透明，胞壁角部加厚，具明显三角体；叶边缘细胞近圆形，直径约 18 μm，叶中部细胞宽 17-22 μm，长约 24 μm，叶基部细胞长方形，宽 16-25 μm，长 31-34 μm；表面具细疣；每个细胞具 3-5 个小的油体。芽胞黄绿色，由 1-2 个细胞组成。

  雌雄异株。蒴萼顶生，长筒形，背腹扁平，有时上部稍有褶，口部截形，具齿突。

  **生境**：生于岩面上；海拔 2150-2250 m。

  **产地**：甘肃：舟曲县，汪楣芝 53188（PE）。

  **分布**：日本、朝鲜、俄罗斯远东和西伯利亚地区；欧洲和北美洲。

## 8. 舌叶合叶苔多齿亚种                                          图 50

**Scapania ligulata** subsp. **stephanii** (K. Müller) Potemkin, Piippo & T. J. Kop., Ann. Bot. Fenn. 41: 423. 2004.

*Scapania stephanii* K. Müller, Nova Acta Acad. Caes. German. Nat. Cur. 83: 273. 1905.

*Scapania japonica* Gottsche ex Warnst., Hedwigia 63: 71. 1921.

*Scapania japonica* var. *nipponica* S. Hatt., Bull. Tokyo Sci. Mus. 11: 70. 1944.

*Scapania subtilis* Warnst., Hedwigia 57: 65. 1916.

植物体小至中等，长 1-2 cm，绿色至褐绿色，有时略带红褐色。茎直立或上升，单一或稀疏分枝；茎横切面皮部 2-3 层小形厚壁细胞，髓部细胞大，薄壁；假根稀疏。侧叶离生或相接排列，不等 2 裂至叶长的 1/3，背脊较短，为腹瓣长的 0.3-0.4，略弓形弯曲，常具翅突；腹瓣卵形或宽卵形，宽为长的 1/2-3/5，基部略下延，先端钝或锐具小尖，边缘具不规则粗齿，向上部变大，齿多细胞，长 1-3（4）个细胞，基部宽 1-2（3）个细胞；背瓣贴茎，近于横生，基部不下延，长方形或卵形，为腹瓣大小的 1/3-2/5，先端钝或锐尖，边缘具不规则多细胞齿。叶片尖端和近边缘细胞圆方形，直径 8-12 μm，细胞壁均匀加厚，具中等大小三角体，叶中部细胞近方形，14-17 μm，叶基部细胞稍长，14 μm ×（26-34）μm；角质层平滑或略粗糙具细疣。芽胞绿色，由 1 个细胞组成。

雌雄异株。蒴萼顶生，长圆筒形，背腹扁平，上部向后弯折，口部具齿突。

**生境**：生于岩面薄土上；海拔 2000-2400 m。

**产地**：陕西：洋县，汪楣芝 55120（PE）。

**分布**：朝鲜、尼泊尔和日本

本种与弯瓣合叶苔 *Scapania parvitexta* Steph. 相似，但本种①背瓣仅为腹瓣长度的 1/3-2/5；②叶细胞平滑或具不明显的疣。

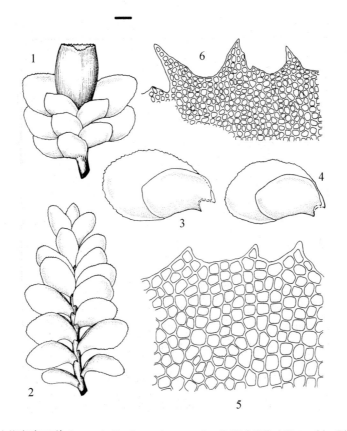

图 50　舌叶合叶苔多齿亚种 Scapania ligulata subsp. stephanii (K. Müller) Potemkin, Piippo & T. J. Kop.

1. 带孢子体的植物体；2. 枝条一部分；3-4. 叶片；5. 叶尖部细胞；6. 蒴萼口部细胞。标尺=0.56 mm，1-2；=0.2 mm，3-4；=18 μm，5-6。（陕西，洋县，汪楣芝 55120，PE）（郭木森绘）

Figure 50　Scapania ligulata subsp. stephanii (K. Müller) Potemkin, Piippo & T. J. Kop.

1. Plant with perianth; 2. A portion of branch; 3-4. Leaves; 5. Apical leaf cells; 6. Cells around perianth mouth. Scale bar=0.56 mm, for 1-2; =0.2 mm, for 3-4; =18 μm, for 5-6. (Shaanxi, Yangxian Co., Wang Mei-Zhi 55120, PE) (Drawn by Guo Mu-Sen)

## 9. 林地合叶苔

**Scapania nemorea** (L.) Grolle, Rev. Bryol. Lichénol. 32: 160. 1963.

*Jungermannia nemorea* L., Syst. Nat. (ed. 10) 2: 1337. 1759.

*Jungermannia nemorosa* L., Sp. Pl. (ed. 2): 1598. 1763, *nom. illeg.*

*Scapania nemorosa* (L.) Dumort., Recueil Observ. Jungerm. 14. 1835, *nom. illeg.*

植物体大小变化较大，长 2-6 cm，淡黄色至褐绿色。茎横切面皮部由 2-3 层小形厚壁细胞组成，中部细胞大，细胞壁薄。侧叶斜生，相接排列于茎上，不等 2 裂至叶片长度的 1/3；背脊较短，为腹瓣长的 1/4-1/3，略呈弓形弯曲。腹瓣扁平或因上部向后弯折而凸起，长圆形至长椭圆形，宽为长的 0.6-0.9 mm，向基部渐窄，呈弧形弯曲沿茎长下延，上部宽，先端多圆钝，边缘具规则密集刺状齿，齿多数长 2-3 个细胞，顶端尖锐；背瓣斜生，肾形至圆方形，为腹瓣大小的 1/3-1/2，远超过茎的宽度，基部在茎上着生处呈弧形弯曲，明显下延，先端具钝或锐小尖，边缘具刺状齿。叶片细胞圆多边形，三角体明显，上部细胞 10-16 μm，中部细胞 18-25 μm；角质层近于平滑；油体易见，大，每个细胞具 2-5 个。芽胞窄椭圆形，由 1 个细胞组成。

雌雄异株。蒴萼背腹强烈扁平，上部向后弯折，口部具有与叶缘相似的长齿突。

**生境：** 生于林下石上；海拔 2600 m。

**产地：** 河南：灵宝市（叶永忠等，2004）。陕西：佛坪县（王玛丽等，1999，as *Scapania nemorosa*）。

**分布：** 伊朗、土耳其、俄罗斯西伯利亚地区；欧洲和北美洲。

## 10. 小合叶苔　　　　　　　　　　　　　　　　　　　　　　　　　图 51

**Scapania parvifolia** Warnst., Hedwigia 63: 78. 1921.

植物体较小，长 1-2 cm，连叶宽 2-3 mm，黄绿色，小片状丛生。茎通常单一，不分枝；茎横切面皮部由 2 层厚壁细胞组成，中部细胞大，薄壁。侧叶密生或相接排列，叶片水平伸展与茎成直角，不等 2 裂至叶片长度的 2/3-3/4；背脊短，为腹瓣长的 1/4-1/3，平直或略弓形弯曲；腹瓣较窄，长，舌形，渐尖，长约为宽的 2 倍，基部不下延，全缘平滑或上部具齿，有时先端具锐尖；背瓣大，为腹瓣大小的 1/2，阔卵形舌状，向基部渐窄，沿茎不下延，全缘近于平滑，先端常具锐齿。叶边缘 2-4 列细胞厚壁，小于中部细胞，14-16 μm，形成不明显分化的厚壁细胞边缘，中部细胞圆多边形，15-20 μm，角部略加厚，基部细胞短长方形；角质层粗糙具细疣；油体较大，每个细胞具 2-5 个。芽胞鲜绿色，长椭圆形，由 2 个细胞组成。

雌雄异株。蒴萼长筒形，背腹扁平，口部较阔，平滑无齿。

**生境：** 生于潮湿岩面上；海拔 2500-2600 m。

**产地：** 陕西：洋县，汪楣芝 55305（PE）。

**分布：** 日本、俄罗斯（西伯利亚和远东地区）；欧洲和北美洲。

本种的主要特征：①叶片水平伸展与茎成直角；②背瓣先端具锐齿；③叶片深裂至长度的 2/3-3/4；④叶细胞壁厚；⑤蒴萼口部平滑无齿。

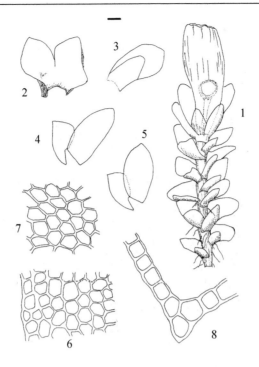

图 51　小合叶苔 Scapania parvifolia Warnst.

1. 带孢子体的植物体；2-5. 叶片；6. 叶边缘细胞；7. 叶中部细胞；8. 叶横切面一部分。标尺=0.75 mm，1；=0.5 mm，2-5；=24 μm，6-8。（陕西，洋县，潮湿岩面，2500-2600 m，汪楣芝 55305，PE）（何强绘）

Figure 51　Scapania parvifolia Warnst.

1. Plant with sporophyte; 2-5. Leaves; 6. Marginal leaf cells; 7. Median leaf cells; 8. A portion of cross section of leaf. Scale bar=0.75 mm, for 1; =0.5 mm, for 2-5; =24 μm, for 6-8. (Shaanxi, Yangxian Co., on moist rock, 2500-2600 m, Wang Mei-Zhi 55305, PE) (Drawn by He Qiang)

## 11. 细齿合叶苔

**Scapania parvitexta** Steph., Bull. Herb. Boissier 5: 107. 1897.

*Scapania hirosakiensis* Steph. ex K. Müller, Nova Acta Acad. Caes. Leop.-Carol. German. Nat. Cur. 83: 120. 1905.

*Scapania parvitexta* var. *hiroshkiensis* (Steph.) S. Hatt., J. Hattori Bot. Lab. 4: 52. 1950.

*Scapania parvidens* Steph., Hedwigia 44: 15. 1904.

*Scapania conifolia* Steph., Sp. Hepat. 6: 501. 1924.

*Scapania parvitexta* Steph. var. *minor* S. Hatt., Bull. Tokyo Sci. Mus. 11: 71. 1944.

　　植物体中等大小，长 1-3 cm，黄绿色。茎单一，稀叉状分枝，先端上升；茎横切面皮部由 3-5 层小形厚壁细胞组成，中部细胞大，薄壁。假根长，无色，疏生。叶密集覆瓦状排列，不等 2 裂至叶片长度的 2/5-3/5；背脊为腹瓣长的 0.3-0.6，略弯曲，横切面厚 2-4 层细胞，圆钝无翅；腹瓣近于横生于茎上，卵形至倒卵形，明显向后弯折，基部略下延，先端圆钝，或有时具小尖，边缘具密集不规则纤毛状齿，齿尖锐，长 1-4 个细胞，宽多数为单细胞；背瓣贴茎横生，超过茎的宽度，基部不下延，长方形或倒卵形，为腹瓣大小的 0.7-0.8，先端圆钝或稀有小尖，边缘齿与腹瓣相似。叶片边缘细胞 8-10 μm，中部细胞（12-15）μm ×（17-20）μm，基部细胞（12-15）μm ×（20-34）μm，细胞壁均匀加厚，三角体不明显至中等大小；角质层粗糙具疣或疣明显。芽胞绿色或带红色，椭圆形，由 1 个细胞组成。

雌雄异株。蒴萼顶生。长圆筒形，平截，背腹强烈扁平，上部向后弯折，口部具多数小裂瓣，小裂瓣边缘具不规则齿突。

**生境：** 生于岩面上；海拔 2320-2380 m。

**产地：甘肃：** 文县，汪楣芝 63300，63301（PE）。

**分布：** 日本和朝鲜。

## 12. 粗疣合叶苔

**Scapania verrucosa** Heeg., Rev. Bryol. 20: 81. 1893.
*Scapania parva* Steph., Mém. Soc. Sci. Nat. Math. Cherbourg 29: 226. 1896.
*Scapania verrucifera* C. Massal., Mem. Accad. Agric. Verona 73, Ser. 3, fasc. 2: 21. 1897.

植物体小形至中等大小，黄绿色至绿色，有时带红色。茎单一或稀疏分枝，长 1-3 cm；横切面皮部和髓部细胞明显异形，皮部由 3-4 层红褐色小形厚壁细胞组成，髓部细胞薄壁。叶相接或覆瓦状排列，近于斜生，不等 2 裂，呈折合状；脊部为腹瓣长度的 1/3-1/2，略弯曲。背瓣小，宽卵形，基部覆盖茎，不下延，先端钝或具小尖；叶边具疏细齿。腹瓣约为背瓣的 2 倍大小，卵形，基部沿茎下延。叶中上部细胞近圆方形，壁厚，具三角体，近边缘细胞 10-12 μm，基部细胞长方形；表面具粗疣。芽胞生于裂瓣先端，红褐色，多棱角形，由 2 个细胞组成。

雌雄异株。蒴萼长卵形，背腹强烈扁平，平滑无褶，口部宽截形，具齿突。

**生境：** 生于土面、石上、岩面薄土或树根上；海拔 1164-1800 m。

**产地：甘肃：** 舟曲县，汪楣芝 53000（PE）。**陕西：** 佛坪县，李粉霞、王幼芳 1492，1721，1723，4426，4531b，4624b，4625a（HSNU），王幼芳 2011-0178，2011-0340（HSNU）；汉中市（Levier，1906，as *Scapania verrucifera*）；户县（Massalongo，1897；Levier，1906，as *Scapania verrucifera*），魏志平 4346a，4390，4390b，4475（WNU）；眉县，汪发瓒 67a，71a，88b，89a，216b，汪楣芝 56691，56735a，56791a（PE）；太白山（Levier，1906，as *Scapania verrucifera*），黎兴江 596，魏志平 4911，4929，5018，5280，6047，6400（WNU）；洋县，汪楣芝 54952，57058，57063，57095（PE）。

**分布：** 不丹、巴基斯坦、日本、土耳其、俄罗斯远东地区；欧洲和北美洲。

# 科 28　睫毛苔科 **Blepharostomataceae** W. Frey & Stech.

植物体纤细，淡绿色，略透明。茎直立或倾立，不规则分枝；枝长短不等。叶 3 列，侧叶大，腹叶稍小，2-4 裂达基部，裂瓣均为单列细胞。叶细胞长方形。

雌雄异株。雌苞生于茎顶端；雌苞叶深裂成毛状。蒴萼圆筒形，口部开阔，有多数纤毛。

全世界有 1 属。

## 1. 睫毛苔属 **Blepharostoma** (Dumort.) Dumort.

属的特征同科。

全世界有 4 种，中国有 2 种，本地区有 2 种。

## 分种检索表

1. 植物体略大，长 0.5-1 cm；叶细胞长度为宽度的 3 倍·····················**2.睫毛苔 B. trichophyllum**
1. 植物体细小，长 5 mm；叶细胞长度为宽度的 2 倍·····················**1.小睫毛苔 B. minus**

## 1. 小睫毛苔

**Blepharostoma minus** Horik., Hikobia 1: 104. 1952.

植物体极纤细，淡绿色，略透明。茎匍匐或倾立，长达 5 mm，不规则分枝；假根少，散生于茎和枝上。叶 3 列，茎枝下部叶小，向上渐大；侧叶 3-4 裂达基部。腹叶 2 裂，裂瓣为单列细胞。叶细胞长方形，宽 10-15 μm，长 20-35 μm。

雌雄同株或异株。雌苞生于茎顶端。蒴萼长圆筒形，上部有 3 条纵褶，口部具多数纤毛。孢蒴椭圆形，成熟后呈 4 瓣纵裂。

**生境**：生于石上、土面、腐木上；海拔 1680-3090 m。

**产地**：陕西：佛坪县，李粉霞、王幼芳 408a、814c、878b、1081b、1831c、1928b、3193、3507a、4578b（HSNU）；太白山，黎兴江 578a、756、762（KUN），魏志平 5820a、6312（WNU）；宁陕县，陈邦杰 523（PE）；洋县，汪楣芝 55243（PE）。

**分布**：日本、朝鲜和俄罗斯远东地区。

## 2. 睫毛苔                                                                图 52

**Blepharostoma trichophyllum** (L.) Dumort., Recueil Observ. Jungerm.: 18. 1835.
*Jungermannia trichophylla* L., Sp. Pl.: 1135. 1753.

植物体纤细，柔弱，淡绿色，略透明。茎直立或倾立，长 0.5-1 cm，不规则分枝；假根稀少，散生于茎和枝上。叶 3 列，侧叶 3-4 深裂达叶片基部，裂瓣纤毛状，为单列长方形细胞，长 30-50 μm，宽 10-15 μm，基部宽 4-6 个细胞；每个细胞具 4-8 个油体。腹叶 2-3 裂，与侧叶同形，在茎上 3-4 个裂瓣，在枝上 2-3 个裂瓣；基部宽 2-3 个细胞；雌雄异株或同株。雄苞顶生或间生。雌苞生于茎或枝顶端；雌苞叶大于茎叶。蒴萼长圆筒形，具 3-4 条纵褶，口部有不规则毛状裂片。孢蒴卵形，褐色，成熟后呈 4 瓣纵裂状。孢子棕色，直径 8-13 μm，有细疣。弹丝直径 8-11 μm，长 130-300 μm，具 2 列螺纹加厚。

**生境**：生于树干基部或林下土面上；海拔 2103-2900 m。

**产地**：甘肃：康乐县，莲花山，汪楣芝 60600（PE）；文县，汪楣芝 63348（PE）。**河南**：灵宝市（叶永忠等，2004）。**陕西**：佛坪县，李粉霞、王幼芳 4585、4608b（PE），王幼芳 2011-0432（HSNU）；户县（Levier，1906）；太白山，汪发瓒 103a，魏志平 5301a（WNU）；宁陕县，陈邦杰 415（PE）；西太白山，魏志平 6212b（WNU）。

**分布**：印度、不丹、尼泊尔、马来西亚、印度尼西亚、菲律宾、新几内亚岛、朝鲜、日本、俄罗斯远东和西伯利亚地区；欧洲和美洲。

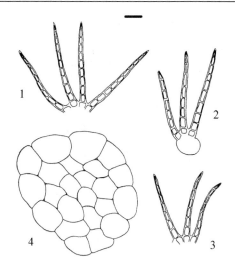

图 52　睫毛苔 Blepharostoma trichophyllum (L.) Dumort.

1-3. 叶片；4. 茎横切面。标尺=80 μm，1-3；=0.01 mm，4。（甘肃，康乐县，莲花山，汪楣芝 60600，PE）（何强绘）

Figure 52　Blepharostoma trichophyllum (L.) Dumort.

1-3. Leaves; 4. Cross section of stem. Scale bar=80 μm, for 1-3; =0.01 mm, for 4. (Gansu, Kangle Co., Mt. Lianhua, Wang Mei-Zhi 60600, PE) (Drawn by He Qiang)

# 科 29　绒苔科 Trichocoleaceae Nakai

植物体外观呈绒毛状，交织成片生长。茎匍匐或上部倾立，1-3 回羽状分枝。叶蔽后式排列，多 2-5 深裂，裂瓣边缘具细长纤毛。叶细胞长方形，薄壁。

雌雄异株。无蒴萼，具粗大茎鞘。孢蒴卵圆形，蒴壁由多层细胞组成，内层细胞壁球状加厚。

全世界有 4 属，中国有 1 属，本地区有 1 属。

## 1. 绒苔属 Trichocolea Dumort.

植物体柔弱，黄绿色或灰绿色，交织成片生长。茎匍匐或先端上倾，1-3 回羽状分枝。叶 3 列，侧叶 4-5 深裂至近基部，裂瓣不规则，边缘具毛状突起；腹叶与侧叶近于同形，明显小于侧叶。叶细胞长方形，薄壁，透明。

雌雄异株。雌苞生于茎或分枝顶端，颈卵器受精后由茎端膨大形成短柱形的茎鞘。孢蒴长卵圆形，孢蒴壁由 6-8 层细胞组成；孢蒴外壁细胞大形，细胞薄壁，内层细胞壁不规则球状加厚。孢子红棕色，小，球形，直径 10-14 μm，表面具颗粒或细疣。弹丝直径 10-16 μm，长 100-200 μm，具 2 列螺纹加厚。

全世界有 14 种，中国有 5 种，本地区有 1 种。

### 1. 绒苔

**Trichocolea tomentella** (Ehrh.) Dumort., Syll. Jungerm. Europ.: 67. 1831.

*Jungermannia tomentella* Ehrh., Beitr. Naturk. 2: 150. 1785.

*Trichocolea pluma* Dumort., Recueil Observ. Jungerm.: 20. 1835. *nom. inval.* [Art. 32.1(c)].

*Trichocolea pluma* (Reinw., Blume & Nees) Mont., Gaudichaud, Voy. Autour du monde...La Bonite, Bot.: 2 [Crypt. Cell. (1): 238. 1846].

植物体黄绿色或灰绿色，相互交织生长。茎匍匐，长 3-8 cm，不规则羽状分枝或 2-3 回羽状分枝；茎横切面有 15-20 个细胞，皮层由 1-2 层厚壁细胞组成，具长纤毛。侧叶 4 裂至近基部，基部高 2-4 个细胞，裂瓣边缘具单列细胞组成的多数纤毛。叶细胞长方形，宽 13-26 μm，长 39-46 μm，薄壁，透明，表面具条形疣或颗粒状疣。腹叶与侧叶近于同形，小形。

雌雄异株。茎鞘粗大，长圆筒形，外密被长纤毛。孢蒴长椭圆形，棕褐色，成熟时呈 4 瓣开裂；孢蒴壁由（4）6-8 层细胞组成，外层细胞大形，薄壁，透明。孢子球形，红褐色，直径 13-20 μm。弹丝红棕色，直径 10-12 μm，长 120-200 μm，具 2 列螺纹加厚。

**生境：**生于岩面、腐木、潮湿土面、石壁、树根、树干、岩面薄土和腐殖土上；海拔 1680-3200 m。

**产地：甘肃**：舟曲县，汪楣芝 53204（PE）。**河南**：灵宝市（叶永忠等，2004）。**陕西**：佛坪县（鲁德全，1990），李粉霞、王幼芳 1457，1727，1747，1754，1782，2070，3866，3894b，3895a，4298（HSNU）；太白山（Levier，1906），黎兴江 602，620，765（KUN），刘慎谔、钟补求 409，1206c，1211a（WNU），刘扬等 1063b（WNU），汪发瓒 118，魏志平 5322，5483，5484a，5554b，5559，6105a（WNU），6171（WNU，PE），张满祥 68，808（WNU）；西太白山，魏志平 6212a（WNU）；宁陕县，陈邦杰等 474（PE）。

**分布：**尼泊尔、朝鲜、日本、不丹、泰国、越南、新加坡、菲律宾、印度尼西亚、新几内亚岛；大洋洲、欧洲和北美洲。

本种表现出一个比较宽泛的变异幅度，特别是在植物体大小、分枝形式、叶片大小等方面，但是本种的主要特征为：①植物体 2-3 回羽状分枝；②叶细胞壁薄；③细胞表面具条形疣或颗粒状疣；④茎横切面皮层由 1-2 层厚壁细胞组成。

# 科 30　指叶苔科 **Lepidoziaceae** Limpr.

植物体直立或匍匐，淡绿色、褐绿色，有时红褐色，常疏松平展生长。茎长数毫米至 80 mm 以上，连叶宽 0.3-6 mm；不规则 1-3 回分枝，侧枝为耳叶苔型；腹面具鞭状枝；茎横切面表皮细胞大，髓部细胞小。假根常生于腹叶基部或鞭状枝上。茎叶和腹叶形状近似，有的属［如虫叶苔属 *Zoopsis* (Hook. f. Taylor) Gottsche, Lindenb. & Nees］叶片退化为几个细胞，正常的茎叶多斜列着生，少数横生，先端 3-4 瓣裂，少数属种深裂，裂瓣全缘；腹叶通常较大，横生茎上，先端常有裂瓣和齿，少数退化为 2-4 个细胞。叶细胞壁薄或稍加厚，三角体小或大或呈球状加厚；表面平滑或有细疣。

雌雄异株或同株。雄苞生于短侧枝上，雄苞叶基部膨大，每一雄苞叶具 1-2 个精子器。雌苞生于腹面短枝上，雌苞叶大于茎叶，内雌苞叶先端常成细瓣或裂瓣，边缘有毛。蒴萼长棒状或纺锤形，口部渐收缩，具毛，上部有褶或平滑。孢蒴卵圆形，成熟后呈 4 瓣裂状，孢蒴壁由 2-5 层细胞组成。孢子表面有疣。弹丝直径 1-1.5 μm，具 2 列螺纹加厚。

全世界有 31 属，中国有 6 属，本地区有 3 属。

## 分属检索表

1. 植物体假二歧分枝；叶片顶端 2-3 浅裂，裂瓣呈三角形；鞭状枝仅从腹面产生 … **1.鞭苔属 Bazzania**
1. 植物体规则或不规则的羽状分枝；叶片深裂成 3-4 瓣，裂瓣披针形或指形；鞭状枝不只从腹面产生 ……………………………………………………………………………………………………2
2. 茎横切面表皮无大形薄壁细胞层，皮部由 18-24 列细胞组成；叶片不对称，叶裂瓣通常数个细胞宽；细胞壁厚；腹叶大，3-4 个裂瓣；孢子具疣 …………………………………… **2.指叶苔属 Lepidozia**
2. 茎横切面表皮有大形薄壁细胞层，皮部由 10-12 列细胞组成；叶片对称，裂瓣仅 1 个细胞宽，呈丝状；细胞壁薄；腹叶小；孢子具网状结构 ………………………………… **3.皱指苔属 Telaranea**

# 1. 鞭苔属 Bazzania Gray

　　植物体纤细或粗壮，亮绿色或黄绿色，有时褐色，有光泽或无光泽，平铺交织生长或疏松丛集生长，常与其他苔藓植物形成群落。茎匍匐，有时先端上倾；横面细胞分化小，常厚壁。分枝一般呈叉状；腹面鞭状枝细长，无叶或有小叶，常生假根。叶多覆瓦状排列，基部斜列，卵状长方形、卵状三角形或舌状长方形，有时先端内曲或平展，通常先端具 2-3 齿，稀圆钝或具不规则齿；叶边全缘或有齿。叶细胞方形或六边形，稀中下部细胞分化；三角体小或呈球形；表面平滑或有疣；每个细胞具 2-8 个油体。腹叶透明或不透明，多宽于茎，少数种基部下延；叶边多有齿或裂瓣，有时边缘有透明细胞。

　　雌雄异株。雌苞、雄苞生于短侧枝上。雄苞具 4-6 对苞叶。蒴萼长圆筒形，先端收缩，口部有毛状齿。孢蒴卵圆形，成熟后开裂成 4 瓣状。孢子褐色，具疣。弹丝细长，具 2 列螺纹加厚。

　　全世界有 150 种，中国有 38 种，本地区有 6 种。

## 分种检索表

1. 腹叶细胞透明 ………………………………………………………………………………………2
1. 腹叶细胞不透明 ……………………………………………………………………………………3
2. 植物体小，纤细；叶细胞表面具密疣 ……………………………………… **4.疣叶鞭苔 B. mayabarae**
2. 植物体大，粗壮；叶细胞表面平滑 …………………………………………… **6.三裂鞭苔 B. tridens**
3. 叶片卵状三角形 ………………………………………………………… **5.三齿鞭苔 B. tricranata**
3. 叶片卵形、长椭圆形或舌形 ………………………………………………………………………4
4. 叶具 3 裂瓣 ……………………………………………………………… **3.裸茎鞭苔 B. denudata**
4. 叶具 2 裂瓣 …………………………………………………………………………………………5
5. 叶细胞角质层光滑；腹叶先端全缘或具波状缺刻 …………………………… **1.双齿鞭苔 B. bidentula**
5. 叶细胞角质层具透明瘤，腹叶先端 2 裂 ………………………………… **2.二瓣鞭苔 B. bilobata**

## 1. 双齿鞭苔　　　　　　　　　　　　　　　　　　　　　　　　　　　　图 53

**Bazzania bidentula** (Steph.) Steph. ex Yasuda, Sp. Hepat. 3: 425. 1909.
*Pleuroschisma bidentulum* Steph., Mém. Soc. Sci. Nat. Math. Cherbourg 29: 222. 1894.

　　植物体形细小，长约 2 cm，连叶宽 1-1.5 mm，淡黄绿色，小片交织生长。茎匍匐，亮绿色，横切面呈椭圆形，直径 0.15-0.2 mm；叉状分枝，鞭状枝少；假根少，多生于腹叶基部。叶覆瓦状蔽前式排列，与茎成直角向外伸展，常叶片脱落而裸露，长椭圆形，长 0.4-0.6 mm，宽 0.25-0.4 mm，先端圆钝或稍有小尖头，具 2 齿或无齿，不内曲；前缘基部稍呈弧状。叶尖部细胞长 17.5-25 μm，宽 12.5-20 μm，细胞壁厚，叶中部细胞长 17.5-30 μm，宽 15-25 μm，叶基部细胞长 32-37 μm，宽 25-27 μm，细胞壁中等加厚，三角体小，表面平滑；每个细胞具 4-8 个球形或长椭圆形的油体。腹叶宽度为茎直径的 2-3 倍，圆方形，基部略收缩，先端截形，全缘或具波状钝齿，两侧平滑，不透明。

**生境：** 生于岩面、石上、腐木、树上或腐殖土上；海拔 1800-3400 m。

**产地：甘肃：** 文县，汪楣芝 63186（PE）。**陕西：** 佛坪县，李粉霞、王幼芳 4485（HSNU）；太白山，魏志平 5580b，5762a，5798，5810，5858；西太白山，魏志平 6381a，6388，6389c，6395a，6432a；宁陕县，陈邦杰等 46a（PE）；太白县，魏志平 6690b，6736a；洋县，汪楣芝 55118，55239，57120（PE）。

**分布：** 朝鲜、日本、俄罗斯远东和西伯利亚地区。

本种的主要特征：①叶先端常具 2 个齿；②腹叶先端全缘或具波状钝齿；③叶细胞角质层平滑。

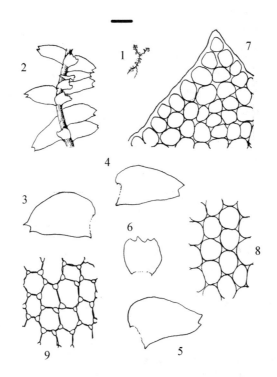

图 53  双齿鞭苔 Bazzania bidentula (Steph.) Steph. ex Yasuda
1. 植物体；2. 枝条一部分；3-5. 叶片；6. 腹叶；7. 叶尖部细胞；8. 叶中部细胞；9. 叶基部细胞。标尺=1 cm，1；=0.6 mm，2；=0.29 mm，3-6；=27 μm，7-9。（陕西，洋县，汪楣芝 55118，PE）（何强绘）
Figure 53  Bazzania bidentula (Steph.) Steph. ex Yasuda
1. Plant; 2. A portion of branch; 3-5. Leaves; 6. Underleaf; 7. Apical leaf cells; 8. Median leaf cells; 9. Basal leaf cells. Scale bar=1 cm, for 1; =0.6 mm, for 2; =0.29 mm, for 3-6; =27 μm, for 7-9. (Shaanxi, Yangxian Co., Wang Mei-Zhi 55118, PE) (Drawn by He Qiang)

## 2. 二瓣鞭苔

**Bazzania bilobata** N. Kitag., J. Hattori Bot. Lab. 30: 257. 1967.

植物体小到中等大小，长 2-3 cm，连叶宽 2-3 mm，疏松丛生，干时棕褐色，湿润时暗绿色。茎匍匐，直径 0.2-0.25 mm，横切面皮部和髓部细胞等大，细胞壁厚；稀疏叉状分枝，分枝为耳叶苔型；鞭状枝少，长 0.3-0.5 cm；假根生于鞭状枝上。叶蔽前式覆瓦状排列，基部浅嵌入，干时内卷，湿润时水平向外伸出，长卵形，长 1.1-1.5 mm，宽 0.6-0.8 mm，先端 2 裂片。细胞圆形至椭圆形，叶先端细胞（26-35）μm×（20-28）μm，叶中部细胞（26-35）μm×（20-28）μm，叶基部细胞（34-45）μm×（22-28）μm，薄壁，三角体中等大，呈节状，角质层上有透明的密瘤；每个细胞具 5-8 个球形油体。腹叶在茎上，稀疏排列，与茎同宽，方形，长 0.4-0.5 mm，宽 0.4-0.5 mm，先端 2 裂可达腹叶长度的 1/4-1/2，边缘有不规则裂片，裂片偶尔会与先端 2 裂片等大，造成假 3 裂，细胞与叶细胞同，中部细胞（30-37）μm×（20-28）μm，壁薄，三角体中等大，呈节状，角质层有透明瘤。

**生境**：生于腐木上；海拔 2640 m。

**产地**：甘肃：文县，于宁宁 20061513（PE）。

**分布**：泰国。

本种的主要特征：①植物体较小；②叶片和腹叶先端 2 裂；③叶细胞表面角质层具透明瘤。

## 3. 裸茎鞭苔

**Bazzania denudata** (Torr. ex Gottsche, Lindenb. & Nees) Trevis., Mem. Reale Ist. Lombardo, Ser. 3, Cl. Sci. Mat. 4: 414. 1877.

*Mastigobryum denudatum* Torr. ex Gottsche, Lindenb. & Nees, Syn. Hepat.: 216. 1845.

植物体中等大小，长 1-3 cm，连叶宽 1.5-2.5 mm，油绿色或褐绿色。茎匍匐，直径 0.2-0.25 mm，茎横切面椭圆形，髓部细胞壁稍薄；叉状分枝，鞭状枝少。叶片密覆瓦状排列，蔽前式，平展，干时稍内曲，短圆长方形或短舌形，长 0.8-1.2 mm，先端宽 0.25-0.4 mm，基部宽 0.8-1.0 mm，先端截形，具不规则的 3 锐尖或钝齿，前缘呈弧形。叶尖部细胞长 17.5-25 μm，宽 15-22.5 μm，叶中部细胞长 25-37.5 μm，宽 17.5-37.5 μm，叶基部细胞长 30-42.5 μm，宽 20-25 μm，胞壁厚，三角体大或小，表面平滑；每个细胞具 6-13 个长椭圆形的油体。腹叶横生茎上，方圆形，宽大于长，先端圆钝，具 4-5 个不规则的齿，侧面边缘全缘或有钝齿。

**生境**：生于腐木或树上；海拔 1900-3090 m。

**产地**：甘肃：文县，汪楣芝 63156（PE）。陕西：佛坪县，李粉霞、王幼芳 166b，5004，5005（HSNU）；太白山，魏志平 5791a（WNU）；太白县，魏志平 6709a；洋县，汪楣芝 57117，57118（PE）。

**分布**：朝鲜、日本；北美洲。

本种的主要特征：①叶片较宽，先端具 3 个齿；②腹叶宽大于长，先端圆钝；③叶细胞不透明，角质层平滑。

## 4. 疣叶鞭苔

**Bazzania mayabarae** S. Hatt., J. Hattori Bot. Lab. 19: 91. 1958.

植物体细小，长达 2 cm，连叶宽 0.7-0.8 mm，油绿色，呈稀疏小片状生长。茎匍匐，直径 0.1-0.13 mm，横切面皮部细胞约 15 个，髓部细胞较小；不分枝或稀叉状分枝；鞭状枝短。叶长卵形，两侧近于对称，干燥时内曲，长 0.38-0.48 mm，基部宽 0.3-0.35 mm，前缘基部圆形，先端渐狭，先端钝头或具 2 个钝齿；叶尖部细胞长 10-20 μm，叶中部细胞长 20-30 μm，叶基部细胞长 27-50 μm，三角体明显，厚壁，表面有透明疣。腹叶横生，常贴茎，圆形或方圆形，长宽相等，直径 0.2-0.27 mm，先端截形或圆钝，有时有钝齿，叶边全缘，或稍呈波形，细胞壁薄，透明，方形或长方形，无三角体；每个细胞具 8-12 个圆形或长椭圆形的油体。

**生境**：生于岩面上；海拔 2800 m。

**产地**：陕西：太白山，魏志平 5563b（PE）。

**分布**：日本。

本种的主要特征：①叶先端 2 个齿，或呈小钝尖；②腹叶细胞透明；③叶细胞角质层具透明瘤。

## 5. 三齿鞭苔 图 54

**Bazzania tricrenata** (Whalenb.) Trevis., Mem. Reale Ist. Lombardo Sci. Ser. 3, Cl. Sci. Mat. 4: 415. 1877.

*Jungermannia tricrenata* Wahlenb., Fl. Carpat. Princ.: 364. 1814.

*Bazzania remotifolia* Horik., J. Sc. Hiroshima Univ., Ser. B, Div. 2, Bot. 2: 193. 1934.

*Bazzania triangularis* Lindb., Acta. Soc. Sci. Fenn.: 499. 1874.

*Mastigobryum perrottetii* Steph., Bull. Herb. Boissier, Ser. 2, 8: 750 [Sp. Hepat. 3: 434]. 1908.

*Bazzania imbricata* (Mitt.) S. Hatt. in Hara., Fl. E. Himalaya: 505. 1966.

*Mastigobryum imbricatum* Mitt., J. Proc. Linn. Soc. London 5: 104. 1861.

*Bazzania cordifolia* (Steph.) S. Hatt., Bot. Mag. (Tokyo) 59: 26. 1946.

植物体细长，长 3-8 cm，连叶宽 1-1.5 mm，亮绿色至褐绿色，有时带紫红色。小片状生长。茎平展或先端上倾，直径 0.12-0.25 mm；不分枝或稀分枝，鞭状枝多数，与茎呈锐角；茎横切面直径约 10 个细胞，皮部细胞和髓部细胞同形。叶卵状三角形，略呈镰刀形弯曲，长 1-1.5 mm，宽 0.15-0.2 mm，干燥时先端内曲，基部斜生于茎上，后缘基部下延，前缘基部呈半圆形，先端狭，具 2-3 个齿，有时无齿。叶尖部细胞长 12-18 μm，宽 10-15 μm，叶中部细胞长 12-20 μm，宽 12-22 μm，叶基部细胞长 17-40 μm，宽 15-25 μm，细胞壁略厚，三角体大，表面平滑；每个细胞具 3-5 个圆形或长椭圆形的油体。腹叶大，宽度为茎直径的 2-5 倍，圆方形、宽阔形或肾形，边缘平滑或有圆缺刻，先端边缘有 4 个短齿，两侧基部边缘平直或略下延。

**生境**：生于腐木、岩面、石上、树上和岩面薄土上；海拔 1940-3200 m。

**产地**：**甘肃**：文县，汪楣芝 63150，63152，63306（PE），裴林英 861（PE）。**陕西**：佛坪县，李粉霞、王幼芳 218，4417，4433（HSNU）；太白山，魏志平 5762a，5799，5862a，5819b，6395a，6400，黄全、李国猷 2356（PE）；太白县，魏志平 6713a；洋县，汪楣芝 57132（PE）。

**分布**：印度、尼泊尔、不丹、日本、朝鲜、俄罗斯远东和西伯利亚地区；欧洲和南美洲、北美洲。

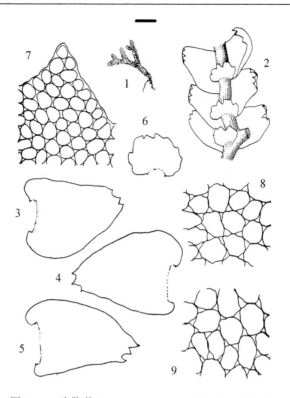

图 54　三齿鞭苔 Bazzania tricrenata (Whalenb.) Trevis.

1. 植物体；2. 枝条一部分；3-5. 叶片；6. 腹叶；7. 叶尖部细胞；8. 叶中部细胞；9. 叶基部细胞。标尺=1 cm, 1；=0.6 mm,
2；=0.3 mm, 3-5；=34 μm, 7-9。（甘肃，文县，倒木，2320-2380 m，汪楣芝 63152，PE）（郭木森绘）

Figure 54　Bazzania tricrenata (Whalenb.) Trevis.

1. Plant; 2. A portion of branch; 3-5. Leaves; 6. Underleaf; 7. Apical leaf cells; 8. Median leaf cells; 9. Basal leaf cells. Scale bar=1 cm, for 1;
=0.6 mm, for 2; =0.3 mm, for 3-5; =34 μm, for 7-9. (Gansu, Wenxian Co., on fallen log, 2320-2380 m, Wang Mei-Zhi
63152, PE) (Drawn by Guo Mu-Sen)

## 6. 三裂鞭苔　　　　　　　　　　　　　　　　　　　　图 55

**Bazzania tridens** (Reinw., Blume. & Nees) Trevis., Mem. Reale Ist. Lombardo Sci. Ser. 3, Cl. Sci. Mat. 4:
415. 1877.

*Jungermannia tridens* Reinw., Blume & Nees, Nova Acta Phys.-Med. Acad. Caes. Leop.-Carol. Nat. Cur. 12:
228 [Hepat. Jav.]. 1924.

*Bazzania albicans* Steph., Hedwigia 32: 204. 1893.

*Bazzania sinensis* Gott. ex Steph., Hedwigia 25: 208. 1886.

*Bazzania formosae* (Steph.) Horik., J. Sc. Hiroshima Univ., Ser. B, Div. 2, Bot. 2: 196. 1934.

植物体中等大小，长 1.5-3.5 cm，连叶宽 2-3 mm，黄绿色至褐绿色，匍匐成片生长。茎直径 0.2-0.3 mm，具不规则叉状分枝和鞭状枝。叶卵形或长椭圆形，稍呈镰刀形弯曲，前后相接，平展或略斜展，干时略向腹面弯曲，长 1-1.8 mm，基部宽 0.4-0.9 mm，前端宽 0.3-0.6 mm，先端具 3 个三角形锐齿。叶尖部细胞长 15-20 μm，宽 12-18 μm，叶中部细胞长 15-37 μm，宽 13-25 μm，细胞壁厚，三角体不明显或小，角质层表面平滑。腹叶贴茎生长，宽约为茎直径的 2 倍，近方形，全缘，或先端具三角形钝齿，除基部有几列暗色细胞外，均透明，细胞薄壁，无三角体。

**生境：**生于土面上；海拔 1400-1540 m。

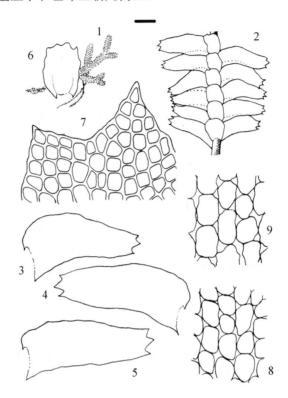

产地：甘肃：文县，裴林英 1736（PE）。

分布：不丹、印度、印度尼西亚、日本、马来西亚、尼泊尔、泰国、越南、新加坡、菲律宾、朝鲜、斯里兰卡和巴布亚新几内亚。

图 55　三裂鞭苔 Bazzania tridens (Reinw., Blume. & Nees) Trevis.

1. 植物体；2. 枝条一部分；3-5. 叶片；6. 腹叶；7. 叶尖部细胞；8. 叶中部细胞；9. 叶基部细胞。标尺=1 cm，1；=0.9 mm，2；=0.36 mm，3-6；=39 μm，7-9。（甘肃，文县，裴林英 1736，PE）（郭木森绘）

Figure 55　Bazzania tridens (Reinw., Blume. & Nees) Trevis.

1. Plant; 2. A portion of branch; 3-5. Leaves; 6. Underleaf; 7. Apical leaf cells; 8. Median leaf cells; 9. Basal leaf cells. Scale bar=1 cm, for 1; =0.9 mm, for 2; =0.36 mm, for 3-6; =39 μm, for 7-9. (Gansu, Wenxian Co., Pei Lin-Ying 1736, PE) (Drawn by Guo Mu-Sen)

## 2. 指叶苔属 Lepidozia (Dumort.) Dumort.

植物体中等大小，连叶宽 0.5-3 mm，黄绿色或淡黄绿色，有时呈绿色，疏松丛集生长，茎匍匐或倾立；茎横切面呈圆形或椭圆形，皮部细胞 18-24 个，细胞壁厚，髓部细胞小，薄壁或与皮细胞相同；不规则羽状分枝，腹面分枝，细长鞭状。假根生于鞭状枝上或腹叶基部。叶片斜生，先端常 3-4 裂，裂瓣通常三角形，直立或内曲；腹叶大，3-4 个裂瓣，裂瓣短。叶细胞多无三角体，厚壁；有油体。

雌雄同株或异株。雄苞生于短侧枝上；雄苞叶一般 3-6 对。雌苞生于腹面短枝上；内雌苞叶先端具齿或纤毛。蒴萼棒槌形或长纺锤形，先端收缩，口部边缘有齿或短毛，有 3-5 条纵褶。孢蒴卵圆形，蒴壁由 3-5 层细胞组成。孢子褐色，表面有细疣。

全世界有 61 种，中国有 12 种，本地区有 4 种。

## 分种检索表

## 1. 丝形指叶苔 图 56

**Lepidozia filamentosa** (Lehm. & Lindenb.) Gottsche, Lindenb. & Nees, Syn. Hepat.: 206. 1845.

*Jungermannia filamentosa* Lehm. & Lindenb., Nov. Stirp. Pug. 6: 29. 1834.

植物体细长，长 2-6 cm，淡绿色或黄绿色，疏生或与其他苔藓植物形成群落。茎匍匐，横切面直径 0.4-0.6 mm，皮部细胞大；羽状或不规则羽状分枝，先端渐细成鞭状；腹面分枝呈鞭状。假根少，生于鞭状枝先端或茎下部。叶片离生或覆瓦状排列，不规则方形或扁方形，长 0.6-0.8 mm，中部宽约 0.8 mm，前缘基部呈弧形；先端 4 裂至叶长度的 1/2-2/3，裂瓣三角形，先端锐头，基部宽 8-14 个细胞，背侧裂瓣较大。叶中部细胞长 25-32 μm，宽 20-25 μm，细胞壁稍厚，三角体小或无，表面平滑。腹叶形状同茎叶，宽为茎直径的 2-3 倍，4 裂至叶片长度的 2/5；裂瓣呈舌形或披针形，多内曲，基部宽 6-7 个细胞。

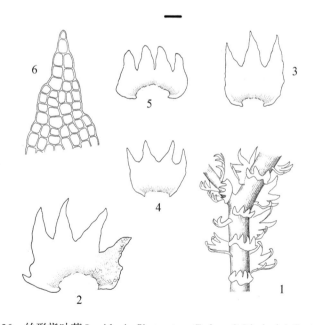

图 56　丝形指叶苔 Lepidozia filamentosa (Lehm. & Lindenb.) Gottsche

1. 植物体一部分；2. 茎叶；3-4. 枝叶；5. 腹叶；6. 叶尖部细胞。标尺=0.4 mm, 1；=0.21 mm, 2-5；=51 μm, 6。（陕西，太白山，林下，3100 m，魏志平 5529，PE）（郭木森绘）

Figure 56　Lepidozia filamentosa (Lehm. & Lindenb.) Gottsche

1. A portion of plant; 2. Stem leaf; 3-4. Branch leaves; 5. Underleaf; 6. Apical leaf cells. Scale bar=0.4 mm, for 1; =0.21 mm, for 2-5; =51 μm, for 6. (Shaanxi, Mt. Taibai, in the forest, 3100 m, Wei Zhi-Ping 5529, PE) (Drawn by Guo Mu-Sen)

生境：生于土面或岩面薄土上；海拔 3100-3300 m。

产地：陕西：太白山，魏志平 5516c，5529，6322a，6325a（PE）。

分布：朝鲜、日本；北美洲。

本种的主要特征：①植物体细长；②叶片基部 25-30 个细胞宽；③叶裂瓣基部 8-14 个细胞宽。

## 2. 指叶苔                  图 57

**Lepidozia reptans** (L.) Dumort., Recueil Observ. Jungerm.: 19. 1835.

*Jungermannia reptans* L., Sp. Pl.: 1133. 1753.

*Lepidozia chinensis* Steph., Sp. Hepat. 3: 622. 1909.

植物体中等大小，长 1-3 cm，淡绿色或褐绿色，常与其他苔藓植物密生或疏生。茎匍匐，或先端上仰，直径 0.2-0.35 mm；横切面椭圆形；羽状分枝。叶斜列着生，近方形，内凹，前缘基部半圆形，上部 3-4 裂达叶长度的 1/3-1/2，裂瓣三角形，先端锐，内曲，基部宽 4-8 个细胞。叶细胞方形或多边形，中部细胞边长 22-28 μm，六边形，细胞壁中等厚，无三角体，表面平滑；每个细胞具 10-25 个卵形的油体。枝叶稍小。腹叶离生，大小约为侧叶的 3/4，4 裂至叶长度的 1/4-2/5，裂瓣短，内曲，先端较钝。

雌雄同株。蒴萼长而明显，长圆柱形，口部 3 裂瓣，并具细齿。孢蒴黄褐色，圆柱状椭圆形，孢蒴壁常由 4 层细胞组成。孢子直径 11-15 μm，红色或黄褐色，具疣。

生境：生于腐殖土、倒木、树干、树桩、岩面、岩面薄土和腐木上；海拔 1240-3350 m。

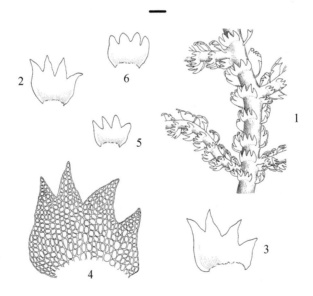

图 57   指叶苔 Lepidozia reptans (L.) Dumort.

1. 植物体一部分；2-4. 叶片；5-6. 腹叶。标尺=0.4 mm, 1; =0.21 mm, 2-3, 5-6; =0.1 mm, 4. (陕西，洋县，林地，2300 m，汪楣芝 55169, PE）（郭木森绘）

Figure 57   Lepidozia reptans (L.) Dumort.

1. A portion of plant; 2-4. Leaves; 5-6. Underleaves. Scale bar=0.4 mm, for 1; =0.21 mm, for 2-3, 5-6; =0.1 mm, for 4. (Shaanxi, Yangxian Co., on the ground, 2300 m, Wang Mei-Zhi 55169, PE) (Drawn by Guo Mu-Sen)

产地：甘肃：舟曲县，汪楣芝 52872，52882，52985，52990，52992，53385，53395（PE）。陕西：佛坪县，李粉霞、王幼芳 613，1105，1628，1804，1831b，1841b，1853，1855，1864，1903，1989，3115，3163，4112，4152，4165，4200，4222b，4255（HSNU）；户县，王鸣 515a，559b（XBGH）；眉县，汪楣芝 56694a，56695a，56709，56717a（PE）；太白山，魏志平 5381，5831a，5806a，5820b，5843，5849，5767a（WNU），张满祥 813，814c，1446，1464，1466，1478，1485（WNU），汪发瓒 120b（PE），黄全、李国猷 2302（PE），黎兴江 621，626，633，739，779，794a，798（PE），魏志平 5371a，5372，5375，5381a，5359c，5463，5483，5516b，5529a，5530b，5540b，5750，5777，6302（WNU）；宁陕县，陈邦杰等 176a，283，647，658a（PE）；太白县，魏志平 6660，6685，6689b（WNU）；西太白山，魏志平 6202a，6235，6247a，6299，6302，6303，6322（WNU）；洋县，汪楣芝 55169，55240，55245a，55309，57110，57111，57113，57114（PE）。

分布：印度、尼泊尔、不丹、马来西亚、菲律宾、朝鲜、日本、蒙古、俄罗斯远东和西伯利亚地区；欧洲和美洲。

本种的叶裂瓣基部宽不超过 8 个细胞。

## 3. 大指叶苔

**Lepidozia robusta** Steph., Mém. Soc. Sci. Nat. Math. Cherbourg 29: 217. 1894.
*Lepidozia plicatistipula* Herzog, Ann. Bryol. 12: 79. 1939.

植物体形稍粗，长可达 8 cm，绿色或黄绿色，密生。茎直立或倾立，直径约 0.6 mm；分枝少，小枝渐呈细尖。叶片相互贴生，近方形或肾形，内凹，长约 0.65 mm，上部宽约 0.65 mm，下部宽约 1.2 mm，上部 4 裂至叶片长度的 1/3-1/2；裂瓣三角形，先端钝，长达 15-20 个细胞，基部宽 10-12 个细胞；叶边缘有粗齿。叶近基部细胞长 27-36 μm，宽 25-27 μm，细胞壁薄，无三角体，表面平滑。腹叶具波纹，长约 0.4 mm，宽约 0.9 mm，上部 4 裂瓣，裂瓣狭三角形，先端钝，基部宽约 7 个细胞。

生境：生于岩面薄土上；海拔 2800-3100 m。

产地：陕西：太白山，魏志平 5468，5488（PE）。

分布：不丹、印度和尼泊尔。

本种的主要特征：①植物体大；②腹叶具波纹。

## 4. 圆钝指叶苔

**Lepidozia subtransversa** Steph., Bull. Herb. Boissier 5: 95. 1897.

植物体稍粗，长 3-8 cm，淡绿色或苍绿色，疏生或密生。茎匍匐，直径 0.4-0.6 mm；羽状分枝，分枝不呈鞭状。叶片相互贴生，斜生，方形，内凹，长约 0.8 mm，基部宽约 0.8 mm，中部宽约 1 mm，上部 4 裂；裂瓣三角形，向上逐渐呈锐尖，长 11-13 个细胞，基部宽 8-12 个细胞。叶中部细胞长 27-36 μm，宽 18-27 μm，细胞壁厚，无三角体，表面平滑。腹叶形状与侧叶近似，圆方形，上部呈 4 裂瓣；裂瓣内曲。枝叶和枝腹叶均与茎叶和茎腹叶相似。

生境：生于潮湿石上、潮湿土面或岩面薄土上；海拔 1860-3500 m。

产地：陕西：佛坪县，李粉霞、王幼芳 1840，4586，4606（HSNU）；太白山，魏志平 5551b，5664a，6299a，6303，6318a（XBGH）。

**分布：**朝鲜和日本。

### 3. 皱指苔属 Telaranea Spruce ex Schiffn.

植物体纤细，丝状，宽不及 1 mm，灰绿色，呈耳叶苔型的分枝。茎 1-3 回羽状分枝或不规则分枝，在枝条末端常呈鞭状；茎横切面表皮由大形、薄壁细胞组成。叶片蔽前式生长，对称，2-12 个裂瓣，裂瓣除基部外均为 1 个细胞宽。细胞通常大，长大于宽，细胞壁薄，平滑，每个细胞具 5-9 个油体，油体呈小颗粒疣状。腹叶明显小于叶片，为叶片长度的 1/4-1/2，深裂为 2-3 个丝状裂瓣，腹叶稀仅有退化痕迹。

雌雄异株，稀同株异苞。蒴萼纺锤形，具 3 个钝的皱褶。孢子表面具网状结构。

全世界有 79 种，中国有 1 种，本地区有 1 种。

本属由于叶片呈丝状，有时容易与睫毛苔属 Blepharostoma 相混淆，然而，它们可以从如下特征相区别：①睫毛苔属丝状叶片的基部仅为 1 个细胞宽，而皱指苔属叶片的基部为 2 个细胞宽；②睫毛苔属的腹叶与叶片大小相同，而皱指苔属的腹叶则明显小于叶片；③睫毛苔属茎横切面表皮无大形薄壁细胞层，而皱指苔属则存在。

本属与指叶苔属的区别在于：①茎表皮有发育良好的大形薄壁细胞；②叶片对称；③叶细胞大而透明；④孢子表面具网状结构。

#### 1. 瓦氏皱指苔

**Telaranea wallichiana** (Gottsche) R. M. Schust., Phytologia 45: 419. 1980.

*Lepidozia wallichiana* Gottsche, Syn. Hepat.: 204. 1845.

*Lepidozia hainanensis* G. C. Zhang, Bull. Bot. Res., Harbin 4(3): 84. 1984.

植物体纤小，长 1-2 cm，淡绿色或绿色，小片生长，多与其他苔藓植物形成群落。茎匍匐，先端倾立，横切面呈椭圆形，皮部有 1 层大细胞，11-12 个细胞，髓部为小形细胞，不规则羽状分枝；鞭状枝常缺失。假根少，多见于枝端或腹叶基部。叶片相互贴生，长方形或方形，斜列，长 0.15-0.22 mm，宽 0.15-0.3 mm，上部 4 裂；裂瓣狭三角形或披针形，长 3-4 个细胞，基部宽 1-2 个细胞。叶中部细胞长 40-56 μm，宽 28-40 μm，细胞壁厚，表面平滑。枝叶小于茎叶，方形或长方形，长 0.06-0.10 mm，宽 0.1-0.12 mm，2-4 裂至叶长度的 1/3。枝腹叶小，裂瓣长 1-2 个细胞。

**生境：**生于树上和倒木上；海拔 2320-2380 m。

**产地：甘肃：**文县，汪楣芝 63157，63182（PE）。

**分布：**日本、尼泊尔、印度、斯里兰卡、马来西亚、菲律宾、新加坡、印度尼西亚和新几内亚岛。

## 科 31 剪叶苔科 Herbertaceae Mull. Frib. ex Fulford & Hatcher

植物体硬挺，小形至中等大小，褐绿色至深红褐色。茎倾立或直立，不规则分枝或由茎腹面生出。叶横生或近于横生，2裂或不对称3裂，裂瓣全缘或近于全缘，披针形、三角形或三角状披针形，常向一侧偏曲。腹叶与侧叶相似，较小，裂瓣常直立。叶细胞常不规则加厚。

雄苞顶生或间生，或生于短侧枝上，每个苞叶具2个精子器。雌苞顶生。蒴萼卵形，具3脊，口部分瓣或具毛状齿。孢蒴球形，成熟后呈多瓣开裂。

全世界有3属，中国有1属，本地区有1属。

## 1. 剪叶苔属 Herbertus Gray

植物体倾立或直立，有时匍匐。茎硬挺，皮部由2-4层厚壁细胞组成。枝叶蔽前式排列，多2裂，稀3裂，裂瓣渐尖，狭三角形至披针形，常呈镰刀状偏曲；叶边全缘。腹叶与侧叶相似，略小。叶细胞强烈加厚，叶基部中央细胞长方形，成带状假肋（vitta），可长达叶尖部。

雌雄异株。雄苞叶常4-8对。雌苞叶常大于枝叶，与枝叶近似，开裂深；内雌苞叶包被蒴萼，边缘常具齿。孢蒴球形，常呈4瓣或多瓣开裂；孢蒴壁由4-7层细胞组成。孢子直径为弹丝宽度的2-2.5倍。

全世界有25种，中国有15种，本地区有5种。

### 分种检索表

1. 叶片裂瓣细长，2裂达5/6，先端毛尖4-6个细胞 ·················**4.长刺剪叶苔 H. longispinus**
1. 叶片裂瓣相对较短，2裂达2/3-3/4及以下，先端毛尖1-3个细胞 ·····················2
2. 叶片弯曲 ·······················································································3
2. 叶片直立 ·······················································································4
3. 叶片裂瓣长而狭，尖部由4-7个单列细胞组成；叶片长宽比为2.6-4.0 ·········**1.剪叶苔 H. aduncus**
3. 叶片裂瓣宽，尖部由2-5个单列细胞组成；叶片长宽比为1.8-2.5·········**2.南亚剪叶苔 H. ceylanicus**
4. 叶片近于对称，基盘卵形，中等扩展；假肋明显内凹 ·············**3.长角剪叶苔 H. dicranus**
4. 叶片不对称，基盘明显扩展；假肋内凹不明显 ···················**5.多枝剪叶苔 H. ramosus**

## 1. 剪叶苔 图58

**Herbertus aduncus** (Dick.) Gray, Nat. Arr. Brit. Pl. 1: 705. 1821.
*Jungermannia adunca* Dicks., Fasc. Pl. Crypt. Brit. 3: 12, pl. 8, f. 8. 1793.
*Herbertus minor* Horik., J. Sci. Hiroshima Univ., Ser. B, Div. 2, Bot. 2(2): 211. 1934.
*Herbertus remotiusculifolia* Horik., J. Sci. Hiroshima Univ., Ser. B, Div. 2, Bot. 2(2): 209. 1934.
*Herbertus pusillus* (Stephani) S. Hatt., Bot. Mag. 58: 362. 1944.
*Herbertus longifissus* Steph., Hedwigia 34: 44. 1895.
*Schisma longifissum* (Steph.) Steph., Sp. Hepat. 4: 27. 1909.

植物体交织生长，黄褐色。主茎横展，长可达10 cm，直径约2 mm；分枝直立，延伸成鞭状。叶蔽前式覆瓦状，2裂至叶片长度的3/4-4/5，裂瓣长而狭，尖部由4-7个单列细胞组成，基部呈方圆盘状，叶边平滑或具黏液疣，叶裂瓣上部倾立或呈镰刀状；假肋明显，达叶上部，长1-1.6 mm，宽4-6 mm。叶边细胞宽16-17 µm，长约17 µm；假肋基部细胞长40-50 µm，宽16-20 µm，细胞壁厚，强烈角隅加厚。腹叶与茎叶相似，稍小，裂瓣多直立或倾立。

雌雄异株。雄苞间生，雄苞叶 4-6 对，基部呈囊状。雌苞顶生；蒴萼卵形。孢蒴成熟时呈 6-8 瓣开裂。孢子褐色，有细疣。弹丝具 2 列螺纹加厚。

**生境：**生于林下岩面薄土、岩面腐殖土、林下土面、土面或石壁上；海拔 2000-3300 m。

**产地：陕西：**太白山，黎兴江 604（PE），魏志平 5149a，5323，5561b（PE），魏志平 6727a（WNU）；太白县，魏志平 6736（PE）；洋县，汪楣芝 55263，55264，55268，55284，55324，55324a，57126，57131，57144a（PE）；西太白山，魏志平 6383，6397a（PE）。

**分布：**不丹、尼泊尔、印度、泰国、菲律宾、印度尼西亚、日本、朝鲜、俄罗斯远东和西伯利亚地区、新几内亚岛；欧洲和北美洲。

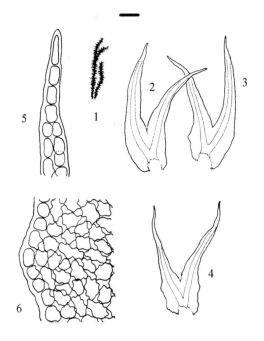

图 58　剪叶苔 Herbertus aduncus (Dick.) Gray
1. 植物体；2-4. 叶片；5. 叶尖部细胞；6. 叶基部细胞。标尺=1 cm，1；=0.35 mm，2-4；=27 μm，6-7。（陕西，洋县，岩面薄土，2200 m，汪楣芝 55284，PE）（郭木森绘）
Figure 58　Herbertus aduncus (Dick.) Gray
1. Plant; 2-4. Leaves; 5. Apical leaf cells; 6. Basal leaf cells. Scale bar=1 cm, for 1; =0.35 mm, for 2-4; =27 μm, for 6-7. (Shaanxi, Yangxian Co., on thin soil over rock, 2200 m, Wang Mei-Zhi 55284, PE) (Drawn by Guo Mu-Sen)

## 2. 南亚剪叶苔

**Herbertus ceylanicus** (Steph.) H. A. Mill., J. Hattori Bot. Lab. 28: 308. 1965.
*Schisma ceylanum* Steph., Sp. Hepat. 4: 22. 1909.

植物体中等大小，暗棕色、褐色或绿色，长 2-4 cm。茎横切面卵形或圆形，（0.2-0.45）mm ×（0.15-0.3）mm。叶片覆瓦状排列，直立，对称，茎基部的叶片多少伸展。叶片长 1-2.6 mm，宽 0.4-0.6 mm，长宽比是 1.8-2.5，2 裂至叶片长度的 2/3-3/4，裂瓣宽，直，在裂瓣基部 12-19 个细胞宽，裂瓣中部 7-12 个细胞宽，裂瓣锐尖，2-5 个单列细胞组成尖部；叶边缘具无柄或 2 个细胞长柄的黏液疣。假肋在基部极明显，但不形成沟槽状，可向上延伸至裂瓣的一半处。假肋细胞长 28-80 μm，宽 10-20 μm，假肋在叶基部或稍上处分离；叶片基部细胞长 11-17 μm，宽 11-28 μm，三角体中等大小；腹叶小，对称。

**生境：**生于路边岩面薄土上；海拔 2000-2400 m。

**产地：陕西：**洋县，汪楣芝 55127（PE）。

**分布：**斯里兰卡、印度尼西亚和马来西亚。

## 3. 长角剪叶苔 图 59

**Herbertus dicranus** (Taylor) Trevis., Mem. Real. Ist. Lombardo Sci., Cl. Sci. Mat. 4: 397. 1877.

*Sendtnera dicrana* Taylor, Syn. Hepat.: 239. 1845. Type: Nepal. 1820 *Wallich* (lectotype FH!).

*Herbertus chinensis* Steph., Hedwigia 34: 43. 1895, *nom. illeg.*

*Herbertus longispinus* var. *calvus* C. Massal., Mem. Accad. Agric. Verona 73(2): 20. 1897. Type: China interior, prov Schen-si into lichens in cacumine Kuan-tou-san, *J. Giraldi s. n.* (lectotype FI!, here designated). syn. nov.

*Herbertus dicranus* (Taylor) H. A. Mill., J. Hattori Bot. Lab. 28: 306. 1965.

*Herbertus longifolius* Horik., J. Sci. Horisima Univ., Ser. B, Div. 2, Bot. 2: 208. 1934.

*Herbertus sikkimensis* (Steph.) W. E. Nicholson, Symb. Sin. 5: 28. 1930.

*Herbertus giraldianus* (Steph.) W. E. Nicholson, Symb. Sin. 5: 27. 1930.

*Herbertus giraldianus* var. *verruculosa* S. Hatt. in Hara, Fl. E. Himalaya: 223. 1971.

*Herbertus pinnatus* (Steph.) H. A. Mill., J. Hattori Bot. Lab. 28: 313. 1965.

*Herbertus himalayanus* (Steph.) Herzog, Ann. Bryol. 12: 80. 1939.

*Herbertus pseudoceylanicus* S. Hatt. in Hara, Fl. E. Himalaya: 225. 1971.

*Herbertus millerianus* Del Ros., Philipp. J. Sci. 100: 227. 1971.

*Herbertus fleischeri* (Steph.) H. A. Mill., J. Hattori Bot. Lab. 28: 307. 1965.

*Herbertus minima* Horik., J. Sci. Hiroshima Univ., Ser. B, Div. 2, Bot. 2: 208, pl. 17: 21-26. 1934.

*Herbertus lochobasis* H. A. Mill., J. Hattori Bot. Lab. 28: 306, f. 3, 9-10. 1965.

*Herbertus mastigophoroides* H. A. Mill., J. Hattori Bot. Lab. 28: 324, f. 114, 117, 121.

*Herbertus sakuraii* (Warnst.) H. A. Mill., J. Hattori Bot. Lab. 3: 6. 1947.

*Herbertus hainanensis* P. J. Lin & Piippo, Bryobrothera 1: 207. 1992.

*Herbertus wichurae* Steph., Hedwigia 34: 45. 1895.


植物体稍粗至中等大小，黄褐色至深褐色。茎长可达 10 cm，直径约 0.3 mm，分枝常从腹面伸出。叶片近于直立，对称，长 1.6-2.0 mm，宽 0.5-0.6 mm，2 裂至叶片长度的 1/2-3/5；裂瓣披针形，略弯曲，先端渐尖；叶片基部卵形，全缘或具不规则疏齿，齿先端具黏液疣；假肋长达裂片中上部，基部明显内凹。叶细胞薄壁，三角体呈球状加厚；叶基部细胞长 60-80 μm，宽 15-18 μm。腹叶与侧叶同形，较小。

**生境：**生于林下岩面薄土、林下腐殖土或石壁上；海拔 2300-3300 m。

**产地：陕西：**户县（Stephani，1909，as *Schisma giraldianum*；Miller，1965，as *Herberta giraldiana*）；太白山，黎兴江 655a（KUN），魏志平 5150，5167a，5539，5323，5545，5570，5747，6113（WNU），张满祥 15，24a（WNU）；太白县，魏志平 6727a（WNU）；洋县，汪楣芝 57144-a（PE）。

**分布：**印度、尼泊尔、不丹、斯里兰卡、泰国、越南、印度尼西亚、马来西亚、菲律宾、日本、俄罗斯远东地区；非洲。

根据 Juslén（2006）的研究，目前有 21 个种被处理为长角剪叶苔 *H. dicranus* 的异名。Juslén（2006）描述这个种为：植物体高度多样化，从细弱到非常粗壮，从绿色、橄榄色、褐色到很明显的红色和红黑色。根据作者对 *H. dicranus* 模式标本的观察，Juslén（2006）认为该种的高度变异性可能是基于这个种的后选模式和等后选模式，而这 2 份标本差别较大，后选模式标本的植物体较大，不规则分枝，具较多的鞭状枝，叶片较粗短，2 裂至 1/2 或较多，基盘边缘具较多的黏液瘤，而等后选模式的植物体丛生，较细弱且分枝少，长约 1.5 cm，叶片较长，2 裂至其长度的 2/3 左右，基盘边缘较光滑。Miller（1965）对该种的描述对这个模式都进行了绘图，只是认为这个种变化比较大，现在的研究对 *H. dicranus* 的认识和描述多倾向于等后选这个模式的种，因此对这个种的概念还有待于进一步研究。作者的研究认为植物体颜色和叶片的分布比较稳定，通过对 *H. longifolius*、*H. nicholsonii* 和 *H. pseudoceylanicus* 模式标本的查阅，认为对这 3 种的归并还有待于进一步研究，暂时先接受这个归并。

*Herbertus longispinus* var. *calvus* C. Massal. 是发表于 1897 年来自陕西秦岭地区的一个变种。我们通过对来自意大利佛罗伦萨大学标本馆（FI）模式标本的观察，并与长角剪叶苔 *Herbertus dicranus* 模式标本的对比研究，我们没有发现它们之间有稳定的差异，完全处于后者的变异范围之内，在此，将其处理为长角剪叶苔的异名。

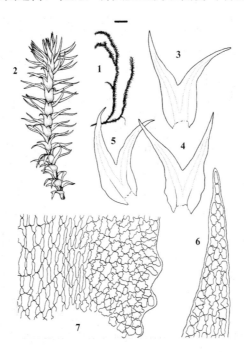

图 59　长角剪叶苔 Herbertus dicranus (Taylor) Trevis.
1. 植物体；2. 枝条一部分；3-5. 叶片；6. 叶尖部细胞；7. 叶基部细胞。标尺=1 cm，1；5 mm，2；=0.35 mm，3-5；=22 μm，6-7。（陕西，洋县，汪楣芝 57144-a，PE）（郭木森绘）

Figure 59　Herbertus dicranus (Taylor) Trevis.
1. Plant; 2. A portion of branch; 3-5. Leaves; 6. Apical leaf cells; 7. Basal leaf cells. Scale bar=1 cm, for 1; =5 mm, for 2; =0.35 mm, for 3-5; =22 μm, for 6-7. (Shaanxi, Yangxian Co., Wang Mei-Zhi 57144-a, PE) (Drawn by Guo Mu-Sen)

## 4. 长刺剪叶苔

**Herbertus longispinus** J. B. Jack & Steph., Hedwigia 31: 15. 1909.
*Schisma longispinum* (J. B. Jack & Steph.) Steph., Sp. Hepat. 4: 29. 1909.

*Herbertus angustissima* (Herzog) H. A. Miller, J. Hattori Bot. Lab. 28: 326. 1965.

植物体中等至大形，长约 13 cm，直径约 0.2 mm，暗红色或红褐色，具多数鞭状枝。叶覆瓦状排列，干时强烈偏曲，长 3-4 mm，宽 0.5-0.6 mm，基部几乎不下延。先端 2 裂至叶片长度的 5/6，弯缺宽阔，裂瓣先端纤细，呈毛状，细长，由 4-6 个细胞组成，腹侧裂瓣比背侧裂瓣长约 1/4，并弯曲；基盘阔卵圆形；假肋在基盘中上部分叉，基部细胞（60-80）μm ×（16-18）μm，叶背边细胞（16-18）μm ×（14-16）μm，细胞壁厚，有角状或节状三角体加厚，腹叶与侧叶相似，但裂片稍直。

雌雄异株。

**生境：**生于岩面或石上；海拔 3100 m。

**产地：陕西：**佛坪县，李粉霞、王幼芳 3523，3547，4461，5016a，5017b（HSNU）；太白山（张满祥，1972，as *Herberta longispina*）；太白县（张满祥，1972，as *Herberta longispina*）。

**分布：**印度、马来西亚、印度尼西亚和菲律宾。

## 5. 多枝剪叶苔 图 60

**Herbertus ramosus** (Steph.) H. A. Mill., J. Hattori Bot. Lab. 28: 314. 1965.
*Schisma ramosum* Steph., Sp. Hepat. 4: 23. 1909.
*Herbertus javanicus* (Steph.) H. A. Mill., J. Hattori Bot. Lab. 28: 319. 1965.
*Schisma javanicum* Steph., Sp. Hepat. 4: 26. 1909.

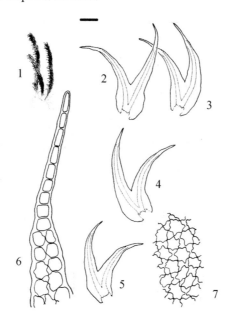

图 60　多枝剪叶苔 Herbertus ramosus (Steph.) H. A. Mill.
1. 植物体；2-5. 叶片；6. 叶尖部细胞；7. 叶中部细胞。标尺=1 cm，1；=0.7 mm，2-5；=27 μm，6-7。（陕西，太白山，
石壁，3000 m，魏志平 5543，PE）（郭木森绘）
Figure 60　Herbertus ramosus (Steph.) H. A. Mill.
1. Plant; 2-5. Leaves; 6. Apical leaf cells; 7. Median leaf cells. Scale bar=1 cm, for 1; =0.7 mm, for 2-5; =27 μm, for 6-7. (Shaanxi,
Mt. Taibai, on cliff, 3000 m, Wei Zhi-Ping 5543, PE) (Drawn by Guo Mu-Sen)

植物体中等大小，褐色或红褐色。茎长可达 7 cm，直径约 0.2 mm，腹面具鞭状枝。叶片近于直立，不对称，长 2.6-3.0 mm，宽 0.9-1.0 mm，偏曲状排列，干燥时脆硬，基部下延，2 裂至叶片长度的 2/3，裂瓣线形，略弯曲，裂口呈钝角；基部卵圆形，叶边具不规则齿，有黏液疣；假肋较宽，不明显，从叶基处开始分叉，达裂片中下方，基部不明显内凹；基部细胞长 60-80 μm，宽 20-22 μm；叶边细胞宽 10-12 μm，长 20-25 μm，具疣，壁薄，三角体大，直径大于细胞腔。腹叶与侧叶相似，略小。

**生境：** 生于石壁或岩面上；海拔 2300-3100 m。

**产地：** 陕西：太白山，黎兴江 802（PE），魏志平 5498a，5543，5545（PE）。

**分布：** 斯里兰卡、泰国、越南、菲律宾和印度尼西亚。

# 科 32　拟复叉苔科 **Pseudolepicoleaceae** Fulford & Taylor

植物体毛绒状，疏松丛集生长。茎匍匐或倾立，不规则分枝，皮部不分化。叶片 3-4 裂至基部，裂瓣线形或狭披针形；叶边全缘或具毛。叶细胞狭长方形，壁薄或加厚，有油体。腹叶略小，或异形。假根生于腹叶基部。

雌雄同株或异株。雄苞着生于茎、枝先端。雌苞顶生；雌苞叶与茎叶同形，4-5 裂。蒴柄横切面中央 4 个细胞，周围 8 个细胞，细胞壁略加厚。孢子小，为弹丝直径的 2 倍。

全世界有 8 属，中国有 2 属，本地区有 1 属。

## 1. 拟复叉苔属 **Pseudolepicolea** Fulford & Taylor

植物体中等大小，黄绿色或黄褐色。茎直立或倾立，不规则分枝。叶片横生，两次瓣裂；叶边全缘。腹叶较小。假根少，通常生于腹叶基部。叶细胞长方形，平滑，裂瓣基部宽 4-6（9）个细胞。

雌雄异株。雄苞叶 1-2 对，基部膨大成囊状；精子器无隔丝。雌苞顶生；雌苞叶与茎叶相似。蒴萼长椭圆形，上部具 3-5 条纵褶，口部有短毛。孢蒴椭圆状卵形；蒴壁由 2 层细胞组成。孢子有细疣，直径 14-18 μm。弹丝具 2 列螺纹加厚。

全世界有 4 种，中国有 1 种，本地区有 1 种。

### 1. 拟复叉苔　　　　　　　　　　　　　　　　　　　　　　图 61

**Pseudolepicolea quadrilaciniata** (Sull.) Fulford & Taylor, Nova Hedwigia 1: 413. 1960.

*Sendtnera quadrilaciniata* Sull., Hooker's J. Bot. Kew Gard. Misc. 2: 317. 1850.

*Pseudolepicolea andoi* (R. M. Schust.) Inoue, Bull. Natl. Sci. Mus., Tokyo, B. Bot. 4: 94. 1978.

*Pseudolepicolea trollii* (Herzog.) Grolle & Ando, Hikobia 3: 177. 1963.

植物体中等大小，褐绿色或暗绿色，密集生长。茎直立或倾立，高 0.8-1.3 cm，硬挺，密被叶片；不规则分枝；茎表皮有 1-2 层厚壁细胞，无中轴分化。假根极少，或缺失。叶片 3 裂，近似横生，两次分裂成 4 瓣，小裂瓣披针形，基部宽 4-6 个细胞，先端为 1-2 个单列细胞。叶细胞长方形，厚壁，长 40-50 μm，宽 12-15 μm，基部细胞短。

雌雄异株。

**生境**：生于石上；海拔 2350 m。

**产地**：甘肃：文县，裴林英 1016-b（PE）。

**分布**：印度、尼泊尔、不丹、印度尼西亚和日本。

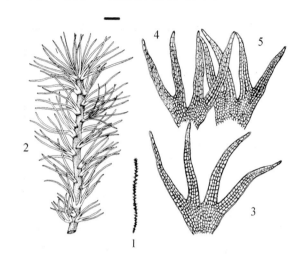

图 61　拟复叉苔 Pseudolepicolea quadrilaciniata (Sull.) Fulford & Taylor

1. 植物体；2. 枝条一部分；3-5. 叶片。标尺=2.5 mm, 1；=0.03 mm, 2；=0.19 mm, 3-5。（甘肃，文县，邱家坝，石上，2350 m，裴林英 1016-b，PE）（郭木森绘）

Figure 61　Pseudolepicolea quadrilaciniata (Sull.) Fulford & Taylor

1. Plant; 2. A portion of branch; 3-5. Leaves. Scale bar=2.5 mm, for 1; =0.03 mm, for 2; =0.19 mm, for 3-5. (Gansu, Wenxian Co., Qiujiaba, on stone, 2350 m, Pei Lin-Ying 1016-b, PE) (Drawn by Guo Mu-Sen)

# 科 33　羽苔科 **Plagiochilaceae** Müll. Frib.

植物体小形至大形，绿色、黄绿色或褐绿色，疏生或密集生长。茎匍匐、倾立或直立；不规则分枝、羽状分枝或不规则叉状分枝，自叶基生长或间生型；茎横切面圆形或椭圆形，皮部细胞厚壁，2-3（4）层，髓部细胞多层，薄壁，透明；假根散生于茎上。叶片 2 列着生，蔽后式排列，披针形、卵形、肾形、舌形或旗形，后缘基部多下延，稍内卷，平直或弯曲，前缘多呈弧形，反卷，基部常不下延，先端圆形或平截形，稀锐尖；叶边全缘、具齿或有裂瓣。叶细胞六角形或蠕虫形，叶基部细胞常长方形，有时形成假肋；细胞壁多样，有或无三角体，表面平滑或具疣。腹叶退化或仅有细胞残痕。

雌雄异株。雄株较小，雄苞顶生、间生或侧生；雄苞叶 3-10 对。雌苞叶分化，较茎叶大，多齿。蒴萼钟形、三角形、倒卵形或长筒形，背腹面平滑或有翼，口部具 2 瓣，平截或弧形，平滑或具锐齿。孢蒴圆球形，成熟后呈 4 瓣深裂。

全世界有 8 属，中国有 5 属，本地区有 3 属。

**分属检索表**

1. 植物体匍匐；假根生于茎腹面 ·················· **1.平叶苔属 Pedinophyllum**
1. 植物体直立或倾立；假根生于茎基部 ·················· 2
2. 植物体体小形至大形；叶片互生 ·················· **2.羽苔属 Plagiochila**
2. 植物体纤细；叶片对生 ·················· **3.对羽苔属 Plagiochilion**

# 1. 平叶苔属 Pedinophyllum (Lindb.) Lindb.

植物体柔弱，绿色或褐绿色，密集生长。茎匍匐或仅先端上倾；横切面细胞不分化；假根生于茎腹面，密布全茎。叶卵形或椭圆形；叶细胞三角体明显。腹叶小或缺失，或仅有残痕。

全世界有 3 种，中国有 2 种，本地区有 1 种。

## 1. 截叶平叶苔

**Pedinophyllum truncatum** (Steph.) Inoue, J. Hattori Bot. Lab. 23: 35. 1960.

*Clasmatocolea truncata* Steph., Bull. Herb. Boissier 5: 87. 1897.

*Plagiochila integra* Steph., Sp. Hepat. 6: 170. 1918.

*Pedinophyllum major-perianthium* C. Gao & G. C. Zhang, Fl. Hepat. Chin. Boreali.-Orient.: 111. 1981.

植物体绿色或褐绿色，有时黄绿色，密集生长。茎长 1-1.5 cm，连叶宽 2-3 mm；横切面细胞不分化，分枝少；假根生于茎腹面。叶片覆瓦状蔽后式排列，卵圆形，先端圆钝；叶边全缘或具 1-2 小齿，后缘基部稍下延。叶中部细胞六边形，表面平滑；通常每个细胞具 10 个以上圆形或椭圆形的油体。腹叶缺失或仅在茎、枝先端有发育不全的残痕。

雌雄同株。雄苞生于短侧枝上。雌苞生于茎先端，常在腹面生 1-2 条新枝。蒴萼卵形，先端平截，平滑或具齿突。

**生境：**生于石上、土面、树干基部或腐木上；海拔 1750-2300 m。

**产地：**陕西：佛坪县，李粉霞、王幼芳 577b，784，792，825，1068，1291，1383，1977，3571，3604，4501（HSNU）；太白山，魏志平 5159（PE）。

**分布：**朝鲜、日本和俄罗斯远东地区。

# 2. 羽苔属 Plagiochila (Dumort.) Dumort.

植物体形多样，绿色至褐绿色，具光泽或无光泽，稀疏或密集生长。茎倾立或直立，常在蒴萼下分生 1-2 个新枝；茎横切面圆形或椭圆形，多褐色，皮部细胞具厚壁，髓部细胞六边形，薄壁。假根多生于茎基部，通常无色。叶疏生或覆瓦状排列，斜列，方形、长方形或圆形，后缘基部多沿茎下延；叶边缘全缘或具不规则齿，有时齿呈长毛状。叶中部细胞六边形，叶基部细胞长六边形，薄壁或厚壁，三角体无或有，有时三角体在胞壁具球状加厚；叶细胞表面平滑，稀具疣。腹叶缺失或具残痕。

雌雄通常异株，少数同株。雄苞通常为扁平状的穗形，外观明显比营养枝狭窄；雄苞叶小于营养叶，边缘全缘或具齿。雌苞顶生或生于侧枝先端，雌苞叶通常 1 对，与营养叶无分化，但边缘通常具更尖锐的齿。蒴萼多种形态，通常口部扁平。孢蒴卵圆形，成熟时呈 4 瓣深裂至基部，孢蒴壁通常由 4-8 层细胞组成。孢子表面具细颗粒状，直径为弹丝直径的 1.3-2 倍。弹丝通常具 2 列螺纹加厚，稀具 1 列。

全世界有 400 种，中国有 84 种，本地区有 21 种。

## 分种检索表

## 1. 宽叶羽苔

**Plagiochila alaskana** A. Evans, Bull. Torrey Bot. Club 41: 590. 1915.

*Plagiochila shimizuana* S. Hatt., J. Hattori Bot. Lab. 12: 84. 1954.

*Plagiochila semidecurrens* fo. *alaskana* (A. Evans) R. M. Schust., Amer. Midl. Naturalist 62(2): 273. 1959.

*Plagiochila semidecurrens* var. *alaskana* (A. Evans) Inoue, J. Hattori Bot. Lab. 28: 216. 1965.

*Plagiochila semidecurren* subsp. *alaskana* (A. Evans) S. Hatt., Flora of Eastern Himalaya: 519. 1966.

本种的主要特征：①植物体明显小；②叶片为宽卵形，有时近于圆形；③叶边缘的齿更少（通常 7-15 个齿）。

**生境：**生于林地上；海拔 2000 m。

**产地：**陕西：佛坪县（王玛丽等，1999，as *Plagiochila shimizuana*）。

**分布：**日本；北美洲。

## 2. 树形羽苔

**Plagiochila arbuscula** (Brid. ex Lehm. & Lindenb.) Lindenb., Sp. Hepat. 1: 23. 1839.

*Jungermannia arbuscula* Brid. ex Lehm. & Lindenb. in Lehm., Nov. Stirp. Pug. 4: 63. 1832.

*Plagiochila belangeriana* Lindenb., Sp. Hepat.: 109. 1840.

*Plagiochila bilabiata* Herzog, Hedwigia 78: 227. 1938.

*Plagiochila colonialis* Steph., Sp. Hepat. 6: 139. 1918.

*Plagiochila comptonii* Pearson, J. Linn. Soc., Bot. 46: 21. 1922.

*Plagiochila ferdinand-muelleri* Steph., Bull. Herb. Boissier, Ser. 2, 4: 777. 1904.

*Plagiochila formosae* Steph., Sp. Hepat. 6: 157. 1918.

*Plagiochila fuscorufa* Steph., Sp. Hepat. 6: 158. 1918.

*Plagiochila heterospina* Steph., J. Proc. Roy. Soc. New South Wales 48: 128. 1914.

*Plagiochila laciniata* Pearson, J. Linn. Soc., Bot. 46: 21. 1922.

*Plagiochila lanutensis* Steph. in Rechinger, Denkschr. Kaiserl. Akad. Wiss., Math.-Naturwiss. Kl. 91: 28. 1914.

*Plagiochila longa* Dugas, Thèse Fac. Sci. Paris (Ser. A, n. 1170): Contrib. etude *Plagiochila*: 131, 186. 1928.

*Plagiochila palmicola* Steph., J. Proc. Roy. Soc. New South Wales 48: 129. 1914.

*Plagiochila plicatula* Steph., Sp. Hepat. 6: 201. 1921.

*Plagiochila taona* Steph., Sp. Hepat. 6: 233. 1921.

*Plagiochila yuwandakensis* Horik., Bot. Mag. (Tokyo) 49: 50. 1935.

植物体大形，褐绿色，长 4-6 cm，连叶宽约 3 mm，倾立或下垂，多成片生长，茎多分枝，外观呈扇形，枝条末端形成尾尖状；茎横切面直径约 20 个细胞宽，皮部细胞 4 层，细胞壁厚，髓部细胞壁稍厚。假根少。叶相互贴生，宽卵形或长椭圆形，斜列，长 1.6-1.8 mm，宽 0.9-1.1 mm；后缘稍内卷，全缘，基部明显下延，前缘弧形，基部宽大，不下延，具 5-8 个锐齿，叶先端平截，具 2-4 个锐齿。枝叶狭长椭圆形，较小。叶尖部细胞宽 20-24 μm，长 36-40 μm，细胞壁薄，褐色，三角体大；表面平滑。无腹叶。

雄苞间生；雄苞叶 5-7 对。雌苞顶生，具 1-2 新生侧枝。蒴萼卵形，口部平截，具锐齿。

**生境：**生于岩面上；海拔 870 m。

**产地：**河南：西峡县，何强 6528（PE）。

**分布：**泰国、印度尼西亚、菲律宾、马来西亚、日本、新几内亚岛、新喀里多尼亚和斐济。

本种的主要特征是：①枝条顶端形成尾尖状；②叶片背侧基部明显下延，而腹侧基部几乎不下延或很短的下延。

## 3. 秦岭羽苔

**Plagiochila biondiana** C. Massal., Mem. Accad. Agric. Verona, Ser. 3, 73(2): 15. 1897.

植物体中等大小。茎长 3-5 cm，连叶宽约 2.7 mm，分枝少，枝条长，具鞭状枝，枝上的叶片常退化；茎横切面宽 0.2-0.25 mm，皮部细胞 3-4 层，细胞壁厚，髓部细胞 13-15 层，（18-20）μm×（20-28）μm。假根稀疏。叶密集生长，抱茎着生，近于圆形，长 1.0-1.4 mm，宽 0.8-1.3 mm，背缘基部长下延，内卷，腹缘基部不下延，叶片全缘或具 6-12 个细齿，齿长 1-2 细胞，齿基部 1-2 细胞宽。叶细胞小，叶边缘和中部的细胞（10-16）μm×（10-16）μm，叶基部细胞（20-24）μm×（20-30）μm，细胞壁厚，无三角体；角质层平滑。腹叶退化。

雄苞未见。雌苞顶生，无新生侧枝，雌苞叶较茎叶大，长与宽约为 2.2 mm；蒴萼钟形，脊无翼，长约 2.8 mm，宽约 2.2 mm，口部平截。孢子体未见。

**生境：** 生于岩面薄土、树根、石壁上和腐殖土上；海拔 1500-3600 m。

**产地：** 陕西：太白山（Massalongo, 1897；Levier, 1906；Bonner, 1962；张满祥，1972；So, 2001），黎兴江 800（KUN），魏志平 5683（PE），魏志平 5155, 5194, 5717, 5776, 5933, 6324（WNU）；宁陕县，陈邦杰 446a（PE, WNU）；秦岭南坡，陈邦杰等 261（PE）；西太白山，魏志平 6236b（WNU）；太白县，魏志平 5917（PE）。

**分布：** 中国特有。

本种的主要特征：①具较长的枝；②枝上的叶片常退化；③叶边缘的齿为小齿或细圆齿；④叶细胞小，无三角体。

## 4. 中华羽苔

**Plagiochila chinensis** Steph., Mém. Soc. Sci. Nat. Math. Cherbourg 29: 223. 1894.
*Plagiochila hokinensis* Steph., Bull. Herb. Boissier, Ser. 2, 3: 116. 1903.
*Plagiochila maireana* Steph., Sp. Hepat. 6: 185. 1921.
*Plagiochila irrigata* Herzog in Handel-Mazzetti, Symb. Sin. 5: 18. 1930.
*Plagiochila simplex* var. *parvifolia* C. Massal., Mem. Accad. Agric.Verona, Ser. 3, 73(2): 12. 1897.
*Plagiochila tongtschuana* Steph., Sp. Hepat. 6: 232. 1921.
*Plagiochila wilsoniana* Steph., Sp. Hepat. 6: 242. 1922.

植物体中等大小，坚挺，浅绿色，常与其他苔藓植物混生。茎长 3-4 cm，宽 2.3-2.6 mm；分枝间生型；茎横切面直径约 20 个细胞，皮部细胞 3 层，细胞壁厚，髓部细胞薄壁。假根少。叶近于疏生或稍贴生，长卵形，长 1.1-1.3 mm，宽 0.7-0.9 mm，平展或斜伸，后缘稍弯曲，基部下延，叶先端渐尖，前缘呈弧形；叶边具 7-9 个锐齿，齿较长，由 1-4 个单列细胞组成。叶边缘细胞宽 16-20（24）μm，长 20-24（30）μm，叶基部细胞宽 16-24 μm，长 20-24（36）μm，细胞壁稍厚，三角体明显；叶细胞表面平滑。腹叶 2 裂，长 4-5 个细胞。

雄苞顶生；雄苞叶 5-7 对。雌苞顶生，具 1-2 新生侧枝；雌苞叶为茎叶的 2 倍。蒴萼长梨形，口部近于平截，具长锐齿，由 4-7 个细胞组成。

**生境：** 生于林下土面、石上、腐木、腐殖土、树根、岩面或石壁上；海拔 1000-3000 m。

**产地：** 甘肃：天水市，刘继孟 10425a（WNU）；文县，李粉霞 840（PE）。陕西：

佛坪县，李粉霞、王幼芳 120a，157，373，405，408b，424b，432c，742，1059，1075a，1149，1150a，1179，1201，1237，1257，1274（HSNU），汪楣芝 55796a（PE）；华山，陈邦杰 801（PE）；户县，魏志平 4337（PE），4727b（WNU）；太白山，汪发瓒 72（PE），黎兴江 628，766，811，834a（PE），魏志平 5141，5217，6001（PE），魏志平 6146，6236，6727b（WNU）；眉县，汪发瓒 34（PE）；宁陕县，陈邦杰等 291，406，418a，553a，575（PE）；太白县，魏志平 5399（WNU）；西太白山，魏志平 6131，6146，6200，6236a（WNU）；洋县，汪楣芝 55245，55419，55425，57067（PE）。

**分布**：越南、泰国、不丹、尼泊尔、印度和巴基斯坦。

## 5. 脆叶羽苔

**Plagiochila debilis** Mitt., J. Proc. Linn. Soc., Bot. 5: 97. 1861.

*Plagiochila biloba* Inoue in Hara, Fl. E. Himalaya 1: 514. 1966.

植物体细小，成片生长，黄棕色，稍具光泽，分枝多，枝条外观呈丝状。茎长 1.5-2 cm，稀可达 4 cm 长，宽 1.2-1.5（2.6）mm；茎横切面宽 0.2-0.25 mm，皮部细胞 2 层，细胞壁稍厚，髓部细胞壁薄。叶疏生着生，易碎，椭圆状卵形，长 0.7-0.9 mm，宽 0.2-0.4 mm，顶端 2-3 深裂，5-8 个齿，叶后缘稍卷，基部下延，前缘基部宽，不下延。枝叶 2 裂。叶顶部细胞宽 13-18 μm，长 15-25 μm，叶中部细胞宽 13-20 μm，长 15-33 μm，叶基部细胞宽 15-20 μm，长 20-35 μm，细胞壁薄，无三角体；叶细胞表面平滑。腹叶退化。

雄苞间生；雄苞叶 4-5 对。雌苞顶生，具 1-2 新生侧枝；雌苞叶具 4-5 粗齿。蒴萼钟形，口部具长齿。孢子直径 20-28 μm。弹丝长 200-250 μm。

**生境**：不详。

**产地**：陕西：没有具体确切的地点（Piippo，1997）。

**分布**：不丹、尼泊尔和印度。

## 6. 德氏羽苔

**Plagiochila delavayi** Steph., Mém. Soc. Sci. Nat. Math. Cherbourg 29: 224. 1894.

*Plagiochila delavayi* var. *subintegra* C. Massal., Mem. Accad. Agric. Verona, Ser. 3, 73(2): 15. 1897.

*Plagiochila sikutzuisana* C. Massal., Mem. Accad. Agric. Verona, Ser. 3, 73(2): 13. 1897.

*Plagiochila sikutzuisana* var. *subedentula* C. Massal., Mem. Accad. Agric. Verona, Ser. 3, 73(2): 13. 1897.

植物体小，坚挺，褐色或灰绿色，长约 1 cm，连叶宽约 1 mm；茎分枝少；茎横切面 18-20 个细胞宽，皮部细胞 2 层，细胞壁厚，髓部细胞壁薄。假根稀疏。叶疏生或相互贴生，近于圆形或卵圆形，长 0.3-0.8 mm，宽 0.3-0.5 mm，后缘内卷，基部稍下延，前缘弧形，不下延；叶边缘具 6-16 个齿，齿长 1-3（4）个细胞，基部处齿由 1-2 个细胞组成。叶顶部细胞宽 13-23 μm，长 5-18 μm，叶中部细胞宽 10-18 μm，长 5-18 μm，叶基部细胞宽 15-20 μm，长 25-40 μm，胞壁略加厚，三角体小至中等；细胞表面角质层粗糙。腹叶退化。

雌苞顶生，具 1-2 新生侧枝；雌苞叶约为茎叶的 2 倍大。蒴萼口部近于平截，具密齿。

**生境**：生于林下腐木、林下土面、腐殖土、岩面薄土、岩面或石上；海拔 1350-3500 m。

产地：陕西：宝鸡市（Levier，1906，as *Plagiochila sikutzuisana*）；户县（Massalongo，1897；Levier，1906，as *Plagiochila delavayi* var. *subintegra*；Bonner，1962，as *Plagiochila sikutzuisana*；Massalongo，1897；Bonner，1962，as *Plagiochila sikutzuisana* var. *subedentula*；So，2001）；佛坪县、李粉霞、王幼芳 400，695，710b，740，805，812a，817，885，971a，1020，1585，1597，1609，1694，1889，2082，3175，4137，4526b，4598（HSNU）；华山，陈邦杰 801a（PE）；宁陕县，陈邦杰 291，446，492a，500，575，594（PE）；秦岭南坡，黄全、李国猷 2005（PE）；山阳县（Levier，1906，as *Plagiochila sikutzuisana* var. *subedentula*）；洋县，汪楣芝 55444a（PE）；周至县（Levier，1906，as *Plagiochila sikutzuisana* var. *subedentula*）；太白山，黄全、李国猷 2059，2112，2132，2306，2307，2358（PE），黎兴江 578d，628，734，810a（PE），魏志平 4942，5168，5359，6325（WNU），魏志平 5557（PE）；张满祥 182，784a（WNU）；西太白山，魏志平 6114，6230，6339（WNU）。

分布：尼泊尔。

## 7. 密鳞羽苔

**Plagiochila durelii** Schiffn., Oesterr. Bot. Z. 49: 131. 1899.
*Plagiochila alata* Inoue, Bull. Natl. Sci. Mus. 8: 383. 1965.
*Plagiochila bhutanensis* Schiffn., Oesterr. Bot. Z. 49: 130. 1899.
*Plagiochila ferruginea* Steph., Bull. Herb. Boissier, Ser. 2, 3: 879. 1903.
*Plagiochila hamulispina* Herzog in Handel-Mazzetti, Symb. Sin. 5: 19. 1930.
*Plagiochila harae* Inoue in Hara, Fl. E. Himalaya 1: 517. 1966.
*Plagiochila torquescens* Herzog in Handel-Mazzetti, Symb. Sin. 5: 21. 1930.
*Plagiochila sawadae* Inoue, J. Jap. Bot. 34: 93. 1959.
*Plagiochila subpropinqua* Schiffn. ex Steph., Sp. Hepat. 6: 211. 1921.
*Plagiochila thomsonii* Steph., Bull. Herb. Boissier, Ser. 2, 3: 887. 1903.
*Plagiochila unialata* Inoue, J. Hattori Bot. Lab. 32: 112. 1969.
*Plagiochila vietnamica* Inoue, J. Hattori Bot. Lab. 31: 300. 1968.

植物体大形，淡褐色，交织成小片，长 4-5 cm，宽约 4.3 mm。茎分枝多，中部有向下生粗鞭状枝及假根；茎横切面直径 15-16 个细胞宽，皮部细胞 2 层，细胞壁厚，中部细胞厚壁；鳞毛密生。叶近于疏生，平展，长卵形，长约 2.6 mm，宽约 1.9 mm，后缘稍内卷，基部下延，前缘弧形，叶边具 22-28 个齿，齿长 4-6 个细胞。叶尖部细胞约宽 10 μm，长约 50 μm，叶边细胞宽 16-20 μm，长 20-24 μm，假肋细胞宽 16-20 μm，长 40-80 μm；胞壁厚，三角体中等大，细胞表面平滑，腹叶退化。

生境：生于石上或土面。

产地：陕西：佛坪县，李粉霞、王幼芳 3114，3351，3352b，3375a，3428，3879，3894a，4070，4617，5464（HSNU）。

分布：尼泊尔、不丹、印度、泰国和越南。

## 8. 圆叶羽苔　　　　　　图 62

**Plagiochila duthiana** Steph., Bull. Herb. Boissier, Ser. 2, 3: 527. 1903.
*Plagiochila himalayensis* Steph., Bull. Herb. Boissier, Ser. 2, 3: 527. 1903.
*Plagiochila seminude* Inoue in Hara, Fl. E. Himalaya 1: 520. 1966.

植物体形细小或中等大小，黄绿色或淡褐色，稀疏交织生长。茎长 3-5 cm，连叶宽 3-5 mm，分枝少；茎横切面皮部细胞 2 层，细胞壁厚，髓部细胞 6 层，壁薄。假根稀疏。叶相互贴生或稀疏覆瓦状排列，阔圆形，长 1.8-2.2 mm，宽 1.8-2.2 mm，斜列，后缘内卷，基部长下延，前缘基部稍宽下延；叶边全缘或具 7-9 细齿，齿长 1-2 细胞。叶边缘细胞长 16-20 μm，叶中部细胞长 30-36 μm，宽 20-26 μm，叶基部细胞长 20-36 μm，细胞壁薄，三角体大，形成节状；细胞表面平滑。腹叶退化。

雌雄异株。雄苞间生，无新生侧枝；雄苞叶 4-10 对。雌苞顶生，通常无侧生新枝，雌苞叶与营养叶形状和大小类似。蒴萼钟形，口部平截，具密齿，齿长 1-3 个细胞。

**生境**：生于岩面、岩面薄土、石壁、林地、林下腐殖土、腐木、树干或树桩上；海拔 1200-3100 m。

**产地**：**甘肃**：天水市，刘继孟 10436a（WNU）；文县，张满祥 729（WNU）。**河南**：鲁山县，何强 7246（PE）。**陕西**：宝鸡市，鸡峰山，张满祥 1091a（WNU）；凤县，张满祥 1266a，1277，1286b（WNU）；眉县，汪发瓒 3，27，30，40，73，87a，93，201（PE），汪楣芝 56692，56695a，56797，56825，56916，56945（PE）；华山（So，2001）；太白山，黄全、李国猷 2105（PE），黎兴江 539，561，578c，733，734b，834（PE），魏志平 5168，5334，5369，5555（PE），魏志平 5148，5359（WNU），张满祥 795a，801（WNU）；西太白山，魏志平 5359，6230（PE），魏志平 5605（WNU）；宁陕县，陈邦杰 439，492，547（PE）；洋县，汪楣芝 57091，57128，57085a（PE）；秦岭南坡，陈邦杰等 577，594（PE）。

**分布**：日本、印度、巴基斯坦、不丹和尼泊尔。

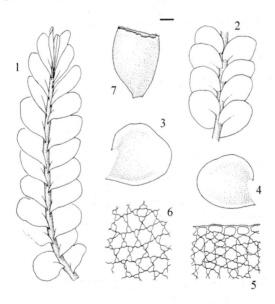

图 62　圆叶羽苔 Plagiochila duthiana Steph.

1. 植物体（腹面观）；2. 植物体（背面观）；3-4. 叶片；5. 叶上部边缘细胞；6. 叶基部细胞；7. 蒴萼。标尺=0.6 mm，1-2；=0.29 mm，3-4；=38 μm，5-6；=0.36 mm，7。（河南，鲁山县，尧山风景区，岩面，1778 m，何强 7246，PE）（郭木森绘）

Figure 62　Plagiochila duthiana Steph.

1. Plant (ventral view); 2. Plant (dorsal view); 3-4. Leaves; 5. Upper marginal leaf cells; 6. Basal leaf cells; 7. Periathan. Scale bar=0.6 mm, for 1-2; =0.29 mm, for 3-4; =38 μm, for 5-6; =0.36 mm, for 7. (Henan, Lushan Co., Yaoshan scenic area, on rock, 1778 m, He Qiang 7246, PE) (Drawn by Guo Mu-Sen)

## 9. 纤细羽苔 图 63

**Plagiochila gracilis** Lindenb. & Gottsche in Gottsche, Lindenb. & Nees, Syn. Hepat.: 632. 1847.
*Plagiochila acicularis* Herzog, Memoranda Soc. Fauna Fl. Fenn. 26: 40. 1951.
*Plagiochila firma* Mitt., J. Proc. Linn. Soc. Bot. 5: 95. 1861.
*Plagiochila firma* subsp. *rhizophora* (S. Hatt.) Inoue, J. Hattori Bot. Lab. 23: 35. 1960.
*Plagiochila schofieldiana* Inoue, Bull. Natl. Sci. Mus. 15: 183. 1972.
*Plagiochila pseudopunctata* Inoue, J. Hattori Bot. Lab. 20: 65. 1958.
*Plagiochila rhizophora* S. Hatt., J. Jap. Bot. 25: 141. 1951.
*Plagiochila subrigidula* Inoue, J. Hattori Bot. Lab. 23: 35. 1958.
*Plagiochila udarii* S. C. Srivast. & Dixit, Yushania 11: 108. 1994.

植物体纤细，淡褐色，稀疏成片生长。茎略有分枝，稍具光泽，长约 2 cm，宽约 1.8 mm；茎横切面直径为 12 个细胞宽，皮部细胞 2-3 层，细胞壁厚，髓部细胞壁稍厚。假根多，生于茎腹面。叶稀疏着生，长卵形，叶片长度为宽度的 1-1.8 倍，长 0.6-0.8 mm，宽 0.3-0.5 mm，后缘稍内卷，基部下延，全缘，前缘基部不下延，稍呈弧形，具 3-4 个齿，叶尖端具 2 齿，整个叶边具（2）5-9 齿。叶尖部细胞长 20-24 μm，叶基部细胞宽 36-40 μm，长 40-48 μm，细胞壁薄，三角体明显；细胞表面平滑。腹叶退化。

雄苞间生；雄苞叶 4 对。雌苞顶生，具 1-2 新生侧枝；雌苞叶稍大于茎叶。蒴萼短筒形，脊部具狭翼，口部呈弧形，具齿，齿长 2-5 个细胞，基部宽 2-4 个细胞。

**生境：**生于岩面上、岩面薄土或树上；海拔 907-3100 m。

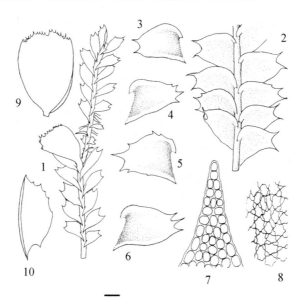

图 63　纤细羽苔 Plagiochila gracilis Lindenb. & Gottsche
1. 植物体（带蒴萼）；2. 枝条一部分（背面观）；3-6. 叶片；7. 叶尖部细胞；8. 叶基部细胞；9. 蒴萼；10. 雌苞叶。标尺 =0.5 mm，1；=0.6 mm，2-6；=49 μm，7-8；=0.36 mm，9-10。（甘肃，文县，碧口镇，石龙沟，树上，1190-1660 m，裴林英 1207，PE）（郭木森绘）
Figure 63　Plagiochila gracilis Lindenb. & Gottsche
1. Plant (with perianth); 2. A portion of branch (dorsal view); 3-6. Leaves; 7. Apical leaf cells; 8. Basal leaf cells; 9. Perianth; 10. Perichaetial leaf. Scale bar=0.5 mm, for 1; =0.6 mm, for 2-6; =49 μm, for 7-8; =0.36 mm, for 9-10. (Gansu, Wenxian Co., Bikou Town, on tree, 1190-1660 m, Pei Lin-Ying 1207, PE) (Drawn by Guo Mu-Sen)

产地：甘肃：文县，李粉霞 464，477（PE），裴林英 1207（PE）。陕西：佛坪县，李粉霞、王幼芳 434c，446a，1907（HSNU）；太白山，魏志平 5204b（PE）。

分布：朝鲜、印度、日本、尼泊尔、不丹、菲律宾、泰国、印度尼西亚、斯里兰卡；北美洲。

### 10. 齿萼羽苔

**Plagiochila hakkodensis** Steph., Bull. Herb. Boissier 5: 103. 1897.
*Plagiochila ishizuchiensis* Horik., J. Sci. Hiroshima Univ., Ser. B, Div. 2, Bot. 1: 59. 1931.
*Plagiochila lenis* Inoue, J. Jap. Bot. 59: 345. 1984.
*Tylimanthus paucidens* Steph., Sp. Hepat. 6: 250. 1922.

植物体形中等大小，黄绿色或褐色，常与其他苔藓混生。茎多单一，常具鳞毛，长 3-5 cm，连叶宽 3-4 mm；茎 15 层细胞厚，皮部细胞 2 层，细胞壁稍厚，髓部细胞薄壁。叶近于疏生或相互贴生，阔圆形，平展，长 1.17-2.07 mm，宽 1.42-2.07 mm，后缘稍下延，前缘弧形，尖部圆钝；叶边约具 20 个齿。叶边缘细胞宽 16-20 μm，长 20-24 μm，叶基部细胞长 30-40 μm，胞壁稍厚，三角体大；表面平滑。腹叶长披针形或退化。

雄苞间生，雄苞叶 4-5 对，具 3-5 个齿。雌苞顶生，具 1 新生侧枝；雌苞叶大于茎叶。蒴萼短筒形，口部具密齿，齿长 3-7 个细胞，宽 2-4 个细胞。

生境：生于石壁上；海拔 1800-2500 m。

产地：陕西：秦岭南坡，陈邦杰等 672（PE，WNU）；西太白山，魏志平 6131（WNU）。

分布：日本、朝鲜和俄罗斯远东地区。

### 11. 容氏羽苔

**Plagiochila junghuhniana** Sande Lac. in Dozy, Ned. Kruidk. Arch. 3: 416. 1855.
*Plagiochila massalongoana* Schiffn., Denkschr. Kaiserl. Akad. Wiss., Math.-Maturwiss. Kl. 70: 75. 1900.
*Plagiochila daviesicma* Steph., Bull. Herb. Boissier 2: 105. 1902.
*Plagiochila vescoana* Steph., Bull. Herb. Boissier 2: 108. 1902.
*Plagiochila berkeleyana* Gott. ex Steph., Sp. Hepat. 6: 129. 1918.
*Plagiochila pulchra* Steph., Sp. Hepat. 6: 192. 1921.
*Plagiochila tinctoria* Herz., Hedwigia 78: 230. 1938.
*Plagiochila lagunensis* Inoue, Bull. Natl. Sci. Mus., Tokyo, Ser. B, 5: 31. 1979.

植物体中等大小。茎二叉分枝，分枝顶生型，无横茎，长 4-5 cm，宽 3.0-3.3 mm；茎横切面直径 0.15-0.25 mm，皮部细胞 2-3 层，细胞壁厚，约 10 μm × 14 μm，髓部细胞（20-25）μm ×（14-16）μm。假根多分布于茎基部。叶片毗邻着生，平展，柔软，长卵形，长 1.4-1.6 mm，宽 0.7-0.9 mm，背缘直，基部下延，叶尖 2 裂，腹缘稍弯，基部不下延，具 2-5 细齿，全叶具 3-9 个齿，齿长 4-5 个细胞，宽 2-3 个细胞。叶边缘细胞 24 μm ×（26-26）μm，叶中部和基部细胞（20-24）μm×（36-40）μm，细胞壁薄，三角体细小；细胞角质层平滑。腹叶退化。无性芽胞多。

雄苞未见。雌苞顶生，具 1-2 新生侧枝，雌苞叶较茎叶大，具 26-28 个齿；蒴萼钟形，长 1.9-2.4 mm，宽 1.6-1.9 mm，脊具翼；口部具长尖锐齿，齿长 5-12（18）个细胞，宽 3-5 个细胞。孢子体未见。

生境：生于石上或岩面薄土上；海拔 1120-1660 m。

产地：甘肃：文县，甘家沟，裴林英 1139（PE）；范坝，李粉霞 426（PE）。陕西：洋县，华阳，汪楣芝 54951，55052（PE）；西太白山，魏志平 6613（WNU）。

分布：日本、朝鲜和俄罗斯远东地区。

## 12. 加萨羽苔

**Plagiochila khasiana** Mitt., J. Proc. Linn. Soc. Bot. 5: 95. 1861.

*Plagiochila monalata* Inoue, Bull. Natl. Sci. Mus. Ser. B, 13: 48. 1987.

植物体大形，褐绿色。茎分枝少，成小片生长。茎长 6-7 cm，连叶宽 4.6-6 mm；横切面直径 20 个细胞，皮部细胞 3-4 层，壁厚，假根少。叶椭圆状卵形，长 2.2-2.7 mm，宽 1.1-1.7 mm，先端渐尖，后缘稍内卷，基部长下延，前缘稍呈弧形，基部宽阔，略下延；叶边具 10 多个尖齿。叶尖部细胞宽 16-20（24）μm，长 20-24（30）μm，叶基部细胞宽 24-28 μm，长 44-50（60）μm，细胞壁稍厚，三角体大，膨大成节状；表面平滑。腹叶退化。芽胞长方形，生于叶腹面。

雌苞顶生；雌苞叶圆卵形。蒴萼圆钟形，口部呈弧形，具长锐齿。

生境：生于石上或树干基部；海拔 2150-2360 m。

产地：甘肃：文县，裴林英 994（PE）。陕西：佛坪县，李粉霞、王幼芳 1279，1972，3361b，3435，3522，3820，4150（HSNU）；太白山，魏志平 5933（WNU）。

分布：泰国、印度、不丹、尼泊尔和斯里兰卡。

## 13. 粗壮羽苔　　　　　　　　　　　　　　　　　　　　　图 64

**Plagiochila magna** Inoue, J. Hattori Bot. Lab. 28: 216. 1965.

植物体大形，红棕色，略具光泽，交织成片。茎长 4-8 cm，连叶宽 3-3.5 mm，分枝少，间生型，无鞭状枝，假根生于茎腹面；茎横切面 0.3-0.33 mm，皮部细胞 2-3 层，细胞壁甚厚，（10-16）μm ×（12-15）μm，髓部细胞 18-20 层，细胞壁薄，（17-20）μm × 23 μm。假根少。叶片覆瓦状排列，宽圆形或三角形，稀卵状椭圆形，宽度通常大于长度，叶片长 1.9-2.2 mm，宽 2.4-2.6 mm，具细齿，20-35 个齿，齿长 3-9 个细胞，基部宽 2-4 个细胞；叶片背缘内卷，长下延，腹缘基部扩大，稍下延；叶边缘和中部的细胞（25-30）μm ×（25-30）μm，假肋明显，假肋细胞（15-19）μm ×（80-90）μm，细胞壁薄，三角体大，膨大成节状；细胞角质层平滑。腹叶退化。

雄苞未见。雌苞顶生，未见新生侧枝，雌苞叶大，长及宽 2.4-3.3 mm；蒴萼长筒形，长 3.2-4.3 mm，宽 1.9-2.1 mm，脊无翼，口部稍弯，具锐齿，齿长 3-8 个细胞，宽 2-4（5）个细胞。孢子体未见。

生境：生于树上；海拔 2320-2380 m。

产地：甘肃：文县，汪楣芝 63205（PE）。

分布：日本。

本种的主要特征：①植物体粗大；②叶片宽卵形或三角形；③叶边缘和顶部的细胞大。本种有时类似于延叶羽苔 Plagiochila semidecurrens (Lehm. & Lindenb.) Lindenb.，但是后者叶片长度明显大于宽度，叶边缘和顶部的细胞非常小，而且细胞壁厚，无三角体。

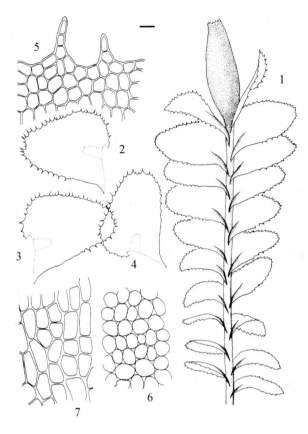

图 64　粗壮羽苔 Plagiochila magna Inoue

1. 枝条（带蒴萼）；2-4. 叶片；5. 叶尖部细胞；6. 叶中部细胞；7. 叶基部细胞。标尺=0.6 mm，1-4；=49 μm，5-7。（甘肃，文县，邱家坝，树上，2320-2380 m，汪楣芝 63205，PE）（郭木森绘）

Figure 64　Plagiochila magna Inoue

1. A portion of branch (with perianth); 2-4. Leaves; 5. Apical leaf cells; 6. Median leaf cells; 7. Basal leaf cells. Scale bar=0.6 mm, for 1-4; =49 μm, for 5-7. (Gansu, Wenxian Co., Qiujiaba, on tree, 2320-2380 m, Wang Mei-Zhi 63205, PE) (Drawn by Guo Mu-Sen)

## 14. 尼泊尔羽苔

**Plagiochila nepalensis** Lindenb., Sp. Hepatt.: 93. 1840.

*Plagiochila brevifolia* Steph., Bull. Herb. Boissier, Ser. 2, 3: 876. 1903.

*Plagiochila cornuta* Steph., Bull. Herb. Boissier, Ser. 2, 3: 874. 1903.

*Plagiochila decolyana* Schiffn. ex Steph., Sp. Hepat. 6: 144. 1918.

*Plagiochila gammiana* Steph., Bull. Herb. Boissier, Ser. 2, 3: 963. 1903.

*Plagiochila gollanii* Steph., Bull. Herb. Boissier, Ser. 2, 3: 883. 1903.

*Plagiochila gollani* var. *triquetra* Herzog, Ann. Bryol. 12: 76. 1939.

*Plagiochila grata* Steph., Sp. Hepat. 6: 160. 1918.

*Plagiochila lacerata* Steph. in Levier, Nuovo Giorn. Bot. Ital. 13: 354. 1906.

*Plagiochila luethiana* Steph., Sp. Hepat. 6: 180. 1921.

*Plagiochila makinoana* S. Hatt., J. Jap. Bot. 26: 179. 1951.

*Plagiochila pseudorientalis* Inoue, J. Hattori Bot. Lab. 30: 126. 1967.

*Plagiochila remotistipula* Steph., Sp. Hepat. 6: 201. 1921.

*Plagiochila richteri* Steph. ex S. C. Srivast. & Dixit, Geophytology 25: 101. 1996.

*Plagiochila salacensis* var. *macrodonta* C. Massal., Mem. Accad. Agric. Verona, Ser. 3, 73(2): 17. 1897.

*Plagiochila semiaperta* Schiffn. ex Steph., Sp. Hepat. 6: 210. 1921.

植物体稍大，褐绿色，略具光泽。茎长 8-10 cm，宽约 3.4 mm，下部分枝多，间生型，顶部分枝呈顶生型；茎横切面直径 16 个细胞，皮部细胞 2-3 层，细胞壁厚，髓部细胞薄壁。假根少。叶贴生或疏生，卵圆形至长椭圆形，斜列，顶端平截或呈圆形，长 1.5-1.7 mm，宽约 1.4 mm；后缘稍内卷，全缘，基部略下延，前缘弧形，具 3-6 个锐齿，基部略宽，叶尖部具 4 个尖齿。叶尖部细胞宽 24-30 μm，长 44-56 μm，叶基部细胞宽 20-30 μm，长 44-56 μm，胞壁稍厚，三角体大；细胞表面平滑。腹叶退化。

雄苞间生；雄苞叶 6 对。雌苞顶生，具 1-2 新生侧枝。雌苞叶大于茎叶，多齿。蒴萼钟形，背面脊部翼宽阔，腹面脊部翼狭小，口部宽阔，边缘具 2-8 个锐齿。

**生境：**生于岩壁、岩面薄土、林下土面、树干、树根或林下土坡上；海拔 500-2000 m。

**产地：甘肃：**文县，李粉霞 325（PE），魏志平 6818a（WNU）；**陕西：**佛坪县，李粉霞、王幼芳 1211，1395，1458，1482，3197，3341，3602，4097，4113，4241（HSNU）；汪楣芝 55620，55687，55724a，55736，55738a，55758a，55810，56607（PE）；户县（Levier，1906，Bonner，1962，as *Plagiochila lacerate*；So，2001）；太白县，魏志平 5932a（PE）；太白山，魏志平 6482，6484，6518（PE）；宁陕县，陈邦杰 60a，708（PE）；洋县，汪楣芝 56413（PE）。

**分布：**印度、尼泊尔、日本、越南、泰国、不丹、缅甸、菲律宾和尼泊尔。

## 15. 卵叶羽苔　　　　　　　　　　　　　　　　　　　　　图 65

**Plagiochila ovalifolia** Mitt., Trans. Linn. Soc. London, Bot. 3: 193. 1891.

*Plagiochila asplenioides* (L.) Dumort. subsp. *ovalifolia* (Mitt.) Inoue, J. Hattori Bot. Lab. 19: 45. 1958.

*Plagiochila fauriana* Steph., Bull. Herb. Boissier, Ser. 2, 3: 340. 1903.

*Plagiochila miyoshiana* Steph., Bull. Herb. Boissier 5: 104. 1897.

*Plagiochila orbicularis* (S. Hatt.) S. Hatt., J. Hattori Bot. Lab. 3: 26. 1948[1950].

*Plagiochila ovalifolia* var. *miyoshiana* (Steph.) S. Hatt., Bull. Tokyo Sci. Mus. 11: 60. 1944.

*Plagiochila ovalifolia* var. *orbicularis* S. Hatt., Bull. Tokyo Sci. Mus. 11: 61. 1944.

*Plagiochila ovalifolia* fo. *descendens* S. Hatt., J. Hattori Bot. Lab. 3: 27, f. 25. 1948[1950].

*Plagiochila querpartensis* Inoue, J. Jap. Bot. 37: 188. 1962.

植物体绿色或褐色，常与其他苔藓植物混生。茎长 2-4 cm，连叶宽 2-4 mm，分枝间生型；茎横切面直径 16-18 个细胞，皮部细胞 2-3 层，细胞壁稍厚，髓部细胞薄壁。假根少，生于茎基部。叶密覆瓦状排列，卵圆形、卵状椭圆形或长卵形，长 2.0-2.4 mm，宽 1.6-2.4 mm；后缘稍内卷，基部下延，前缘呈弧形，基部宽阔，稍下延，先端圆形或截形；叶边具 20-40 个细齿，齿长 3-4 个细胞。叶边缘细胞宽 16-24 μm，长 16-30 μm，叶中部细胞宽 31-41 μm，长 37-55 μm，叶基部细胞宽 27-40 μm，长 55-80 μm，细胞壁薄，三角体小，稀无；细胞表面平滑；每个细胞具 4-11 个油体。腹叶退化。

雌苞顶生，具 1-2 新生侧枝，雌苞叶与茎叶近于同形。蒴萼椭圆状钟形，长 3.8-4.8 mm，在口部宽约 1.8 mm。孢子球形，直径 14-17 μm，表面具棕色细疣。弹丝宽 7-10 μm，长 170-220 μm，具 2 列螺纹加厚，稀具 3 列螺纹加厚。

生境：生于潮湿的岩面、石上、石壁、腐殖土上；海拔 907-3200 m。

产地：甘肃：康乐县，汪楣芝 60582（PE）；文县，李粉霞 447（PE），裴林英 1040（PE）；舟曲县，汪楣芝 53170（PE）。河南：内乡县，何强 6548，6561（PE），曹威 781，929（PE）。陕西：佛坪县，李粉霞、王幼芳 444，540，575，654b，706b，712，715，730，736，746，820，863，870a，872，921a，924，1004，1057，1107，1283（HSUN）；眉县（So，2001）；太白山，魏志平 5194（PE），魏志平 5759，6394（PE）；宁陕县，陈邦杰 587（PE）。

分布：日本、朝鲜、菲律宾和俄罗斯远东地区。

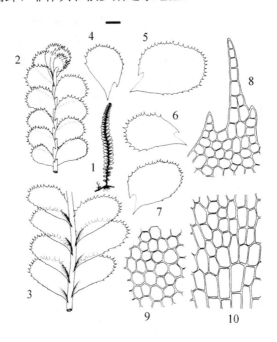

图 65　卵叶羽苔 Plagiochila ovalifolia Mitt.

1. 植物体；2. 枝条一部分（腹面观）；3. 枝条一部分（背面观）；4-7. 叶片；8. 叶边缘细胞；9. 叶中部细胞；10. 叶基部细胞。标尺=5 mm，1；=0.59 mm，2-7；=49 μm，8-10。（河南，内乡县，宝天曼国家级自然保护区，潮湿岩面，1371-1431 m，曹威 929，PE）（郭木森绘）

Figure 65　Plagiochila ovalifolia Mitt.

1. Plant; 2. A portion of branch (ventral view); 3. A portion of branch (dorsal view); 4-7. Leaves; 8. Marginal leaf cells; 9. Median leaf cells; 10. Basal leaf cells. Scal bar=5 mm, for 1; =0.59 mm, for 2-7; =49 μm, for 8-10. (Henan, Neixiang Co., Baotianman National Nature Reserve, on moist rock, 1371-1431 m, Cao Wei 929, PE) (Drawn by Guo Mu-Sen)

## 16. 圆头羽苔

**Plagiochila parvifolia** Lindenb., Sp. Hepat.: 28. 1839.

*Plagiochila birmensis* Steph., Bull. Herb. Boissier, Ser. 2, 3: 964. 1903.

*Plagiochila consociata* Steph., Bull. Herb. Boissier, Ser. 2, 3: 885. 1903.

*Plagiochila didyma* Inoue, J. Hattori Bot. Lab. 38: 558. 1974.

*Plagiochila hattoriana* Inoue, Bull. Natl. Sci. Mus. Ser. B, 2: 69. 1976.

*Plagiochila okamurana* Steph., Sp. Hepat. 6: 190. 1921.

*Plagiochila phalangea* Taylor, London J. Bot. 5: 264. 1846.

*Plagiochila pseudoventricosa* Inoue, Bull. Natl. Sci. Mus. 8: 393. 1965.

*Plagiochila stipulifera* Steph., Sp. Hepat. 6: 212. 1921.

*Plagiochila treubii* Schiffn., Denkschr. Kaiserl. Akad. Wiss., Math.-Nalurwiss. Kl. 70: 177. 1900.

*Plagiochila ventricosa* Steph., Bull. Herb. Boissier, Ser. 2, 3: 964. 1903.

*Plagiochila yokogurensis* Steph., Bull. Herb. Boissier 5: 104. 1897.

*Plagiochila yokogurensis* fo. *kiushiana* (S. Hatt.) Inoue, J. Hattori Bot. Lab. 20: 91. 1958.

*Plagiochila yokogurensis* var. *kiushiana* S. Hatt., Bull. Tokyo Sci. Mus. 11: 65. 1944.

植物体中等大小至大形，深绿色或褐色。茎长 6-8 cm，连叶宽 3.8-4.2 mm，倾立或向下弯曲，叉状分枝；茎横切面直径 14 个细胞，皮部细胞 3 层，细胞壁明显加厚，髓部细胞壁稍厚。叶片常脱落，椭圆状卵形或三角状卵形，最宽处在基部，长 1.6-2.0 mm，基部宽 1.3-1.5 mm，后缘强烈内卷，基部长下延，覆盖茎背面，前缘基部略下延，基部明显宽大，尖部平截，具 3-4 个刺状齿或 2 个 2 裂的长齿；叶边尖部及后缘具短齿，齿长 2-4 个细胞。叶尖部细胞宽 16-20 μm，长 16-24 μm，叶基部细胞宽 20-30 μm，长 30-36 μm，细胞壁薄，三角体大；细胞表面平滑。腹叶多变异，通常 2 裂至腹叶长度的 1/3-1/2，叶边具细齿。

雌苞顶生，具 1-2 新生侧枝；雌苞叶稍大于茎叶。蒴萼钟形，背脊具翼，口部具锐齿。

**生境**：生于岩面和石上；海拔 750-1660 m。

**产地**：甘肃：文县，李粉霞 49，149，478（PE），裴林英 1144，1439，1454，1463（PE）。河南：内乡县，曹威 781（PE）。

**分布**：印度、尼泊尔、日本、朝鲜、缅甸、泰国、越南、孟加拉国、斯里兰卡、菲律宾和印度尼西亚。

## 17. 粗齿羽苔

**Plagiochila pseudofirma** Herzog in Handel-Mazzetti, Symb. Sin. 5: 17. 1930.

植物体小形，淡褐色，略具光泽。茎长 3.5 cm，连叶宽 1.9-2.0 mm；分枝少；无横茎；茎横切面直径约 20 个细胞，皮部细胞 3 层，细胞壁厚，假根多生于茎腹面。叶稀疏着生，长椭圆形，长 1.4-1.5 mm，宽 0.3-0.7 mm；前缘与后缘近于平直，后缘基部下延，叶尖部具 2-3 个长齿，前缘略弯曲，具 1-2 个锐齿，整个叶边具 5-7 个齿。叶尖部细胞长 20-24 μm，宽 16-20 μm，叶基部细胞宽约 20 μm，长约 40 μm，细胞壁稍厚，三角体大；细胞表面平滑。腹叶退化。

雌苞顶生，具 1-2 新生侧枝；雌苞叶卵圆形，大于茎叶。蒴萼倒卵形，口部近于平截，具疏齿，齿长 3 个细胞，细胞壁甚厚。

**生境**：生于石上、腐木或石壁上；海拔 1400-2250 m。

**产地**：陕西：佛坪县，李粉霞、王幼芳 1393，1719（HSNU）；户县，魏志平 4577（PE）；太白山，魏志平 5195（WNU）。

**分布**：不丹、印度和尼泊尔。

## 18. 尖齿羽苔

**Plagiochila pseudorenitens** Schiffn., Oesterr. Bot. Z. 49: 132. 1899.

*Plagiochila cardotii* Steph., Bull. Herb. Boissier, Ser. 2, 4: 116. 1902.

植物体小形，柔弱，淡褐色。茎直立，单一，长 2-3 cm，连叶宽约 3.8 mm；茎横切面直径约 10 个细胞，皮部细胞 2-3 层，细胞壁明显加厚，髓部细胞壁薄。假根稀疏。叶相互贴生，卵圆形，长 1.6-2.3 mm，宽 0.9-1.2 mm，近于平展，后缘内卷，基部稍下延，前缘基部不下延；叶边仅前缘及叶尖具 5-7 个长锐齿。叶尖部细胞宽 8-10 μm，长 16-24 μm，叶中部细胞宽 13-17 μm，长 40-60 μm，细胞壁薄，三角体明显；细胞表面平滑。腹叶缺失。

雌苞顶生或间生，具 1 新生侧枝；雌苞叶长卵形，齿较多，长约 1.2 mm，宽约 0.9 mm。蒴萼圆筒形，脊部平滑。

**生境：**生于石上或岩面薄土上；海拔 1680-2300 m。

**产地：陕西：**佛坪县，李粉霞、王幼芳 1758（HSNU）；太白山，魏志平 5151（PE），魏志平 5142，6498（WNU）。

**分布：**印度、尼泊尔、不丹和越南。

## 19. 刺叶羽苔　　　　　　　　　　　　　　　　　　　　　　　图 66

**Plagiochila sciophila** Nees ex Lindenb., Sp. Hepat.: 100. 1840.

*Plagiochila acanthophylla* Gottsche, Bot. Zeitung (Berlin) 16: 37. 1858.

*Plagiochila cadens* Inoue, J. Hattori Bot. Lab. 46: 216. 1979.

*Plagiochila ciliata* Gottsche, Ann. Sci. Nat., Bot., Ser. 4, 8: 334. 1857.

*Plagiochila decidua* Inoue & Grolle in Inoue, J. Hattori Bot. Lab. 33: 321. 1970.

*Plagiochila euryphyllon* Carl, Ann. Bryol., Suppl. 2: 106. 1931.

*Plagiochila ferriena* Steph., Bull. Herb. Boissier, Ser. 2, 3: 108. 1903.

*Plagiochila flavovirens* Steph., Sp. Hepat. 6: 156. 1918.

*Plagiochila iriomotoejimaensis* Horik., J. Sci. Hiroshima Univ., Ser. B, Div. 2, Bot. 2: 163. 1934.

*Plagiochila japonica* Sande Lac., Ann. Mus. Bot. Lugduno-Batavi 1: 290. 1864.

*Plagiochila minima* Horik., J. Sci. Hiroshima Univ., Ser. B, Div. 2, Bot. 1: 78. 1932.

*Plagiochila minutistipula* Herzog, J. Hattori Bot. Lab. 14: 34. 1955.

*Plagiochila orientalis* Taylor, London J. Bot. 5: 261. 1846.

*Plagiochila quadriseta* Steph., Sp. Hepat. 6: 201. 1921.

*Plagiochila sockawana* Steph., Bull. Herb. Boissier, Ser. 2, 2: 120. 1903.

*Plagiochila subacanthophylla* Herzog, J. Hattori Bot. Lab. 14: 37. 1955.

*Plagiochila subplanata* Inoue, J. Hattori Bot. Lab. 31: 297. 1968.

*Plagiochila tonkinensis* Steph., Rev. Bryol. 35: 35. 1908.

*Plagiochila trochantha* Schiffn. ex Steph., Sp. Hepat. 6: 226. 1921.

*Plagiochila vygensis* Steph., Sp. Hepat. 6: 237. 1921.

植物体中等大小，淡褐绿色，柔弱。茎长约 2 cm，连叶宽约 3.6 mm，倾立，有时具分枝；茎横切面直径 12-14 个细胞，皮部细胞 2-4 层，细胞壁稍厚，髓部细胞壁薄。假根少。叶片紧贴或稀疏着生，长椭圆形，长 1.4-1.7 mm，宽 0.9-1.1 mm；叶先端具 2 个长齿，基部稍下延，后缘稍呈弧形；叶边具 6-10 个齿，齿具 5-7 个单列细胞。叶尖部细胞宽 30-36 μm，长 30-40 μm，叶中部细胞三角体细小；细胞表面平滑。腹叶退化或细小。

雄苞间生，具 5 对雄苞叶。雌苞顶生于茎；雌苞叶大于茎叶，多齿。蒴萼钟形，口部弧形，具不规则齿。

**生境：**生于土面、石上、石壁、岩面薄土、树上、倒木、树根或岩面上；海拔

800-2400 m。

产地：甘肃：文县，李粉霞 138，452，453，462，469，479，480，484，490，494，498（PE），裴林英 1340，1358，1360，1366，1602，1724-a，1374，1385（PE），汪楣芝 63217（PE）。河南：灵宝市（叶永忠等，2004，as *Plagiochila japonica*）。陕西：佛坪县，李粉霞、王幼芳 1247，1820，1867b，3199，3327，3354b，3372，3429，3500，3820b，3824，3850，3852，3865，3884，4077，4100，4146，4151（HSNU）；太白山，魏志平 6126，6500（WNU）；宁陕县，陈邦杰 263a，680a，704a，681a（PE）；太白县，魏志平 6727b(WNU，PE)；西太白山，魏志平 6539（WNU）。

分布：日本、朝鲜、新加坡、菲律宾、泰国、不丹、尼泊尔、印度、斯里兰卡、印度尼西亚、巴基斯坦和越南。

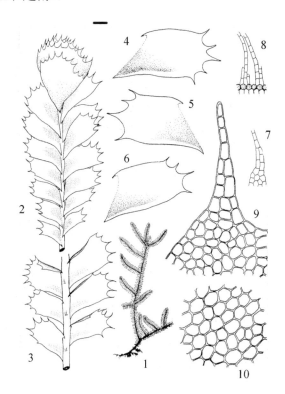

图 66　刺叶羽苔 Plagiochila sciophila Nees ex Lindenb.

1. 植物体；2. 枝条一部分（背面观）；3. 枝条一部分（腹面观）；4-6. 叶片；7-8. 腹叶；9. 叶边缘细胞；10. 叶中部细胞。标尺=6.7 mm，1；=0.59 mm，2-3；=0.29 mm，4-6；=77 μm，7-8；=49 μm，9-10。（甘肃，文县，碧口镇，石上，907-1428 m，李粉霞 490，PE）（郭木森绘）

Figure 66　Plagiochila sciophila Nees ex Lindenb.

1. Plant; 2. A portion of branch (dorsal view); 3. A portion of branch (ventral view); 4-6. Leaves; 7-8. Underleaves; 9. Marginal leaf cells; 10. Median leaf cells. Scale bar=6.7 mm, for 1; =0.59 mm, for 2-3; =0.29 mm, for 4-6; =77 μm, for 7-8; =49 μm, for 9-10. (Gansu, Wenxian Co., Bikou Town, on stone, 907-1428 m, Li Fen-Xia 490, PE) (Drawn by Guo Mu-Sen)

## 20. 上海羽苔

**Plagiochila shanghaica** Steph., Sp. Hepat. 6: 216. 1921.

植物体中等大小，柔弱，淡绿色或淡黄绿色，无光泽，直立或斜向生长，基部假根相互交织生长，使植物体形成紧密的簇生状，茎下部有时为黑褐色，向上逐渐变为棕色或黄色。茎长 4-6 cm，宽 3-6 mm，直径 0.2-0.25 mm，茎横切面上 13-15 个细胞厚；分枝少，顶生型；茎皮部细胞 3-4 层，细胞壁厚，髓部细胞 14-16 层，细胞壁薄。叶疏生或贴生，斜向生长于茎或枝上，离生或稀疏的覆瓦状排列，多少会脱落，卵圆形，长 1.9-2.1 mm，宽 1.4-1.6 mm，后缘基部长下延，稍内卷，前缘弧形，基部稍下延。叶边全缘或具 1-2 细齿。叶细胞长卵形或椭圆形，表面平滑，叶顶部细胞长 15-22 μm，宽 12-20 μm，叶边缘细胞长 24-30 μm，宽 15-20 μm，叶中部细胞及基部细胞长 35-42 μm，宽 21-24 μm，细胞壁薄，三角体小至中等大小；油体球形，每个细胞具 3-8 个。腹叶退化。

雄苞间生；雄苞叶 4-6 对。雌苞顶生，具 1-2 新生侧枝。雌苞叶与茎叶同形。蒴萼钟形，脊部具狭翼，口部具密齿，齿长 1-3 个细胞，基部宽 1-2 个细胞。

**生境：**生于岩面或石上；海拔 750-1600 m。

**产地：**甘肃：文县，裴林英 1456（PE）。陕西：户县，魏志平 4346（PE）；太白山，黎兴江 734a（PE），魏志平 5063（WNU）；宁陕县，陈邦杰等 547（PE）。

**分布：**日本。

## 21. 狭叶羽苔 图 67

**Plagiochila trabeculata** Steph., Bull. Herb. Boissier, Ser. 2, 2: 103. 1902.
*Plagiochila pocsii* Inoue, J. Hattori Bot. Lab. 31: 304. 1968.

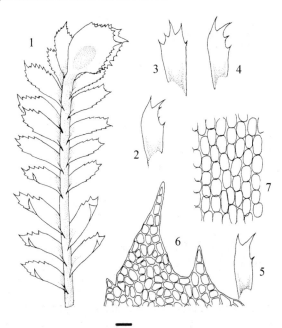

图 67　狭叶羽苔 Plagiochila trabeculata Steph.

1. 枝条一部分（腹面观）；2-5. 叶片；6. 叶尖部细胞；7. 叶基部细胞。标尺=0.47 mm, 1；=0.29 mm, 2-5；=49 μm, 6-7。
（甘肃，文县，邱家坝，树上，2320-2380 m，汪楣芝 63188，PE）（郭木森绘）

Figure 67　Plagiochila sciophila Nees ex Lindenb.

1. A portion of branch (ventral view); 2-5. Leaves; 6. Apical leaf cells; 7. Basal leaf cells. Scale bar=0.47 mm, for 1; =0.29 mm, for 2-5; =49 μm, for 6-7. (Gansu, Wenxian Co., Qiujiaba, on tree, 2320-2380 m, Wang Mei-Zhi 63188, PE) (Drawn by Guo Mu-Sen)

植物体细小，柔弱，黄绿色或黄褐色，疏片状生长。茎多单一，偶有分枝，长 2-3 cm，连叶宽 3-5 mm；无假根；茎横切面直径 12-14 个细胞，皮部细胞 1-2 层，胞壁明显加厚，中部细胞壁略厚。叶稀疏着生或相邻着生，狭椭圆状披针形，长 1.5-2 mm，宽 0.4-0.8 mm，稍斜展，后缘基部略下延，具 1-4 锐齿，叶尖部近 2 裂，具多个尖齿；前缘稍呈弧形，基部不下延，具 1-4 个锐齿，齿的基部通常 2 个细胞，3-4 个细胞长。叶尖部细胞长 23-30 μm，宽 16-20 μm，叶中部细胞长 27-30 μm，宽 20-23 μm，叶基部细胞长 31-44 μm，宽 20-30 μm，胞壁中部稍厚，三角体不明显或细小；细胞表面平滑；每个细胞具 4-9 个油体。腹叶缺失。

雌苞顶生，具 1 新生侧枝。雌苞叶大于茎叶，圆卵形；多具锐齿。蒴萼钟形，口部具长锐齿。

**生境：**生于岩面薄土或树上；海拔 2000-2380 m。

**产地：甘肃：**文县，汪楣芝 63188（PE）。**陕西：**太白县，魏志平 6746，6748（PE）。

**分布：**朝鲜、日本、尼泊尔、不丹、泰国、菲律宾、印度尼西亚和越南。

## 3. 对羽苔属 Plagiochilion S. Hatt.

植物体绿色或淡绿色，常杂生于其他苔藓中。茎倾立，叉状分枝；茎横切面皮部 2-4 层棕色厚壁细胞，中部为大形薄壁细胞；假根无色，生于茎腹面基部。叶片对生，圆形，后缘基部多成对相连。

雌雄异株。雄苞顶生或间生。蒴萼梨形，口部具不规则齿。孢子球形，具细疣。

全世界有 13 种，中国有 4 种，本地区有 2 种。

### 分种检索表

1. 茎叶边缘有不规则齿 ························································**2.稀齿对羽苔 P. mayebarae**
1. 茎叶边缘平滑 ·····························································**1.褐色对羽苔 P. braunianum**

### 1. 褐色对羽苔

**Plagiochilion braunianum** (Nees) S. Hatt., Biosphaera 1: 7. 1947.

*Jungermannia brauniana* Nees, Enum. Pl. Crypt. Jav.: 80. 1830.

*Plagiochila brauniana* (Nees) Lindb., Monogr. Hep. Gen. Plagiochilae.: 117. 1844.

植物体黄棕色或棕色。茎长 2-4 cm，连叶宽 1-1.5 mm，不分枝或具少数鞭状枝；茎横切面直径 10-12 个细胞。叶相互贴生，近圆形或肾形，基部不下延，（1-1.1）mm ×（1.1-1.5）mm；叶边全缘。叶尖部和边缘的细胞长 18-30 μm，宽 15-25 μm，细胞壁厚，三角体呈球状，叶中部细胞长 24-32 μm，宽约 23 μm，细胞壁薄，三角体大。

雌雄异株。雄株细弱；雄苞叶 12 对，全缘。雌苞顶生；雌苞叶近圆形或阔卵形，叶边齿不规则。蒴萼圆柱形，高出雌苞叶，口部截形或略呈弓形，口部具不规则齿。

**生境：**生于岩壁或岩面薄土上；海拔 2300-3090 m。

**产地：陕西：**太白山，魏志平 5145a（WNU）；西太白山，魏志平 5819（PE）；户县（Levier，1906，as *Plagiochila braunianum*）。

**分布：**菲律宾、印度尼西亚、新几内亚岛和新喀里多尼亚。

### 2. 稀齿对羽苔

**Plagiochilion mayebarae** S. Hatt., J. Hattori Lab. Bot. 3: 39. 1950.

*Noguchia mayebarae* (S. Hatt.) S. Hatt., J. Hattori Bot. Lab. 12: 83. 1954.

植物体黄绿色或棕色。茎长 2-5 cm，连叶宽 1.5-2 mm，倾立或直立，多具鞭状枝；假根在叶片着生处呈束生长，横切面直径约 0.22 mm。叶相互贴生，圆形，斜列，基部不下延；叶先端边缘常具 1-6 个钝齿。叶尖部和边缘的细胞宽 7-12 μm，长 12-18 μm，细胞壁加厚，叶中部细胞壁薄，长 15-24 μm，三角体小，基部细胞三角体明显。

雌雄异株。雄苞间生；雄苞叶 6-8 对。雌苞生于枝端，雌苞叶圆形，边缘具规则齿。蒴萼钟状，口部具不规则的齿。

**生境：**不详。

**产地：陕西：**无详细地点（Inoue，1964；Grolle，1966）。

**分布：**印度、尼泊尔和日本。

本种的主要特征在于叶片近于圆形，先端常具少数钝齿。

# 科 34　齿萼苔科 Lophocoleaceae Vanden Berghen

植物体大小多变化，苍白色或暗褐绿色，具光泽，呈单独小群落或与其他苔藓植物混生。茎匍匐，横切面皮部细胞不分化；分枝多顶生，生殖枝侧生；假根散生于茎枝腹面，或生于腹叶基部。叶斜生于茎上，蔽后式覆瓦状排列，先端 2 裂或具齿。叶细胞薄壁，表面平滑，具细疣或粗疣；通常每个细胞具有 2-25 个球形或长椭圆形的油体。腹叶 2 裂，或浅 2 裂，两侧具齿，稀呈舌形，基部两侧或一侧与侧叶基部相连。无性芽胞多生于叶先端边缘，椭圆形或不规则形，由 2 至多个细胞组成。

雄枝侧生，雄苞叶数对，囊状。雌苞顶生或生于侧短枝上，雌苞叶分化或不分化，仅少数属具隔丝，有的发育为蒴囊，有的转变为茎顶倾垂蒴囊。蒴柄长，由多个同形细胞构成。孢蒴卵形或长椭圆形，成熟后 4 瓣裂达基部；蒴壁由 4-8 层细胞组成。孢子小，直径 8-22 μm。弹丝具 2 列螺纹加厚，直径为孢子直径的 1/4-1/2。

全世界有 24 属，中国有 3 属，本地区有 2 属。

**分属检索表**

1. 雌苞生于侧短枝上；腹叶与侧叶相连⋯⋯⋯⋯⋯⋯⋯⋯⋯⋯⋯⋯⋯⋯**2.异萼苔属 Heteroscyphus**
1. 雌苞生于茎或长枝先端；腹叶不与侧叶基部相连，或仅一侧与侧叶相连⋯ **1.裂萼苔属 Chiloscyphus**

## 1. 裂萼苔属 Chiloscyphus Corda

植物体绿色或黄绿色，匍匐生长。茎具侧生分枝，分枝着生于叶腋。假根束状，生于腹叶基部。叶蔽后式，相接或覆瓦状排列，长方形或近方形，先端钝圆或 2 裂，具齿突。叶细胞近于等轴型，细胞壁薄，多具大三角体，稀不明显，表面平滑或具疣。腹叶为茎直径的 1-2 倍，多深 2 裂，裂瓣披针形，外侧多具 1 小齿，基部不与侧叶相连或仅一侧与侧叶相连。

雌雄同株，稀异株。雌雄苞一般生于主茎或长分枝顶端。雌苞叶大于茎叶，先端具裂瓣和不规则齿突。蒴萼大，长筒形或广口形，横切面呈三棱形，口部常具 3 裂瓣，裂瓣具纤毛状齿。孢蒴球形或卵圆形。孢子圆球形，具疣。弹丝具 2 列螺纹加厚。

全世界有 97 种，中国有 20 种，本地区有 8 种。

## 分种检索表

1. 叶片先端圆钝或具微凹，稀 2 裂 ………… 2
1. 叶片先端 2 裂，裂瓣三角形 ………… 4
2. 雌雄异株 ………… **2.圆叶裂萼苔 C. horikawana**
2. 雌雄同株 ………… 3
3. 叶先端圆钝，微凹或 2 裂 ………… **7.异叶裂萼苔 C. profundus**
3. 叶先端圆，不裂 ………… **6.裂萼苔 C. polyanthos**
4. 叶片先端常具芽胞 ………… 5
4. 叶片先端常不具芽胞 ………… 6
5. 芽胞特多 ………… **5.芽胞裂萼苔 C. minor**
5. 芽胞稀少 ………… **3.疏叶裂萼苔 C. itoanus**
6. 腹叶 2 裂几达基部 ………… **8.中华裂萼苔 C. sinensis**
6. 腹叶 2 裂至 1/3-1/2 处 ………… 7
7. 雌雄异株 ………… **4.双齿裂萼苔 C. latifolius**
7. 雌雄同株 ………… **1.尖叶裂萼苔 C. cuspidatus**

### 1. 尖叶裂萼苔　　图 68

**Chiloscyphus cuspidatus** (Nees) J. J. Engel & R. M. Schust., Nova Hedwigia 39: 413. 1984.
*Lophocolea bidentata* var. *cuspidata* Nees, Naturgesch. Eur. Leberm. 2: 227. 1836.
*Lophocolea arisancola* Horik., J. Sci. Hiroshima Univ., Ser. B, Div. 2, Bot. 2: 169. 1934.
*Lophocolea cuspidata* (Nees) Limpr., Krypt.-Fl. Schlesien. 1: 303. 1876.

植物体中等大小，淡绿色或褐绿色，密丛集生长。茎匍匐或先端上倾，长 1-1.5 cm，连叶宽 2-3 mm，具侧生长分枝。假根无色，生于腹叶基部。叶长卵形至近方形，前缘基部略下延，长 1-1.3 mm，宽 0.7-0.8 mm，2 裂至叶片长度的 1/3，裂瓣细长，尖锐；叶边全缘。叶中上部细胞近圆方形，直径 25-30 μm，叶基部细胞直径 40-50 μm，细胞壁薄，三角体缺失或不明显，表面平滑。腹叶约为茎直径的 2 倍，2 裂至叶片长度的 2/3，裂瓣长三角形，外侧各具 1 长齿。

雌雄同株。雄苞稀见于侧枝顶端，雄苞叶 10-16 个。雌苞生于茎侧枝顶端；雌苞叶卵形或长卵形，略大于茎叶。蒴萼三棱形，口部具 3 深裂瓣，边缘具不规则毛状齿。孢蒴球形，黑褐色，孢蒴壁由 5-6 层细胞组成。孢子球形，表面具疣。弹丝具 2 列螺纹加厚，直径 6-7 μm。

**生境：**生于腐木上；海拔 1900-3100 m。

**产地：陕西：**太白县，魏志平 6644（PE）；太白山，魏志平 5480（PE）；洋县（张满祥，1972，as *Lophocolea cuspidata*）。

**分布：**印度、俄罗斯远东地区；欧洲、北美洲和非洲。

本种的主要特征：①植物体淡绿色或褐绿色；②叶片密集着生于茎上；③叶片先端

深 2 裂，呈 2 长尖裂片。

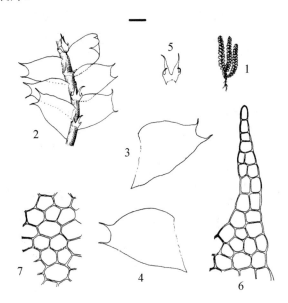

图 68　尖叶裂萼苔 Chiloscyphus cuspidatus (Nees) J. J. Engel & R. M. Schust.

1. 植物体；2. 枝条一部分；3-4. 叶片；5. 腹叶；6. 叶尖部细胞；7. 叶中部细胞。标尺=1 cm, 1；=0.9 mm, 2；=0.6 mm,
3-5；=39 µm, 6-7。(陕西，太白县，腐木，1900 m，魏志平 6644，PE)(郭木森绘)

Figure 68　Chiloscyphus cuspidatus (Nees) J. J. Engel & R. M. Schust.

1. Plant; 2. A portion of branch; 3-4. Leaves; 5. Underleaf; 6. Apical leaf cells; 7. Median leaf cells. Scale bar=1 cm, for 1; =0.9 mm,
for 2; =0.6 mm, for 3-5; =39 µm, for 6-7. (Shaanxi, Taibai Co., on rotten log, 1900 m, Wei Zhi-Ping 6644, PE) (Drawn by Guo Mu-Sen)

## 2. 圆叶裂萼苔　　　　　　　　　　　　　　　　　　　　　　　　　图 69

**Chiloscyphus horikawanus** (S. Hatt.) J. J. Engel & R. M. Schust., Nova Hedwigia 39: 416. 1984.
*Lophocolea horikawana* S. Hatt., Bull. Tokyo Sci. Mus. 11: 50. 1944.

　　植物体小，鲜绿色或黄绿色，丛生。茎匍匐，长 1-1.5 cm，带叶宽 2-3 mm，分枝少，茎直径 0.1-0.2 mm。假根少，束状，生于腹叶基部，无色。叶片覆瓦状蔽后式排列，方圆形，长与宽近似相等，为 1.2-1.4 mm，叶边平滑，背边稍下延，先端截齐形，有时内曲。叶细胞近于等轴型，叶先端细胞（20-30）µm ×（22-24）µm，叶中部细胞（30-40）µm ×（26-30）µm，叶基部细胞稍大，（48-60）µm ×（30-44）µm，细胞壁薄，三角体小；角质层平滑；油体球形或纺锤形，聚合体。腹叶长椭圆形，比茎狭，2 裂至叶片长度的 1/2；裂瓣钝或锐尖，弯缺圆钝，叶边平滑或具 1-2 个钝齿，一侧基部常与侧叶联生。芽胞生于叶尖。

　　雌雄异株。雄苞生于茎中间，雄苞叶 5-10 对，基部囊状，先端内曲，具刺，雄苞腹叶类似茎腹叶，每个雄苞叶具 1 个精子器。雌苞生于顶端，雌苞叶与茎叶相似，但稍大于茎叶，雌苞腹叶长大于宽的 2 倍，2 裂至叶片长度的 2/5，裂瓣三角形，先端锐尖，两侧各具 1 齿；蒴萼高出，长约 2.4 mm，上部扁平形，口部 3 裂，裂瓣边平滑稀具齿。蒴柄长约 1.5 cm。孢蒴球形，成熟时呈 4 裂瓣，孢蒴壁由 4 层细胞组成。孢子表面具细疣，直径 13-16 µm。弹丝具 2 列螺纹加厚。

　　**生境**：生于潮湿岩面上；海拔 1299-1311 m。

产地：河南：内乡县，曹威 1010（PE）；嵩县，何强 7387，7388，7403（PE）。

分布：日本和朝鲜。

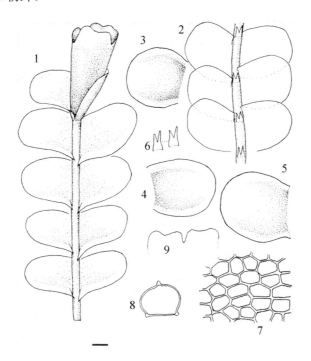

图 69　圆叶裂萼苔 Chiloscyphus horikawanus (S. Hatt.) J. J. Engel & R. M. Schust.
1. 带蒴萼枝条的一部分（背面观）；2. 枝条的一部分（腹面观）；3-5. 叶片；6. 腹叶；7. 叶中部细胞；8. 蒴萼横切面；9. 蒴萼口部。标尺=0.59 mm，1-6, 8-9；=49 μm, 7.（河南，嵩县，拜石，潮湿岩面，1311 m，何强 7387，PE）（郭木森绘）
Figure 69　Chiloscyphus horikawanus (S. Hatt.) J. J. Engel & R. M. Schust.
1. A portion of branch with perianth (dorsal view); 2. A portion branch (ventral view); 3-5. Leaves; 6. Underleaves; 7. Median leaf cells; 8. Cross section of perianth; 9. Mouth of perianth. Scale bar=0.59 mm, for 1-6, 8-9; =49 μm, for 7. (Henan, Songxian Co., Baishi, on moist rock, 1311 m, He Qiang 7387, PE) (Drawn by Guo Mu-Sen)

## 3. 疏叶裂萼苔

**Chiloscyphus itoanus** (Inoue) J. J. Engel & R. M. Schust., Nova Hedwigia 39: 417. 1984.
*Lophocolea itoana* Inoue, J. Jap. Bot. 31: 340. 1955.

　　植物体小，淡绿色或黄绿色，小垫状丛生。茎匍匐，先端上升，长 1-1.2 cm，连叶宽 1-1.5 mm，分枝稀疏，多不分枝。假根束状，生于腹叶基部，稍带彩色。叶片稀疏覆瓦状排列，长卵形或卵形，宽 0.3-0.4 mm，长 0.5-0.7 mm，稍内凹，背边略下延，全缘，先端 2 裂至叶片长度的 1/3，弯缺圆钝，裂瓣锐三角形。叶细胞近于等轴六边形，中部细胞（30-40）μm ×（25-30）μm，基部细胞细小，（25-27）μm ×（24-25）μm，细胞壁薄，三角体小；角质层平滑；油体椭圆形，每个细胞具 2-8 个，均质形。腹叶大，约为茎宽的 2 倍，长宽相等，先端 2 裂至腹叶长度的 2/3，近于圆形，裂瓣三角形，先端具锐尖，两侧边各具 1 锐齿，一侧与茎叶联生。芽胞稀少。

　　雌雄异株。雄株细小，雄苞生于雄株中部，雄苞叶 6-8 对，比茎叶小，囊状膨起，每个雄苞叶具 1 个精子器。雌苞生于主枝先端，雌苞叶长椭圆形，长大于宽，长宽比约 4∶1，边缘平滑，稀具钝齿，先端 2 裂至叶片长度的 1/3，裂瓣先端锐尖，雌苞腹叶小，长宽之比为 2∶1，先端 2 裂至叶片长度的 1/3，裂瓣先端锐尖，两侧各具 1-2 个齿；蒴萼三角状筒形，口部 3 裂，先端具裂片状齿。孢子体长约 1 cm，蒴柄粗 6-7 个细胞，皮部细胞 20 个，内外细胞同形。孢蒴褐色，球形，孢蒴壁由 2 层细胞组成。孢子球形，表面具细疣，直径 10-13 μm。弹丝具 2 列螺纹加厚。

　　**生境：** 生于树上、倒木和岩面上；海拔 2320-2700 m。

　　**产地：甘肃：** 文县，汪楣芝 63172，63180（PE）；舟曲县，汪楣芝 53024（PE）。

　　**分布：** 日本、朝鲜和俄罗斯远东地区。

### 4. 双齿裂萼苔　　　　　　　　　　　　　　　　　　　　　　　　　　　　图 70

**Chiloscyphus latifolius** (Nees) J. J. Engel & R. M. Schust., Nova Hedwigia 39: 345. 1984.

*Lophocolea latifolia* Nees, Naturgesch. Eur. Leberm. 2: 334. 1936.

*Jungermannia bidentata* L., Sp. Pl. 1, 2: 1132. 1753.

*Lophocolea bidentata* (L.) Dumort., Recueil Observ. Jungerm.: 17. 1835.

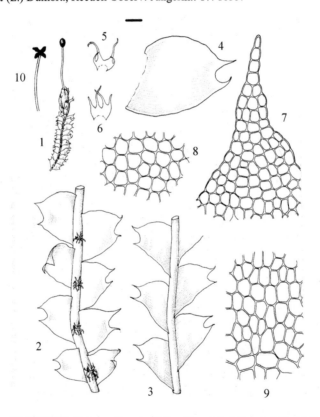

图 70　双齿裂萼苔 Chiloscyphus latifolius (Nees) J. J. Engel & R. M. Schust.

1. 带孢子体的植物体；2. 枝条一部分（腹面观）；3. 枝条一部分（背面观）；4. 叶片；5-6.腹叶；7. 叶尖部细胞；8. 叶中部细胞；9. 叶基部细胞；10. 孢蒴。标尺=5 mm，1，10；=0.8 mm, 2-3；=0.3 mm, 4-6；=55 μm, 7-9。（陕西，洋县，汪楣芝 55147，PE）（郭木森绘）

Figure 70　Chiloscyphus latifolius (Nees) J. J. Engel & R. M. Schust.

1. Plant with sporophyte; 2. A portion of branch (ventral view); 3. A portion of branch (dorsal view); 4. Leaf; 5-6. Underleaves; 7. Apical leaf cells; 8. Median leaf cells; 9. Basal leaf cells; 10. Capsule. Scale bar=5 mm, for 1, 10; =0.8 mm, for 2-3; =0.3 mm, for 4-6; =55 μm, for 7-9. (Shaanxi, Yangxian Co., Wang Mei-Zhi 55147, PE) (Drawn by Guo Mu-Sen)

植物体小形，淡绿色或黄绿色，略透明。茎长 1-2 cm，连叶宽 1-2 mm，具少数分枝。假根生于腹叶基部。叶阔肾状卵形，两侧不对称，基部宽，上部明显变窄，2 裂，裂瓣三角形，长 1-6 个细胞，基部宽 3-6 个细胞，后侧裂瓣略小；两侧叶边略呈弧形，全缘。叶细胞近于等轴型，叶中上部细胞直径 30-40 μm，叶基部细胞略长，透明，薄壁，表面平滑。腹叶略宽于茎直径，基部一侧与侧叶相连，先端深 2 裂至 1/2 处，裂瓣尖锐，两侧各具 1 齿。

雌雄异株。雄苞侧生于特化短枝上。雌苞生于主茎或长枝顶端，基部无新生枝。雌苞叶长卵形，先端浅 2 裂，全缘或具单齿。蒴萼长筒形，口部具 3 裂瓣，边缘具锐齿。

**生境：**生于腐殖土、腐木、树根、树干基部或岩面薄土上；海拔 1650-3100 m。

**产地：甘肃：**舟曲县，汪楣芝 52775（PE）。**陕西：**佛坪县，李粉霞、王幼芳 965，1477，4081，4333，4555，4561，4563，4591（HSNU）；户县，魏志平 4361，4623（PE）；眉县，汪楣芝 56694，56695b（PE）；太白山，魏志平 5238c，5301b，5307，5053，5261，5282（PE）；宁陕县，陈邦杰等 411（PE）；洋县，汪楣芝 55147（PE）。

**分布：**伊朗、尼泊尔、不丹、马来西亚、朝鲜、日本、土耳其、俄罗斯远东和西伯利亚地区、巴布亚新几内亚；南美洲。

## 5. 芽胞裂萼苔

Chiloscyphus minor (Nees) J. J. Engel & R. M. Schust., Nova Hedwigia 39: 419. 1984.
*Lophocolea minor* Nees, Naturgesch. Eur. Leberm. 2: 330. 1836.

## 5a. 芽胞裂萼苔原变种

植物体细小，绿色或黄绿色，密集生长。茎匍匐，长 0.5-1 cm，连叶宽 1-1.5 mm，单一或稀分枝。假根生于腹叶基部。侧叶离生或相接，长椭圆形或长方形，2 裂至叶片长度的 1/4-1/3，稀圆钝，裂瓣渐尖。叶细胞多边形，叶中上部细胞直径 20-25 μm，叶基部细胞略长大，细胞薄壁，无三角体，表面平滑；油体近球形，每个细胞具 4-10 个。腹叶略宽于茎，长方形深 2 裂。芽胞特多，球形，单细胞，常着生于叶尖部。

雌雄异株。雄株细小，雄苞多见于主茎顶端，小穗状。雌苞生于主茎或侧枝先端；雌苞叶略大，阔卵形。蒴萼长三棱形，口部具 3 裂瓣，边缘具不规则粗齿。

**生境：**生于石上、腐木、石壁、土面、树根岩面薄土和倒木上；海拔 587-2900 m。

**产地：甘肃：**文县，裴林英 965（PE）；舟曲县，汪楣芝 52874（PE）。**河南：**内乡县，曹威 706，709，889（PE）。**湖北：**郧县，曹威 432（PE）。**陕西：**佛坪县，李粉霞、王幼芳 676，692，858，1060a，3819，4325，4342，4350，4835（HSNU）；户县，魏志平 4443（PE）；太白山，魏志平 5247（PE）。

**分布：**尼泊尔、不丹、巴基斯坦、日本、朝鲜、蒙古、土耳其、俄罗斯远东和西伯利亚地区；欧洲和北美洲。

## 5b. 芽胞裂萼苔陕西变种

Chiloscyphus minor var. **chinensis** (C. Massal.) Piippo, J. Hattori Bot. Lab. 68: 133. 1990.
*Lophocolea minor* var. *chinensis* C. Massal., Mem. Accad. Agric. Verona 73(2): 18. 1897.

**生境：**不详。

**产地:陕西:**户县（Massalongo，1897；Levier，1906，as *Lophocolea minor* var. *chinensis*；Geissler and Bischler，1985，as *Lophocolea minor* var. *chinensis*）。

**分布:**中国特有。

## 6. 裂萼苔                                                                                                 图 71

**Chiloscyphus polyanthos** (L.) Corda, Opiz, Beitr. Natuf. 1: 651. 1826.

*Jungermannia polyanthos* L., Sp. Pl. 1, 2: 1131. 1753.

*Chiloscyphus pallescens* (Ehrh. ex Hoffm.) Dumort., Syll. Jungerm. Europ.: 67. 1831.

植物体中等大小，绿色、黄绿色或淡绿色，丛生。茎匍匐或先端上倾，长 2-5 cm，连叶宽约 1.3 mm，具疏生分枝。假根少。侧叶蔽后式排列，斜列于茎上，圆方形或长方形，内凹，先端圆钝或微凹。叶中部细胞近方形或短长方形，宽 25-33 μm，长 30-35 μm，叶基部细胞略长，细胞壁薄，无三角体，表面平滑；每个细胞具 2-3 个油体。腹叶与茎直径等宽或略宽于茎，2 裂至叶片长度的 1/2-2/3，裂片两侧各具 1 长齿。

雌雄同株。雄苞叶 8-15 对，基部膨大成囊状。雌苞生于叶腋短侧枝上。蒴萼短圆筒形，口部 3 裂，边缘平滑。孢子圆球形，直径 12-18 μm。弹丝具 2 列螺纹加厚。

**生境:**生于潮湿岩面、土面或石上；海拔 1000-2100 m。

**产地:河南:**灵宝市（叶永忠等，2004）；内乡县，何强 6782（PE），曹威 964（PE）；西峡县，曹威 500（PE）；**陕西:**佛坪县，李粉霞、王幼芳 27a，203b，418，1862b，1976，1978a，2055（HSUN）；太白山，魏志平 5007，5021（PE）；柞水县，何强 7079（PE）。

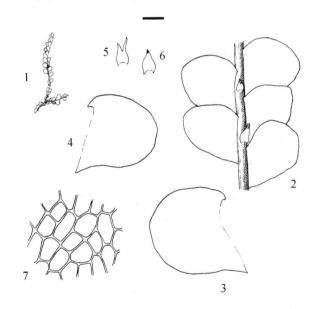

图 71　裂萼苔 Chiloscyphus polyanthos (L.) Corda

1. 植物体；2. 枝条一部分；3-4. 叶片；5-6. 腹叶；7. 叶中部细胞。标尺=1 cm，1；=0.9 mm，2；=0.3 mm，3-6；=39 μm，7。（河南，内乡县，潮湿岩面，1059-1311 m，何强 6782，PE）（何强绘）

Figure 71　Chiloscyphus polyanthos (L.) Corda

1. Plant; 2. A portion of branch; 3-4. Leaves; 5-6. Underleaves; 7. Median leaf cells. Scale bar=1 cm, for 1; =0.9 mm, for 2; =0.3 mm, for 3-6; =39 μm, for 7. (Henan, Neixiang Co., on moist rock, 1059-1311 m, He Qiang 6782, PE) (Drawn by He Qiang)

**分布**：印度、尼泊尔、不丹、朝鲜、日本、巴基斯坦、阿富汗、土耳其、俄罗斯远东和西伯利亚地区；欧洲、北美洲和非洲。

本种的主要特征：①植物体绿色、黄绿色或淡绿色；②叶片先端全缘；③腹叶 2 裂片小。

## 7. 异叶裂萼苔

图 72

**Chiloscyphus profundus** (Nees) J. J. Engel & R. M. Schust., Nova Hedwigia 39: 421. 1984.

*Lophocolea profunda* Nees, Naturgesch. Eur. Leberm. 2: 346. 1836.

*Jungermannia heterphylla* Schrad., J. Fuerd. Bot. 5: 66. 1801.

*Lophocolea heterophylla* (Schrad.) Dumort., Recueil Observ. Jungerm.: 15. 1835.

植物体细小，绿色或黄绿色。茎匍匐，长 1-1.5 cm，连叶宽 1.5-2 mm，不分枝或具少数分枝。假根呈束状，生于腹叶基部，无色。叶通常异形，近方形或舌形，长 0.8-1 mm，宽 0.6-0.8 mm，下部叶先端 2 裂，上部叶先端圆钝或平截；叶边平滑，后缘基部稍下延。叶细胞近六边形，叶上部和边缘细胞长 24-30 μm，宽 18-20 μm，叶中部细胞长 30-50 μm，宽 30-35 μm，细胞壁薄，三角体小或缺失，表面平滑。腹叶与茎等宽或略宽于茎，方形或长方形，2 裂至叶片长度的 2/3，两侧各具 1 齿或仅一侧具齿。

雌雄同株。雄苞生于蒴萼下部，雄苞叶 3-4 对。雌苞腹叶大于茎腹叶，2 裂至叶片长度的 1/2，叶边全缘或具齿。蒴萼高出于雌苞叶，口部 3 裂，具弱齿。孢蒴球形，褐色。孢子球形，直径 9-10 μm，表面具细网纹。弹丝具 2 列螺纹加厚。

**生境**：生于腐木上；海拔 1680 m。

**产地**：河南：灵宝市（叶永忠等，2004）。陕西：佛坪县，李粉霞、王幼芳 1772，4877（HSNU）。

**分布**：伊朗、尼泊尔、不丹、日本、朝鲜、蒙古、土耳其、俄罗斯远东和西伯利亚地区；欧洲和北美洲。

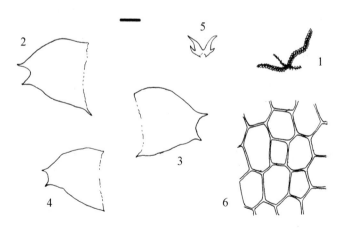

图 72 异叶裂萼苔 Chiloscyphus profundus (Nees) J. J. Engel & R. M. Schust.

1. 植物体；2-4. 叶片；5. 腹叶；6. 叶中部细胞。标尺=1 cm，1；=0.36 mm，2-5；=27 μm，6。（陕西，佛坪县，李粉霞、王幼芳 1772，HSNU）（何强绘）

Figure 72　Chiloscyphus profundus (Nees) J. J. Engel & R. M. Schust.

1. Plant; 2-4. Leaves; 5. Underleaf; 6. Median leaf cells. Scale bar=1 cm, for 1; =0.36 mm, for 2-5; =27 μm, for 6. (Shaanxi, Foping Co., Li Fen-Xia and Wang You-Fang 1772, HSNU) (Drawn by He Qiang)

本种的主要特征：①叶片先端不规则的浅裂或全缘；②腹叶深 2 裂，裂瓣为狭三角形，裂瓣外侧具粗齿。

### 8. 中华裂萼苔

**Chiloscyphus sinensis** J. J. Engel & R. M. Schust., Nova Hedwigia 39: 423. 1984. Replaced: *Lophocolea regularis* Steph., Sp. Hepat. 3: 125. 1906.

植物体中等大，柔弱，淡黄绿色，常与其他苔藓植物形成群落。茎匍匐，长 1.5-2 cm，连叶宽 1.5-2 mm，不分枝或少数分枝。假根少，生于腹叶基部。叶片稀覆瓦状排列，卵长方形，长大于宽，不对称，叶边平滑，背基稍下延，先端 2 裂至叶片长度的 1/4，裂瓣阔三角形，锐尖，弯缺钝。叶细胞近似等轴六边形，叶上部细胞（25-28）μm ×（25-28）μm，叶中下部细胞（28-30）μm ×（30-40）μm，细胞薄壁，三角体小或不明显；角质层平滑。腹叶大，约与茎同宽，横生茎上，2 裂几达基部，两侧边具齿或平滑。

雌雄异株。雄苞生于茎或枝中部，雄苞叶 4-6 对，基部膨大成囊状，稍带红色。雌苞叶生于茎或枝顶端；雌苞叶约大于茎叶 2 倍，卵状长椭圆形，先端 2 裂至叶片长度的 1/3，弯缺狭锐，裂瓣狭三角形，雌苞腹叶比腹叶大，2-3 对，2 裂至叶片长度的 1/2，裂瓣狭长三角形；蒴萼大，卵形，上部三角形口部具不规则齿。

**生境**：生于林下湿石或腐木上。

**产地**：陕西：户县（Levier，1906，as *Lophocolea regularis*）。

**分布**：中国特有。

## 2. 异萼苔属 Heteroscyphus Schiffn.

植物体大小差异较大，淡绿色或黄绿色，有时暗绿色。茎不规则分枝，分枝发生于茎腹面叶腋；茎横切面细胞不分化。假根散生或生于腹叶基部。叶斜生，多前缘基部下延，先端 2 裂或具齿，基部一侧或两侧与腹叶相连。叶细胞薄壁，三角体大，稀不明显，表面平滑；油体少。腹叶大，2 裂或不规则深裂。

雌苞生于短枝上。雄苞生于短侧枝上；短枝上无正常叶发育，仅为雌雄苞叶。

全世界有 60 种，中国有 14 种，本地区有 7 种。

### 分种检索表

1. 茎叶全缘；腹叶大，均比茎宽 ································································································ 2
1. 茎叶先端 2 裂或具齿；腹叶小或大，与茎同宽或宽于茎 ············································ 4
2. 叶片近于椭圆形，长宽近于相等；叶细胞具大三角体；腹叶不裂，全缘具波曲或粗齿
   ················································································· **6.圆叶异萼苔 H. tener**
2. 叶片长三角舌形或长方形，长大于宽；叶细胞无三角体；腹叶 2 深裂或具不规则长齿 ······ 3
3. 叶片长舌形，先端圆钝；腹叶不规则裂 ·············· **5.亮叶异萼苔 H. splendens**
3. 叶片近方圆形，先端圆钝；腹叶 2 裂 ············· **4.全缘异萼苔 H. saccogynoides**
4. 叶先端两侧具齿，叶边直 ································· **2.双齿异萼苔 H. coalitus**
4. 叶先端具多个细齿或不规则粗齿，叶边弧形弯曲 ························································· 5
5. 叶先端截齐形，具 2-5 个粗齿 ····························· **3.平叶异萼苔 H. planus**
5. 叶先端圆钝，具 2-10 个细齿 ······························································································· 6

6. 植物体常不透明；叶先端具 5-10 个 2-8 个细胞的长齿 ·························· **1.四齿异萼苔 H. argutus**

6. 植物体常较透明；叶先端具 1-3 短齿，稀平滑或具 3-4 小齿·············· **7.南亚异萼苔 H. zollingeri**

## 1. 四齿异萼苔

**Heteroscyphus argutus** (Reinw., Blume & Nees) Schiffn., Oesterr. Bot. Z. 60: 172. 1910.

*Jungermannia arguta* Reinw., Blume & Nees, Nova Acta Phys.-Med. Acad. Caes. Leop.-Carol. Nat. Cur. 12: 206. 1824.

*Chiloscyphus argutus* (Reinw., Blume & Nees) Nees, Syn. Hepat.: 183. 1845.

*Chiloscyphus endlicherianus* (Nees) Nees var. *chinensis* C. Massal., Mem. Accad. Agric.. Veroma 73(2): 19. 1897.

植物体淡绿色或黄绿色，长 2-3 cm，连叶宽 1.5-2.5 mm。叶蔽后式斜列，长方圆形，先端平截或圆钝，具 5-10 小齿；叶边全缘。叶细胞近六边形，叶尖部细胞直径 18-20 μm，叶中部细胞直径 20-22 μm，细胞壁薄或厚，无三角体，不透明，表面平滑。腹叶小，深 2 裂，两侧近基部具 2 粗齿，多与侧叶相连。

雌雄异株。雌苞生于短侧枝上；雌苞叶卵状披针形，2-3 瓣裂，边缘具不规则齿。蒴萼具 3 条纵褶，背部有时开裂，边缘 3 裂，具刺状长齿。

**生境：**不详。

**产地：陕西：**户县（Massalongo，1897；Levier，1906；Bonner，1977，as *Chiloscyphus endlicherianus* var. *chinensis*；Miller et al.，1983）。

**分布：**印度、尼泊尔、不丹、越南、泰国、柬埔寨、马来西亚、新加坡、菲律宾、印度尼西亚、日本、朝鲜、新几内亚岛和澳大利亚。

本种重要的特征为：叶片先端具 5-10 个齿，每个齿由多个细胞组成。

## 2. 双齿异萼苔　　　　　　　　　　　　　　　　　　　　　　　　　图 73

**Heteroscyphus coalitus** (Hook.) Schiffn., Oesterr. Bot. Z. 60: 172. 1910.

*Jungermannia coalita* Hook., Musci Exot. 2: 123. 1820.

*Chiloscyphus coalitus* (Hook.) Nees, Syn. Hepat.: 180. 1845.

*Chiloscyphus communis* Steph., Sp. Hepat. 3: 211. 1906.

*Heteroscyphus bescherelleri* (Steph.) S. Hatt., Bot. Mag. (Tokyo) 58: 39. 1944.

*Chiloscyphus bescherellei* Steph., Bull. Herb. Boissier 5: 87. 1897.

植物体中等大小，油绿色或黄绿色，基部褐绿色，长 4-6 cm，连叶宽 2-3 mm，常与其他苔藓植物形成群落。叶长方形，先端平截，两角突出成齿状；叶边全缘。叶细胞六角形，细胞壁薄，无三角体，长 27-40（60）μm，宽 25-30（35）μm，表面平滑。腹叶宽为茎直径的 2-3 倍，扁方形，先端具 4-6 齿，两侧与侧叶相连。

雌雄异株。雌雄苞生于短侧枝上。雄苞穗状。雌苞叶小，具不规则齿。蒴萼长约 2 mm，口部阔，具毛状齿。

**生境：**生于溪流边潮湿岩壁上；海拔 750 m。

**产地：甘肃：**文县，汪楣芝 64035，64039，64040（PE）。

**分布：**日本、朝鲜、尼泊尔、不丹、越南、柬埔寨、老挝、菲律宾、马来西亚、印度尼西亚、新几内亚岛、澳大利亚、新西兰、斐济、新喀里多尼亚、萨摩亚和所罗门群岛。

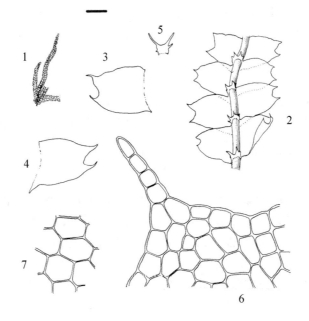

图 73 双齿异萼苔 Heteroscyphus coalitus (Hook.) Schiffn.
1. 植物体；2. 枝条一部分；3-4. 叶片；5. 腹叶；6. 叶尖部细胞；7. 叶中部细胞。标尺=1 cm, 1；=0.7 mm, 2；=0.36 mm,
3-5; =27 μm, 6-7。（甘肃，文县，潮湿岩壁；750 m, 汪楣芝 64040, PE）（郭木森绘）

Figure 73　Heteroscyphus coalitus (Hook.) Schiffn.
1. Plant; 2. A portion of branch; 3-4. Leaves; 5. Underleaf; 6. Apical leaf cells; 7. Median leaf cells. Scale bar=1 cm, for 1; =0.7 mm, for 2; =0.36 mm, for 3-5; =27 μm, for 6-7. (Gansu, Wenxian Co., on moist cliff, 750 m, Wang Mei-Zhi 64040, PE) (Drawn by Guo Mu-Sen)

## 3. 平叶异萼苔

**Heteroscyphus planus** (Mitt.) Schiffn., Oesterr. Bot. Z. 60: 171. 1910.

*Chiloscyphus planus* Mitt., J. Linn. Soc., Bot. 8: 157. 1865.

植物体稍粗，绿色或黄绿色，疏生于其他苔藓群落中。茎匍匐，长 2-4（5）cm，连叶宽 2-3.5 mm；分枝少，产生于茎腹面。假根着生于腹叶基部。侧叶略呈覆瓦状排列，长方形，斜生于茎上，先端具 2-5 齿；叶边全缘。叶细胞近六边形，上部细胞直径 12-18 μm，基部细胞直径 20-27 μm，细胞壁略厚，三角体不明显，表面平滑。腹叶与茎直径近等宽，阔长方形，上部 2 裂至叶片长度的 1/3-1/2，裂瓣披针形，两侧各具 1 齿，基部一侧与侧叶相连。

雌雄异株。雌雄苞均生于茎腹面短侧枝上。雌苞叶大，先端具不规则裂片，边缘具不规则齿。孢蒴球形，孢蒴壁由 4-5 层细胞组成。孢子球形，直径 15-18 μm，表面粗糙。弹丝具 2 列螺纹加厚。

**生境**：生于土面、岩面薄土和树根上；海拔 832-1405 m。

**产地**：**河南**：内乡县，曹威 899（PE）；西峡县，曹威 491（PE）。**湖北**：郧西县，何强 6065（PE）。**陕西**：商南县，何强 6968（PE）。

**分布**：菲律宾、日本、朝鲜和俄罗斯远东地区。

## 4. 全缘异萼苔

**Heteroscyphus saccogynoides** Herzog, J. Hattori Bot. Lab. 14: 40. 1955.

植物体小，纤细，绿色至褐绿色，疏丛生。茎匍匐延伸，先端上升，长 1-1.5 cm，带叶宽约 1.4 mm，很少分枝；茎横切面细胞几乎不分化。假根生于腹叶基部。叶片覆瓦状排列，斜列，蔽后式，平展，或稍内凹，近方圆形，先端圆钝，长 0.6-0.7 mm，长大于宽，边全缘平滑。叶细胞等轴六边形，叶上部细胞直径约 25 μm，中下部细胞直径约 40 μm，细胞壁薄，无三角体，角质层具细疣，半透明。腹叶 2 裂几达基部，比茎稍宽，两侧各具 1 齿，稀疏离生，裂瓣长约 0.3 mm，弯缺钝，新月形。

雌雄异株。雌苞生于侧短枝上，侧短枝上无正常茎叶；雌苞叶 4-5 裂瓣，大小不等，叶边具不整齐齿；蒴萼未成熟时具 3 条纵褶，上部具裂片状不整齐齿。孢子体未见。

**生境**：生于岩面、岩面薄土和石上；海拔 720-1311 m。

**产地**：**甘肃**：文县，李粉霞 66（PE）。**河南**：内乡县，曹威 1000（PE）。**湖北**：郧县，何强 6283（PE）。**陕西**：周至县，张满祥 1722（WNU）。

**分布**：中国特有。

## 5. 亮叶异萼苔陕西变种

**Heteroscyphus splendens** var. **chinensis** (C. Massal.) Piippo, J. Hattori Bot. Lab. 68: 134. 1990.
*Chiloscyphus decurrens* var. *chinensis* C. Massal., Mem. Accad. Agric. Verona 2: 19. 1897.

未见标本。

**生境**：不详。

**产地**：**陕西**：户县（Bonner，1963，as *Chiloscyphus decurrens* var. *chinensis*）。

**分布**：中国特有。

## 6. 圆叶异萼苔                                                                图 74

**Heteroscyphus tener** (Steph.) Schiffn., Oesterr. Bot. Z. 60: 172. 1910.
*Chiloscyphus tener* Steph., Sp. Hepat. 3: 205. 1910.
*Saccogyna curiosissima* Horik., J. Sci. Hiroshima Univ., Ser. B, Div. 2, Bot. 1: 79, f. 3, pl. 11: 1-5. 1932.

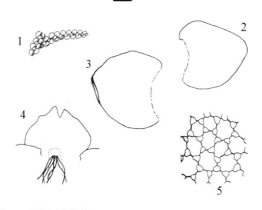

图 74　圆叶异萼苔 Heteroscyphus tener (Steph.) Schiffn.

1. 植物体；2-3. 叶片；4. 腹叶；5. 叶中部细胞。标尺=1 cm, 1；=0.9 mm, 2-3；=0.36 mm, 4；=39 μm, 5。（甘肃，文县，石上，2550-2570 m，贾渝 09260，PE）（何强绘）

Figure 74　Heteroscyphus tener (Steph.) Schiffn.

1. Plant; 2-3. Leaves; 4. Underleaf; 5. Median leaf cells. Scale bar=1 cm, for 1; =0.9 mm, for 2-3; =0.36 mm, for 4; =39 μm, for 5. (Gansu, Wenxian Co., on stone, 2550-2570 m, Jia Yu 09260, PE) (Drawn by He Qiang)

植物体粗壮，黄绿色或褐绿色，密生于其他苔藓植物群落中。茎匍匐或先端上倾，长 1.0-2.0 cm，连叶宽 3-4 mm；不分枝或稀疏分枝。假根呈束状生于腹叶基部。茎叶平展，近椭圆形，长 2.0-2.2 mm，宽约 2 mm，内凹，先端圆钝，前缘弧形，后缘圆弧形，基部与腹叶相连；叶边全缘。叶细胞多边形，叶中上部细胞直径 55-65 μm，叶中下部细胞直径 55-88 μm，基部细胞略长，细胞壁薄，三角体明显。腹叶大，上下相互贴生，近圆形，先端圆钝或略内凹，全缘，两侧基部与侧叶相连。

**生境：**生于石缝中或石上；海拔 2550-2570 m。

**产地：甘肃：**文县，贾渝 09260，09273（PE）。**陕西：**太白山（张满祥，1972）。

**分布：**印度、尼泊尔、不丹、斯里兰卡和日本。

本种的主要特征：①植物体粗壮；②腹叶近圆形，先端全缘或略内凹。

### 7. 南亚异萼苔

**Heteroscyphus zollingeri** (Gottsche) Schiffn., Oesterr. Bot. Z. 60: 171.1910.

*Chiloscypus zollingeri* Gottsche, Natuurk. Tijdschr. Ned.-Indië 4: 576. 1853.

*Heteroscypus zollingeri* fo. *pluridentata* Herzog in Herzog & Nog., J. Hattori Bot. Lab. 14: 40. 1955.

植物体形较大，长 4-5 cm，连叶宽 3-4 mm，淡绿色，常与其他苔藓形成群落。茎绿色，分枝少，或不分枝。假根生于腹叶基部。叶方圆形或近于卵圆形，先端圆钝，具 1-3 短齿，稀平滑或具 3-4 小齿。叶细胞六边形，细胞壁薄，上部细胞长 25-40 μm，宽 20-30 μm，中部细胞长 25-42 μm，宽 25-36 μm，表面平滑。腹叶小，深 2 裂，裂瓣披针形，两侧基部与侧叶相连，分别具单齿。

雌雄异株。雌雄苞生于短侧枝上。雄苞呈穗状。雌苞叶卵状披针形，2-3 裂，裂瓣披针形，具刺状齿；雌苞腹叶离生。蒴萼具 3 个脊，脊背部开裂，口部开阔，具刺状齿。

**生境：**生于岩面、石上、土面、树干或腐木上；海拔 587-3000 m。

**产地：甘肃：**文县，贾渝 09161（PE），裴林英 1510，1521（PE）。**湖北：**郧县，曹威 473（PE）。**陕西：**佛坪县，李粉霞、王幼芳 403，683，1157，1237，1440，1442，1446，1448，1838，3802，3814，3854b，4157，4418，4465a，4545（HSNU）；太白山，黎兴江 771（KUN），魏志平 5460（PE）。

**分布：**马来西亚、新加坡、菲律宾、印度尼西亚和巴布亚新几内亚。

# 科 35　毛叶苔科 Ptilidiaceae H. Klinggr.

植物体绒毛状，黄褐绿色或褐绿色，疏松丛集生长。茎匍匐或先端上倾，不规则羽状分枝，分枝长短不等；茎横切面圆形，中部细胞大。叶覆瓦状蔽前式排列，内凹，2-3（4）裂，深达叶片长度的 1/3-1/2；叶边有分枝或不分枝的多细胞长毛。叶细胞壁不等加厚，三角体明显，表面平滑。有油体。腹叶大，圆形或长椭圆形，2（4）瓣裂，边缘具分枝或不分枝长毛。

雌苞生于主茎或分枝顶端，或生于侧短枝上。精子器柄单列细胞。孢蒴长椭圆形，成熟时呈 4 瓣开裂。孢子直径为弹丝直径的 4 倍。

全世界有 1 属。

# 1. 毛叶苔属 Ptilidium Nees

植物体多褐绿色，具光泽，疏松丛集生长。茎匍匐，1-3 回羽状分枝，分枝生于侧叶与腹叶间；枝长短不一，先端不呈尾尖状；茎横切面圆形，皮部 2-3（4）层厚壁细胞。假根无或有时发生于腹叶基部。叶片蔽前式横生于茎上，2-3（5）瓣深裂，边缘具 1-2 列多细胞长毛。叶细胞壁不等加厚，壁孔明显，三角体明显膨大；表面平滑；油体多而小球形、卵形或短棒形。腹叶横生，半圆形，2 裂，边缘有长毛。

雌雄异株。雄株植物体细小，分枝多，每个雄苞叶具 1 个精子器。雌苞生于茎顶端，蒴萼短筒形或长椭圆形。孢蒴成熟后呈 4 瓣开裂；孢蒴壁由 4（5）层细胞组成。蒴柄细胞大，细胞壁薄，柔嫩，直径 10-14 个细胞，透明。孢子表面具细粒状纹饰，外壁粗糙。

全世界有 3 种，中国有 2 种，本地区有 2 种。

## 分种检索表

1. 植物体粗壮，茎长 2-8 cm；叶片 3-5 裂达叶长的 1/3-1/2；长裂瓣基部 15-20 个细胞宽，边缘具稀疏短毛；叶细胞（20-25）μm×（24-40）μm，叶边毛细胞（20-24）μm×（35-47）μm ······ **1.毛叶苔 P. ciliare**
1. 植物体纤细，茎长 1-2 cm；叶片 3-4 裂达叶长的 3/4；长裂瓣基部 4-10 个细胞宽，边具密长毛；叶细胞（24-36）μm×（38-60）μm，叶边毛细胞（20-24）μm×（45-80）μm ······ **2.深裂毛叶苔 P. pulcherrimum**

## 1. 毛叶苔

**Ptilidium ciliare** (L.) Hampe, Prodr. Fl. Hercyn.: 76. 1836.
*Jungermannia ciliare* L., Sp. Pl. 1, 2: 1134. 1753.

植物体粗大，黄绿色或褐绿色，有时红褐色，具光泽，疏松生长。茎先端上倾，1-2 回规则羽状分枝，长 2-8 cm，连叶宽 2-3 mm；假根透明。叶 3 列排列，疏松的覆瓦状排列，侧叶 3-5 瓣深裂，基部宽 15-20 个细胞，长 1.7-2 mm，宽 2-2.4 mm（包括叶边的纤毛）；叶边具多数毛状突起。叶细胞圆卵形，宽 20-25 μm，长 24-40 μm，细胞壁不等加厚，具明显的壁孔，角隅加厚，叶边毛细胞（20-24）μm×（35-47）μm；每个细胞具 20-36 个小而呈圆形的油体。腹叶小，长约 1 mm，宽 1.2-1.4 mm（包括叶边的纤毛），2-4 裂，叶边具多数毛。

雌雄异株。雄株常单独形成丛生长，体形小，分枝较多。雌苞生于主茎或主枝先端。蒴萼短柱形或长椭圆形，口部有 3 条深褶，有短毛。孢蒴卵圆形，红棕色，成熟时呈 4 瓣开裂。孢子直径 25-35 μm，具细疣。弹丝直径 6-7 μm，2 列螺纹加厚。

**生境**：不详。

**产地**：陕西：太白山（张满祥，1972）。

**分布**：尼泊尔、日本、蒙古、俄罗斯远东和西伯利亚地区；北美洲。

## 2. 深裂毛叶苔

**Ptilidium pulcherrimum** (F. Weber) Hampe, Prodr. Fl. Hercyn.: 76. 1836.

*Jungermannia pulcherrima* F. Weber, Spic. Fl. Goetting.: 150. 1778.

*Ptilidium jishibae* Steph., Sp. Hepat. 6: 370. 1923.

植物体褐绿色或黄绿色，有时具黄铜色光泽。茎多匍匐，红褐色，长达 1-2 cm，1-2（3）回不规则羽状分枝；主茎和枝先端常内曲。叶密集着生，3-4 瓣深裂，基部宽 4-10 个细胞；叶边具不规则长毛。叶中部细胞宽 24-36 μm，长 38-60 μm，细胞壁不等加厚，角隅加厚成球状，壁孔明显，叶边毛细胞（20-24）μm ×（45-80）μm；每个细胞具 15-25 个油体，球形或棍棒形。腹叶与毛叶苔 *P. ciliare* 相同，但裂瓣更深。

雌雄异株。蒴萼短筒形或长椭圆形，口部收缩，具短毛，上部有 3 条纵褶。孢蒴长椭圆形，成熟后呈 4 瓣裂。孢子红褐色，颗粒状，直径 25-27 μm，具细密疣。弹丝具 2 列红褐色螺纹加厚，直径约 6 μm。

**生境**：不详。

**产地**：陕西：太白山（Massalongo，1897；Levier，1906；张满祥，1972）。

**分布**：尼泊尔、日本、朝鲜、俄罗斯远东和西伯利亚地区、土耳其。

# 科 36　多囊苔科 Lepidolaenaceae Nakai

植物体密集生长。主茎匍匐，支茎分枝多倾立。叶片覆瓦状蔽后式排列；侧叶卵形或深 2 裂；叶边平滑或具纤毛，后缘基部卷曲成囊状。叶细胞薄壁，三角体略加厚。蒴被发达。孢蒴圆卵形，孢蒴壁由多层细胞组成，内层细胞薄壁，不呈环状加厚。

全世界有 4 属，中国有 1 属，本地区有 1 属。

## 1. 囊绒苔属 Trichocoleopsis S. Okamura

植物体黄绿色或褐色，密交织生长。茎匍匐，1-2 回羽状分枝，上部倾立。叶蔽后式排列，2 裂至叶片长度的 2/5-1/2，裂瓣边缘平滑或具长纤毛，叶后缘内卷成囊。叶细胞薄壁，三角体略加厚。腹叶明显小于侧叶。

雌雄同株。雌苞生于茎或分枝先端；蒴被发达，短柱形，被长纤毛。孢蒴卵圆形，蒴壁厚 4-6 层细胞，外层细胞壁球状加厚，内层细胞壁薄，易脱落。孢子大，球形，直径 16-55 μm。弹丝具 2 列螺纹加厚。

全世界有 2 种，中国有 2 种，本地区有 1 种。

**1. 秦岭囊绒苔**

**Trichocoleopsis tsinlingensis** P. C. Chen & M. X. Zhang, Acta Bot. Yunnan. 4(2): 171. 1983.

植物体绒毛状，鲜绿色或黄绿色。茎匍匐，1-2 回规则羽状分枝，长 2-3 cm，宽 8-14 mm。叶稀疏蔽后式排列，侧叶 2 裂至叶片长度的 1/2-2/3 处；叶边平滑，或具 1-3 纤毛。腹叶小于侧叶，近于方形，长约 0.8 mm，宽约 0.9 mm，浅 2 裂，边缘具不明显的纤毛。茎叶和枝叶后缘均有内卷的囊。叶细胞六角形或近圆形，细胞壁薄，具三角体。

雌雄异株。蒴被粗大，长圆筒形，外密被纤毛。孢蒴椭圆形，褐色，成熟时 4 瓣开裂。孢蒴壁由 4 层细胞组成，外层细胞壁不规则球状加厚，内层细胞壁薄，易于脱落。

孢子球形，直径约 16 μm，具细疣。弹丝具 2 列螺纹加厚。

**生境：**生于岩面上；海拔 2800-3000 m。

**产地：陕西：**太白山，魏志平 5538，5564（WNU）。

**分布：**中国特有。

# 科 37　光萼苔科 **Porellaceae** Cavers

植物体中等大小至大形，绿色、褐色或棕色，常具光泽，多扁平交织生长。主茎匍匐、硬挺，横切面皮部由 2-3 层厚壁细胞组成；1-3 回羽状分枝，分枝由侧叶基部伸出。假根成束着生于腹叶基部。叶 3 列。侧叶 2 列，紧密蔽前式覆瓦状排列，分背腹两瓣；背瓣大于腹瓣，卵形或卵状披针形，平展或内凹，全缘或具齿，先端钝圆，急尖或渐尖；腹瓣与茎近于平行着生，舌形，平展或边缘卷曲，全缘，具齿或裂片，与背瓣连接处形成短脊部。腹叶小，阔舌形，平展或上部反卷，两侧基部常沿茎下延，全缘或具齿或卷曲成耳状囊。叶细胞圆形、卵形或多边形，稀背面具疣，细胞壁三角体明显或不明显；油体微小，数量多。

雌雄异株。雌苞生于短枝顶端。蒴萼背腹扁平，上部有纵褶，口部宽阔或收缩，边缘具齿。孢蒴球形或卵形，成熟后不规则开裂，孢蒴壁由 2-4 层细胞组成，细胞壁无加厚。

全世界有 2 属，中国有 2 属，本地区有 2 属。

### 分属检索表

1. 腹叶基部两侧叶缘全卷曲成囊；叶细胞背腹面具单一大圆疣 ·············**1.耳坠苔属 Ascidiota**
1. 腹叶基部两侧叶缘不卷曲成囊；叶细胞平滑无疣 ·············**2.光萼苔属 Porella**

## 1. 耳坠苔属 Ascidiota C. Massal.

植物体稍硬挺，深绿色或深棕色，无光泽，疏松交织成片生长。茎匍匐或顶端稍倾立，不规则羽状分枝，枝短。叶 3 列；侧叶 2 列，紧密覆瓦状蔽前式排列，背瓣椭圆形或长卵形，内凹，前缘宽圆弧形，先端圆钝，内曲，后缘基部常卷曲成囊，叶边密被透明毛状齿；腹瓣狭卵形，基部与背瓣相连成 1 短脊部，边缘密生毛状齿，基部边缘卷曲成囊。叶细胞圆形或椭圆形，细胞壁具明显三角体，背腹面均具单个粗圆疣。油体大，球形或卵形，（5-10）μm ×（5-15）μm，通常每个细胞 4-10 个油体。腹叶圆形，边缘具多数毛状齿，基部两侧边缘卷曲成囊。

雌雄异株。雌雄株体形差异大，雄株小，雌株大。雄苞外具 1-2 对雄苞叶。雌苞叶类似于叶片，但大于营养叶。孢蒴壁由 4-5 层细胞组成。

全世界有 1 种。

### 1. 耳坠苔

**Ascidiota blepharophylla** C. Massal., Nuovo Giorn. Bot. Ital., n. s., 5: 257. 1898.

*Madotheca blepharophylla* (C. Massal.) Steph., Sp. Hepat. 4: 298. 1910.

植物体稍粗，深绿色或深棕色，无光泽，一般疏松交织成片。茎长可达 10 cm，不规则 1-2 回羽状分枝，枝长 8-10 mm，连叶宽 1.8-2.5 mm，尖端圆钝。侧叶紧密覆瓦状排列；背瓣卵形或阔椭圆形，长约 1.2 mm，宽约 0.9 mm；先端内曲，后缘基部卷曲成小囊；叶边密生透明毛状齿，腹瓣狭卵形，尖部常内曲，长 0.8-1.0 mm，宽 0.4-0.5 mm，边缘密生毛状齿，基部边缘卷曲成小囊。叶细胞圆形或卵形，上部细胞 15.9-21.3 μm，宽 13.3-18.6 μm，向基部细胞渐变大，胞壁具明显三角体，背腹面均具单一大圆疣。腹叶近圆形，长 1.0- 1.2 mm，宽 0.9-1.1 mm，边缘密生透明毛状齿，基部两侧卷曲成小囊，不下延。

**生境：**生于石壁上；海拔 3000 m。

**产地：陕西：**户县，魏志平 4643（PE）；太白山（Massalongo，1897；Levier，1906；Hattori and Zhang，1985）。

**分布：**北美洲。

## 2. 光萼苔属 Porella L.

植物体多大形，绿色、黄绿色或棕黄色，具光泽，一般呈扁平交织生长。茎匍匐，规则或不规则 2-3 回羽状分枝；横切面皮部具 2-3 层厚壁细胞；假根成束状生于腹叶基部。叶呈 3 列排列。侧叶 2 列，密蔽前式覆瓦状排列，分背腹两瓣，背瓣大于腹瓣，卵形或长卵形，平展或稍有波纹，或略内凹，先端圆钝，急尖或渐尖；叶边卷曲或平展，全缘或具齿；腹瓣小，舌形，边缘常卷曲，稀平展，全缘或具齿，基部多沿茎下延。腹叶阔舌形，尖部圆钝，或浅 2 裂，边缘反卷或平展，具齿或全缘，基部两侧沿茎下延。叶细胞圆形，卵形或六边形，三角体明显或不明显；油体微小，多数。

雌雄异株。雌苞生于短侧枝上。蒴萼多背腹扁平卵形，上部具弱纵褶，口部扁宽，常具齿或纤毛。孢蒴球形或卵形，成熟时先呈 4 瓣裂，再不规则开裂形成多数裂瓣。

全世界有 80 种，中国有 40 种，本地区有 20 种，4 亚种，12 变种。

### 分种检索表

1. 侧叶强烈波状卷曲；侧叶、腹叶和苞叶全缘 ·················· **20.皱叶光萼苔 P. ulophylla**
1. 侧叶平展或稍具浅波状；侧叶、腹叶和苞叶边缘多少具齿 ·················································· 2
2. 植物体通常较小；叶背瓣尖部圆钝，近截形或少狭窄 ···················································· 3
2. 植物体通常较大；叶背瓣先端锐尖、长尖或狭尖 ·························································· 15
3. 背瓣和腹瓣几乎平展，无反卷边缘；腹瓣和腹叶不具或稍微下延 ···································· 4
3. 背瓣和腹瓣边缘和尖部反折成内卷；腹瓣和腹叶具下延 ················································ 7
4. 背瓣先端全缘 ······························································· **14.光萼苔 P. pinnata**
4. 背瓣先端圆钝，具齿或刺 ················································································· 5
5. 腹瓣和腹叶全缘 ······················································ **16.小瓣光萼苔 P. plumosa**
5. 腹瓣和腹叶具疏齿或基部皱波状 ········································································· 6
6. 背瓣长（ca. 2.5 mm × 1.5 mm，长宽比大于 1.5），先端具 2-3 个齿 ····· **11.高山光萼苔 P. oblongifolia**
6. 背瓣短（ca. 1.4 mm × 1.0 mm，长宽比小于 1.5）··················· **8.日本光萼苔 P. japonica**
7. 背瓣和腹瓣边缘反折成外卷 ······································· **18.卷叶光萼苔 P. revoluta**
7. 背瓣和腹瓣边缘反折成内卷 ··············································································· 8
8. 植物体与 IKI 反应，呈紫罗兰色 ································· **15.温带光萼苔 P. platyphylla**
8. 植物体与 IKI 无反应 ······················································································ 9
9. 背瓣先端具齿或刺 ················································· **21.毛缘光萼苔 P. vernicosa**
9. 背瓣先端全缘 ························································································· 10

10. 腹瓣基部无或略有下延 ············································································· 11
10. 腹瓣基部下延约与茎同宽 ········································································· 14
11. 腹瓣和腹叶边缘向基部具刺或齿 ································· **10.绢丝光萼苔 P. nitidula**
11. 腹瓣和腹叶皱波状或有角 ········································································· 12
12. 腹瓣长卵形，中部宽为长的 2/3 ··············· **12.钝叶光萼苔鳞叶变种 P. obtusata var. macroloba**
12. 腹瓣窄椭圆形或舌形，中部宽为长的 1/2 ····················································· 13
13. 腹瓣中部稍具狭的内卷；腹叶顶端圆形，基部明显下延 ········· **9.亮叶光萼苔 P. nitens**
13. 腹瓣整个边缘具宽的内卷；腹叶顶端有时外卷，或内凹，基部不下延或稍下延
    ··················································································· **17.卷瓣光萼苔 P. recurve-loba**
14. 植物体无光泽，不新鲜；背瓣细胞大 ［边缘细胞（15-25）μm×20 μm］ **4.中华光萼苔 P. chinensis**
14. 植物体橄榄绿色，有光泽，新鲜，细长；背瓣细胞小 ［边缘细胞（10-12）μm×10 μm，中部细胞（15-20）μm×15 μm］ ········································ **7.细光萼苔 P. gracillima**
15. 背瓣卵圆形、长卵圆形或近三角形，先端狭尖、锐尖或长尖；腹瓣和腹叶基部下延 ··· 16
15. 背瓣阔卵圆形或长圆形，先端钝头或锐尖，具粗齿或毛状齿；腹瓣和腹叶边缘具密齿，基部不具或稍微下延 ····························································································· 20
16. 腹瓣和腹叶下延短 ········································································ **1.尖瓣光萼苔 P. acutifolia**
16. 腹瓣和腹叶下延长 ··············································································· 17
17. 背瓣卵形、长卵形，先端圆钝，稀为狭窄，具多数粗齿 ··········· **3.多齿光萼苔 P. campylophylla**
17. 背瓣卵形、长卵形、椭圆形、心状卵形，具锐尖或长尖 ········································· 18
18. 背瓣长卵形，具短尖、急尖或锐尖 ································· **6.小叶光萼苔 P. fengii**
18. 背瓣长卵形或狭卵形，具长尖或尾状长尖 ····················································· 19
19. 背瓣全缘或有疏毛状齿 ········································· **5.密叶光萼苔 P. densifolia**
19. 背瓣尖端常有 1-4 短齿 ·············································· **2.丛生光萼苔 P. caespitans**
20. 植物体中等；背瓣短（1.7-2.1 mm）；背瓣、腹瓣和腹叶先端及边缘具三角形粗短齿 ··················································································· **19.齿边光萼苔 P. stephaniana**
20. 植物体大；背瓣长（2.5-3.0 mm）；背瓣、腹瓣和腹叶先端具粗齿或毛状齿
    ··················································································· **13.毛边光萼苔 P. perrottetiana**

## 1. 尖瓣光萼苔

**Porella acutifolia** (Lehm. & Lindb.) Trevis., Mem. Reale Ist. Lombardo Sci., Ser. 3, Cl. Sci Mat. 4: 408. 1877.

*Madotheca acutifolia* Lehm. & Lindb. in Lehm., Pugill. Pl. 7: 8. 1838.

### 尖瓣光萼苔种下等级检索表

1. 侧叶背瓣仅顶端具 1-5 个锐齿或钝齿 ··············· **1a.尖瓣光萼苔原亚种 P. acutifolia subsp. acutifolia**
1. 侧叶背瓣具多数锐齿或毛状齿 ····································································· 2
2. 腹叶顶端具不规则 2 裂，具 2-3 个锐齿，边缘平滑
   ··················································································· **1b.尖瓣光萼苔东亚亚种 P. acutifolia subsp. tosana**
2. 腹叶顶端具不规则 2 裂，具多个锐齿，边缘具细齿
   ··················································································· **1c.尖瓣光萼苔齿边变种 P. acutifolia var. Hattoriana**

## 1a. 尖瓣光萼苔原亚种 　　　　　　　　　　　　　　　　　　　　　　　　　图 75

**Porella acutifolia** (Lehm. & Lindb.) Trevis. subsp. **acutifolia**

植物体较大，黄绿色或棕色，无光泽，密集交织成片生长。茎匍匐伸展，先端稍倾立，1-2回羽状分枝，长4-8 cm，连叶宽4-5 mm。叶3列；侧叶覆瓦状排列；背瓣长椭圆形，长3-3.4 mm，宽1.8-2.3 mm，后缘常内卷，先端渐尖，具毛状尖，叶边尖部常具1-5个锐齿；腹瓣稍斜展，舌形，长2-2.5 mm，宽0.7-1.0 mm，顶端钝、急尖或斜截形，两侧叶缘平直，或有时具钝齿，基部沿茎一侧下延，下延部分具瓣状齿。叶细胞圆形或卵形，边缘细胞小，厚壁，中部细胞长23.9-34.6 μm，宽18.6-23.9 μm，中部以下细胞壁渐加厚，三角体大，常有球状加厚。茎腹叶狭卵状三角形，长1.7-2.4 mm，宽1.0-2.0 mm，两侧叶缘平滑，顶端急尖，具锐齿，或平截，具1-2个钝齿，或2裂瓣呈尖齿状，基部两侧沿茎呈波状下延。

**生境：**生于树上、石上和岩面上；海拔900-2380 m。

**产地：甘肃：**文县，李粉霞257，816（PE），汪楣芝63233（PE）。**陕西：**佛坪县，汪楣芝55610，55773（PE），李粉霞1863（HSNU），李粉霞、王幼芳1301，1830，1906，3861a（HSNU）；眉县，汪发瓒159，172（PE）；宁陕县，陈邦杰等58a（PE）。

**分布：**印度、斯里兰卡、印度尼西亚、菲律宾、越南、日本、朝鲜和新儿内亚岛。

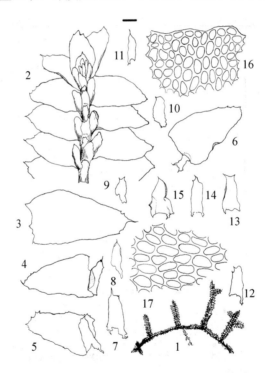

图75　尖瓣光萼苔原亚种 Porella acutifolia (Lehm. & Lindb.) Trevis. subsp. acutifolia
1. 植物体；2. 枝条一部分；3-6. 侧叶；7-15. 腹叶；16. 叶边缘细胞；17. 叶中部细胞。标尺=1 cm，1；=0.67 mm，2-15；
=27 μm，16-17。（甘肃，文县，李粉霞257，PE）（郭木森绘）
Figure 75　Porella acutifolia (Lehm. & Lindb.) Trevis. subsp. acutifolia
1. Plant; 2. A portion of branch; 3-6. Leaves; 7-15. Underleaves; 16. Marginal leaf cells; 17. Median leaf cells. Scale bar=1 cm, for
1; =0.67 mm, for 2-15; =27 μm, for 16-17. (Gansu, Wenxian Co., Li Fen-Xia 257, PE) (Drawn by Guo Mu-Sen)

## 1b. 尖瓣光萼苔东亚亚种

**Porella acutifolia** subsp. **tosana** (Steph.) S. Hatt., J. Hattori Bot. Lab. 44: 100. 1978.

*Madotheca tosana* Steph., Bull. Herb. Boissier 5: 97. 1897.

*Porella tosana* (Steph.) S. Hatt., Bull. Tokyo Sci. Mus. 11: 91. 1944.

*Porella campylophylla* subsp. *tosana* (Steph.) S. Hatt., J. Hattori Bot. Lab. 33: 47. 1970.

*Madotheca ptychanthoides* Horik., J. Sci. Hiroshima Univ., Ser. B, Div. 2, Bot. 1: 232. 1934.

植物体较大，密集平铺生长，深绿色或棕色。茎匍匐，规则 2 回羽状分枝，长 3-6 cm，连叶宽 3-4 mm。侧叶背瓣卵形或长卵形，长 2.0-2.5 mm，宽 1.2-1.5 mm，腹侧边缘稍内卷，顶端急尖或圆形，且多数具不规则粗齿，有时两侧具多数锐齿；腹瓣与茎平行伸展，狭舌形，长 0.9-1.1 mm，宽 0.4-0.5 mm，叶缘平滑或具 1-2 个钝齿，顶端钝或微尖，平滑或具 1-3 个钝齿或锐齿，基部沿茎一侧下延，下延部分平滑或具波状齿。叶细胞卵形或长圆形，边缘细胞小，厚壁，向下细胞逐渐变大，中部细胞（24-35）μm ×（19-24）μm，薄壁，三角体大，基部细胞三角体呈节状。茎腹叶卵状三角形，长 1.3-1.5 mm，宽 0.7-0.9 mm，叶缘近于平滑，顶端不规则 2 裂，具 2-3 个锐齿，基部沿茎两侧下延，下延部分平滑或具波状齿。

**生境：**生于石壁、岩面或石上；海拔 1250-3000 m。

**产地：甘肃：**文县，汪楣芝 63323（PE）。**陕西：**佛坪县，李粉霞 1880，1881（HSNU）；眉县，魏志平 4692（PE）。

**分布：**日本、朝鲜、越南和俄罗斯远东地区。

## 1c. 尖瓣光萼苔齿边变种（新拟） 图 76

**Porella acutifolia** var. **hattoriana** (Pócs) S. Hatt., Miscellanea Bryologica et Lichenologica 8: 79. 1979.

*Porella plumosa* var. *hattoriana* Pócs, J. Hattori Bot. Lab. 31: 82, f. 9: 296-311. 1968.

*Porella acutifolia* var. *birmanica* S. Hatt., J. Hattori Bot. Lab. 33: 44. 1970.

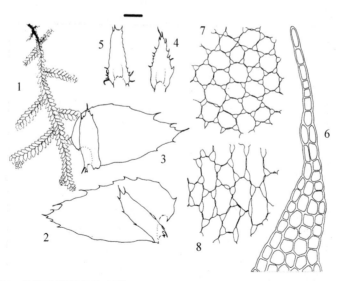

图 76　尖瓣光萼苔齿边变种 Porella acutifolia var. hattoriana (Pócs) S. Hatt.

1. 植物体；2-3. 侧叶；4-5. 腹叶；6. 叶尖部细胞；7. 叶中部细胞；8. 叶基部细胞。标尺=1 cm, 1；=0.59 mm, 2-5；=26 μm, 6-8。（甘肃，文县，裴林英 1430，PE）（郭木森绘）

Figure 76　Porella acutifolia var. hattoriana (Pócs) S. Hatt.

1. Plant; 2-3. Leaves; 4-5. Underleaves; 6. Apical leaf cells; 7. Median leaf cells; 8. Basal leaf cells. Scale bar=1 cm, for 1; =0.59 mm, for 2-5; =26 μm, for 6-8. (Gansu, Wenxian Co., Pei Lin-Ying 1430, PE) (Drawn by Guo Mu-Sen)

植物体黄褐色，羽状分枝，枝条斜向伸展，茎长 3-5 cm，枝条长 5-10 mm。叶片密集覆瓦状排列，侧叶背瓣斜展，长约 2 mm，宽约 1.2 mm，卵状三角形，通常反折，锐尖，具 2-10 个细齿，叶边缘常波曲状，边缘细胞（16-20）μm ×（12-16）μm，中部细胞约 30 μm × 18 μm，三角体明显，基部细胞（37-65）μm × 24 μm，三角体明显，具不明显的节状加厚；侧叶腹瓣披针形，长约 1.1 mm，宽约 0.5 mm，顶端钝或近于平截，具细齿，近基部处边缘常具狭的内卷，基部形成长的，卷曲状的下延。腹叶狭卵形，长约 1 mm，宽约 0.75 mm，顶端常向下弯曲，具不规则的 2 裂，基部具长的下延，下延部分常卷曲状。

**生境：** 生于大石崖上；海拔 900 m。

**产地：** 甘肃：文县，裴林英 1430（PE）。

## 2. 丛生光萼苔

**Porella caespitans** (Steph.) S. Hatt., J. Hattori Bot. Lab. 33: 50. 1970.

*Madotheca caespitans* Steph., Mém. Soc. Sci. Nat. Math. Cherbourg 29: 218. 1894.

### 丛生光萼苔种下等级检索表

1. 侧叶背瓣边缘或顶端多少具齿；腹叶顶端具 1-2 个长齿····················
····················**2c. 丛生光萼苔日本变种 P. caespitans** var. **nipponica**
1. 侧叶背瓣边缘平滑无齿；腹叶顶端平滑或具稀疏细齿·······················2
2. 腹叶两侧边缘全缘·····················**2a. 丛生光萼苔原变种 P. caespitans** var. **caespitans**
2. 腹叶基部边缘具稀疏的裂片···················································3
3. 侧叶背瓣先端具长急尖···················**2b. 丛生光萼苔心叶变种 P. caespitans** var. **cordifolia**
3. 侧叶背瓣卵形或长卵形，先端具短急尖···········**2d. 丛生光萼苔尖叶变种 P. caespitans** var. **setigera**

### 2a. 丛生光萼苔原变种

图 77

**Porella caespitans** (Steph.) S. Hatt. var. **caespitans**

植物体中等大小，黄绿色或棕黄色，密集交织成小片状生长。茎匍匐，先端稍倾立，密 2 回羽状分枝，分枝斜展，长 3-6 cm，连叶宽 2.5-3 mm。叶 3 列；侧叶紧密覆瓦状排列；背瓣卵形，长 1.4-1.6 mm，宽 0.8-1.1 mm，后缘常内卷，顶端急尖，具小尖，叶边有时尖部具 1-4 个钝齿；腹瓣斜展，长舌形，长 0.5-0.6 mm，宽 0.2-0.3 mm，全缘，平展，有时边缘狭背卷，顶端钝，基部沿茎下延。叶细胞圆形或圆方形，上部细胞 10.6-16.0 μm，向基部细胞渐变大，细胞壁薄，中部及基部细胞胞壁具明显三角体。茎腹叶紧贴于茎，舌形，长 0.8-0.9 mm，宽 0.4-0.5 mm，顶端钝或平截，基部沿茎下延，下延部分边缘平滑。蒴萼钟形，腹面具 1 个膨起的脊，背面具 2 个不明显脊，口部扁宽，边缘具不规则齿。孢蒴球形，成熟时开裂成 4 瓣。孢子黄绿色，具细疣，直径 26.6-29.3 μm。弹丝细长，直径 7.9-10.6 μm，长 210-450 μm，具 2 列螺纹状加厚。

**生境：** 生于石上、林地、腐木、树干和岩壁上；海拔 750-2200 m。

**产地：** 甘肃：文县，张满祥 626（WNU），汪楣芝 63671（PE）。陕西：佛坪县，李粉霞 1128（HSNU），李粉霞、王幼芳 718，727，1091，1192，1209，1777，2102，3198，

4286（HSNU），汪楣芝 55562，55681（PE）；户县，魏志平 4400（WNU，PE）；太白山（张满祥，1972），汪发瓒 202a，魏志平 4927，6019（WNU，PE）；宁陕县，陈邦杰等 58，59，112a，162，164a，665（PE）；太白县（张满祥，1972；Hattori and Zhang，1985）；洋县（Hattori and Zhang，1985）。

分布：尼泊尔、印度、不丹、泰国、日本、朝鲜和俄罗斯远东地区。

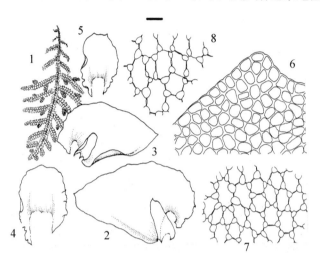

图 77　丛生光萼苔原变种 Porella caespitans (Steph.) S. Hatt. var. caespitans
1. 植物体；2-3. 侧叶；4-5. 腹叶；6. 叶尖部细胞；7. 叶中部细胞；8. 叶基部细胞。标尺=1 cm, 1；=0.38 mm, 2-5；=26 μm, 6-8。（甘肃，文县，汪楣芝 63671，PE）（郭木森绘）
Figure 77　Porella caespitans (Steph.) S. Hatt. var. caespitans
1. Plant; 2-3. Leaves; 4-5. Underleaves; 6. Apical leaf cells; 7. Median leaf cells; 8. Basal leaf cells. Scale bar=1 cm, for 1; =0.38 mm, for 2-5; =26 μm, for 6-8. (Gansu, Wenxian Co., Wang Mei-Zhi 63671, PE) (Drawn by Guo Mu-Sen)

## 2b. 丛生光萼苔心叶变种

**Porella caespitans** var. **cordifolia** (Steph.) S. Hatt. ex T. Katagiri & T. Yamag., Bryol. Res. 10(5): 133. 2011.

*Madotheca cordifolia* Steph., Sp. Hepat. 4: 315. 1910.
*Porella caespitans* var. *cordifolia* S. Hatt., Misc. Bryol. Lichenol. 8: 79. 1979, *nom. illeg.*
*Porella setigera* var. *cordifolia* (Steph.) S. Hatt., J. Jap. Bot. 20: 107. 1944.
*Madotheca setigera* Steph., Bull. Herb. Boissier 5: 96. 1897.
*Porella caespitans* var. *setigera* (Steph.) S. Hatt., J. Hattori Bot. Lab. 33: 53. 1970.
*Porella setigera* (Steph.) S. Hatt., J. Jap. Bot. 20: 107. 1944.
*Madotheca calcarata* Steph., Sp. Hepat. 6: 518. 1924.
*Madotheca nepalensis* Steph., Sp. Hepat. 4: 306. 1910.
*Madotheca urophylla* C. Massal., Mem. Accad. Agr. Art. Comm. Verona, Ser. 2, 73(2): 26. 1897.
*Porella urophylla* (C. Massal.) S. Hatt., Bull. Tokyo Sci. Mus. 11: 93. 1944.

植物体中等大小至大形，密集平铺生长，黄绿色或棕色。茎匍匐，顶端稍倾立，规则 1-2 回羽状分枝，枝短斜伸，长 3-13 cm，连叶宽 3.5-4.5 mm。侧叶背瓣阔卵形或心形，长 2.5-3.0 mm，宽 1.5-2.5 mm，叶缘平滑，顶端急尖，具长尖；腹瓣与茎平行伸展或稍斜倾，舌形，长 1.8-2.0 mm，宽 0.6-0.7 mm，叶缘平滑，顶端钝或有时具钝齿，基部沿茎一侧下延较宽，常具裂片状齿或全缘。叶细胞圆形或卵形，上部细胞直径 19-27 µm，向基部逐渐变大，中下部细胞壁逐渐加厚，三角体中等大至大，基部细胞三角体节状加厚。茎腹叶宽舌形或卵状三角形，长 1.8-2.5 mm，宽 0.8-1.5 mm，叶缘平滑，顶端钝圆或截形，全缘或有时 2 裂为钝齿，基部两侧沿茎下延较宽较长，下延部分常呈波曲状。

**生境**：生于岩面薄土、岩面、岩壁、石上或树上；海拔 423-2350 m。

**产地**：甘肃：文县，裴林英 917，1008（PE）。河南：灵宝市（叶永忠等，2004）；栾川县，何强 7454（PE）；内乡县，何强 6787，6789（PE），曹威 982，1015（PE）。湖北：郧西县，曹威 096（PE）。陕西：佛坪县，李粉霞、王幼芳 1301，3418，4123，4242，4264（HSNU），李粉霞 2102（HSNU），汪楣芝 55531a，55532，55551，55789，55826，56613a（PE）；户县（Levier，1906，as *Madotheca urophylla*；Hattori，1969，as *Porella setigera*），魏志平 4400a（WNU）；宁陕县，陈邦杰 112，162，164，200（PE）；山阳县（Massalongo，1897；Levier，1906，as *Madotheca urophylla*；Pócs，1968，as *Porella urophylla* fo. *setigera*；Hattori，1969，as *Porella setigera*；Geissler and Bischler，1985，as *Madotheca urophylla*）；洋县，汪楣芝 57047a（PE）。

**分布**：缅甸、尼泊尔、越南、印度、不丹、泰国、菲律宾、朝鲜和日本。

## 2c. 丛生光萼苔日本变种 图 78

*Porella caespitans* var. **nipponica** S. Hatt., J. Hattori Bot. Lab. 33: 57. 1970.

植物体中等大小，密集平铺生长，黄绿色或棕黄色，无光泽。茎匍匐，规则二回羽状分枝，分枝斜伸，长 3-6 cm，连叶宽 3-4 mm。侧叶背瓣长卵形，长 2.4-2.6 mm，宽 1.3-1.5 mm，中下部叶缘平滑，常呈波曲形或腹侧边缘具狭背卷边，顶端具长尾状尖，

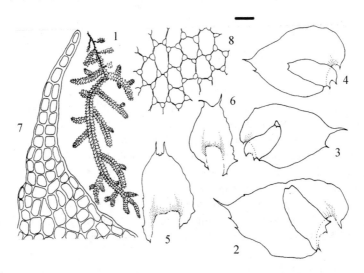

图 78 丛生光萼苔日本变种 Porella caespitans var. nipponica S. Hatt.
1. 植物体；2-4. 侧叶；5-6. 腹叶；7. 侧叶尖部细胞；8. 侧叶中部细胞。标尺=1 cm，1；=0.38 mm，2-6；=26 µm，7-8。
（河南，内乡县，何强 6784，PE）（郭木森绘）
Figure 78 Porella caespitans var. nipponica S. Hatt.
1. Plant; 2-4. Leaves; 5-6. Underleaves; 7. Apical leaf cells; 8. Median leaf cells. Scale bar=1 cm, for 1; =0.38 mm, for 2-6; =26 µm, for 7-8. (Henan, Neixiang Co., He Qiang 6784, PE) (Drawn by Guo Mu-Sen)

有时侧生 1-5 个稀疏的锐齿；腹瓣稍斜伸，狭长圆形，长 1.0-1.1 mm，宽 0.4-0.5 mm，中上部叶缘平滑，有时具狭背卷边，顶端钝或具 1-2 个锐齿，基部沿茎一侧下延，下延部分常具裂片状齿。叶细胞圆形或卵形，上部细胞直径 19-24 mm，向基部细胞逐渐变大，细胞壁逐渐加厚，三角体小至中等大，基部细胞三角体呈球状加厚。

**生境**：生于岩面、岩面薄土、树干或岩壁上；海拔 750-2300 m。

**产地**：**甘肃**：文县，裴林英 1531（PE），魏志平 6790（WNU）。**河南**：内乡县，何强 6742，6784（PE）。**陕西**：佛坪县，李粉霞、王幼芳 3419，4131a，4304c（HSNU），汪楣芝 56548a（PE）；太白山，刘慎谔、钟补求 208（PE），黎兴江 424（KUN，PE）；宁陕县，陈邦杰 322（PE）；洋县，魏志平 6753，6759（PE），汪楣芝 54998（PE）；华阳，汪楣芝 55022（PE）。

**分布**：日本、朝鲜、尼泊尔、印度、巴基斯坦和菲律宾。

## 2d. 丛生光萼苔尖叶变种（新拟）　　　　　　　　　　　　　　图 79

**Porella caespitans** var. **setigera** (Steph.) S. Hatt., J. Hattori Bot. Lab. 33: 53. 1970.

*Madotheca setigera* Steph., Bull. Herb. Boissier 5: 96. 1897.

*Madotheca urophylla* Massal., Mem. Accad. Agr. Art. Comm. Verona, Ser. 2, 73(2): 26. 1897.

*Madotheca cordifolia* Steph., Sp. Hepat. 4: 315. 1910.

*Madotheca nepalensis* Steph., Sp. Hepat. 4: 306. 1910.

*Madotheca calcarata* Steph., Sp. Hepat. 6: 518. 1924.

*Porella urophylla* (Mass.) Hatt., Bull. Tokyo Sci. Mus. 11: 93. 1944.

*Porella setigera* (Steph.) Hatt., J. Jap. Bot. 20: 107. 1944.

*Porella setigera* var. *cordifolia* (Steph.) Hatt., J. Jap. Bot. 20: 107. 33. 1944.

植物体干燥时呈淡黄棕色。茎长 5-10 cm，羽状分枝或二回羽状分枝，主枝斜向伸展，多数枝长不到 1 cm，但是常伸长并类似于茎。茎叶的背瓣卵形，长可达 2 mm，宽可达 1.5 mm，具毛状尖部；腹瓣斜向伸展，披针形，钝尖或稍尖，具毛状齿，基部具长的下延。茎腹叶卵状三角形，长可达 1 mm，基部宽可达 0.9 mm，叶尖部截形并且具双齿，或钝尖或近于截形无齿。背瓣边缘细胞长 10-20 μm，宽 8-15 μm，细胞壁厚，中部细胞长 25-35 μm，宽 15-20 μm，三角体中等大至大形，多少形成节状，基部细胞长 35-45 μm，宽 25-30 μm，三角体大，多少形成节状。

雌雄异株。雌株上生有较多的雌苞。蒴萼钟形，多少具纵槽，腹面纵褶平，口部由 12 个裂片组成，裂片毛状具数个侧齿，背面具 2 个钝的纵褶，其中的一个常近于消失，侧褶多少呈龙骨状，但不形成翅状。苞片和小苞片具齿，齿密而尖锐。孢蒴成熟时呈 5-7 瓣裂至基部，孢蒴壁由 2-3 层细胞组成；孢蒴壁外层薄壁细胞纵壁在角隅处加厚，内层细胞在横壁稍加厚。

**生境**：生于树干、石壁、石上或岩面上；海拔 400-2750 m。

**产地**：**甘肃**：文县，范坝乡，贾渝 09041（PE），李粉霞 394（PE），碧口，汪楣芝 63703（PE），李粉霞 460（PE），邱家坝，裴林英 917，1008（PE）。**河南**：栾川县，龙峪湾，何强 7454（PE）；内乡县，宝天曼国家级自然保护区，何强 6787，6789（PE），曹威 982，1015（PE）；西峡县，罗健馨 357，363（PE）。**陕西**：太白山，魏志平 4944（PE）；洋县，魏志平 6759（PE）；秦岭南坡，陈邦杰等 58（PE）。

**分布**：中国、越南、缅甸、尼泊尔、印度、朝鲜和日本。

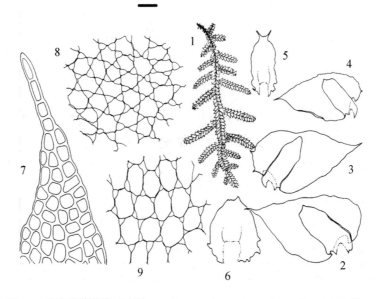

图 79　丛生光萼苔尖叶变种 Porella caespitans var. setigera (Steph.) S. Hatt.

1. 植物体；2-4. 侧叶；5-6. 腹叶；7. 叶尖部细胞；8. 叶中部细胞；9. 叶基部细胞。标尺=1 cm, 1；=0.59 mm, 2-6；=26 μm,
7-9。（河南，栾川县，何强 7454，PE）（郭木森绘）

Figure 79　Porella caespitans var. setigera (Steph.) S. Hatt.

1. Plant; 2-4. Leaves; 5-6. Underleaves; 7. Apical leaf cells; 8. Median leaf cells; 9. Basal leaf cells. Scale bar=1 cm, for 1; =0.59 mm,
for 2-6; =26 μm, for 7-9. (Henan, Luanchuan Co., He Qiang 7454, PE) (Drawn by Guo Mu-Sen)

## 3. 多齿光萼苔　　　　　　　　　　　　　　　　　　　　　　　图 80

**Porella campylophylla** (Lehm. & Lindb.) Trevis., Mem. Reale Ist. Lombardo Sci., Ser. 3, Cl. Sci. Mat. 4: 408. 1877.

*Jungermannia campylophylla* Lehm. & Lindb., Pugillus 6: 40. 1834.

*Jungermannia neckeroides* Griff., Not. Pl. Asiat. 2: 313. 1849.

*Madotheca campylophylla* (Lehm & Lindb.) Gottsche, Lindenb. & Nees, Syn. Hepat.: 265. 1845.

*Madotheca gollanii* Steph., Sp. Hepat. 4: 303. 1910.

*Madotheca indica* Steph., Sp. Hepat. 6: 524. 1924.

*Madotheca madurensis* Steph., Sp. Hepat. 6: 525. 1924.

*Porella plumosa* (Mitt.) S. Hatt. var. *gollanii* (Steph.) Pócs, J. Hattori Bot. Lab. 31: 79. 1968.

植物体中等至大形，黄绿色或棕黄色，密集平展交织生长。茎匍匐，先端稍倾立，稀疏羽状分枝，长 3-6 cm，连叶宽 3.5-4.5 cm。叶 3 列；侧叶近于平展，长圆卵形，长 2.5-3.0 mm，宽 1.6-1.9 mm，后缘呈波状卷曲，中上部边缘密生锐齿；侧叶背瓣卵形、长卵形，先端圆钝，稀为狭窄，具多数粗齿；腹瓣近于与茎平列，狭长舌形，长 1.4-2.0 mm，宽 0.5-0.8 mm，顶端圆钝，有时具 1-5 个细齿，基部一侧沿茎长下延，下延部边缘常狭背卷。叶细胞圆形，上部细胞 18.6-29.3 μm，向下细胞渐变大，厚壁，三角体明显。茎腹叶长圆卵形，长 1.6-2.1 mm，宽 0.8-1.5 mm，顶端略凹形，常具 2 个钝齿至多数细齿，基部边缘狭背卷，两侧沿茎长下延。

**生境**：生于石上；海拔 1250 m。

**产地**：陕西：佛坪县，李粉霞、王幼芳 1880（HSNU）。

**分布**：印度、尼泊尔、不丹、斯里兰卡、缅甸和越南。

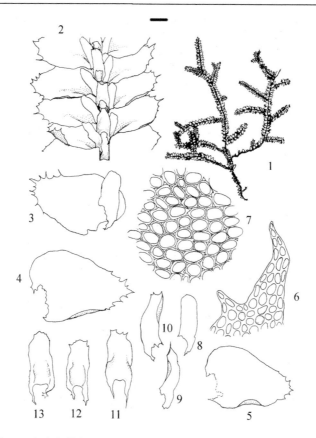

图 80　多齿光萼苔 Porella campylophylla (Lehm. & Lindb.) Trevis.

1. 植物体；2. 枝条一部分；3-5. 叶片；6. 叶尖部细胞；7. 叶中部细胞；8-10. 侧叶腹瓣；11-13. 腹叶。标尺=1 cm, 1；
=0.67 mm, 2；=0.28 mm, 3-5, 8-13；=37 μm, 6-7。（陕西，佛坪县，李粉霞、王幼芳 1880，HSNU）（郭木森绘）

Figure 80　Porella campylophylla (Lehm. & Lindb.) Trevis.

1. Plant; 2. A portion of branch; 3-5. Leaves; 6. Apical leaf cells; 7. Median leaf cells; 8-10. Lobules; 11-13. Underleaves. Scale bar=1 cm, for 1; =0.67 mm, for 2; =0.28 mm, for 3-5, 8-13; =37 μm, for 6-7. (Shaanxi, Foping Co., Li Fen-Xia and Wang You-Fang 1880, HSNU) (Drawn by Guo Mu-Sen)

## 4. 中华光萼苔

**Porella chinensis** (Steph.) S. Hatt., J. Hattori Bot. Lab. 30: 131. 1967.

*Madotheca chinensis* Steph., Mém. Soc. Sci. Nat. Math. Cherbourg 29: 218. 1894.

### 种下等级检索表

1. 叶片近于圆形；侧叶腹瓣和腹叶为宽卵形，沿边缘强烈卷曲，基部下延部分波状裂片不明显；蒴萼口部具弱的或稀疏的细齿 ································ **4b.中华光萼苔延叶变种 P. chinensis** var. **decurrens**
1. 叶片卵形，具钝尖；侧叶腹瓣和腹叶上部为狭舌形，在中部宽不及长的 1/2，沿边缘具狭的卷曲，下延长，基部下延部分卷缩并具细齿或具明显的波状裂片；蒴萼口部具密的锯齿 ································ ································ **4a.中华光萼苔原变种 P. chinensis** var. **chinensis**

## 4a. 中华光萼苔原变种

图 81

**Porella chinensis** (Steph.) S. Hatt. var. **chinensis**

*Madotheca densiramea* Steph., Sp. Hepat. 4: 298. 1910.

*Madotheca frullanioides* Steph., Sp. Hepat. 4: 310. 1910.

*Madotheca gambleana* Steph., Sp. Hepat. 4: 289. 1910.

*Madotheca schiffneriana* C. Massal., Mem. Accad. Arg. Art. Comm. Verona, Ser. 3, 73(2): 31. 1897.

植物体中等大小至大形，深绿色、黄绿色或棕黄色，具暗光泽，密平展生长。茎匍匐，2-3 回密集的羽状分枝，长 2-8 cm，连叶宽 2.5-4.0 mm。叶 3 列；侧叶紧密覆瓦状排列；背瓣卵形或阔卵形，长 1.2-2.5 mm，宽 0.7-2.0 mm，叶边全缘，常具浅波纹，先端圆钝或微尖，叶边基部有时具不规则疏齿；腹瓣与茎平行或稍倾立，舌形，长 0.7-2.2 mm，宽 0.3-0.8 mm，叶边平滑或基部具不规则疏齿，长狭背卷或强烈背卷，基部一侧沿茎条状下延。叶细胞圆形，细胞壁薄，三角体小，上部细胞长 18.6-21.3 μm，宽 29.3-37.2 μm，向下细胞渐变大。茎腹叶疏生，阔舌形，长 0.9-2.2 mm，宽 0.5-1.4 mm，叶边平滑或有时基部具不规则疏齿，平展或背卷，顶端钝圆，常强烈背卷，基部沿茎条状下延。

**生境：**生于树干、腐木、石壁、石上、树枝、岩面薄土、林地和岩面上；海拔 450-2800 m。

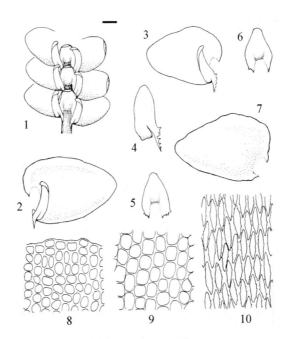

图 81　中华光萼苔 Porella chinensis (Steph.) S. Hatt.

1. 枝条一部分；2-3. 叶片；4. 侧叶腹瓣；5-6. 腹叶；7. 侧叶背瓣；8. 叶尖部细胞；9. 叶中部细胞；10. 叶基部细胞。标尺=0.29 mm，1-7；=38 μm，8-10。（陕西，西太白山，魏志平 6115，PE）（郭木森绘）

Figure 81　Porella chinensis (Steph.) S. Hatt.

1. A portion of branch; 2-3. Leaves; 4. Lobule; 5-6. Underleaves; 7. Lobe; 8. Apical leaf cells; 9. Median leaf cells; 10. Basal leaf cells. Scale bar=0.29 mm, for 1-7; =38 μm, for 8-10. (Shaanxi, Mt. Xitaibai, Wei Zhi-Ping 6115, PE) (Drawn by Guo Mu-Sen)

**产地：甘肃：**岷县，洮河队 3079，3080a（WNU）；文县，李粉霞 56，72（PE），裴林英 981，1202，1230（PE），汪楣芝 63198，63670，63674（PE）；舟曲县，汪楣芝 53370，53585（PE）。**河南：**灵宝市（叶永忠等，2004）；栾川县，何强 7468，7471，7503（PE）；内乡县，何强 6576（PE）。**湖北：**郧县，何强 6216（PE），曹威 245（PE）。**陕西：**凤县，张满祥 1286a（WNU）；佛坪县，李粉霞 317，697，767，1007b，1124，

1167，1203，1246，1254，1256，1486（HSNU），李粉霞、王幼芳669，1128，1137，1175，1185，1486，3564，3608，4087（HSNU），汪楣芝55540a，55678，56521a（PE）；户县（Massalongo，1897；Levier，1906，as *Madotheca schiffneriana*；Hattori，1967；Geissler and Bischler，1985，as *Madotheca schiffneriana*），魏志平4427，4400（PE）；华山（Hattori and Zhang，1985），陈邦杰792（PE）；太白山，魏志平4994，5216，5562，5564，6173，6702（PE）；太白县，魏志平5885（PE）；洋县，汪楣芝54914，54936，55060，55405a，56978（PE）。

**分布**：印度、不丹、尼泊尔、巴基斯坦和俄罗斯远东地区。

## 4b. 中华光萼苔延叶变种

**Porella chinensis** var. **decurrens** (Steph.) S. Hatt., J. Hattori Bot. Lab. 44: 102. 1978.
*Madotheca decurrens* Steph., Sp. Hepat. 4: 289. 1910.
*Porella decurrens* (Steph.) S. Hatt., J. Hattori Bot. Lab. 32: 336. 1969.

本变种的主要特征：①植物体柔软；②叶细胞壁薄，具小的三角体；③腹叶和侧叶腹瓣全缘，并且具很长的下延；④侧叶背瓣密集覆瓦状排列生长，全缘，圆形，尖部明显的内卷。

**生境**：生于石壁上；海拔710-1800 m。
**产地**：陕西：眉县，魏志平4848（PE）；太白山，魏志平6115（PE）。
**分布**：喜马拉雅西北部。

## 5. 密叶光萼苔

**Porella densifolia** (Steph.) S. Hatt., J. Jap. Bot. 20: 109. 1944.
*Madotheca densifolia* Steph., Mém. Soc. Sci. Nat. Math. Cherbourg 29: 219. 1894.

### 种下等级检索表

1. 侧叶背瓣狭卵形，先端具长尾状尖⋯⋯⋯**5d.密叶光萼苔细尖叶变种 P. densifolia** var. **paraphyllina**
1. 侧叶背瓣阔卵形、心形或卵形，先端急尖⋯⋯⋯⋯⋯⋯⋯⋯⋯⋯⋯⋯⋯⋯⋯⋯⋯⋯⋯2
2. 腹叶卵状三角形，顶端多少外卷⋯⋯⋯⋯**5c.密叶光萼苔脱叶变种 P. densifolia** var. **fallax**
2. 腹叶卵形，顶端平展⋯⋯⋯⋯⋯⋯⋯⋯⋯⋯⋯⋯⋯⋯⋯⋯⋯⋯⋯⋯⋯⋯⋯⋯⋯3
3. 侧叶紧密覆瓦状排列，呈65°-75°向上斜展，先端具1-2个锐齿；腹叶较宽⋯⋯⋯⋯⋯
⋯⋯⋯⋯⋯⋯⋯⋯**5a.密叶光萼苔原亚种 P. densifolia** subsp. **densifolia**
3. 侧叶稀疏覆瓦状排列，呈80°-90°平行伸展，先端具2-4个锐齿；腹叶较狭⋯⋯⋯
⋯⋯⋯⋯⋯⋯**5b.密叶光萼苔长叶亚种 P. densifolia** subsp. **appendiculata**

## 5a. 密叶光萼苔原亚种　　　　　　　　　　　　　　　　　图82

**Porella densifolia** (Steph.) S. Hatt. subsp. **densifolia**

植物体粗大，深绿色或棕色，密集相互交织成疏松片状生长。茎匍匐，先端稍倾立，不规则羽状分枝，长4-9 cm，连叶宽4.5-5.5 mm。叶3列；侧叶密覆瓦状排列；背瓣斜展，长卵形，长2.5-3.0 mm，宽1.5-1.8 mm，后缘边狭内卷，顶端急尖或渐尖，叶边尖部常具1-2个粗锐齿；腹瓣斜立，长舌形，长1.5-1.8 mm，宽0.7-0.9 mm，两侧边缘平直，顶端钝圆，基部沿茎一侧下延，具裂片状齿。叶细胞圆形或卵圆形，叶上部细胞直径 18.6-26.6 μm，向下细胞渐趋大，壁薄或稍加厚，中上部细胞胞壁三角体小，基部细胞三角体大。茎腹叶覆瓦状紧贴于茎，长圆卵形，长 1.5-1.8 μm，宽 1.2-1.4 μm，叶缘平展，全缘，顶端钝圆，基部沿茎两侧下延，下延部分具深裂片状齿。

**生境：**生于树干或石上；海拔 1360-2380 m。

**产地：甘肃：**文县，裴林英 964（PE），汪楣芝 63199，63209（PE）。**河南：**灵宝市（叶永忠等，2004）。**陕西：**凤县（Hattori and Zhang，1985）；佛坪县，李粉霞 1109，1202，1478，1969（HSNU），李粉霞、王幼芳 410，1245，1724，1969，3543，4262，4278（HSNU）；户县（Massalongo，1897；Levier，1906，as *Madotheca fallax*；Hattori，1969，as *Porella densifolia* var. *fallax*；Geissler and Bischler，1985，as *Madotheca fallax*），魏志平 4738a（PE）；太白山（Hattori and Zhang，1985）；石泉县（Hattori and Zhang，1985）；洋县，汪楣芝 55393a，55397a，55474a，55491b，56391a（PE）。

**分布：**印度、日本、朝鲜、越南和俄罗斯远东地区。

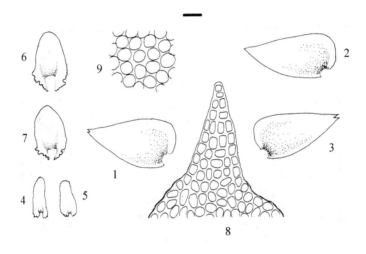

图 82　密叶光萼苔原亚种 *Porella densifolia* (Steph.) S. Hatt. subsp. densifolia

1-3. 叶片；4-5. 腹瓣；6-7. 腹叶；8. 叶尖部细胞；9. 叶中部细胞。标尺=0.6 mm，1-7；=57 μm，8-9。（甘肃，文县，石上，2150-2360 m，裴林英 964，PE）（郭木森绘）

Figure 82　*Porella densifolia* (Steph.) S. Hatt. subsp. densifolia

1-3. Leaves; 4-5. Ventral-lobes of leaf; 6-7. Underleaves; 8. Apical leaf cells; 9. Median leaf cells. Scale bar=0.6 mm, for 1-7; =57 μm, for 8-9. (Gansu, Wenxian Co., on stone, 2150-2360 m, Pei Lin-Ying 964, PE) (Drawn by Guo Mu-Sen)

### 5b. 密叶光萼苔长叶亚种　　　　　　　　　　　　　　图 83

**Porella densifolia** subsp. **appendiculata** (Steph.) S. Hatt., J. Hattori Bot. Lab. 32: 343. 1969.

*Madotheca appendiculata* Steph., Sp. Hepat. 4: 301. 1910.

*Porella appendiculata* (Steph.) S. Hatt., Fl. E. Himalaya: 524. 1966.

植物体粗大，密集平铺呈疏松垫状生长，黄绿色或棕黄色。茎匍匐，规则二回羽状分枝，长 3-7 cm，连叶宽 4.0-5.5 mm。侧叶紧密覆瓦状排列，与茎轴呈 80°-90° 水平伸展；背瓣长卵圆形，长 2.5-3.5 mm，宽 1.5-2.0 mm，腹侧叶平直，顶端急尖，常具 1-4 个粗齿；腹瓣斜展，长圆舌形，长 1.5-1.8 mm，宽 0.6-0.8 mm，边缘平直，顶端钝，基部沿茎一侧下延，常具裂片状细齿。叶细胞圆形或卵形，上部细胞 19-27 μm，向基部细胞逐渐变大，厚壁，三角体大，基部细胞长圆形，节状加厚。茎腹叶覆瓦状排列，紧贴于茎，长卵形，长 1.5-1.7 mm，宽 0.9-1.1 mm，叶缘平展或稍背卷，顶端钝圆，平展或稍背卷，基部两侧沿茎下延，下延部分具裂片状齿或毛状齿。

**生境：**生于林下土面、石上、岩面、枯树枝或树干上；海拔 423-1660 m。

**产地：甘肃：**文县，裴林英 1281，1591（PE）。**河南：**卢氏县，何强 7691，7693（PE）。**湖北：**郧西县，曹威 058（PE），何强 5938，5996，6002，6032（PE）；郧县，何强 5981，5997，6000，6020，6028，6201，6236，6239，6245，6294（PE），曹威 393，421（PE）。**陕西：**丹凤县，何强 6813，7065（PE）；佛坪县，李粉霞、王幼芳 3530，3878，3880，4090a（HSNU）；商南县，何强 6818，6856（PE）；宁陕县，邢吉庆 8246a（WNU）。

**分布：**印度、尼泊尔和不丹。

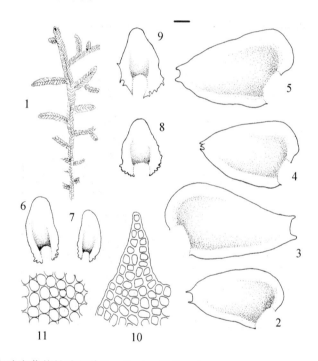

图 83　密叶光萼苔长叶亚种 Porella densifolia subsp. appendiculata (Steph.) S. Hatt.

1. 植物体；2-5. 侧叶；6-7. 侧叶腹瓣；8-9. 腹叶；10. 叶尖部细胞；11. 叶中部细胞。标尺=5 mm，1；=0.29 mm，2-9；=38 μm，10-11。（陕西，宁陕县，1050 m，邢吉庆 8246a，PE）（郭木森绘）

Figure 83　Porella densifolia subsp. appendiculata (Steph.) S. Hatt.

1. Plant; 2-5. Leaves; 6-7. Ventral lobes of leaf; 8-9. Underleaves; 10. Apical leaf cells; 11. Median leaf cells. Scale bar=5 mm, for 1; =0.29 mm, for 2-9; =38 μm, for 10-11. (Shaanxi, Ningshan Co., 1050 m, Xing Ji-Qing 8246a, PE) (Drawn by Guo Mu-Sen)

## 5c. 密叶光萼苔脱叶变种

**Porella densifolia** var. **fallax** (C. Massal.) S. Hatt., J. Hattori Bot. Lab. 32: 341. 1969.

*Madotheca fallax* C. Massal., Nuovo Giorn. Accad. Verona, Ser. 3, 73(2): 30. 1897.

*Madotheca kojana* Steph., Sp. Hepat. 4: 313. 1910.

*Porella densifolia* (Steph.) S. Hatt. subsp. *fallax* (C. Massal.) S. Hatt. in Hara, Fl. E. Himalaya: 524. 1966.

*Porella kojana* (Steph.) S. Hatt., J. Jap. Bot. 20: 111. 1944.

*Porella setigera* var. *kojana* (Steph.) S. Hatt. in Kamim., Contr. Hepat. Fl. Shikoku.: 86. 1952.

植物体大形，粗壮，干燥时棕色，仅枝条尖部为橄榄绿色；茎长可达 10 cm，不规则的羽状分枝；叶片 2 列排列，密集覆瓦状排列，龙骨状突起很短；侧叶背瓣宽，倾立，椭圆状卵形，长约 2.5 mm，宽约 1.6 mm，基部与茎着生处形成拱形，尖部斜的三角形，锐尖，具 1-3 个齿；侧叶腹瓣大，覆瓦状排列，稍倾斜倾立，近于平展，椭圆形或舌形，长约 1.5 mm，宽约 0.75 mm，尖部钝，基部具副体状结构，副体结构呈卷曲状；侧叶背瓣尖部细胞（15-18）μm × 15 μm，细胞壁厚，中部细胞（25-30）μm × 25 μm，基部细胞（30-40）μm × 27 μm，细胞壁直，薄壁，三角体大，多少形成节状；茎腹叶覆瓦状排列，近于紧贴着生，平展，卵状三角形，长和宽约为 1 mm，尖部钝。

**生境：**生于树上；海拔 2320-2380 m。

**产地：甘肃：**文县，汪楣芝 63259（PE）。**陕西：**户县（Massalongo，1897）。

**分布：**日本和朝鲜。

### 5d. 密叶光萼苔细尖叶变种

**Porella densifolia** var. **paraphyllina** (P. C. Chen) Pócs., J. Hattori Bot. Lab. 31: 84. 1968.
*Madotheca paraphyllina* P. C. Chen, Feddes Repert. Spec. Nov. Regni Veg. 58 (1/3): 42. 1955.
*Porella apiculata* P. C. Chen & P. C. Wu, Observ. Fl. Hwangshan.: 10. 1965.
*Porella paraphyllina* (P. C. Chen) P. C. Chen & S. Hatt., J. Hattori Bot. Lab. 30: 143. 1967.

植物体粗大，疏松平铺生长，深绿色或深棕色，稍具光泽。茎匍匐，不规则稀疏羽状分枝，长约 5 cm，连叶宽 3-4 mm。侧叶紧密覆瓦状排列；背瓣狭卵形，长 2.2-2.4 mm，宽 1.2-1.4 mm，腹侧叶缘稍内卷，全缘，顶端渐尖，具长尖；腹瓣长舌形，长 1.3-1.5 mm，宽 0.5-0.6 mm，叶缘平滑，顶端钝，基部耳状下延。叶细胞圆形或椭圆形，上部细胞（19-32）μm ×（16-21）μm，下部细胞（32-40）μm ×（15-21）μm，厚壁，三角体大，呈明显节状加厚。茎腹叶长椭圆形，长 1.1-1.3 mm，宽 0.5-0.7 mm，叶缘平滑，顶端钝，基部沿茎两侧下延，下延部分平滑或具 2-3 个钝齿。

**生境：**生于岩壁上；海拔 1350 m。

**产地：陕西：**太白山（Hattori and Zhang，1985），魏志平 4940（WNU）；太白县（张满祥，1972，as *Porella paraphyllina*）。

**分布：**印度、尼泊尔和越南。

### 6. 小叶光萼苔

**Porella fengii** P. C. Chen & S. Hatt., J. Hattori Bot. Lab. 30: 133. 1967.

植物体大形，密集平铺生长，黄绿色或棕黄色，无光泽。茎匍匐，密集二回羽状分枝，长 3-10 cm，连叶宽 3.5-4.5 mm。侧叶 2 列，覆瓦状排列；背瓣长卵形，长 2.0-2.5 mm，宽 1.2-1.4 mm，全缘，侧叶缘具狭内卷边，顶端钝圆或微尖，平展或干燥时稍内凹；腹瓣与茎轴平行排列，狭舌形，具短尖、急尖或锐尖，长 0.8-1.0 mm，宽 0.2-0.3 mm，全缘，外侧叶缘稍背卷，顶端钝，基部一侧沿条裂状下延，下延部分具波状齿。叶细胞圆形或六边形，边缘细胞较小，上部细胞 19-32 μm，向基部逐渐变大，三角体小至中等。茎腹叶远离着生，紧贴于茎，宽舌形，长 1.4-1.5 mm，宽 0.8-1.0 mm，上部叶缘平滑，顶端钝圆，基部两侧沿茎条裂状下延，下延边缘具不规则波状齿。

**生境：**生于潮湿岩面、树上、树枝、腐木、石上和岩壁上；海拔 1299-2500 m。

**产地：河南：**内乡县，何强 6559（PE）；嵩县，罗健馨 469（PE）。**陕西：**佛坪县，李粉霞 727，1192（HSNU），王幼芳 1777（HSNU），李粉霞、王幼芳 4118，4323（HSNU）；洋县，汪楣芝 55380（PE）；西太白山，魏志平 6019（KUN）。

**分布：**中国特有。

## 7. 细光萼苔

**Porella gracillima** Mitt., Trans. Linn. Soc. London, Bot. 3: 202. 1891.

*Madotheca gracillima* (Mitt.) Steph., Bull. Herb. Boissier 5: 80. 1897.

*Madotheca angusta* Steph., Sp. Hepat. 4: 288. 1910.

*Madotheca laevigata* auct. non (Schrad.) Dumort., J. Proc. Linn. Soc., London, Bot. 5: 108. 1861.

*Madotheca ussuriensis* Steph., Sp. Hepat. 4: 299. 1910.

*Porella vernicosa* Lindb. subsp. *gracillima* (Mitt.) Ando, Hikobia 2(1): 46. 1960.

*Madotheca niitakensis* Horik., J. Sci. Horishima Univ., Ser. B, Div. 2, Bot. 1: 233. 1934.

*Porella niitakensis* (Horik.) S. Hatt., J. Jap. Bot. 20: 110. 1944.

### 种下等级检索表

1. 腹叶基部两侧沿茎条裂状下延，下延部分具锐齿 ·· **7a.细光萼苔原亚种 P. gracillima** subsp. **gracillima**
1. 腹叶基部具狭长形的条状齿 ······························ **7b.细光萼苔条齿亚种 P. gracillima** subsp. **urogea**

## 7a. 细光萼苔原亚种 图 84

**Porella gracillima** Mitt. subsp. **gracillima**

植物体细小，平铺交织生长，黄绿色或棕黄色，下部呈褐色，无光泽。茎匍匐，规则 1-2 回羽状分枝，长 1.5-6.0 cm，连叶宽 0.8-1.3 mm。侧叶紧密覆瓦状排列；背瓣卵形或长卵形，长 1.4-1.7 mm，宽 1.0-1.2 mm，叶缘平滑，顶端钝圆，强烈内卷；腹瓣斜倾，舌形，长 0.9-1.1 mm，宽 0.4-0.5 mm，上部全缘，基部沿茎条裂状下延，下延部分具不规则锐齿，顶端背倾。侧叶细胞圆形或六边形，上部细胞 11-19 μm，向基部处逐渐变大，薄壁，三角体小，油体微小。茎腹叶卵形或长卵形，长 1.3-1.5 mm，宽 0.5-0.6 mm，全缘，顶端钝圆，长背卷，基部两侧沿茎条裂状下延，下延部分具锐齿。

**生境：**生于岩壁、岩面、石上、树干、树根和岩面薄土上；海拔 543-3200 m。

**产地：甘肃：**迭部县，汪楣芝 54248，54253，54502（PE）；文县，裴林英 991，1005（PE），汪楣芝 63215（PE）；舟曲县，贾渝 J04783（PE），汪楣芝 52999，53347（PE）。**河南：**灵宝市，何强 7789，7791，7793，7858，7859，7873，7823（PE）；卢氏县，何强 7548，7566，7622（PE）；栾川县，涂大正 3023，3040（PE）；嵩县，罗健馨 382，395，466，475（PE）；西峡县，罗健馨 249，258，269，298a，309，362b（PE）。**湖北：**郧县，何强 6220（PE）。**陕西：**宝鸡市，张满祥 1070（WNU）；丹凤县，何强 7019，7020，7022（PE）；凤县，张满祥 1253，1369，1374（WNU）；佛坪县，李粉霞 134，169，271，297，302，329，515，533，591，631，1184，1190，1617（HSNU），王幼芳 635，2011-0408（HSNU），汪楣芝 55531，55549，55556，55632，55694，55838（PE）；

户县，魏志平 4407，4427，4666a，4720，4754，4831，5905（WNU），魏志平 4290，4309，4329，4401，4645，4723，4743，4754，4831，6461（PE），张满祥 1336（WNU）；眉县，汪发瓒 48，78（PE）；长安区，翠华山，韩汝诚 5，39（PE），张满祥 557，574（PE）；华山，陈邦杰等 814，822，830（PE），李登科 15137（PE），张满祥 327（WNU），魏志平 4501（WNU）；太白山，黎兴江 445，448，504，509，519，520，529，543，557a，583，614，615，634，797，800，804，851（PE），彭泽祥 27，46（PE），魏志平 4885，4926，4976，5033，5103，5104，5113，5117，5132，5241，5364a（WNU，PE），魏志平 5357，5376（PE），张满祥 87@（WNU），张满祥 197，232，327，421（PE），钟补求 4166（PE），刘慎谔、钟补求 874（WNU）；宁陕县，陈邦杰等 49，60，73a，75b，84，104，115，136，190，237，328，330，392，427，486，489，494，526，527，529，530，532，533，534，574，633，655，622（PE），邢吉庆 4322（PE），张珍万 1597（PE）；太白县，秦岭南坡，陈邦杰等 35c（PE），黄全、李国猷 2403（PE），魏志平 5892（WNU）；洋县，汪楣芝 55067，57042a（PE）；柞水县，何强 7112，7125（PE）；周至县，汪楣芝 54836，55838（PE），张满祥 414（WNU），张满祥 446，471，473，474，485，486，498（PE），王玛丽 108，134（WNU）；凤县，张满祥 1318，1330，1336，1361（WNU）；

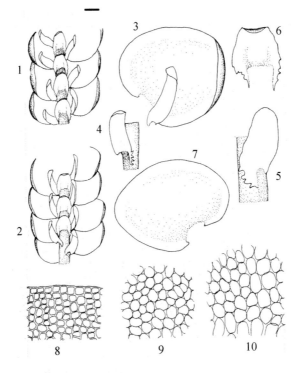

图 84　细光萼苔 Porella gracillima Mitt.

1-2. 枝条一部分；3. 叶片；4-5. 侧叶腹瓣；6. 腹叶；7. 侧叶背瓣；8. 叶尖部细胞；9. 叶中部细胞；10. 叶基部细胞。标尺=0.48 mm, 1-2；=0.24 mm, 3-7；=38 μm, 8-10。（陕西，佛坪县，四亩地，岩面薄土，900-1000 m，汪楣芝 55531，PE）

（郭木森绘）

Figure 84　Porella gracillima Mitt.

1-2. A portion of braches; 3. Leaf; 4-5. Lobules; 6. Underleaf; 7. Lobe; 8. Apical leaf cells; 9. Median leaf cells; 10. Basal leaf cells. Scale bar=0.48 mm, for 1-2; =0.24 mm, for 3-7; =38 μm, for 8-10. (Shaanxi, Foping Co., Simudi, on thin soil over rock, 900-1000 m, Wang Mei-Zhi 55531, PE) (Drawn by Guo Mu-Sen)

西太白山，魏志平 5033，6012a，6038，6196，6382，6436，6461，6518a（WNU）；太白山，张满祥 47，81（WNU）。

分布：日本、朝鲜、巴基斯坦和俄罗斯远东地区。

## 7b. 细光萼苔条齿亚种（新拟）

**Porella gracillima** subsp. **urogea** (C. Massal.) S. Hatt. & M. X. Zhang, J. Jap. Bot. 60: 323. 1985.

*Madotheca urogea* C. Massal., Mem. Accad. Agric. Verona 73(3): 28. 1897.

*Porella gracillima* var. *urogea* (C. Massal.) S. Hatt., J. Hattori Bot. Lab. 34: 420. 1971.

*Porella urogea* (C. Massal.) P. C. Chen, Observ. Fl. Hwangshanicum: 10. 1965.

本亚种与原亚种的区别在于：腹叶基部具狭长形的条状齿。

生境：生于岩面薄土、树上、岩面或岩壁上；海拔 1164-3200 m。

产地：甘肃：迭部县，贾渝 J05053（PE）；康乐县，汪楣芝 60382（PE）；文县，裴林英 867，909（PE），汪楣芝 63252（PE）。陕西：长安区（Hattori and Zhang, 1985），凤县（Hattori and Zhang, 1985），华阴市（Massalongo, 1897；Levier, 1906, as *Madotheca urogea*；Geissler and Bischler, 1985, as *Madotheca urogea*）；户县（Massalongo, 1897；Levier, 1906, as *Madotheca urogea*；Hattori, 1971, as *Porella gracillima* var. *urogea*；Geissler and Bischler, 1985, as *Madotheca urogea*, Hattori and Zhang, 1985），魏志平 4497（WNU）；华山（张满祥, 1972；Hattori and Zhang, 1985），太白山，魏志平 5117（WNU），刘慎谔、钟补求 874（PE），张满祥 791（WNU）；西太白山（Hattori, 1971；张满祥, 1972；Hattori and Zhang, 1985），魏志平 6196，6382（WNU）；眉县，汪楣芝 56847（PE）；宁陕县（张满祥, 1972；Hattori and Zhang, 1985）；山阳县（Massalongo, 1897；Levier, 1906, as *Madotheca urogea*；Hattori, 1971, as *Porella gracillima* var. *urogea.*；Geissler and Bischler, 1985, as *Madotheca urogea*）；太白县（Hattori and Zhang, 1985）；洋县，汪楣芝 54995，55069（PE）。

## 8. 日本光萼苔

**Porella japonica** (Sande Lac.) Mitt., Trans. Linn. Soc. London, Bot. 3: 202. 1891.

*Madotheca japonica* Sande Lac., Syn. Hepat. Jav.: 105. 1856.

*Madotheca heterophylla* Steph., Sp. Hepat. 6: 526. 1924.

*Madotheca pallida* W. E. Nicholson in Handel-Mazzetti, Symb. Sin. 5: 33. 1930.

*Madotheca pusilla* Steph., Sp. Hepat. 4: 295. 1910.

*Madothea sumatrana* Steph., Sp. Hepat. 4: 295. 1910.

*Porella fulfordiana* Swails, Nova Hedwigia 19: 242. 1970.

*Porella heterophylla* S. Hatt., J. Jap. Bot. 20: 109. 1944.

*Porella japonica* Mitt., Trans. Linn. Soc. London, Bot. 3(3): 202. 1891.

*Porella pusilla* S. Hatt., J. Jap. Bot. 20: 110. 1944.

*Porella vernicosa* Lindb. var. *chichibuensis* Inoue, Bull. Chichibu Mus. Nat. Hist. 6: 31. 1955.

*Porella wataugensis* Sull. in A. Gray, Manual (ed. 2): 700. 1856.

### 种下等级检索表

1. 侧叶和腹叶基部常有纤毛状齿或纤毛状细齿 ························································ ························································ **8b.日本光萼苔北美亚种 P. japonica** subsp. **appalachiana**

1. 侧叶和腹叶基部全缘或具细齿 ······························································· 2

2. 侧叶和腹叶全缘，有时具稀疏的细齿······················**8a.**日本光萼苔原亚种 **P. japonica** subsp. **japonica**

2. 侧叶和腹叶具密的细齿·······························**8c.**日本光萼苔密齿变种 **P. japonica** var. **dense-spinosa**

## 8a. 日本光萼苔原亚种 图 85

**Porella japonica** (Sande Lac.) Mitt. subsp. **japonica**

植物体长 3-5 cm，密集的分枝，叶片覆瓦状排列，边缘近于全缘，偶尔具齿；侧叶背瓣椭圆形，顶端宽圆钝至截形，长约 1.4 mm，宽约 1 mm，长与宽的比例不到 1∶1.5；侧叶腹瓣和腹叶小，均为覆瓦状排列，叶边全缘，基部有时具小齿。

**生境：**生于岩壁、石上、岩面薄土或岩面上；海拔 543-2500 m。

**产地：**湖北：郧县，何强 6251（PE）。陕西：佛坪县（王玛丽等，1999），户县（Hattori and Zhang，1985），华山（Hattori and Zhang，1985），太白县，魏志平 4440，5929，5934（PE）。

**分布：**印度尼西亚、菲律宾、印度、不丹、日本和朝鲜。

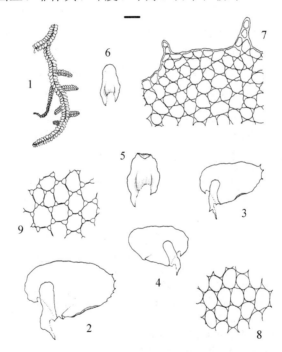

图 85　日本光萼苔原亚种 Porella japonica (Sande Lac.) Mitt. subsp. japonica
1. 植物体；2-4. 叶片；5-6. 腹叶；7. 叶尖部细胞；8. 叶中部细胞；9. 叶基部细胞。标尺=20 mm，1；=0.29 mm，2-6；=27 μm，7-9。（湖北，郧县，岩面薄土，543 m，何强 6251，PE）（郭木森绘）
Figure 85　Porella japonica (Sande Lac.) Mitt. subsp. japonica
1. Plant; 2-4. Leaves; 5-6. Underleaves; 7. Apical leaf cells; 8. Median leaf cells; 9. Basal leaf cells. Scale bar=20 mm, for 1; =0.29 mm, for 2-6; =27 μm, for 7-9. (Hubei, Yunxian Co., on thin soil over rock, 543 m, He Qiang 6251, PE) (Drawn by Guo Mu-Sen)

## 8b. 日本光萼苔北美亚种 图 86

**Porella japonica** subsp. **appalachiana** R. M. Schust., Hepat. Anthocerotae N. Amer. 4: 682, f. 639. 1980.

植物体大，具光泽，黄绿色，长 3-5 cm，连叶宽 1.6-2.5 mm；茎直径 0.2-0.24 mm。

侧叶背瓣椭圆状卵形，稍凸起，边缘波曲，细齿或 1-4 个刺状齿，在基部上面具 1-2 个刺状齿；侧叶腹瓣椭圆形至舌形，长为背瓣宽的 1/2-2/3，具不规则的、粗糙的刺状细齿，顶端常有截形的双细齿，在基部上面或基部常有 2-4 个长的纤毛状齿或叉状齿。腹叶椭圆形，长和宽相近，宽 0.32-0.42 mm，具刺状细齿，在基部常有纤毛状齿或纤毛状齿，在顶端常为浅裂状、双齿或锯齿状边缘。叶细胞近于等径，21-24 μm，中部以下为 21-26 μm，三角体明显；油体存在，每个细胞 15-20 个，椭圆形至纺锤形，（1.5- 2.5）μm ×（4-6）μm。

孢子体未见。

**生境：** 生于石壁或岩面薄土上；海拔 1500-1800 m。

**产地：陕西：** 户县，魏志平 4713（PE）；太白山，彭泽祥 19，22（PE）；宁陕县，陈邦杰 741（PE）；太白县，魏志平 5925a（PE）。

图 86　日本光萼苔北美亚种 Porella japonica (Sande Lac.) Mitt. subsp. appalachiana R. M. Schust.
1. 植物体一部分（腹面观）；2. 生于茎上的叶（背面观，显示茎叶侧叶与茎的着生线）；3-4. 侧叶；5. 侧叶腹瓣；6-7. 腹叶；8. 腹瓣基部；9. 腹叶尖部细胞；10. 侧叶尖部细胞；11. 侧叶基部细胞。标尺=0.5 mm, 1；=0.25 mm, 2；=0.1 mm, 3-7；=25 μm, 8-11。（陕西，户县，涝峪，1300 m，魏志平 4713，WNU，PE）（何强绘）

Figure 86　Porella japonica (Sande Lac.) Mitt. subsp. appalachiana R. M. Schust.
1. A portion of branch (ventral view); 2. Leaves on stems (dorsal view, showing insertion of dorsal leaf-lobes of stem-leaves); 3-4. Leaves; 5. Ventral leaf-lobe; 6-7. Underleaves; 8. Basal leaf cells of ventral lobe; 9. Apical leaf cells of underleaf; 10. Apical leaf cells of dorsal leaf-lobe; 11. Basal leaf cells of dorsal leaf-lobe. Scale bar=0.5 mm, for 1; =0.25 mm, for 2; =0.1 mm, for 3-7; =25 μm, for 8-11. (Shaanxi, Huxian Co., Lao-Yu, 1300 m, Wei Zhi-Ping 4713, WUK, PE) (Drawn by He Qiang)

### 8c. 日本光萼苔密齿变种

**Porella japonica** var. **dense-spinosa** S. Hatt. & M. X. Zhang, J. Jap. Bot. 60: 324. 1985.

这个变种多少比原变种大，并且侧叶和腹叶有密的齿。

**生境：** 生于石上或岩壁上；海拔 1350-2000 m。

**产地：** 陕西：太白山，魏志平 4930，6501（PE）。

**分布：** 中国特有。

### 9. 亮叶光萼苔

**Porella nitens** (Steph.) S. Hatt. in Hara, Fl. E. Himalaya: 525. 1966.
*Madotheca nitens* Steph., Mém. Soc. Sci. Nat. Math. Cherbourg 29: 220. 1894.

植物体较大，密集平铺生长，黄绿色或棕黄色，稍具光泽。茎匍匐，规则二回羽状分枝，长 3-9 cm，连叶宽 2.0-3.5 mm。侧叶疏松覆瓦状排列，与茎呈 75°-85°角；背瓣长椭圆形或长圆舌形，长 1.5-2.2 mm，宽 0.7-1.1 mm，稍内凹，腹侧叶缘具狭内卷边，全缘，顶端钝圆，干燥时内卷，潮湿时平展；腹瓣与茎呈 10°-20°角，上部向茎弯曲，狭舌形，长 1.3-1.4 mm，宽 0.4-0.5 mm，叶缘平滑，顶端圆钝，平展，基部下延较短。叶细胞圆形，边缘细胞较小，厚壁，上部细胞 16-24 μm，向下细胞逐渐变大，三角体大。茎腹叶覆瓦状排列，紧贴于茎，长圆舌形，长 1.3-1.5 mm，宽 0.5-0.6 mm，叶缘平滑，中下部具背卷边，顶端钝圆，基部两侧沿茎下延，下延部分边缘平滑或稍具波状齿。

**生境：** 不详。

**产地：** 河南：灵宝市（叶永忠等，2004）。

**分布：** 尼泊尔、印度、不丹和俄罗斯远东地区。

### 10. 绢丝光萼苔

**Porella nitidula** (C. Massal. ex Steph.) S. Hatt., J. Hattori Bot. Lab. 32: 349. 1969.
*Madotheca nitidula* C. Massal. ex Steph., Spe. Hepat. 4: 296. 1910.
*Porella arboris-vitae* subsp. *nitidula* (C. Massal. ex Steph.) S. Hatt., J. Hattori Bot. Lab. 40: 123. 1976.

植物体中等大小，柔软，多少具光泽，淡黄色或棕色，生于树皮上；茎长 5-10 cm，硬挺，二回羽状分枝，枝条水平伸展；茎侧叶稀疏覆瓦状排列，水平伸展，但通常叶片近一半向内卷，卵状三角形，长 1.4-1.5 mm，宽 1.25-1.4 mm，边缘全缘，但在近轴侧的 1/2 或 1/3 处有稀疏的齿或角状齿（angulate-tooth），在基部具齿状附器（toothed-appendiculate），叶顶端钝；腹瓣斜生至近于直立，顶端常弯曲，披针形，长约 1.1 mm，中部宽 0.55-0.6 mm，顶端截形或圆钝，顶端常有 1-2 个细小的齿，侧面边缘近于直线，向基部有细小的齿，基部具下延的附器，附器常具几个齿。侧叶边缘细胞，厚壁，（10-16）μm × 10 μm，或 16 μm × 12 μm，稀 20 μm × 16 μm，中部细胞薄壁，三角体有不明显的节状，（20-35）μm × 20 μm，基部细胞（30-35）μm × 18 μm，多少具三角体。茎腹叶顶端弯曲，三角状椭圆形，长 0.85-0.9 mm，基部宽 0.75-0.8 mm，顶端截形，常具 1-2 个细小齿，侧面向基部方向具不规则的齿，基部下延形成附器，附器具齿。

雌苞生于从茎或主枝上产生的短枝上；雌苞片类似于茎侧叶，但锐尖且沿叶边具齿；

腹苞叶椭圆形，基部无下延附器，沿边缘具密集的齿。

**生境：**生于岩壁上；海拔 1800 m。

**产地：陕西：**长安区（Levier，1906，as *Madotheca nitidula*）；凤县（Hattori and Zhang，1985）；华阴市（Levier，1906，as *Madotheca nitidula*）；户县（Levier，1906，as *Madotheca nitidula*）；眉县（Levier，1906，as *Madotheca nitidula*），太白山（Hattori and Zhang，1985）；宁陕县（Hattori and Zhang，1985）。

**分布：**俄罗斯远东地区。

## 11. 高山光萼苔 图 87

**Porella oblongifolia** S. Hatt., J. Jap. Bot. 19: 200. 1943.

*Porlle takakii* S. Hatt., J. Jap. Bot. 28: 181. 1953.

*Porlle oblongifolia* var. *takakii* (S. Hatt.) Inoue, Bull. Chichibu Mus. Nat. Hist. 6: 28. 1955.

植物体大形，疏松平铺生长，黄绿色或棕黄色。茎匍匐，先端稍倾立，稀疏羽状分枝，分枝斜伸，长 4-8 cm，连叶宽 3-4 mm，柔弱。侧叶疏松覆瓦状排列，与茎呈 75°-85°角伸展；背瓣长圆舌形，长 2.2-2.4 mm，宽 1.3-1.4 mm，叶缘平滑或背侧叶缘稍呈波状，顶端钝或 2-3 个粗齿；腹瓣与茎平行伸展，紧贴，狭舌形，长 1.4-1.5 mm，宽 0.3-0.4 mm，上部叶缘平滑或呈波曲状，基部边缘具不规则毛状齿，近腹侧有短的下延。叶细胞圆形

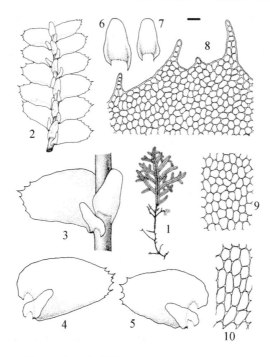

图 87　高山光萼苔 Porella oblongifolia S. Hatt.

1. 植物体；2. 枝条一部分；3. 侧叶和腹叶；4-5. 侧叶；6-7. 腹叶；8. 叶尖部细胞；9. 叶中部细胞；10. 叶基部细胞。标尺=1 cm，1；=0.48 mm，2；=0.24 mm，3；=0.29 mm，4-7；=35 μm，8-10。（甘肃，文县，汪楣芝 63313，PE）（郭木森绘）

Figure 87　Porella oblongifolia S. Hatt.

1. Plant; 2. A portion of branch; 3. Leaf and underleaf on stem; 4-5. Leaves; 6-7. Underleaves; 8. Apical leaf cells; 9. Median leaf cells; 10. Basal leaf cells. Scale bar=1 cm, for 1; =0.48 mm, for 2; =0.24 mm, for 3; =0.29 mm, for 4-7; =35 μm, for 8-10. (Gansu, Wenxian Co., Wang Mei-Zhi 63313, PE) (Drawn by Guo Mu-Sen)

或卵形，上部细胞 21-32 μm，向下逐渐变大，薄壁，三角体小至中等。茎腹叶紧贴于茎，宽舌形，长 1.3-1.5 mm，宽 0.5-0.6 mm，顶端截形，具 2-3 个刺状齿，基部具不规则刺状或毛状齿，两侧明显下延。

**生境：** 生于树干、石上、岩面或岩壁上；海拔 750-2600 m。

**产地：甘肃：** 迭部县，汪楣芝 54336（PE）；文县，裴林英 1449（PE），汪楣芝 63313（PE），魏志平 6791（WNU，HKAS）。**陕西：** 佛坪县，李粉霞、王幼芳 404a，410，1724，1774a，1891（HSNU）；太白山（Hattori and Zhang，1985）。

**分布：** 不丹、日本、朝鲜和俄罗斯远东地区。

本种与日本光萼苔相似，但是本种植物体大，叶片、腹瓣和腹叶均较大，腹瓣的长度为叶片长度的 2/3-3/4，而日本光萼苔腹瓣长度为叶片长度的 1/2。

## 12. 钝叶光萼苔鳞叶变种

**Porella obtusata** var. **macroloba** (Steph.) S. Hatt. & M. X. Zhang, J. Jap. Bot. 60: 325. 1985.

植物体中等至大形，密集平铺生长，黄绿色或棕黄色，略具光泽。茎匍匐，规则的 1-2 回羽状分枝，长 2-8 cm，连叶宽 2-3 mm。侧叶紧密覆瓦状排列；背瓣大于腹瓣，卵圆形，长 2.0-2.5 mm，宽 1.5-1.7 mm，叶缘平滑，顶端钝圆，强烈内卷；腹瓣斜展，长卵形，长 1.5-2.0 mm，宽 0.5-0.8 mm，叶缘平滑，基部沿茎具短而宽的条裂状下延，顶端边缘强烈背卷。侧叶细胞圆形或卵形，上部细胞 16-27 μm，中下部细胞较大，向下细胞逐渐加厚，三角体变大，基部常节状加厚，油体微小。茎腹叶与腹瓣近于等大，卵形或长卵形，长 1.6-1.8 mm，宽 1.2-1.4 mm，全缘，顶端强烈背卷，基部沿茎下延形成条状裂片。

**生境：** 生于树干、石上、岩壁、腐殖土和岩面上；海拔 950-2620 m。

**产地：甘肃：** 文县，裴林英 982（PE），贾渝 09087，09223，09299（PE）。**陕西：** 佛坪县，李粉霞、王幼芳 607，651，656，927，993，1015，1217，1581，1644，2027，2119a，2120，4429，4432a（HSNU）；户县（Massalongo，1897；Levier，1906，as *Madotheca thuja* var. *torva*），魏志平 4497，4501，4645（WNU）；太白山，黎兴江 506，524，542，544，538a（KUN），汪发瓒 27a（PE），魏志平 5039，5085，5117，5132，5885，6012，6038，6436a（WNU），张满祥 42（WNU）；宁陕县，陈邦杰 419（PE）；周至县，张满祥 501（PE）。

**分布：** 日本。

## 13. 毛边光萼苔

**Porella perrottetiana** (Mont.) Trevis., Mem. Reale Ist. Lombardo Sci., Ser. 3, Cl. Sci. Mat. 4: 408. 1877.
*Madotheca perrottetiana* Mont., Ann. Sci. Nat., Bot., Ser. 2, 17: 15. 1842.

### 种下等级检索表

1. 侧叶背瓣卵状披针形，顶端渐尖 ················· **13a.毛边光萼苔原变种 P. perrottetiana** var. **perrottetian**
1. 侧叶背瓣斜卵形或心形，顶端钝 ········· **13b.毛边光萼苔齿叶变种 P. perrottetiana** var. **ciliatodentata**

## 13a. 毛边光萼苔原变种　　　　　　　　　　　　　　　　　　图 88

**Porella perrottetiana** (Mont.) Trevis. var. **perrottetiana**

植物体粗大，黄绿色或棕黄色，稍具光泽，扁平交织成大片生长。茎匍匐，先端稍倾立，不规则疏羽状分枝，长 7-20 cm，连叶宽 6-7 mm。侧叶疏松覆瓦状排列；背瓣稍斜展，长卵形或卵状披针形，前缘圆弧形，后缘近于平直，长 4.0-4.5 mm，宽 1.8-2.3 mm，先端锐尖，基部着生处宽阔；叶边前缘和尖部多密生长 5-20 个细胞的毛状齿；腹瓣稍斜倾，长舌形，长 2.0-2.4 mm，宽 0.6-0.7 mm，尖部圆钝，边缘密被长毛状齿，基部沿茎一侧稍下延。叶细胞圆形，上部细胞长 26.6-34.6 μm，宽 21.2-29.3 μm，向基部细胞渐变大，薄壁，三角体小到中等大小。茎腹叶紧贴于茎，长舌形，长 1.8-2.3 mm，宽 0.9-1.1 mm，尖部圆钝，基部两侧稍下延，叶边密生毛状齿。

雌雄异株。雄苞呈穗状，顶生小枝上。雌苞杯状，口部平截，具纤毛。

**生境**：生于岩面、树干或树枝上；海拔 832-2600 m。

**产地**：**甘肃**：迭部县，汪楣芝 54402，54542（PE）。**陕西**：佛坪县，李粉霞、王幼芳 891，1906，3200，3283，3419（HSNU）；汪楣芝 55642，55789a（PE）；Mt. Peshan（Hattori and Zhang，1985）；宁陕县，陈邦杰 151a（PE）；商南县，何强 6812，6884，6897，6902，6962，6983，6988，6996，6997，7011，7014（PE）；太白县，太白山，魏志平 6591（WNU）。

**分布**：日本、朝鲜、缅甸、越南、菲律宾、不丹、尼泊尔、斯里兰卡和印度。

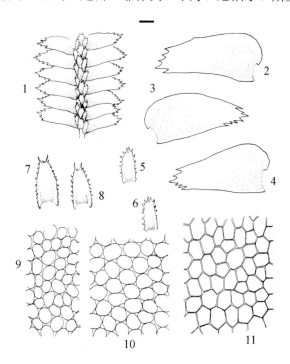

图 88　毛边光萼苔 Porella perrottetiana (Mont.) Trevis.
1. 枝条一部分；2-4. 叶片；5-6. 腹瓣；7-8. 腹叶；9. 叶尖部细胞；10. 叶中部细胞；11. 叶基部细胞。标尺=0.6 mm，1；=0.3 mm，2-4；=0.24 mm，5-6，7-8；=38 μm，9-11。（陕西，商南县，金丝峡自然保护区，岩面，832-1112 m，何强 6884，PE）（郭木森绘）
Figure 88　Porella perrottetiana (Mont.) Trevis.
1. A portion of branch; 2-4. Leaves; 5-6. Ventral leaf-lobe; 7-8. Underleaves; 9. Apical leaf cells; 10. Median leaf cells; 11. Basal leaf cells. Scale bar=0.6 mm, for 1; =0.3 mm, for 2-4; =0.24 mm, for 5-6, 7-8; =38 μm, for 9-11. (Shaanxi, Shangnan Co., Jinsixia Nature Reserve, on rock, 832-1112 m, He Qiang 6884, PE) (Drawn by Guo Mu-Sen)

### 13b. 毛边光萼苔齿叶变种 图 89

**Porella perrottetiana** var. **ciliatodentata** (P. C. Chen & P. C. Wu) S. Hatt., J. Hattori Bot. Lab. 30: 144. 1967.

*Porella ciliatodentata* P. C. Chen & P. C. Wu, Observ. Fl. Hwangshan.: 8. 1965.

植物体粗壮，疏松地平铺交织成片生长，黄绿色或深绿色，稍具光泽。茎匍匐，不规则羽状分枝，长 4-7 cm，连叶宽 4-5 mm。侧叶紧密覆瓦状排列，干燥时强烈波状卷曲，潮湿时平展；背瓣斜卵形或心形，长 2.5-3 mm，宽 2.4-2.8 mm，叶缘具长毛状齿，基部着生处较狭窄；腹瓣长圆方形，长 2-2.5 mm，宽 1-1.2 mm，叶缘密生毛状齿，基部一侧沿茎下延较狭。叶细胞圆形或卵形，上部细胞（29.2-42.6）μm×（21.2-31.9）μm，厚壁，三角体大，中下部细胞三角体节状加厚。腹叶圆方形，长 2.2-2.5 mm，宽 1.2-1.4 mm，边缘密生毛状齿，基部两侧沿茎下延较狭窄。

**生境：**生于岩壁、树根或树干上；海拔 1450-3100 m。

**产地：陕西：**太白山，魏志平 5553（WNU），魏志平 5559，5566（PE）。

**分布：**日本、朝鲜、老挝、缅甸、菲律宾、尼泊尔、不丹、斯里兰卡和印度。

——

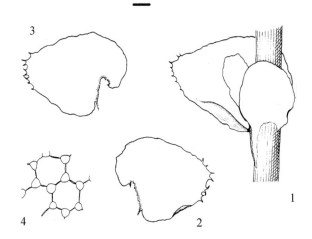

图 89　毛边光萼苔齿叶变种 Porella perrottetiana var. ciliatodentata (P. C. Chen & P. C. Wu) S. Hatt.
1. 植物体一部分；2-3. 叶片；4. 叶中部细胞。标尺=0.7 mm，1-3；=27 μm，4。（陕西，太白山，3100 m，魏志平 5566，PE）（郭木森绘）

Figure 89　Porella perrottetiana var. ciliatodentata (P. C. Chen & P. C. Wu) S. Hatt.
1. A portion of plant; 2-3. Leaves; 4. Median leaf cells. Scale bar=0.7 mm, for 1-3; =27 μm, for 4. (Shaanxi, Mt. Taibai, 3100 m, Wei Zhi-Ping 5566, PE) (Drawn by Guo Mu-Sen)

### 14. 光萼苔

**Porella pinnata** L., Sp. Pl.: 1106. 1753.

*Jungermannia porella* Dicks., Trans. Linn. Soc. London 3: 293. 1799.

*Madotheca porella* (Dicks.) Nees, Naturgesch. Eur. Leberm. 3: 201. 1838.

植物体小至中等大小，稀疏平铺生长，绿色或黄绿色，无光泽。茎匍匐，不规则二回羽状分枝，顶端稍倾立，连叶宽 2.2-2.5 mm。侧叶稀疏覆瓦状排列；背瓣大于腹瓣，圆卵形，长 1.4-1.5 mm，宽 1.0-1.1 mm，平展，叶缘平滑，先端钝圆；腹瓣狭小，长舌形，长 0.4-0.5 mm，宽 0.2-0.3 mm，平展，叶缘平滑，基部不对称，不下延或稍下延，顶端圆钝。侧叶细胞圆形或六边形，上部细胞 16-21 μm，中部细胞 19-24 μm，细胞壁薄，三角体小，油体微小。茎腹叶远离着生，宽舌形，长 0.5-0.6 mm，宽 0.3-0.4 mm，平展紧贴于茎，边缘平滑，基部稍下延。

**生境**：生于潮湿岩面上；海拔 1299-1860 m。

**产地**：河南：内乡县，曹威 717（PE）。陕西：秦岭南坡，陈邦杰等 302a（PE，WUN）。

**分布**：欧洲和北美洲。

## 15. 温带光萼苔

**Porella platyphylla** (L.) Pfeiff., Fl. Niederhessen 2: 234. 1855.

*Jungermannia platyphylla* L., Sp. Pl.: 1134. 1753.

## 15a. 温带光萼苔原变种

**Porella platyphylla** (L.) Pfeiff. var. **platyphylla**

植物体大形，色泽暗，暗绿色至橄榄绿色。茎匍匐，长 3-5 cm，直径 0.32-0.36 mm，规则的 2-3 回羽状分枝；枝条通常完全伸展，类似于主茎的分枝状态，但枝条稍细。假根少。侧叶密集覆瓦状排列，轻微至明显的凸起，顶端明显的内卷或外卷。侧叶背瓣斜卵形，长明显大于宽，（1.2-1.4）mm ×（1-1.1）mm，顶端窄至宽的圆形，侧叶背瓣下部边缘偶尔具浅的不规则波状或波状细齿，基部不下延；侧叶腹瓣与背瓣分离着生，呈强烈的弓形，与背瓣连接长度不到腹瓣长度的 1/7，腹瓣狭的卵状三角形至披针形，直立，几乎与茎平行，不对称，（0.55-0.65）mm ×（0.37-0.41）mm，腹瓣凸起，边缘向下弯曲至内卷，与茎的结合线向上弯曲。叶中部细胞（23-28）μm ×（25-30）μm，边缘和近顶端细胞多角形，直径 20-26 μm，具明显的三角体，但不呈膨大状；油体小，每个细胞 22-36 个，透明，均质型，卵形至椭圆形，较叶绿体明显小；角质层平滑。腹叶宽为腹瓣的 1.2-1.8 倍，近于覆瓦状排列，为茎宽的 1.2-1.6 倍，圆方形，长方形至狭卵形，长（0.45-0.6）mm ×（0.5-0.6）mm，下延明显，下延部分偶尔波曲，顶端圆钝，腹叶全缘。

雌雄异株。通常产生孢子体。雄苞生于短侧枝上，较营养枝更偏黄色，长 1.5-3 mm，雄苞片 5-7 对，具对称的 2 裂，囊状，密集覆瓦状排列；雌穗生于短侧枝上，雌苞片略小于营养叶，腹瓣常与背瓣大小相近，狭卵形至卵状披针形，边缘常具由具柄黏液滴形成的细齿；腹苞叶卵形至椭圆状舌形，稀倒卵形，边缘全缘，或弱的细齿。蒴萼卵形至梨形，长 1.5-2 mm，具 3 个钝的脊。孢蒴几乎不伸出蒴萼，成熟后分裂为 6-9 瓣。孢子黄色或淡棕色，表面具小刺，直径 36-55 μm。弹丝长 200-275 μm，直径 7-10 μm。

**生境**：生于岩面或岩面薄土上；海拔 1860-2100 m。

**产地**：陕西：佛坪县（王玛丽等，1999）；宁陕县，陈邦杰 185（PE）；周至县，张满祥 501（PE）。

**分布**：伊朗、巴基斯坦、俄罗斯远东和西伯利亚地区、蒙古、土耳其；欧洲和北美洲。

### 15b. 温带光萼苔圆齿变种

**Porella platyphylla** var. **subcrenulata** (C. Massal.) Piippo, J. Hattori Bot. Lab. 68: 134. 1990.

*Madotheca platyphylla* var. *subcrenulata* C. Massal., Mem. Accad. Agric. Verona 2: 22. 1897.

**生境**：不详。

**产地**：陕西：户县（Levier, 1906；Geissler and Bischler, 1985, as *Madotheca platyphylla* var. *subcrenulata*）。

**分布**：中国特有。

### 16. 小瓣光萼苔         图 90

**Porella plumosa** (Mitt.) Inoue, Bull. Natl. Sci. Mus. 9(3): 385. 1966.

*Madotheca plumosa* Mitt., J. Proc. Linn. Soc., Bot. 5: 108. 1861.

*Porella madagascariensis* (Nees & Mont.) Trevis. fo. *integristipula* Pócs, J. Hattori Bot. Lab. 31: 89. 1968.

植物体中等大，稀疏平铺生长，淡绿色或黄绿色，无光泽。茎匍匐，先端稍倾立，柔弱，规则羽状分枝，枝疏生，长 2-7 cm，连叶宽 2.5-3.0 mm。侧叶疏松覆瓦状排列，与茎呈 80°角伸展；背瓣长圆舌形，长 1.8-2.0 mm，宽 1.1-1.2 mm，腹侧边缘平直，具狭内卷边，顶端宽圆形，具多个不规则锐齿；腹瓣狭小，长 0.3-0.4 mm，宽 0.1-0.2 mm，边缘平滑，顶端钝圆，基部稍下延，下延部分全缘。叶细胞圆形或卵形，上部细胞直径 13-21 μm，向基部逐渐变大，细胞壁薄，三角体小。茎腹叶远离着生，紧贴于茎，长圆方形，长 0.6-0.8 mm，宽 0.4-0.5 mm，边缘平滑，顶端圆截形，基部不下延。

**生境**：生于岩面上；海拔 1497 m。

**产地**：陕西：柞水县，何强 7129（PE）。

**分布**：尼泊尔、缅甸、越南、菲律宾、印度、巴基斯坦。

本种的主要特征为侧叶腹瓣和腹叶全缘，无下延或稍具下延。

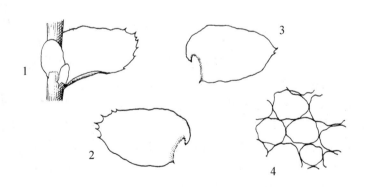

图 90   小瓣光萼苔 Porella plumosa (Mitt.) Inoue

1. 茎一部分；2-3. 叶片；4. 叶中部细胞。标尺=0.7 mm, 1-3；=27 μm, 4。（陕西，柞水县，岩面，1497 m，何强 7129，PE）（郭木森绘）

Figure 90   Porella plumosa (Mitt.) Inoue

1. A portion of stem; 2-3 Leaves; 4. Median leaf cells. Scale bar=0.7 mm, for 1-3; =27 μm, for 4. (Shaanxi, Zhashui Co., on rock, 1497 m, He Qiang 7129, PE) (Drawn by Guo Mu-Sen)

## 17. 卷瓣光萼苔

图 91

**Porella recurve-loba** Y. Jia & Qiang He, Pl. Diversity and Resources 37: 742. 2015.

植物体中等大小，干燥时黄绿色或黄棕色；茎长 3-5 cm，直径 0.3-0.4 mm，连叶宽 3-4 mm，不规则分枝，枝条斜向伸展，长 2.0-3.5 cm。叶片密的覆瓦状排列，龙骨状突起短，椭圆状卵形，长 1.5-2.0 mm，宽 0.75-1.0 mm，先端圆形或钝形，叶边全缘。叶中部细胞（13-25）μm ×（13-18）μm，细胞壁薄，三角体小；基部细胞（23-35）μm ×（20-23）μm，细胞壁薄，三角体小或无；腹瓣斜生或近于与茎平行，长方形，长 0.5-0.75 mm，宽 0.2-0.3 mm，两侧边缘全缘，有时在近基部处具 1-2 个小齿，常从中

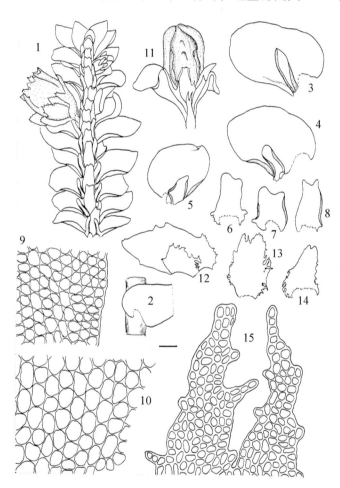

图 91　卷瓣光萼苔 Porella recurve-loba Y. Jia & Qiang He
1. 带蒴萼枝条的一部分；2. 茎一部分（背面观）；3-5. 叶片；6-8. 腹叶；9. 叶中部细胞；10. 叶基部细胞；11. 蒴萼；12. 内雌苞叶；13-14. 内雌苞腹叶；15. 蒴萼口部细胞。标尺=0.4 mm，1；=0.3 mm，2；=0.25 mm，3-8，11-14；=25 μm，9-10，15。（甘肃，文县，树干，1190-1600 m，裴林英 1205，PE）（何强绘）
Figure 91　Porella recurve-loba Y. Jia & Qiang He
1. A portion of branch with perianth; 2. Part of stem (dorsal view); 3-5. Leaves; 6-8. Underleaves; 9. Median leaf cells; 10. Basal leaf cells; 11. Perianth; 12. Innermost bract; 13-14. Innermost bracteoles; 15. Cells of lobes of perianth-mouths. Scale bar=0.4 mm, for 1; =0.3 mm, for 2; =0.25 mm, for 3-8, 11-14; =25 μm, for 9-10, 15. (Gansu, Wenxian Co., on tree, 1190-1660 m, Pei Lin-Ying 1205, PE) (Drawn by Qiang He)

部至基部外卷，有时甚至到顶部，基部不下延。腹叶覆瓦状着生，长方形，长 0.4-0.6 mm，宽 0.35-0.50 mm，顶部有时外卷，或内凹，边缘全缘，两侧边缘有时具狭的外卷，有时基部具齿，基部不下延或少下延。茎叶与枝叶相似，枝叶多少更小。

雌苞生于主枝或侧枝上，具极短柄。蒴萼钟形，纵褶宽而不明显。雌苞叶 1 对，边缘具齿。孢蒴球形，具 4 个脊。孢子未见。

**生境：** 生于树干上；海拔 1190-1660 m。

**产地：** 甘肃：文县，碧口镇，裴林英 1205（PE）。

**分布：** 中国特有。

本种由于腹瓣下部具狭的外卷而与中华光萼苔 *P. chinese* 非常相似，但是后者腹瓣和腹叶具长下延。

## 18. 卷叶光萼苔

**Porella revoluta** (Lehm. & Lindenb.) Trevis., Mem. Reale Ist. Lombardo Sci., Ser. 3, Cl. Sci. Mat. 4: 407. 1877.

*Jungermannia revoluta* Lehm. & Lindenb., Nov. Stirp. Pug. 4: 18. 1832.

*Madotheca revolute* (Lehm.) Lehm. & Lindenb. in Gottsche, Lindenb. & Nees, Syn. Hepat.: 273. 1845.

### 种下等级检索表

1. 侧叶背瓣先端圆钝，前缘常强烈背卷·····················**18a.卷叶光萼苔原变种 P. revoluta var. revoluta**

1. 侧叶背瓣先端短急尖，前缘常具背卷边·············**18b.卷叶光萼苔陕西变种 P. revoluta var. propingua**

## 18a. 卷叶光萼苔原变种

**Porella revoluta** (Lehm. & Lindenb.) Trevis. var. **revoluta**

植物体较大，密集平铺生长，深绿色或黄绿色，无光泽。茎匍匐，先端稍倾立，规则的二回羽状分枝，长 2-5 cm，连叶宽 2.5-3.5 mm。侧叶紧密覆瓦状排列；背瓣卵状椭圆形，长 2.0-2.5 mm，宽 1.4-1.6 mm，叶缘平滑，前缘强烈背卷，顶端钝圆；腹瓣长圆卵形，长 1.4-1.5 mm，宽 0.6-0.8 mm，全缘，顶端圆钝，两侧叶缘背卷，基部一侧沿茎下延较宽。叶细胞圆形或卵形，上部细胞直径 16-21 μm，细胞壁薄，向下细胞逐渐变大，细胞壁变厚，边缘处细胞厚壁，三角体大。茎腹叶阔舌形，长 1.4-1.6 mm，宽 1.2-1.3 mm，全缘，两侧边缘常背卷，顶端钝圆，强烈背卷，基部两侧沿茎条裂状下延。

**生境：** 生于树干、石上、树干基部或岩面上；海拔 1360-2250 m。

**产地：** 甘肃：舟曲县，贾渝 J04785（PE）。陕西：佛坪县，李粉霞、王幼芳 244，285，667，669，725c，1137，1169，1175，1185，1233，1238，1258b，4300（HSNU），汪楣芝 55532a，55559，55678（PE）；翠华山，R. N. Han 0057（PE）；洋县，汪楣芝 55427，55431，56374，56441a（PE）。

**分布：** 尼泊尔和不丹。

## 18b. 卷叶光萼苔陕西变种

**Porella revoluta** var. **propingua** (C. Massal.) S. Hatt., J. Hattori Bot. Lab. 30: 148. 1967.

*Madotheca propinqua* C. Massal., Mem. Accad. Agr. Art. Comm. Verona, Ser. 3, 73(2): 27. 1897.

*Porella proqinqua* (C. Massal.) S. Hatt., J. Hattori Bot. Lab. 8: 28. 1952.

植物体大形，密集平铺生长，黄绿色或棕黄色，无光泽。茎匍匐，先端稍倾立，密集规则二回羽状分枝，长 2-5 cm，连叶宽 3.0-3.5 mm。侧叶背瓣斜卵形，长 2.6-3.2 mm，宽 1.8-2.1 mm，全缘或基部具 1-3 个钝齿，前缘具狭背卷边，顶端具短急尖；腹瓣长舌形，长 2.0-2.6 mm，宽 0.7-0.9 mm，全缘，具狭背卷边，顶端钝或稍狭，常背卷，基部一侧沿茎下延。叶细胞圆形或卵形，上部细胞（27-35）μm×（13-19）μm，中部细胞（32-43）μm×（19-24）μm，厚壁，三角体中等大小，基部细胞壁具球状加厚。茎腹叶长圆卵形，长 1.7-2.0 mm，宽 1.0-1.3 mm，全缘，边缘狭背卷，顶端钝圆或具钝齿，长背卷，基部两侧沿茎下延。

**生境：**生于岩面、石上、树生和林中土面上；海拔 675-2450 m。

**产地：甘肃：**文县，李粉霞 24，400，613，772（PE），贾渝 09217，09279（PE）。**河南：**栾川县，何强 7466（PE）；内乡县，曹威 838（PE）。**陕西：**佛坪县，李粉霞、王幼芳 1864b，4181，4269，4295（HSNU），李粉霞 1091（HSNU）；户县（Massalongo，1897；Levier，1906，as *Madotheca propinqua*；Hattori，1967；Geissler and Bischler，1985，as *Madotheca* sp.）；太白山（张满祥，1972；Hattori and Zhang，1985）；宁陕县（Hattori and Zhang，1985）；太白县（Hattori and Zhang，1985）。

**分布：**中国特有。

## 19. 齿边光萼苔 图 92

*Porella stephaniana* (C. Massal.) S. Hatt., J. Hattori Bot. Lab. 5: 81. 1951.
*Madotheca stephaniana* C. Massal., Mem. Accad. Agr. Comm. Verona 73(2): 23. 1897.
*Porella calcicola* S. Hatt., Bot. Mag. 58: 4, f. 11. 1944.

植物体中等大小，黄褐色，平铺成片生长，不规则分枝，无光泽。茎匍匐，长 2-3.5 cm，连叶宽约 3 mm。侧叶背瓣与茎呈斜向生长，长椭圆形，长 1.7-2.1 mm，宽 1-1.3 mm，腹缘边缘具 3-4 个长齿，侧叶腹瓣几乎与茎平行生长，近于长方形；侧叶腹瓣长方形，两侧具稀疏的齿。叶细胞不规则圆形，中部叶细胞长 23-28 μm，宽 17-31 μm，向边缘处细胞变小，三角体大，有时形成球状加厚。腹叶紧贴茎着生，长方形，基部明显下延，长约 0.6 mm，宽约 0.4 mm，顶部有时具 2 个齿，两侧具稀疏的齿。

蒴萼未见。

**生境：**生于岩壁、岩面薄土、岩面或林地上；海拔 423-2600 m。

**产地：甘肃：**迭部县，汪楣芝 54492（PE）。**湖北：**郧西县，曹威 061（PE），何强 5974，6001，6024（PE）。**陕西：**佛坪县（王玛丽等，1999）；户县（Massalongo，1897；Levier，1906；Geissler and Bischler，1985，as *Madotheca stephaniana*）；华山，陈邦杰 843（PE），李登科 15143（PE）；太白山（张满祥，1972；Hattori and Zhang，1985），黎兴江 446，453（PE），魏志平 4486、4957（PE）；太白县（张满祥，1972；Hattori and Zhang，1985），魏志平 5941（PE）。

**分布：**日本。

本种的主要特征：①叶片锐尖，在腹缘的下部至基部具密的粗齿；②侧叶腹瓣和腹叶边缘具密的齿；③叶细胞具大的三角体，且具球状加厚。

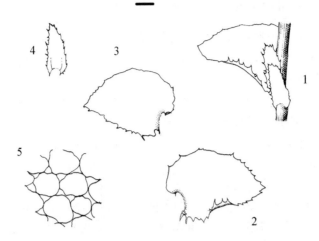

图 92　齿边光萼苔 Porella stephaniana (C. Massal.) S. Hatt.

1. 茎一部分；2-3. 叶片；4. 腹叶；5. 叶中部细胞。标尺=0.7 mm，1-4；=27 μm，5。（湖北，郧西县，岩面，423 m，曹威 061，PE）（郭木森绘）

Figure 92　Porella stephaniana (C. Massal.) S. Hatt.

1. A portion of stem; 2-3. Leaves; 4. Underleaf; 5. Median leaf cells. Scale bar=0.7 mm, for 1-4; =27 μm, for 5. (Hubei, Yunxi Co., on rock, 423 m, Cao Wei 061, PE) (Drawn by Guo Mu-Sen)

## 20. 皱叶光萼苔（新拟）　　　　　　　　　　　　　　　图 93

**Porella ulophylla** (Steph.) S. Hatt., Bull. Tokyo Sci. Mus. 11: 92. 1944.

*Macvicaria ulophylla* (Steph.) S. Hatt., J. Hattori Bot. Lab. 5: 81. 1951.

*Madotheca ulophylla* Steph., Bull. Herb. Boissier 5: 97. 1897.

*Macvicaria fossombronioides* W. E. Nicholson in Handel-Mazzetti, Symb. Sin. 5: 9. 1930.

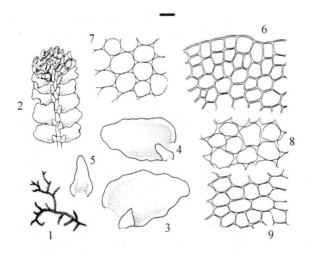

图 93　皱叶光萼苔 Porella ulophylla (Steph.) S. Hatt.

1. 植物体；2. 枝条一部分；3-4. 侧叶；5. 腹叶；6. 叶尖部细胞；7. 叶中部细胞；8. 叶基部细胞；9. 腹叶细胞。标尺=0.9 mm，1；=0.59 mm，2；=0.29 mm，3-5；=38 μm，6-9。（湖北，郧县，大柳乡，树干，543-645 m，何强 6216，PE）（郭木森绘）

Figure 93　Porella ulophylla (Steph.) S. Hatt.

1. Plant; 2. A portion of branch; 3-4. Leaves; 5. Underleaf; 6. Apical leaf cells; 7. Median leaf cells; 8. Basal leaf cells; 9. Underleaf cells. Scale bar=0.9 mm, for 1; =0.59 mm, for 2; =0.29 mm, for 3-5; =38 μm, for 6-9. (Hubei, Yunxian Co., Daliuxiang, on tree trunk, 543-645 m, He Qiang 6216, PE) (Drawn by Guo Mu-Sen)

植物体暗绿色，茎长约 4 cm，不规则分枝。叶背瓣卵形，长约 2.5 mm，叶边全缘，强烈波曲；腹瓣宽舌形，顶端钝，全缘，基部沿茎一侧稍下延。叶细胞圆形至六角形，薄壁，直径 20-30 μm，三角体小。腹叶阔卵形，宽于茎约 2 倍，顶端圆钝，全缘，强烈波曲，基部两侧沿茎条状下延。

雌苞叶与茎叶近似，雌苞腹叶形大。

生境：生于岩面薄土、石上、岩面和树干上；海拔 423-775 m。

产地：甘肃：文县，李粉霞 145（PE）。湖北：郧西县，曹威 023（PE），何强 5932，5936（PE）；郧县，何强 6216（PE）。陕西：太白山，黎兴江 413（KUN，PE）。

分布：日本、朝鲜、俄罗斯远东地区。

本种因侧叶背瓣和腹叶全缘且强烈波曲而区别于光萼苔属其他种类。

## 21. 毛缘光萼苔 　　　　　　　　　　　　　　　　　　　　　　　图 94

**Porella vernicosa** Lindb., Acta Soc. Sci. Fenn. 10: 223. 1872.

*Madotheca nigricans* Steph., Sp. Hepat. 4: 314. 1910.

*Madotheca vernicosa* (Lindb.) Steph., Bull. Herb. Boissier 5: 80. 1897.

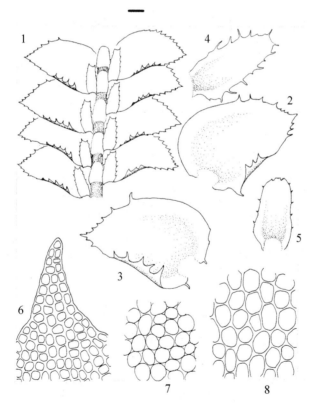

图 94　毛缘光萼苔 Porella vernicosa Lindb.

1. 枝条一部分；2-3. 侧叶背瓣；4. 侧叶腹瓣；5. 腹叶；6. 叶尖部细胞；7. 叶中部细胞；8. 叶基部细胞。标尺=0.42 mm，1；=0.48 mm，2-3；=0.24 mm，4-5；=39 μm，6-8。(甘肃，文县，碧口镇，李子坝，1160-1236 m，裴林英 1613，PE)（郭木森绘）

Figure 94　Porella vernicosa Lindb.

1. A portion of branch; 2-3. Dorsal lobe; 4. Ventral lobe; 5. Underleaf; 6. Apical leaf cells; 7. Median leaf cells; 8. Basal leaf cells. Scale bar=0.42 mm, for 1; =0.48 mm, for 2-3; =0.24 mm, for 4-5; =39 μm, for 6-8. (Gansu, Wenxian Co., Bikou Town, Liziba, 1160-1236 m, Pei Lin-Ying 1613, PE) (Drawn by Guo Mu-Sen)

植物体细小，稀疏平铺生长，淡绿色或棕色。茎匍匐，不规则稀疏分枝，长 1.5-3.0 cm，连叶宽 1.2-1.4 mm。侧叶紧密覆瓦状排列；背瓣长椭圆形，长 1.2-1.4 mm，宽 0.7-0.9 mm，上部强烈内卷，边缘具多数毛状齿；腹瓣舌形，长 0.6-0.7 mm，宽 0.3-0.4 mm，边缘具多数毛状齿，基部沿茎一侧下延较狭窄。叶细胞圆形或圆六边形，上部细胞直径 13-21 μm，中下部细胞逐渐变大，细胞壁薄，三角体不明显。茎腹叶卵状长方形，长 0.6-0.7 mm，宽 0.4-0.6 mm，叶缘密生毛状齿，基部两侧沿茎下延较短。

**生境：**生于林地上；海拔 1160-1950 m。

**产地：甘肃：**文县，裴林英 1613（PE）；舟曲县，汪楣芝 53466，53499（PE）。**河南：**灵宝市（叶永忠等，2004）。**陕西：**户县，魏志平 4340，4692（WNU）；太白山，黎兴江 447（KUN）；宁陕县，陈邦杰等 105，170，270，664（PE）；太白县，魏志平 5933a（WNU）。

**分布：**朝鲜、日本、俄罗斯远东和西伯利亚地区。

本种的主要特征：①叶片钝尖或近于截形，沿两侧具粗齿；②侧叶腹瓣边缘具密的毛状齿；③腹叶卵状长方形，边缘具稀疏的细齿。

# 科 38　扁萼苔科 **Radulaceae** Müll. Frib.

植物体细小至中等大小，黄绿色、橄榄绿色或红褐色，扁平贴生基质。茎长 0.5-10 cm，不规则羽状分枝或二歧分枝，分枝短，斜出自叶片基部；茎横切面皮部细胞不分化或稍小于髓部细胞；假根束生于腹瓣中央。叶 2 列，蔽前式，疏生或密集覆瓦状，平展或斜展，背瓣平展或内凹，卵形或长卵形，先端圆钝或具短尖；基部不下延或稍下延；叶边全缘。腹瓣为背瓣的 1/4-1/3，斜伸或横展，少数直立着生，卵形、长方形、舌形或三角形，常膨起成囊状，先端圆钝或具圆钝头，或具小尖；脊部平直或略呈弧形，与茎呈 50°-90°角。叶细胞近于六边形，壁薄或厚，具三角体或无三角体，稀细胞壁中部球状加厚，表面平滑，稀具细疣；每个细胞具 1-3 个油体。

雌雄异株，稀雌雄同株。雄苞顶生或间生于分枝上，雄苞叶 2-20 对，呈穗状。雌苞生于茎或枝顶端，稀生于短侧枝上，具 1-2 对雌苞叶。蒴萼扁平喇叭形，口部平截，平滑。

全世界有 1 属。

## 1. 扁萼苔属 **Radula** Dumort.

植物体小形至中等大小，暗黄绿色至黄绿色，有时褐绿色，树生、石生或叶附生，常与其他苔藓植物形成群落。茎匍匐，叉状分枝、不规则羽状分枝，或 1-2 回羽状分枝；茎横切面卵形或椭圆形，细胞分化或不分化，分化时皮部细胞小形或厚壁，常褐色，中部细胞大或厚壁，淡色，不分化时均为薄壁或厚壁细胞，有或无三角体；假根束生于叶腹瓣中央。叶蔽前式，相互贴生或覆瓦状排列，背瓣阔卵形或卵状椭圆形，略内凹或平展，先端圆钝，稀锐尖；叶边全缘。腹瓣斜方形、菱形或楔形，稀基部具小叶耳。叶细胞六边形，薄壁或厚壁，无三角体或具小三角体，稀具大三角体，或胞壁中部球状加厚；

每个细胞具 1-3 个油体。无性芽胞扁圆形，着生于叶边或叶腹面。

雌雄异株或稀雌雄同株。雄苞柔荑花序状，侧生或间生，通常由 4-10 对雄苞叶组成。雌苞生于茎顶端或主枝顶端，基部具 1-2 新生枝，少数生于短侧枝上。雌苞叶 1-2 对。蒴萼喇叭形，先端扁平，口部平滑或具波曲。孢蒴卵状球形，成熟时 4 瓣开裂，孢蒴壁由 2 层细胞组成。孢子球形，具细疣。弹丝具 2（3）列螺纹加厚。

全世界有 428 种，中国有 42 种，本地区有 7 种。

## 分种检索表

1. 雌苞生于茎或主枝顶端，基部常具 1-2 条新生枝；茎横切面厚 5-12 个细胞，皮部细胞与中部细胞分化不明显 ···········2
1. 雌苞生于侧短枝上，基部无新生枝；茎横切面厚 8-18 个细胞，皮部细胞小而厚壁，中部细胞大而薄壁 ···········3
2. 植物体二回羽状分枝，二回羽枝为小叶型枝；叶腹瓣近于圆形，基部明显耳状，向外伸展明显超过茎的宽度 ···········**3.中华扁萼苔 R. chinensis**
2. 植物体一回羽状分枝，无小叶型枝；叶腹瓣长椭圆形、卵形或卵状三角形，基部弧形，向外伸展不超过或稍超过茎的宽度 ···········**2.耳瓣扁萼苔 R. auriculata**
3. 雌苞生于侧短生殖枝上，基部具短新生枝；茎横切面皮部与髓部细胞同形，薄壁，无三角体 ···········**1.长枝扁萼苔 R. aquiligia**
3. 雌苞生于茎或主枝顶端，基部具长新生枝；茎横切面皮部与髓部细胞常异形，具三角体加厚 ···········4
4. 叶腹瓣不覆盖茎，基部无叶耳 ···········**5.圆瓣扁萼苔 R. inouei**
4. 叶腹瓣常覆盖茎的一部分或全部，基部具大或小的叶耳 ···········5
5. 植物体雌雄同株 ···········**4.扁萼苔 R. complanata**
5. 植物体雌雄异株 ···········6
6. 叶片边缘具盘状芽胞；叶腹瓣具短尖 ···········**7.芽胞扁萼苔 R. lindenbergiana**
6. 叶片边缘无芽胞；叶腹瓣先端圆钝 ···········**6.日本扁萼苔 R. japonica**

## 1. 长枝扁萼苔

**Radula aquiligia** (Hook. f. & Taylor) Gottsche, Lindenb. & Nees, Syn. Hepat.: 260. 1845.

*Jungermannia aquiligia* Hook. f. & Taylor, London J. Bot. 3: 291. 1844.

植物体中等大小，黄褐色或黄绿色。茎长 10-25 mm，直径约 0.2 mm，连叶宽 2-2.2 mm，不规则密集羽状分枝，分枝斜出，长 5-8 mm；茎横切面直径 7-8 个细胞，皮部与髓部细胞同形，细胞壁薄，无三角体。叶疏生或稀疏覆瓦排列，横出，卵圆形，长 1-1.1 mm，宽 0.7-0.8 mm，先端钝，前缘基部弧形，常覆盖茎直径的 1/2 或 3/4。叶边细胞长 10-12 μm，宽约 10 μm；中部细胞长 17-20 μm，宽 12-15 μm，细胞壁薄，无三角体；基部细胞长 17-25 μm，宽 15-17 μm，表面平滑。腹瓣近于方形，约为背瓣长度的 1/2，外沿平直，前沿平直或稍内凹，基部弧形，覆盖茎直径的 1/3-1/2，脊部稍凸起，与茎呈 50°-60°角，略下延。

雌雄异株。雄苞穗状，生于短侧枝上，雄苞叶 4-8 对。雌苞生于短侧枝上，雌苞叶 1 对，长卵形，腹瓣短小。蒴萼扁椭圆形，长约 3 mm，宽约 1 mm，近于上下等宽，口部平滑或波曲状。

**生境**：生于岩面薄土或岩面上；海拔 2000-3100 m。

**产地：陕西**：太白山，魏志平 5203，5204a（PE）；佛坪县（王玛丽等，1999）。
**分布**：朝鲜和日本。

## 2. 耳瓣扁萼苔 图 95

**Radula auriculata** Steph., Bull. Herb. Boissier 5: 105. 1897.
*Radula heterophylla* Steph., Sp. Hepat. 6: 508. 1924.

　　植物体中等大，硬挺，干标本绿色或暗褐色，新鲜时呈现紫红色。茎长 2-4.5 cm，直径约 0.3 mm，带叶宽 1.8-2 mm，不规则或规则羽状分枝，分枝向斜上方伸出，长 3-12 mm，连叶宽 1.3-1.5 mm；茎横切面厚 8-13 个细胞，皮部两层细胞浅褐色，比髓部细胞小，细胞壁明显厚，细胞腔小，中部细胞大，细胞壁薄，三角体小。叶背瓣覆瓦状或有时彼此分离，横向伸出，略呈瓢形，卵圆状，长 0.9-1 mm，先端圆钝，有时先端内曲，背面基部半弧形，稍呈耳状，覆盖全茎或不超过茎。叶边细胞（10-15）μm×（10-13）μm，中部细胞（12-23）μm×（13-18）μm，基部细胞（20-30）μm×（13-18）μm，细胞壁薄，具大三角体；角质层平滑。叶腹瓣伸展，覆盖茎并超过茎宽的 1/3-2/3，先端圆钝，近轴边多数呈半圆弧形或基部凸出成耳状，远离茎的边缘直或稍呈弓形，横生或斜生，着生线短，龙骨区膨起；假根区不明显，常无假根；背脊与茎约呈 40°角，长 0.1-0.2 mm，弯缺小，不下延。

　　雌雄异株。雄苞生于侧短枝上，头状或穗状，具 3-6 对雄苞叶。雌苞生于侧短枝上，常具 2-3 对雌苞叶，雌苞叶背瓣长卵形，先端圆钝，腹瓣狭长卵形；蒴萼短，宽扁短筒形或钟形，长约 1.4 mm，中部宽约 1 mm，口部截齐状。孢子体未见。

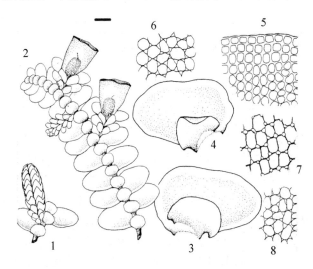

图 95　耳瓣扁萼苔 Radula auriculata Steph.
1. 雄株；2. 带孢子体的植物体（腹面观）；3-4. 叶片；5. 叶顶端细胞；6. 叶中部细胞；7. 叶基部细胞；8. 腹瓣细胞。标尺=0.6 mm, 1-2；=0.29 mm, 3-4；=38 μm, 5-8。（甘肃，文县，邱家坝，倒木，2320-2380 m，汪楣芝 63238，PE）（郭木森绘）
Figure 95　Radula auriculata Steph.
1. Male plant; 2. Plant with sporophytes (ventral view); 3-4. Leaves; 5. Apical leaf cells; 6. Median leaf cells; 7. Basal leaf cells; 8. Leaf-lobule cells. Scale bar=0.6 mm, for 1-2; =0.29 mm, for 3-4; =38 μm, for 5-8. (Gansu, Wenxian Co., Qiujiaba, on fallen log, 2320-2380 m, Wang Mei-Zhi 63238, PE) (Drawn by Guo Mu-Sen)

**生境**：生于树上；海拔 2320-2380 m。

**产地**：甘肃：文县，汪楣芝 63238（PE）。

**分布**：尼泊尔、印度、朝鲜、日本、俄罗斯远东地区；北美洲。

本种与直瓣扁萼苔 *R. perrottetii* 相似，但是后者叶片腹瓣呈卵状三角形，先端为狭钝尖。

## 3. 中华扁萼苔

**Radula chinensis** Steph., Sp. Hepat. 4: 164. 1910.

植物体大形，常为暗黄绿色或绿褐色。茎长 2.5-5.5 cm，连叶宽 2.7-3.0 mm，不规则羽状分枝，枝条长 0.5-2 cm，连叶宽 2-2.5 mm，具小形叶的枝条短；茎横切面直径 10-11 个细胞，皮部 2-3 层小形细胞，细胞壁厚，红褐色，髓部细胞大，细胞壁薄，具小三角体。叶稀疏覆瓦状排列或叶间不相接，叶片常脱落，三角状卵形，长 1.3-1.5 mm，宽约 1.3 mm，上部近三角形，不内曲，常有狭卷边和小波状褶，前缘基部覆盖茎，呈圆耳状。叶边细胞长 10-13 μm，宽 9-12 μm；中部细胞长 15-25 μm，宽 15-18 μm；基部细胞长 22-33 μm，宽 15-20 μm，细胞壁薄，具大三角体，表面平滑。腹瓣大，上下相连生长，或略呈覆瓦状贴生，宽度大于茎并覆盖茎，近圆形，约为背瓣长度的 1/2，多具卷边，基部形成大的耳状，着生处短，脊部与茎呈 60°角。

**生境**：生于林地、潮湿岩面、腐木、树干、腐殖土、岩面、石壁和岩面薄土上；海拔 1400-3200 m。

**产地**：甘肃：迭部县，汪楣芝 53667，53668（PE）；文县，汪楣芝 63242，63338（PE），魏志平 6792a（WNU）。陕西：佛坪县，李粉霞、王幼芳 385，1755，4611（HSUN）；户县（Levier，1906；Yamada，1976，1979），魏志平 4727a（PE）；眉县，汪发瓒 117（PE）；太白县，魏志平 6696（PE）；太白山，黎兴江 810（KUN），魏志平 5205，5464，5564，6062（PE），刘慎谔、钟补求 4187b（WNU）；秦岭南坡，陈邦杰等 302b（PE）。

**分布**：不丹和日本。

本种的主要特征：①叶片呈三角状卵形，先端钝，边缘具狭的内卷，并且多少呈波状；②叶片腹瓣大，圆形，基部形成明显的耳部，并呈波状，与茎的结合线极短。

## 4. 扁萼苔

**Radula complanata** (L.) Dumort., Syll. Jungerm. Eur.: 38. 1831.
*Jungermannia complanata* L., Sp. Pl. 1, 2: 1133. 1753.
*Radula alpestris* Lindb. ex Bergr., Bidrag Till. Skand. Bryol.: 29. 1886.
*Radula hyalina* Steph., Sp. Hepat. 6: 511. 1924.

植物体小形，黄绿色。茎长 4-10 mm，连叶宽 1.8-2 mm，具不规则的羽状分枝，分枝斜出，一般长 2-3 mm；茎横切面直径 6 个细胞，皮部和髓部细胞同形，细胞壁薄，具小三角体。叶稀疏或密集覆瓦状排列，卵圆形，近于平展或略内凹，长 0.8-0.9 mm，宽 0.6-0.8 mm，先端圆钝，内曲或平展，叶基弧形，完全覆盖茎。叶边细胞长 10-12 μm，宽 6-10 μm；中部细胞长 17-20 μm，宽 10-15 μm；基部细胞长 19-22 μm，宽 13-16 μm，细胞壁薄，具小三角体；平滑。腹瓣大，方形或近于方形，贴生于背瓣，约为背瓣长度的 1/2，先端钝或平截，与茎平行，前沿基部弧形，常覆盖茎直径的 1/3-1/2，脊部向前延伸与茎约呈 80°角，平直或略弯。芽胞小，生于叶边。

雌雄同株。精子器枝常生于雌苞下方，雄苞叶 2-4 对。雌苞生于茎顶端，常具 1 对雌苞叶，雌苞叶背瓣常为卵圆形，先端圆钝，腹瓣常较短，脊部多呈弧形。蒴萼扁筒形，长 1.2-1.5 mm，中部宽约 0.9 mm，口部大，平滑。

**生境**：生于岩面、腐木、石壁和树干上；海拔 1400-3350 m。

**产地**：**甘肃**：文县，裴林英 1119b（PE）。**河南**：灵宝市（叶永忠等，2004）。**陕西**：佛坪县，李粉霞、王幼芳 1107，1350（HSUN）；宁陕县，陈邦杰等 518（PE）；秦岭南坡，陈邦杰等 638（PE）；山阳县（Levier，1906）；太白山（Levier，1906）；西太白山，魏志平 6243，6294（WNU）。

**分布**：伊朗、朝鲜、日本、印度、巴基斯坦、尼泊尔、俄罗斯远东和西伯利亚地区、土耳其；南美洲。

本种的主要特征：①叶片卵形；②叶细胞壁薄，具小的三角体；③叶片腹瓣大，方形或近于方形，覆盖茎宽的 1/3-1/2；④雌雄同株。

### 5. 圆瓣扁萼苔

**Radula inouei** K. Yamada, J. Hattori Bot. Lab. 45: 262. 1979.

植物体中等大小，硬挺，黄褐色，密集呈小片生长。茎不规则羽状分枝，分枝斜出，长 2-4 mm，直径约 0.08 mm，连叶宽约 1 mm；茎横切面直径 6 个细胞，皮部细胞小，褐色，髓部细胞大于皮部细胞，均为薄壁细胞，三角体大。叶稀疏覆瓦状排列，横出，阔卵形，内凹，常脆弱，长 0.8-0.9 mm，宽 0.5-0.7 mm，先端圆钝，常内曲，前缘基部稍覆盖茎。叶边细胞长 6-8 μm，宽 4-6 μm；中部细胞长 15-17 μm，宽 11-13 μm；基部细胞长 19-21 μm，宽约 10 μm，细胞壁薄，具明显三角体，表面具密疣。腹瓣卵形或椭圆状卵形，约为背瓣长度的 1/2，先端圆钝，外沿弧形，近轴面边缘具 1-2 列透明细胞形成的分化边缘，前沿基部不覆茎，脊部与茎呈 70°-80°角，弧形。

雌雄同株。雄苞常生于雌苞下部，具 2-3 对雄苞叶。雌苞顶生，雌苞叶卵形。蒴萼扁筒形，长约 3 mm，中部直径约 1 mm，口部常呈二瓣状，微波曲。

**生境**：生于树干或石上。

**产地**：**陕西**：佛坪县，李粉霞、王幼芳 3385，4445，4489，4530，4553，4576，4602（HSNU）。

**分布**：中国特有。

本种的主要特征：①叶片宽卵形，先端圆钝并内卷；②叶细胞薄壁，三角体中等至大；③叶片腹瓣卵形或椭圆状卵形，近轴面边缘具 1-2 列透明细胞形成的分化边缘；④雌雄同株。

### 6. 日本扁萼苔　　　　　　　　　　　　　　　　　　　　　图 96

**Radula japonica** Gottsche ex Steph., Hedwigia 23: 152. 1884.
*Radula sendaica* Steph., Sp. Hepat. 6: 514. 1924.

植物体中等大小，硬挺，亮绿色，稍带褐色。茎长 0.5-2 mm，连叶宽 1.4-1.5 mm，分枝横展或斜出，长 2-5 mm，连叶宽 0.1-0.9 mm；茎横切面直径 6 个细胞，皮部细胞常褐色，略小于髓部细胞，有小或稍大的三角体。叶密集或稀疏覆瓦状排列，卵形，先端圆形，长 0.6-0.7 mm，宽 0.5-0.6 mm，稍向背面膨起，前缘基部覆盖部分茎。叶边细胞长 6-10 μm，宽 5-7 μm；中部细胞长 16-18 μm，宽 11-16 μm；基部细胞长 23-26 μm，宽 11-17 μm，细胞壁薄，三角体小，表面平滑。腹瓣方形，约为背瓣长度的 1/2，先端圆形，外沿与前沿边均平直，基部覆盖茎直径的 1/3-1/2，脊部稍膨起，与茎呈 70°角，长 0.3-0.4 mm，不下延。

雌雄异株。雄苞顶生或间生，具 3-8 对雄苞叶。雌苞生于茎枝顶端，具 2 对雌苞叶，雌苞叶背瓣卵圆形，先端圆钝，腹瓣长方形，先端圆钝，脊部弯曲。蒴萼短扁筒形，长 1.5-1.8 mm，中部宽 1-1.2 mm，具 2 裂瓣。

**生境：**生于腐木、树干基部、树根、岩面薄土、岩面或石壁上；海拔 1250-1900 m。

**产地：河南：**内乡县，曹威 828，941（PE）。**陕西：**佛坪县，李粉霞、王幼芳 937，1127，1451，1465，1506，1835，1867，3542，4324，4470，4618（HSNU）；太白山，黎兴江 557（PE）；太白县，魏志平 6640a（PE）。

**分布：**朝鲜、日本和俄罗斯远东地区。

**本种的主要特征：**①叶片卵形，先端圆形；②叶片腹瓣方形，具直或稍弯曲的龙骨状；③叶细胞薄壁，三角体小；④雌雄异株。

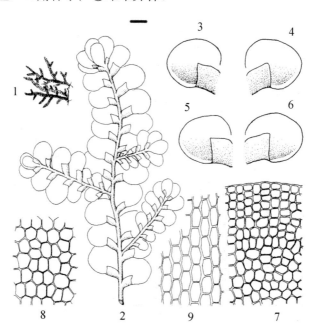

图 96　日本扁萼苔 Radula japonica Gottsche ex Steph.

1. 植物体；2. 枝条；3-6. 叶片（腹面观）；7. 叶尖部细胞；8. 叶中部细胞；9. 叶基部细胞。标尺=1 cm，1；=0.59 mm，2；=0.29 mm，3-6；=38 μm，7-9。（河南，内乡县，宝天曼国家级自然保护区，岩面，1299-1714 m，曹威 828，PE）（郭木森绘）

Figure 96　Radula japonica Gottsche ex Steph.

1. Plant; 2. Branch; 3-6. Leaves (ventral view); 7. Apical leaf cells; 8. Median leaf cells; 9. Basal leaf cells. Scale bar=1 cm, for 1; =0.59 mm, for 2; =0.29 mm, for 3-6; =38 μm, for 7-9. (Henan, Neixiang Co., Baotianman National Nature Reserve, on rock, 1299-1714 m, Cao Wei 828, PE) (Drawn by Guo Mu-Sen)

## 7. 芽胞扁萼苔 图 97

**Radula lindenbergiana** Gottsche ex Hartm. f., Handb. Skand. Fl. (ed. 9) 2: 98. 1864.

*Radula constricta* Steph., Sp. Hepat. 6: 506. 1924.

植物体中等大小，淡黄绿色或黄褐色。茎长 5-15 mm，连叶宽 1.6-1.8 mm，不规则的羽状分枝，枝条斜展，长 1-4 mm；茎横切面直径 8-9 个细胞，皮部细胞与髓部细胞同形，细胞壁薄，具小三角体。叶密集或稀疏覆瓦状排列，先端圆钝，不内曲，前缘基部覆盖茎。叶边细胞长 16-18 μm，宽 11-14 μm；中部细胞长 25-28 μm，宽 15-18 μm；基部细胞长 37-41 μm，宽 15-18 μm，细胞壁薄，三角体小，表面平滑。腹瓣方形，先端具短尖，为背瓣长度的 1/2-2/3，长 0.4-0.5 mm，宽 0.3-0.35 mm，外沿平直，前沿基部覆盖茎直径的 1/2-3/4，脊部与茎呈 45°-60°角，稍呈弧形或平直。叶边缘具盘状芽胞。

雌雄异株。雄苞生于短侧枝上。雄苞叶 3-5 对。雌苞生于茎顶端，具 1 对雌苞叶，雌苞叶背瓣长椭圆形，先端圆钝，脊部平直或内凹。蒴萼扁筒形，长约 2.3 mm，口部 2 浅裂，平滑。芽胞盘状，生于叶片先端边缘，稀缺失。

**生境**：生于林下土面、林下岩面、石壁、岩面薄土、树根和树干上；海拔 543-2900 m。

**产地**：**甘肃**：迭部县，汪楣芝 54265（PE）；文县，贾渝 J08985（PE），裴林英 959，1668（PE），汪楣芝 63197（PE）；康乐县，莲花山，汪楣芝 60399（PE）。**河南**：灵宝市，何强 7772，7779（PE）。**湖北**：郧县，何强 6308，6313（PE），曹威 267，313，348（PE）。**陕西**：户县（Levier，1906）；佛坪县，李粉霞、王幼芳 899，925，973，1107，1108，1147，1506，1904a，2605，3509，4072，4095，4243，4457，4832（HSNU）；汪楣芝 56527（PE）；华山，陈邦杰等 795（PE，WNU），张满祥 286（WNU）；太白山，黎兴江 540，586b，591，625，712，725（KUN），魏志平 5327，6210，6294，6426（PE）；洋县，汪楣芝 57013a（PE）。

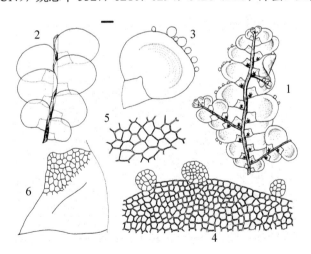

图 97 芽胞扁萼苔 Radula lindenbergiana Gottsche ex Hartm. f.

1. 植物体一部分（腹面观）；2. 茎一部分（背面观）；3. 叶片（腹面观）；4. 具芽胞的叶边缘；5. 叶基部细胞；6. 腹瓣。标尺=0.8 mm，1；=0.45 mm，2；=0.25 mm，3；=51 μm，4-6。（河南，灵宝市，何强 7779，PE）（郭木森绘）

Figure 97　Radula lindenbergiana Gottsche ex Hartm. f.

1. A portion of plant (ventral view); 2. A portion of stem (dorsal view); 3. Leaf (ventral view); 4. Leaf margin with gemmae; 5. Basal leaf cells; 6. Lobule. Scale bar=0.8 mm, for 1; =0.45 mm, for 2; =0.25 mm, for 3; =51 μm, for 4-6. (Henan, Lingbao City, He Qiang 7779, PE) (Drawn by Guo Mu-Sen)

　　**分布**：朝鲜、日本、巴基斯坦和俄罗斯远东地区。

　　本种的主要特征：①叶片宽卵形或卵形；②叶片边缘常生盘状芽胞；③叶细胞壁薄，三角体小；④叶片腹瓣方形，覆盖茎宽的 1/2-3/4，具 1 明显的小短尖。

# 科 39　耳叶苔科 **Frullaniaceae** Lorch

　　植物体纤细或粗大，褐绿色、深黑色或红褐色，紧贴基质或悬垂附生，多生于树干、树枝或岩面。茎规则或不规则羽状分枝。叶 3 列，侧叶与腹叶异形。侧叶 2 列，覆瓦状蔽前式排列。分背瓣和腹瓣；背瓣大，内凹，多圆形、卵圆形或椭圆形，尖部多圆钝，偶具短尖；叶边全缘，稀具毛状齿，叶基具叶耳或缺失。叶细胞圆形或椭圆形，细胞壁等厚，或中部具球状加厚，三角体明显或缺失，油体球形或椭圆形，稀具散生或成列油胞；腹瓣小，盔形、圆筒形或片状；副体常见，由数个至十余个细胞组成，多为丝状，偶呈片状。腹叶楔形、圆形或椭圆形，全缘或 2 裂，基部有时下延，稀具叶耳。

　　雌雄异株或同株。蒴萼卵形或倒梨形，孢蒴壁由 2 层细胞组成，脊部多膨起，平滑、具疣或小片状突起，喙短小。孢子球形，表面具颗粒状疣。

　　全世界有 1 属。

## 1. 耳叶苔属 **Frullania** Raddi

　　植物体纤细、柔弱或稍粗大，褐绿色、深黑色或红褐色，多具光泽，多生于树干、树枝或岩面，稀叶面附生，或悬垂。茎规则或不规则 1-2 回羽状分枝。叶 3 列排列，侧叶与腹叶异形。侧叶 2 列，覆瓦状蔽前式排列；侧叶分背瓣和盔瓣；背瓣多圆形、卵圆形或椭圆形，尖部多圆钝，偶具钝尖，叶基稀呈耳状；叶边全缘。叶细胞圆形或椭圆形，细胞壁常具球状加厚或等厚，三角体有或缺，油体球形或椭圆形；少数种类具油胞，油胞位于叶片近基部，散生或成列生长。盔瓣盔形、圆筒形、细长筒形或呈片状；副体常见，体形小，由数个至十余个细胞组成，多为丝状，偶为片状，位于盔瓣基部。腹叶楔形、圆形或椭圆形，全缘或上部浅 2 裂，基部不下延或略下延，有时具叶耳。

　　雌雄异株或同株。蒴萼卵形或倒梨形，脊部 3-5 个，多膨起，平滑，具疣或小片状突起，喙短小。孢子球形。

　　全世界有 350 种，中国有 91 种，本地区有 23 种，1 变种。

### 分种检索表

5. 腹叶顶端 2 裂或具锯齿 ···························································································· 9

6. 腹叶基部呈耳状 ················································································ **24.云南耳叶苔 F. yunnanensis**

6. 腹叶基部不呈耳状 ········································································································· 7

7. 蒴萼平滑；雌苞叶和雌苞腹叶边缘全缘；叶片相邻生长，椭圆状卵形，叶顶端宽圆形
   ············································································································ **11.圆叶耳叶苔 F. inouei**

7. 蒴萼具疣状突起；雌苞叶和雌苞腹叶边缘具稀疏的齿；叶片覆瓦状排列 ······························· 8

8. 蒴萼腹面中部以下和背面基部密生疣毛 ··········· **17.微凹耳叶苔毛萼变种 F. retusa var. hirsute**

8. 蒴萼表面疏生疣毛 ······································································ **5.达乌里耳叶苔 F. davurica**

9. 腹叶基部具明显的耳状下垂 ································································································· 10

9. 腹叶基部无或稍具耳状下垂 ································································································· 11

10. 腹叶基部耳垂状下延裂片小，不重叠 ···················································· **9.心叶耳叶苔 F. giraldiana**

10. 腹叶基部耳垂状下延裂片大，相互重叠 ·············································· **14.尼泊尔耳叶苔 F. nepalensis**

11. 腹叶基部稍具耳状下垂 ········································································ **4.西南耳叶苔 F. consociata**

11. 腹叶基部无耳状下垂 ········································································································· 12

12. 叶片背仰 ········································································································ **6.皱叶耳叶苔 F. ericoides**

12. 叶片不背仰 ····················································································································· 13

13. 蒴萼表面具疣状突起 ·············································································· **23.瘤萼耳叶苔 F. tubercularis**

13. 蒴萼表面无疣状突起 ········································································································· 14

14. 蒴萼表面具 10 条纵褶，纵褶密集，呈蠕虫状弯曲；腹叶相对大，2 裂不及长度的 1/5
    ············································································································ **18.粗萼耳叶苔 F. rhystocolea**

14. 蒴萼表面不到 7 条纵褶，纵褶不呈蚯蚓状弯曲 ··········································································· 15

15. 叶片盔瓣强烈内曲，喙近于截形；叶片呈椭圆状卵圆形，基部具小或不明显的下延裂片；腹叶近
    圆形，宽不及 0.6 mm，2 裂为长度的 1/6-1/5 ···································· **20.陕西耳叶苔 F. schensiana**

15. 叶片盔瓣不强烈内曲 ········································································································· 16

16. 蒴萼具 5 个脊，脊高而窄，多少波曲；雌苞叶与雌苞腹叶在一侧相连 ···· **21.中华耳叶苔 F. sinensis**

16. 蒴萼不具高而窄，并且波曲的脊；雌苞叶与雌苞腹叶不或短地在一侧相连 ····························· 17

17. 腹叶倒卵形或倒楔形，上部两侧常具钝齿或细齿 ···························· **19.微齿耳叶苔 F. rhytidantha**

17. 腹叶卵形，椭圆形，上部两侧全缘 ··························································································· 18

18. 腹叶卵形，2 裂至长度的 1/6-1/5；叶片基部具下延裂片；盔瓣不对称，具明显的喙；雌苞腹叶与
    雌苞叶约有长度的 1/5 相连，边缘无齿；雌苞叶 2 裂至长度 1/2，边缘全缘；蒴萼具 3 个脊
    ············································································································ **3.陈氏耳叶苔 F. chenii**

18. 腹叶椭圆状卵形或椭圆状楔形，侧边常具齿；叶片通常无下延裂片；雌苞叶和雌苞腹叶边缘通常
    具齿 ····························································································································· 19

19. 茎上部常产生鞭状或毛刷状小枝；副体大；叶片长和宽约 0.5 mm；腹叶长 0.2-0.3 mm，宽 0.2-0.25 mm，
    2 裂至长度的 1/3-2/5；植物体小（茎长约 2 cm） ·························· **2.细茎耳叶苔 F. bolanderi**

19. 茎上部不产生毛刷状小枝 ··································································································· 20

20. 叶片常早落 ····················································································· **15.钟瓣耳叶苔 F. parvistipula**

20. 叶片不或稍微早落 ··········································································································· 21

21. 副体长丝状，约由 10 个单列细胞组成；腹叶顶端具很短的内凹，不及长度的 1/8
    ············································································································ **1.华夏耳叶苔 F. aposinensis**

21. 副体叶状，或由 6 个以下单列细胞组成的丝状副体 ··········································· 22

22. 叶片长和宽超过 0.6 mm，叶片基部具下延裂片；盔瓣不对称；腹叶倒卵圆形，长 0.35-0.41 mm，2
    裂至长度的 1/6-1/5 ·········································································· **8.暗绿耳叶苔 F. fuscovirens**

22. 叶片长不及 0.6 mm，叶片基部具或不具半圆形的耳部；盔瓣对称；腹叶长约 0.4 mm，2 裂超过长
    度的 1/5 ····················································································································· 23

23. 盔瓣长宽近于相等，常开展；腹叶长 0.2-0.4 mm，宽 0.3-0.38 mm，2 裂至腹叶长度的 1/5 ⋯⋯⋯⋯ ⋯⋯⋯⋯⋯⋯⋯⋯⋯⋯⋯⋯⋯⋯⋯⋯⋯⋯⋯⋯⋯⋯⋯⋯⋯**13.盔瓣耳叶苔 F. muscicola**

23. 盔瓣长略大于宽，对称，无喙；腹叶长 0.15-0.3 mm，宽 0.15-0.28 mm，2 裂至长度的 1/5-1/3 ⋯⋯⋯ ⋯⋯⋯⋯⋯⋯⋯⋯⋯⋯⋯⋯⋯⋯⋯⋯⋯⋯⋯⋯⋯⋯⋯⋯⋯**16.多褶耳叶苔 F. polyptera**

## 1. 华夏耳叶苔

**Frullania aposinensis** S. Hatt. & P. J. Lin, J. Hattori Bot. Lab. 59: 131. 1985. Replaced: *Frullania chinensis* Steph., Sp. Hepat. 4: 469. 1911.

植物体小形，淡橄榄色至黄棕色；茎不规则分枝或近于二回羽状分枝，长 2-3 cm，宽约 0.1 mm，枝条斜向伸展，长 3-5 mm。茎叶宽伸展，近于覆瓦状着生于茎上，叶片之间相互连接，或分离，叶片稍内凹，顶部具窄的内卷，宽的椭圆状卵形，顶端圆形，长 0.6-0.8 mm，宽 0.6-0.8 mm；边缘细胞（12-18）μm ×（10-15）μm，中部细胞（18-25）μm ×（15-18）μm，基部细胞（30-40）μm × 18 μm，细胞腔淡棕色，细胞壁薄，形成大的三角体（基部细胞的三角体非常明显，并形成多个球状加厚，且常连接在一起），透明（中部细胞的细胞腔为淡棕色），侧叶盔瓣与茎相连，相对大，不对称的兜形，长约 0.3 mm，宽约 0.3 mm，口部圆钝，具非常不明显的喙，或完全缺乏，副体长，约由 10 个单列细胞组成。茎腹叶近于平展，紧贴于茎上，卵状椭圆形，基部多少呈倒楔形，长 0.3-0.33 mm，宽 0.3-0.33 mm，顶端具小的浅裂，与茎的结合线为直线。

**生境**：不详。

**产地**：陕西：户县（Hattori，1978，as *Frullania chinensis*；Hattori and Lin，1985a；Hattori，1986）。

**分布**：尼泊尔。

本种的主要特征：①副体呈长丝状，约由 10 个细胞组成；②腹叶顶端浅裂状，长度不及腹叶长度的 1/8。

## 2. 细茎耳叶苔                                                                     图 98

**Frullania bolanderi** Austin, Proc. Acad. Nat. Sci. Philadelpha 21: 226. 1870.

植物体细小，紧贴基质蔓延生长，深棕色或棕黑色。茎匍匐生长，不规则羽状分枝，长 1.0-2.0 cm，直径 0.1-0.15 mm，连叶宽 0.4-0.5 mm；枝条末端常因叶片脱落形成类似于鞭状枝的状态，小枝上的叶片常呈毛刷状。侧叶离生至稀疏的覆瓦状排列，易脱落，背瓣卵圆形，稍内凹，长 0.5-0.7 mm，宽 0.4-0.5 mm，顶端圆形，稍内卷，基部不对称，背侧下延裂片小，叶细胞圆形或圆方形，细胞壁薄，三角体小或不明显，有时稍具球状加厚，叶边细胞 13-15 μm，叶中部细胞（20-25）μm ×（15-20）μm，叶基部细胞（31-36）μm ×（20-27）μm。盔瓣紧贴于茎着生，兜形，长约 0.2 mm，宽 0.2-0.3 mm，口部宽，向下倾斜，具短喙；副体披针形，基部宽 2-3 个细胞，长 3-4 个细胞。腹叶紧贴于茎上，小，近于圆形或宽倒楔形，长 0.2-0.3 mm，宽 0.2-0.25 mm，顶端 2 裂至腹叶长度的 1/3-2/5，裂角宽，裂瓣三角形，两侧各具 1-2 个钝齿或平滑，基部近横生。易脱落的侧叶边缘细胞常生假根，具有繁殖体的功能。

生境：生于岩面、石上和林下倒木上；海拔 675-2600 m。

产地：甘肃：迭部县，汪楣芝 54374（PE）；文县，李粉霞 575（PE）。陕西：佛坪县，李粉霞、王幼芳 t-24，t-32，t-42（HSNU）；华山，陈邦杰等 796（PE）；太白山，黎兴江 421（PE）。

分布：日本、俄罗斯远东和西伯利亚地区；北美洲。

本种外形非常细小，类似于盔瓣耳叶苔 *F. muscicola*，但是细茎耳叶苔小枝上的叶片常呈毛刷状。

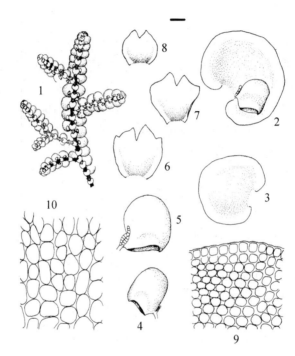

图 98　细茎耳叶苔 Frullania bolanderi Austin
1. 植物体；2-3. 叶片；4-5. 盔瓣和副体；6-8. 腹叶；9. 叶尖部细胞；10. 叶基部细胞。标尺=0.6 mm，1；=0.2 mm，2-3，6-8；=0.05 mm，4-5；=38 μm，9-10。（甘肃，迭部县，汪楣芝 54374，PE）（郭木森绘）
Figure 98　Frullania bolanderi Austin
1. Plant; 2-3. Leaves; 4-5. Lobule and styli; 6-8. Underleaves; 9. Apical leaf cells; 10. Basal leaf cells. Scale bar=0.6 mm, for 1; =0.2 mm, for 2-3, 6-8; =0.05 mm, for 4-5; =38 μm, for 9-10. (Gansu, Diebu Co., Wang Mei-Zhi 54374, PE) (Drawn by Guo Mu-Sen)

## 3. 陈氏耳叶苔　　　　　　　　　　　　　　　　　　　　　　　图 99

**Frullania chenii** S. Hatt. & P. J. Lin, J. Jap. Bot. 60(4): 106. 1985.

植物体小形至中等大小，浅黄色至棕黑色。茎不规则羽状分枝，长 2-3 cm，连叶宽 0.6-1.0 mm；茎直径约 0.1 mm。侧叶卵形，长 0.8-0.9 mm，宽 0.5-0.7 mm，内凹，顶端圆钝，向腹面卷曲，基部不对称，背侧基部下延成椭圆形裂片，后缘不下延；叶边全缘。叶中部细胞卵圆形，长 30-40 μm，宽 20-30 μm，细胞壁厚，波曲，三角体大。盔瓣紧贴茎着生，近圆形，长约 0.2 mm，宽约 0.2 mm，具向下弯曲的喙；副体小，线形，长 3-4 个细胞。腹叶近圆形，长 0.5-0.7 mm，宽 0.5-0.6 mm，边缘略背卷，顶端浅 2 裂至腹叶长度的 1/6-1/5，呈狭角，裂瓣三角形，顶端急尖，基部近于不下延。

雌雄异株。雌苞腹叶约有 1/5 的长度与雌苞叶相连，边缘无齿；雌苞叶 2 裂至长度的 1/2，边缘全缘。蒴萼 1/3 隐生于雌苞叶中，长约 2.5 mm，直径约 1.3 mm，具 3 个脊，脊部平滑，顶端具极短的喙或缺失。

生境：生于岩壁或树干上；海拔 2000-2390 m。

产地：河南：灵宝市（叶永忠等，2004）。陕西：宁陕县，陈邦杰等 444a，465，467，497，531，573，595，627a（PE）；秦岭，任毅等 B-137（PE）。

分布：中国特有。

本种的主要特征：①叶片基部下延成椭圆形；②盔瓣不对称，喙明显；③腹叶卵圆形，先端 2 裂至长度的 1/6-1/5；④背瓣约有 1/5 的长度与雌苞叶盔瓣相连，边缘无齿；⑤蒴萼具 3 个脊。

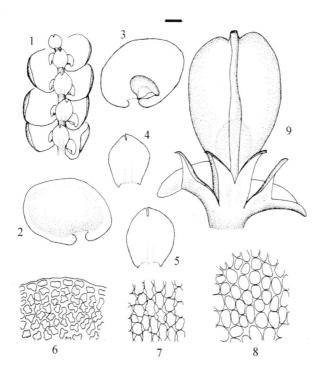

图 99　陈氏耳叶苔 Frullania chenii S. Hatt. & P. J. Lin

1. 枝条一部分；2. 侧叶背瓣；3. 侧叶背瓣和盔瓣；4-5. 腹叶；6. 叶尖部细胞；7. 叶中部细胞；8. 叶基部细胞；9. 带蒴萼的雌苞。标尺=0.29 mm，1；=0.24 mm，2-5；=38 μm，6-8；=0.2 mm，9。（陕西，宁陕县，火地沟，陈邦杰等 531，PE）

（郭木森绘）

Figure 99　Frullania chenii S. Hatt. & P. J. Lin

1. A portion of branch; 2. Lobe; 3. Lobe and Lobule; 4-5. Underleaves; 6. Apical leaf cells; 7. Median leaf cells; 8. Basal leaf cells; 9. Gynoecium with perianth. Scale bar=0.29 mm, for 1; =0.24 mm, for 2-5; =38 μm, for 6-8; =0.2 mm, for 9. (Shaanxi, Ningshan Co., Huodigou, Chen Pan-Chie et al. 531, PE) (Drawn by Guo Mu-Sen)

## 4. 西南耳叶苔

**Frullania consociata** Steph., Sp. Hepat. 4: 461. 1910.

植物体中等大小，浅黄色。茎不规则二回羽状分枝，长 1.5-2.5 cm，连叶宽 1.1-1.3 mm；茎直径约 0.15 mm。侧叶近圆形，长 0.9-1.1 mm，宽 0.8-1.0 mm，内凹，先端圆钝，常向腹面卷曲，基部两侧不对称，前缘强烈下延，基部呈圆耳形，后缘基部不下延；叶边全缘。叶中部细胞长圆形，长 20-35 μm，宽 15-20 μm，细胞壁波曲，三角体明显。盔瓣贴茎着生，不对称，长 0.2-0.3 mm，宽约 0.2 mm，兜形，具发育良好的喙，并向叶片腹侧向下弯曲；副体小，丝状，由 4-5 个细胞组成。腹叶倒卵形，两侧边缘强烈背卷，长 0.7-0.9 mm，宽 0.5-0.6 mm，上部浅裂至腹叶长度的约 1/6，裂瓣三角形，顶端内弯，基部形成小的耳状下延。

**生境：**生于岩面薄土上；海拔 2300 m。

**产地：**甘肃：文县，魏志平 6799（WNU）。

**分布：**中国特有。

本种的主要特征：①植物体浅黄色，外形上类似于小形的尼泊尔耳叶苔 *F. nepalensis*；②盔瓣不对称，具发育良好的喙，并向叶片的腹侧向下弯曲；③腹叶小，常在两侧外卷，基部形成小的耳状下延。

## 5. 达乌里耳叶苔

**Frullania davurica** Hampe, Syn. Hepat.: 422. 1845.

*Frullania jackii* subsp. *japonica* (Sande Lac.) S. Hatt., J. Hattori Bot. Lab. 21: 128. 1959.

*Frullania japonica* Sande Lac., Ann. Mus. Bot. Lugduno-Batavi 1: 131. 1863.

*Frullania rotundistipula* Steph., Hedwigia 33: 147. 1894.

### 种下等级检索表

1. 侧叶背面常密生多数由 4 个细胞组成的无性芽胞 ······························
··················· **5c.达乌里耳叶苔芽胞变型 F. davurica fo. dorsoblastos**
1. 侧叶背面不生无性芽胞 ····················································· 2
2. 植物体较大，腹叶大，全覆盖盔瓣或覆盖盔瓣的 3/4 ·····················
··················· **5a.达乌里耳叶苔原亚种 F. davurica subsp. davurica**
2. 植物体较小，腹叶小，覆盖盔瓣的 1/2 ······································· 3
3. 植物体红棕色；腹叶上部常凹陷 ········· **5b.达乌里耳叶苔凹叶亚种 F. davurica subsp. jackii**
3. 植物体淡棕色；腹叶上部圆形，不凹陷········ **5d.达乌里耳叶苔小叶变型 F. davurica fo. microphylla**

### 5a. 达乌里耳叶苔原亚种 　　　　　　　　　　　　　图 100

**Frullania davurica** Hampe subsp. **davurica**

植物体大形，红棕色，密集成片。茎规则羽状分枝，长 4-8 cm，连叶宽 1.5-1.8 mm；茎直径宽约 0.2 mm。侧叶圆形或卵圆形，长 1.0-1.2 mm，宽 0.8-1.0 mm，先端圆钝，前缘基部耳状，后缘基部圆钝。叶中部细胞圆形或椭圆形，长 15-22 μm，宽 10-15 μm，三角体明显。盔瓣兜形，长 0.2-0.3 mm，宽 0.3-0.4 mm，具短喙；副体小，丝状，长 4-5 个细胞。腹叶圆形或宽圆形，长 0.5-0.8 mm，宽 0.5-1.0 mm，顶端略凹陷，与茎连接处呈拱形，基部多少呈波状，不下延或略下延。

**生境：**生于岩面、石上、石壁、裸露岩面上和树上；海拔 750-2400 m。

**产地：**甘肃：文县，李粉霞 80，902（PE），汪楣芝 63733，63960，63984（PE），

裴林英 889（PE），魏志平 6841（WNU）。**河南**：鲁山县，何强 7270（PE）。**陕西**：佛坪县，李粉霞、王幼芳 1441，2101，4102，4179，4512，4621（HSNU）；户县（Levier，1906，as *Frullania microta*；Bonner，1965，as *Frullania microta*），魏志平 4738（PE）；眉县，汪楣芝 56927（PE）；太白山，黎兴江 248（PE），魏志平 6063（WNU）；山阳县（Levier，1906，as *Frullania microta*）；秦岭南坡，火地塘，陈邦杰等 618（PE）；西太白山，魏志平 6068，6076（PE）。

分布：朝鲜、日本和俄罗斯远东和西伯利亚地区。

本亚种的主要特征为：腹叶大，顶端凹陷，覆盖了盔瓣大部分。

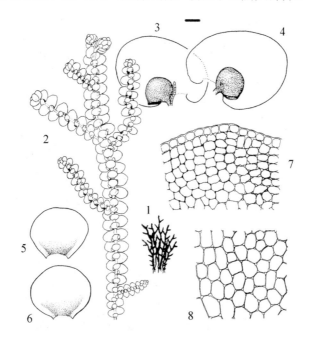

图 100　达乌里耳叶苔原亚种 Frullania davurica Hampe subsp. davurica
1. 植物体（居群）；2. 枝条（腹面观）；3-4. 侧叶；5-6. 腹叶；7. 叶尖部细胞；8. 叶基部细胞。标尺=1 cm，1；=0.59 mm，2；=0.19 mm，3-6；=38 μm，7-8。（河南，鲁山县，山风景区红枫谷，岩面，1348 m，何强 7270，PE）（郭木森绘）
Figure 100　Frullania davurica Hampe subsp. davurica
1. Plants (population); 2. Branch (ventral view); 3-4. Lobes; 5-6. Underleaves; 7. Apical lobe cells; 8. Basal lobe cells. Scale bar=1 cm, for 1; =0.59 mm, for 2; =0.19 mm, for 3-6; =38 μm, for 7-8. (Henan, Lushan Co., Shanfengjingqu, Hongfenggu, on rock, 1348 m, He Qiang 7270, PE) (Drawn by Guo Mu-Sen)

## 5b. 达乌里耳叶苔凹叶亚种

**Frullania davurica** subsp. **jackii** (Gottsche) S. Hatt., Bull. Natl. Sci. Mus., Tokyo, B. 2: 21. 1976.
*Frullania jackii* Gottsche, Hepat. Eur.: 294. 1863.

与原亚种区别在于：腹叶稍远离着生，常覆盖盔瓣的 1/2。

生境：生于岩面、岩面薄土或树干上；海拔 2390-2887 m。

产地：**陕西**：佛坪县，李粉霞、王幼芳 w-54，t-46，t-52（HSNU）；眉县，汪楣芝 56796a（PE）；太白山，黎兴江 561a，586（PE）；宁陕县，陈邦杰等 489，618（PE）。

分布：日本、澳大利亚；欧洲。

### 5c. 达乌里耳叶苔芽胞变型

**Frullania davurica** fo. **dorsoblastos** (S. Hatt.) S. Hatt. & P. J. Lin, J. Hattori Bot. Lab. 59: 132. 1985.
*Frullania dorsoblastos* S. Hatt., Bull. Natl. Sci. Mus., Tokyo, B. 8(3): 132. 1982.

本变型的特征为：腹叶远离着生；侧叶背瓣和腹叶边缘及背面着生多数由多细胞组成的芽胞或叶状繁殖枝。

**生境**：生于腐木或石壁上；海拔 1600-2300 m。

**产地**：**甘肃**：文县，魏志平 6842（WNU）。**陕西**：户县，魏志平 4475a（PE）；翠华山（Hattori and Lin，1985a）；太白山，魏志平 5281（WNU）。

**分布**：中国特有。

### 5d. 达乌里耳叶苔小叶变型

**Frullania davurica** fo. **microphylla** (C. Massal.) S. Hatt., J. Hattori Bot. Lab. 59: 133. 1985.
*Frullania microta* C. Massal. var. *microphylla* C. Massal., Mem. Accad. Agr. Art. Comm. Verona, Ser. 3, 73 (2): 43. 1897.

本变型的特征在于：植物体较小，淡棕色，长 1.5-3.5 cm，连叶宽 1.3-1.4 mm，侧叶背瓣长 1.0-1.1 mm，宽 0.8-0.9 mm；盔瓣被腹叶覆盖约 3/4，长 0.21-0.22 mm，宽约 0.2 mm；腹叶远离着生，圆形，长 0.6-0.7 mm，宽 0.7-0.8 mm，顶端圆形，基部无下延，横生。

**生境**：生于树干或石壁上；海拔 2250-2740 m。

**产地**：**陕西**：户县，魏志平 4617a（PE）（Massalongo，1897；Levier，1906，as *Frullania microta* var. *microphylla*）；眉县（Levier，1906，as *Frullania microta* var. *microphylla*；Bonner，1965，as *Frullania microta* var. *microphylla*）；太白山，魏志平 5391，5449（PE）；山阳县（Massalongo，1897，as *Frullania microta* var. *microphylla*）。

**分布**：中国特有。

### 6. 皱叶耳叶苔

**Frullania ericoides** (Nees ex Mart.) Mont., Ann. Sci. Nat. Bot., Ser. 2, 12: 51. 1839.
*Jungermannia ericoides* Nees ex Mart., Fl. Bras. 1: 346. 1833.
*Jungermannia squarrosa* Reinw., Blume & Nees, Nova Acta Phys.-Med. Acad. Caes. Leop.-Carol. Nat. Cur. 12: 219. 1824, *nom. illeg.*
*Frullania feana* Steph., Sp. Hepat. 4: 452. 1910.

#### 种下等级检索表

1. 叶片前缘明显背卷 ···················· **6a.**皱叶耳叶苔原变种 **F. ericoides** var. **ericoides**
1. 叶片近于平展或稍背卷 ················ **6b.**皱叶耳叶苔平叶变种 **F. ericoides** var. **planescens**

### 6a. 皱叶耳叶苔原变种

**Frullania ericoides** (Nees ex Mart.) Mont. var. **ericoides**

植物体红棕色至棕绿色，扁平匍匐生长。茎稀疏羽状分枝，长 2-3 mm，连叶宽 1.0-1.2 mm；茎直径宽约 0.1 mm。侧叶覆瓦状排列，湿润时前缘背卷，圆卵形至椭圆形，长 0.9-1.1 mm，宽 0.8-1.0 mm，先端圆钝，边缘偶具无性芽胞，基部两侧多呈圆耳状。叶中部细胞近圆形，长 18-30 μm，宽 18-28 μm，厚壁，三角体明显。盔瓣多兜形，口部宽阔，平截，长约 0.3 mm，宽约 0.15 mm；副体丝状，长 4-5 个细胞，顶端细胞狭长，透明，长 70-90 μm。腹叶圆形，长约 0.52 mm，宽约 0.5 mm，先端浅 2 裂，裂瓣呈三角形，裂瓣间呈 5°-10°角，叶缘偶有锯齿。

**生境**：生于岩面和石上上；海拔 710-822 m。

**产地**：甘肃：文县，李粉霞 7，55，63，77，87，148，152，228，230，248（PE）。河南：灵宝市（叶永忠等，2004）。

**分布**：朝鲜、日本、菲律宾、印度、尼泊尔、斯里兰卡、不丹、缅甸、泰国、印度尼西亚、马来西亚、巴布亚新几内亚、新喀里多尼亚、澳大利亚；欧洲、南美洲、北美洲和非洲。

## 6b. 皱叶耳叶苔平叶变种

**Frullania ericoides** var. **planescens** (Verd.) S. Hatt., J. Hattori Bot. Lab. 57: 412. 1984.
*Frullania squarrosa* var. *planescens* Verd., Ann. Bryol. 2: 134. 1929.

本变种与原变种的区别在于叶片近于平展或稍背卷。

**生境**：生于岩壁上；海拔 700 m。

**产地**：甘肃：文县，张满祥 613（WNU）。

**分布**：印度尼西亚。

## 7. 波叶耳叶苔　　　　　　　　　　　　　　　　　　图 101

**Frullania eymae** S. Hatt., J. Hattori Bot. Lab. 39: 284. 1975.

植物体中等大小，密集平铺生长，淡棕色或红棕色，干燥时多少柔软。茎匍匐，1-2 回不规则羽状分枝，长 1-4 cm，直径 0.2-0.3 mm，连叶宽 1.6-1.8 mm，分枝斜展。侧叶覆瓦状排列；背瓣卵形，内凹，长 1.6-1.8 mm，宽 1.3-1.4 mm，顶端圆钝，向腹面卷曲，叶片全缘或稍呈波曲状，基部下延裂片不对称，背侧下延裂片长圆形，腹侧不下延或稍下延；盔瓣紧贴茎着生，盔形，不对称，长约 0.2 mm，宽约 0.2 mm，具向下弯曲的喙状尖，口部斜截；副体线形，基部宽 2-3 个细胞，长 5-7 个细胞；腹叶卵圆形，长 0.9-1.0 mm，宽 1.0-1.2 mm，边缘强烈波曲状背卷，顶端 2 裂达叶片长度的 1/5-1/4，裂瓣三角形，顶端锐尖，基部横生。叶细胞卵形或椭圆形，细胞壁弯曲，具球状加厚，三角体大，叶边细胞（10-18）μm ×（10-13）μm，叶基部细胞（26-49）μm ×（18-26）μm。

雌雄异株。雄株相对小，雄苞侧生于茎或枝上，具 5-10 对苞叶。雌苞生于茎或枝的顶端。雌苞叶 3 对，内雌苞叶长约 2 mm，宽约 1 mm。蒴萼椭圆状圆柱形，约 2/3 伸出，长约 3.4 mm，宽约 1.1 mm，平滑，具 3 个脊状突起。

**生境**：生于腐木上；海拔 1120-1500 m。

**产地**：甘肃：文县，李粉霞 410（PE）。

分布：新几内亚岛。

本种的主要特征：①腹叶上部强烈波曲状，边缘下部卷曲，基部无下延；②蒴萼圆柱形，表面平滑。

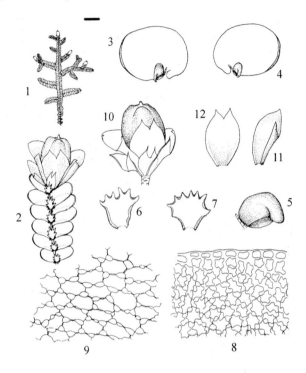

图 101 波叶耳叶苔 Frullania eymae S. Hatt.

1. 植物体；2. 带孢子体的枝条一部分；3-4. 叶片；5. 盔瓣和副体；6-7. 腹叶；8. 叶尖部细胞；9. 叶基部细胞；10. 带蒴萼的雌苞；11-12. 雌苞叶。标尺=5 mm, 1；=0.59 mm, 2, 10-12；=0.29 mm, 3-4, 6-7；=57 μm, 5；=38 μm, 8-9。（甘肃，文县，范坝，腐木，1120-1500 m，李粉霞 410，PE）（郭木森绘）

Figure 101 Frullania eymae S. Hatt.

1. Plant; 2. A portion of branch with sporophyte; 3-4. Leaves; 5. Lobule and stylus; 6-7. Underleaves; 8. Apical leaf cells; 9. Basal leaf cells; 10. Gynoecium with perianth; 11-12. Perichaetial leaves. Scale bar=5 mm, for 1; =0.59 mm, for 2, 10-12; =0.29 mm, for 3-4, 6-7; =57 μm, for 5; =38 μm, for 8-9. (Gansu, Wenxian Co., Fanba, on rotten log, 1120-1500 m, Li Fen-Xia 410, PE) (Drawn by Guo Mu-Sen)

## 8. 暗绿耳叶苔

**Frullania fuscovirens** Steph., Sp. Hepat. 4: 401. 1910.

植物体细小，平铺蔓延状生长，深绿色或红棕色，干燥时褐绿色。茎匍匐，不规则羽状分枝，长 1.5-2.5 cm，直径约 0.1 mm，连叶宽 1.1-1.3 mm，分枝短且斜展。侧叶疏松，覆瓦状排列；背瓣宽卵形，内凹，长 0.8-0.9 mm，宽 0.7-0.8 mm，顶端圆形，常内卷，全缘，基部两侧近于对称。腹侧和背侧下延裂片半圆形；腹面紧贴茎着生，不对称盔形，长 0.25-0.27 mm，宽 0.3-0.33 mm，具喙状尖，强烈向下弯曲；副体丝状，3-4 个细胞长；腹叶贴于茎着生，倒卵圆形，长 0.35-0.41 mm，宽 0.5-0.55 mm，有时两侧具背卷边，顶端 2 裂达腹叶长度的 1/6-1/5，裂角急尖，裂瓣三角形，急尖，基部两侧稍下延。叶细胞圆形或卵形，薄壁，平直或波曲状，向基部球状加厚明显，三角体小，向基部逐渐变大，叶边细胞（13-16）μm×（9-12）μm，叶基部细胞（28-39）μm×（18-23）μm。

**生境：** 生于石壁、树干、树桩或岩面薄土上；海拔 450-2000 m。

**产地：** 陕西：佛坪县，李粉霞、王幼芳 893，1188，3122，4075，4279，4610（HSNU）；汪楣芝 55365a，55733，55823a，56478，56533a，56854a（PE）；户县，魏志平 4511（PE）；宁陕县，陈邦杰 486a，489a，610（PE）；洋县，汪楣芝 56962a，56998，57150a（PE）。

**分布：** 朝鲜。

## 9. 心叶耳叶苔 图 102

*Frullania giraldiana* C. Massal., Mem. Accad. Agr. Art. Comm. Verona, Ser. 3, 73(2): 41. 1897.

植物体中等大小，深棕色或棕绿色。茎 1-2 回羽状分枝，长 2-5 cm，连叶宽 1.0-1.3 mm；茎直径 0.1-0.2 mm；枝条长 4-7 mm，常有 1-2 个非常小的小枝。侧叶离生，相邻生长，圆形至椭圆形，长 1.0-1.2 mm，宽 0.8-0.9 mm，先端圆钝，内凹，前缘及后缘基部明显呈大圆耳状，两侧近于对称，与茎的结合线非常短。叶中部细胞卵圆形，长 15-22 μm，宽 10-15 μm，细胞壁厚而呈波状，具球状加厚；基部细胞长 35-45 μm，宽 25-30 μm，细胞壁薄，三角体大，具球状加厚。盔瓣兜形，长约 0.35 mm，宽约 0.25 mm，喙不明显；副体丝状，长 4-6 个细胞。腹叶不紧贴于茎上而外倾生长，卵圆形，长 0.5-0.8 mm，宽 0.4-0.7 mm，中部具明显的纵褶，先端开裂，裂口大，约为腹叶长度的 1/5，裂瓣呈三角形，叶基部下延，形成明显耳状下延。

**生境：** 不详。

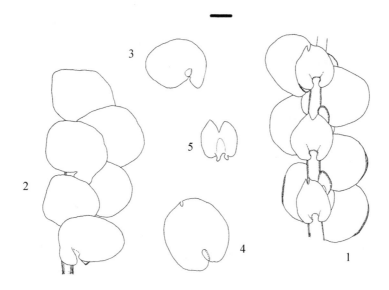

图 102　心叶耳叶苔 *Frullania giraldiana* C. Massal.

1. 植物体一部分（腹面观）；2. 植物体一部分（背面观）；3. 叶片；4-5. 腹叶. 标尺=0.29 mm，1-2；=0.26 mm，3-5。（陕西，佛坪县，李粉霞、王幼芳 t-18，HSNU）（何强绘）

Figure 102　*Frullania giraldiana* C. Massal.

1. A portion of plant (ventral view); 2. A portion of plant (dorsal view); 3. Leaf; 4-5. Underleaves. Scale bar=0.29 mm, for 1-2; =0.26 mm, for 3-5. (Shaanxi, Foping Co., Li Fen-Xia and Wang You-Fang t-18, HSNU) (Drawn by He Qiang)

产地：陕西：佛坪县，李粉霞、王幼芳 t-18（HSUN）；户县（Massalongo，1897；Levier，1906；Bonner，1965；Hattori，1972）；山阳县（Massalongo，1897；Levier，1906；Hattori，1972）。

分布：中国特有。

本种侧叶和腹叶基部因具耳状下延而与尼泊尔耳叶苔非常相似，但是本种与尼泊尔耳叶苔的区别在于：①侧叶和腹叶的耳部更大，发育更好；②腹叶与茎离生而外倾生长，中部具明显的纵褶。

### 10. 钩瓣耳叶苔

**Frullania hamatiloba** Steph., Sp. Hepat. 4: 400. 1910.

植物体较大，紧贴基质呈垫状生长，深棕色或红棕色。茎匍匐，不规则 1-2 回羽状分枝，长 3-4.5 cm，直径 0.25-0.27 mm，连叶宽 1.6-1.8 mm，分枝短而斜伸。侧叶紧密覆瓦状排列；背瓣阔卵形或卵状椭圆形，长 1.4-1.5 mm，宽 1.1-1.2 mm，顶端圆形，常内卷，基部下延不对称，背侧下延裂片圆舌形，腹侧下延裂片较小；盔瓣紧贴茎着生，不对称兜形，长 0.3-0.36 mm，宽 0.37-0.39 mm，喙状尖强烈向下弯曲；副体丝状，基部宽 2-3 个细胞，长 6-12 个细胞；腹叶紧贴茎着生，稀疏覆瓦状排列，宽倒卵形，长 0.6-0.7 mm，宽 0.7-0.75 mm，顶端 2 裂至腹叶长度的 1/5-1/4，裂角宽，急尖，裂瓣三角形，急尖或钝，两侧边缘常具背卷边，基部近横生。叶细胞卵形或长卵形，细胞壁薄，具球状加厚，三角体大，叶边细胞（13-23）μm ×（13-17）μm，叶基部细胞（31-36）μm ×（21-26）μm。

雌雄异株。标本未见蒴萼。

生境：生于石壁上；海拔 2100-2300 m。

产地：陕西：秦岭南坡，陈邦杰 467，497（PE）。

分布：中国、朝鲜、日本。

### 11. 圆叶耳叶苔

**Frullania inouei** S. Hatt., Bull. Natl. Sci. Mus., Ser. B, 6(1): 36. 1980.

植物体中等大小，深棕色或浅棕色，密集平展交织生长。茎不规则羽状分枝，长 2-4 cm，连叶宽 1.2-1.5 mm；茎直径 0.1-0.2 mm。侧叶宽卵形，长 1.1-1.3 mm，宽 0.9-1.0 mm，内凹，顶端圆形，常内卷，基部两侧下延，呈明显圆耳形；叶边平滑。叶中部细胞卵圆形，长 25-40 μm，宽 20-30 μm，细胞壁波曲，中部具球状加厚，三角体大。盔瓣紧贴茎着生，长约 0.3 mm，宽约 0.2 mm，近圆形，具向下略弯曲的喙；副体丝状，长 5-6 个细胞。腹叶疏生，长 0.7-0.8 mm，宽 0.8-0.1 mm，紧贴于茎，圆形或扁圆形，顶端圆弧形，略内凹，基部不下延。

雌雄异株。雌性生殖枝侧生于茎上。内雌苞叶卵状披针形或披针形，近于全缘，长约 1.8 mm，最宽处约 0.5 mm，长锐尖；内雌苞腹叶狭椭圆形，全缘。蒴萼呈长棒槌形，长 1.7-1.8 mm，宽约 0.8 mm，外壁平滑，具 3 个脊，具短而小的喙。

生境：生于岩面薄土上；海拔 1164 m。

分布：陕西：洋县，汪楣芝 55031，55074，55088（PE）。

**分布**：中国特有。

本种的主要特征：①叶片圆形，全缘；②腹叶圆形，全缘，基部无下延，与茎的结合线近于直线；③叶细胞具大的三角体，且中部具球状加厚。

## 12. 列胞耳叶苔 图 103

**Frullania moniliata** (Reinw., Blume & Nees) Mont., Ann. Sci. Nat., Bot., Ser. 2, 18: 13. 1842.

*Jungermannia moniliata* Reinw., Blume & Nees, Nova Acta Phys.-Med. Acad. Caes. Leop.-Carol. Nat. Cur. 12: 224. 1824.

*Frullania tamarisci* subsp. *moniliata* (Reinw., Blume & Nees) Kamim., J. Hattori Bot. Lab. 24: 65. 1961.

植物体中等大小，浅绿色、淡黄色至红棕色，片状着生。茎不规则一回，稀二回羽状分枝，长 2-4 cm，连叶宽 0.8-1.2 mm；茎直径 0.1-0.12 mm。侧叶卵圆形或圆形，长 0.5-0.6 mm，宽 0.4-0.5 mm，先端宽尖，偶圆钝，前缘基部呈耳状，叶中部细胞椭圆形，长 15-25 μm，宽 15-20 μm，细胞壁多少加厚，三角体有或无；基部常具单列油胞。盔瓣圆筒形，稀呈片状，长 0.2-2.5 mm，宽约 0.1 mm；副体丝状，长 3-4 个细胞。腹叶圆形至椭圆形，长 0.4-0.5 mm，宽约 0.4 mm，2 裂至腹叶长度的 1/5，裂口大，基部不下延。

**生境**：生于树干、土面、岩面、岩面薄土、石上、石壁、林地、土坡和岩壁上；海拔 1800-3200 m。

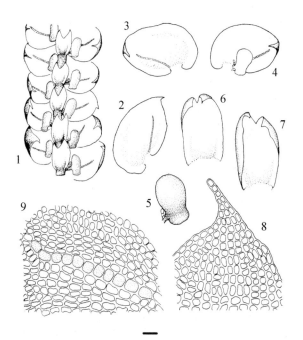

图 103　列胞耳叶苔 Frullania moniliata (Reinw., Blume & Nees) Mont.

1. 植物体一部分；2-4. 叶片；5. 侧叶盔瓣及副体；6-7. 腹叶；8. 叶尖部细胞；9. 叶基部细胞。标尺=0.24 mm, 1；=0.19 mm, 2-4, 6-7；=0.1 mm, 5；=38 μm, 9-10。（陕西，眉县，斗母宫，2887 m，汪楣芝 56808, PE）（郭木森绘）

Figure 103　Frullania moniliata (Reinw., Blume & Nees) Mont.

1. A portion of plant; 2-4. Leaves; 5. Lobule with stylus; 6-7. Underleaves; 8. Apical leaf cells; 9. Basal leaf cells. Scale bar=0.24 mm, for 1; =0.19 mm, for 2-4, 6-7; =0.1 mm, for 5; =38 μm, for 9-10. (Shaanxi, Meixian Co., Doumugong, 2887 m, Wang Mei-Zhi 56808, PE) (Drawn by Guo Mu-Sen)

产地：**甘肃**：迭部县，汪楣芝 53664，53700（PE）。**河南**：灵宝市（叶永忠等，2004）。**陕西**：佛坪县，李粉霞、王幼芳 1631，1991，3607，4316，4468，4598，4625a，5016b（HSNU）；户县，魏志平 4642，4650（PE）；眉县，汪楣芝 56681，56684a，56730，56733，56737，56758，56808，56815，56821，56823，56889a（PE）；太白山，汪发瓒 70，77，85a（PE），魏志平 5498a，6061，6414（WNU），黎兴江 777（KUN），黎兴江 598，611，638，654，655，661，685，679，690，769，771a（PE），黄全、李国猷 2118，2294（PE），刘慎谔、钟补求 637，805（WNU）；宁陕县，陈邦杰等 661，674，685a（PE）；太白县，魏志平 6690（PE）；洋县，汪楣芝 55320a，55323（PE）；周至县，张满祥 495（PE）；西太白山，魏志平 6414（PE），魏志平 5812，6061，6185（PE）。

**分布**：印度、斯里兰卡、越南、柬埔寨、老挝、朝鲜、日本和俄罗斯远东地区。

## 13. 盔瓣耳叶苔                                                      图 104

**Frullania muscicola** Steph., Hedwigia. 33: 146. 1894.

植物体小形，浅褐色至深棕色，呈片状紧贴基质着生。茎不规则羽状分枝至二回羽状分枝，长 1-3 cm，连叶宽约 1.1 mm，茎直径约 0.1 mm，枝条通常短，水平伸展或斜

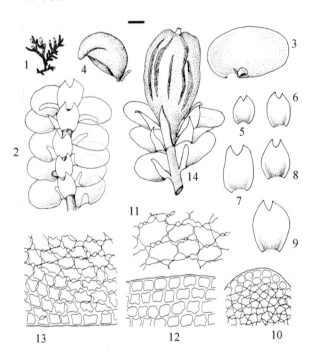

图 104    盔瓣耳叶苔 Frullania muscicola Steph.

1. 植物体；2. 枝条一部分；3. 叶片；4. 侧叶盔瓣和副体；5-9. 腹叶；10. 叶尖部细胞；11. 叶中部细胞；12. 叶中上部细胞；13. 叶中下部细胞；14. 带蒴萼的雌苞。标尺=1 cm，1；=0.38 mm，2；=0.24 mm，3，5-9；=57 μm，4；=38 μm，10-13；=0.29 mm，14。（甘肃，文县，碧口镇，1400-1540 m，裴林英 1675，PE）（郭木森绘）

Figure 104    Frullania muscicola Steph.

1. Plant; 2. A portion of branch; 3. Leaf; 4. Lobule with stylus; 5-9. Underleaves; 10. Apical leaf cells; 11. Median leaf cells; 12. Upper and median leaf cells; 13. Lower and median leaf cells; 14. Gynoecium with perianth. Scale bar=1 cm, for 1; =0.38 mm, for 2; =0.24 mm, for 3, 5-9; =57 μm, for 4; =38 μm, for 10-13; =0.29 mm, for 14. (Gansu, Wenxian Co., Bikou Town, 1400-1540 m, Pei Lin-Ying 1675, PE) (Drawn by Guo Mu-Sen)

向伸展。侧叶阔卵圆形或长椭圆形，离生或覆瓦状排列，长 0.5-0.7 mm，宽 0.5-0.6 mm，前缘基部呈耳状，后缘基部不下延，顶端多少稍内卷，基部与茎和枝的结合线呈心形，叶边缘细胞长 14-18 μm，宽 12-14 μm，叶中部细胞长 18-22 μm，宽 16-18 μm，叶基部细胞长 18-28 μm，宽 16-22 μm，三角体明显，中部常具球状加厚，每个细胞具 4-6 个纺锤形的油体。盔瓣兜形或呈片状，长 0.2-0.27 mm，宽约 0.2 mm，喙短；副体小，丝状，长 4-5 个细胞。腹叶平展，倒楔形，长 0.2-0.4 mm，宽 0.3-0.38 mm，顶端 2 裂，2 裂至腹叶长度的 1/5，裂瓣两侧各有 1-2 个齿，与茎连接处近平列，基部不下延。

**生境**：生于树干、岩面薄土、腐木和树根上；海拔 543-2100 m。

**产地**：甘肃：文县，李粉霞 647（PE），张满祥 767（PE），裴林英 1675（PE）。河南：灵宝市（叶永忠等，2004）；西峡县，曹威 492（PE）。湖北：郧西县，何强 6078，6098，6213（PE），曹威 157，159（PE）；郧县，何强 6363（PE）。陕西：丹凤县，何强 7039（PE）；佛坪县（王玛丽等，1999），李粉霞、王幼芳 1260，3513，3591（HSNU）；凤县，张满祥 1010@（WNU）；户县（Massalongo, 1897, as *Frullania aeolotis* var. *aberrans*）；太白山，汪发瓒 5a（PE）；宁陕县，陈邦杰 203a，537（PE）；山阳县（Massalongo，1897；Bonner，1965，as *Frullania aeolotis* var. *aberrans*）；洋县，汪楣芝 56449，56619，57003（PE）；太白县，魏志平 6098（PE）；周至县，王玛丽 447（WNU）；秦岭，任毅等 H-11002，H-11010（PE）。

**分布**：印度、尼泊尔、巴基斯坦、蒙古、朝鲜、日本、泰国、越南、俄罗斯远东和西伯利亚地区。

本种的主要特征：①植物体呈浅褐色至深棕色；②盔瓣呈兜形或片状。

## 14. 尼泊尔耳叶苔　　　　　　　　　　　　　　　　　　　　　　　图 105

**Frullania nepalensis** (Spreng.) Lehm. & Lindenb., Sp. Hepat. 4: 452. 1910.

*Jungermannia nepalensis* Spreng., Syst. Veg. 4: 324. 1827.

*Frullania nishiyamensis* Steph., Bull. Herb. Boissier 5: 90. 1897.

植物体形稍大，但多少纤细，青绿色至橙红色，或干燥时呈黑褐色。茎规则稀疏二回羽状分枝，茎长 7-10 cm，连叶宽 1-14 mm，枝条长约 1 cm，完全伸展，通常弓曲，末端呈细尖状；茎直径 0.12-0.16 mm。茎侧叶稀疏的覆瓦状排列，强烈内凹，顶端内卷，多长椭圆形，长 1.0-1.3 mm，宽 0.7-0.8 mm，前缘基部叶耳覆盖及茎和对侧叶片，后缘基部不下延。叶中部细胞长矩形，长 18-25 μm，宽 10-13 μm，具壁孔，三角体明显，且中部常具球状加厚。侧叶盔瓣兜形，几乎完全被腹叶覆盖，长 0.2-0.3 mm，宽 0.3-0.4 mm，具长而多少内曲的钝喙，口部呈强烈的斜截形；副体丝状，丝状，长 4-6 个细胞。腹叶圆形或宽圆形，具明显的长的纵向皱褶，侧边多少内卷，长 0.5-0.7 mm，宽 0.5-0.65 mm，顶端 2 裂至叶片长度的 1/8-1/5，裂口小，与茎连接处接近平直，基部两侧明显呈耳状。

**生境**：生于树干或树枝上；海拔 2350-2400 m。

**产地**：甘肃：文县，贾渝 09219，09226，09328，09343（PE）。河南：灵宝市（叶永忠等，2004）。陕西：户县（Levier，1906）；太白山（Levier，1906）；山阳县（Levier，1906）。

**分布**：印度、不丹、尼泊尔、越南、印度尼西亚、菲律宾、泰国、日本、朝鲜和巴布亚新几内亚。

　　这是一个比较常见的种类，也具有一定幅度的变异。本种的主要特征：①植物体大形，常 7-10 cm，红褐色，常呈羽状分枝；②侧叶和腹叶基部两侧下延形成明显的耳部；③叶片先端常内凹，并内卷；④叶细胞三角体明显，并且细胞壁具明显的中部球状加厚。

图 105　尼泊尔耳叶苔 Frullania nepalensis (Spreng.) Lehm. & Lindenb.

1. 植物体一部分；2. 叶片；3. 腹叶。标尺=0.18 mm，1；=0.2 mm，2-3。（甘肃，文县，树干，2400 m，贾渝 09343，PE）（何强绘）

Figure 105　Frullania nepalensis (Spreng.) Lehm. & Lindenb.

1. A portion of plant; 2. Leaf; 3. Underleaf. Scale bar=0.18 mm, for 1; =0.2 mm, for 2-3. (Gansu, Wenxian Co., on tree trunk, 2400 m, Jia Yu 09343, PE) (Drawn by He Qiang)

## 15. 钟瓣耳叶苔　　　　　　　　　　　　　　　　　　　　　　图 106

**Frullania parvistipula** Steph., Sp. Hepat. 4: 397.1910.

*Frullania caucasica* Steph., Sp. Hepat. 4: 440. 1910.

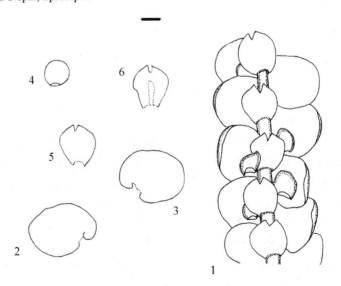

图 106　钟瓣耳叶苔 Frullania parvistipula Steph.

1. 植物体一部分；2-3. 叶片；4. 盔瓣；5-6. 腹叶。标尺=0.14 mm，1；=0.22 mm，2-3；=0.23 mm，4；=0.19 mm，5-6。（陕西，户县，树干，2250 m，魏志平 4607，PE）（何强绘）

Figure 106　Frullania parvistipula Steph.

1. A portion of plant; 2-3. Leaves; 4. Lobule; 5-6. Underleaves. Scale bar=0.14 mm, for 1; =0.22 mm, for 2-3; =0.23 mm, for 4; =0.19 mm, for 5-6. (Shaanxi, Huxian Co., on tree trunk, 2250 m, Wei Zhi-Ping 4607, PE) (Drawn by He Qiang)

植物体细小，平铺蔓延状生长，淡棕色或深棕色。茎匍匐，不规则分枝，长 1.5-2.5 cm。直径约 0.1 mm。连叶宽 1.0-1.1 mm。侧叶远离着生；背瓣近圆形，平展或稍内凹，长 0.6-0.7 mm，宽约 0.5 mm，顶端宽圆形，平展或稍内卷，全缘，基部两侧下延近于对称；盔瓣紧贴茎着生，与茎平行或稍斜倾，钟形，长 0.31-0.36 mm，宽 0.25-0.29 mm，口部宽，平截；副体微小，线形，3-4 个细胞长；腹叶贴于茎，远离着生，倒楔形，长 0.31-0.37 mm，宽 0.26-0.36 mm，顶端 2 裂至叶片长度的 1/3，裂角急尖，裂瓣三角形，急尖或钝，两侧各具 1 个钝齿，基部近于横生。叶细胞圆形或卵形，薄壁，向基部节状加厚逐渐明显，三角体小，向基部逐渐变大，边缘细胞长 10-15 μm，宽 9-13 μm，基部细胞长 26-34 μm，宽 18-23 μm。

生境：生于树干或石壁上；海拔 1600-2250 m。

产地：陕西：户县，魏志平 4458，4607（PE）。

分布：不丹、泰国、日本、俄罗斯远东和西伯利亚地区；欧洲。

## 16. 多褶耳叶苔          图 107

**Frullania polyptera** Taylor, London J. Bot. 5: 401. 1846.

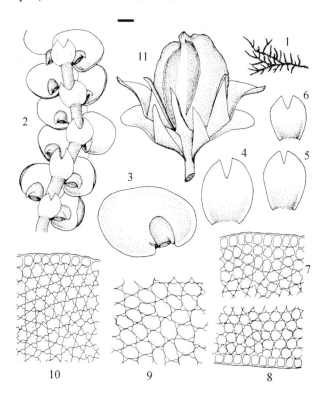

图 107   多褶耳叶苔 Frullania polyptera Taylor

1. 植物体；2. 枝条一部分（腹面观）；3. 侧叶；4-6. 腹叶；7. 叶尖部细胞；8. 叶下部边缘细胞；9. 叶中部细胞；10. 叶上部边缘细胞；11. 带蒴萼的雌苞。标尺=1 cm，1；=0.38 mm，2，11；=0.19 mm，3-6；=38 μm，7-10。（甘肃，文县，范坝，石上，785-900 m，李粉霞 909，PE）（郭木森绘）

Figure 107   Frullania polyptera Taylor

1. Plant; 2. A portion of branch (ventral view); 3. Leaf; 4-6. Underleaves; 7. Apical leaf cells; 8. Lower marginal leaf cells; 9. Median leaf cells; 10. Upper marginal leaf cells; 11. Gynoecium with perianth. Scale bar=1 cm, for 1; =0.38 mm, for 2, 11; =0.19 mm, for 3-6; =38 μm, for 7-10. (Gansu, Wenxian Co., Fanba, on stone, 785-900 m, Li Fen-Xia 909, PE) (Drawn by Guo Mu-Sen)

植物体小形，紧贴基质蔓延生长，多少柔软，深绿色或红棕色，干燥时变为黑色。假根生于茎或枝的中部，短，呈簇生状。茎匍匐，不规则羽状分枝，长 1-2 cm，连叶宽 0.5-0.6 mm，茎直径 0.1-0.15 mm，分枝短而斜展。侧叶稀疏的覆瓦状排列至离生；背瓣向外伸展，圆卵形，内凹，长 0.27-0.45 mm，宽 0.35-0.39 mm，顶端圆形，平展或稍内卷，全缘，基部近于对称，背侧稍下延；边缘细胞（10-18）μm ×（8-13）μm，细胞壁近于平直，透明或淡棕红色，中部细胞（18-32）μm ×（13-16）μm，细胞壁扭曲，具节状加厚，淡棕红色，基部细胞（20-40）μm ×（20-30）μm，细胞壁平直，具锐尖的三角体，淡棕红色。盔瓣远离茎着生，长兜形，长大于宽，长 0.15-0.32 mm，宽 0.17-0.26 mm，顶端圆形，口部平截，斜倾，无喙状尖，盔瓣有时呈裂片状；副体线形，4-7 个细胞长；腹叶贴于茎，通常为茎宽的 2 倍，长圆形或倒楔形，长 0.15-0.3 mm，宽 0.15-0.28 mm，顶端 2 裂至叶长度的 1/5-1/3，裂角急尖或钝尖，裂瓣三角形，顶端锐尖，基部近于横生。

雌雄异株。雄株分枝少；生殖枝短，侧生于茎上；雄器苞穗有 5-10 对苞叶。雌器苞生于茎和长枝的顶端；雌苞叶 3 对。蒴萼梨形，半伸出或完全伸出，具 3 个脊。

**生境**：生于岩面薄土、石上、石壁或树干基部上；海拔 660-1950 m。

**产地**：甘肃：文县，贾渝 09001，09185（PE），李粉霞 652，909（PE）。湖北：郧县，何强 6352（PE）。陕西：佛坪县，李粉霞、王幼芳 1578（HSUN）；周至县，张满祥 1706，1782（WNU）；太白山，魏志平 6098（PE）；华山，张满祥 294（WUK）。

**分布**：印度、斯里兰卡和泰国。

本种在形态上具有一定的变异幅度。它与盔瓣耳叶苔 F. muscicola 比较相似，但是，它的盔瓣明显呈兜形，长度大于宽度，而盔瓣耳叶苔的盔瓣则宽度大于或等于长度。

## 17. 微凹耳叶苔毛萼变种

**Frullania retusa** Mitt. var. **hirsute** S. Hatt. & Thaithong, J. Hattori Bot. Lab. 44: 191. 1978.

植物体中等大小，紧密垫状生长，深棕色或绿棕色。茎匍匐生长，不规则的 1-2 回羽状分枝，长 3.0-4.5 cm，直径约 0.2 mm，连叶宽 1.8-2.3 mm，分枝短且斜展，与茎呈 60°-80°角，枝条长 1-1.5 mm。侧叶覆瓦状排列；背瓣阔卵形、椭圆形，内凹，长 1.0-1.5 mm，宽 0.8-1.3 mm，顶端圆形，常内卷，背侧边缘呈弓形，基部两侧稍不对称，背侧下延裂片圆舌形，腹侧裂片圆形，边缘细胞（15-21）μm ×（10-16）μm，淡黄色，细胞壁薄，中部细胞圆形或长卵形，细胞壁薄，具节状加厚的三角体，（25-31）μm ×（17-20）μm，向基部处三角体变大，棕色，淡棕色或近于透明，基部细胞（26-45）μm ×（18-26）μm，三角体大。盔瓣紧贴于茎着生，圆兜形，长 0.2-0.3 mm，宽 0.3-0.4 mm，口部稍宽，斜截，具内弯的钝喙；副体狭披针形，基部宽 2-3 个细胞，9-10 个细胞长。腹叶稍远离着生，圆肾形或倒卵圆形，长 0.8-1.0 mm，宽 1.1-1.2 mm，顶端平截或稍凹，两侧边缘常背卷，基部横生较短。

雌雄异株。雌苞生于侧短枝上；最内层雌苞叶背瓣长圆形，顶端渐尖，全缘，盔瓣狭渐尖，腹侧边缘具 2 个锐齿，雌苞腹叶长椭圆形，上部 2 裂至其长度的 1/2，每侧边缘具 2-3 个长齿。蒴萼长梨形，长 2.9-3.2 mm，宽 1.6-1.7 mm，具 3 个强的脊，中下部腹面密生瘤毛，背面仅基部生瘤毛。

**生境：**生于石上；海拔 1000 m。

**产地：陕西：**户县，魏志平 4315（PE）。

**分布：**印度。

本变种的主要特征：①腹叶强烈卷曲，离茎外倾，宽度大于长度；②蒴萼表面密被瘤毛。而原变种的腹叶平展，紧贴茎；蒴萼表面疏生瘤毛

## 18. 粗萼耳叶苔                                                                    图 108

**Frullania rhystocolea** Herzog ex Verd. in Handel-Mazzetti, Symb. Sin. 5: 39. 1930.

植物体小形，密集垫状生长，棕色或淡棕色，干燥时带黑色。茎匍匐，不规则羽状分枝，长 1-2 cm，直径约 0.15 mm，连叶宽 1.3-1.4 mm，分枝短且斜展。侧叶覆瓦状排列；背瓣圆形，内凹，长 0.7-0.8 mm，宽 0.6-0.7 mm，顶端宽圆形，边缘平展或具内卷边，全缘，基部不对称，背侧下延裂片圆形，腹侧稍下延；盔瓣紧贴茎着生，兜形，长 0.2-0.3 mm，宽约 0.25 mm，口部宽而平截，斜向上，稍具喙；副体丝状，4-5 个细胞长；腹叶平展，贴生于茎上，近圆形或肾形，长 0.5-0.6 mm，宽 0.6-0.7 mm，顶端 2 裂至腹叶长度的 1/6-1/5，裂角钝，裂瓣三角形，顶端钝或急尖，基部近弯生。叶细胞圆形或卵形，薄壁，平直或节状加厚，三角体明显，边缘细胞（13-15）μm ×（10-13）μm，基部细胞（29-39）μm ×（18-27）μm。

雌雄异株。雌苞生于茎和侧枝顶端；雌苞叶边缘平滑或有时具 1-2 个小齿，雌苞腹叶顶端 2 裂，基部两侧各具 2 个细长齿。蒴萼长梨形，长 1.3-1.5 mm，直径 0.9-1.2 mm，常具 10 个脊，脊呈蠕虫状弯曲，有节，腹脊 3-4 个，侧脊 2 个，背脊 3-4 个，表面平滑，顶端具喙尖，孢子球形，表面具颗粒状瘤，直径 26-34 μm；弹丝具 1 条加厚螺纹，长 0.3-0.4 mm，直径 18-21 μm。

**生境：**生于树干上；海拔 2526 m。

**产地：甘肃：**文县，贾渝 09282（PE）。**陕西：**宁陕县，陈邦杰等 620（PE）。

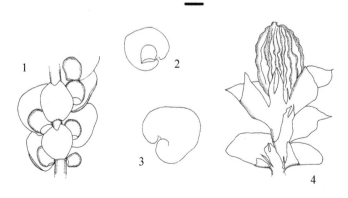

图 108    粗萼耳叶苔 Frullania rhystocolea Herzog ex Verd.

1. 植物体一部分；2-3. 叶片；4. 蒴萼和苞叶。标尺=0.15 mm, 1；=0.1 mm, 2-4。（甘肃，文县，树干，2526 m，贾渝 09282，PE）（何强绘）

Figure 108    Frullania rhystocolea Herzog ex Verd.

1. A portion of plant; 2-3. Leaves; 4. Perianth and bracts. Scale bar=0.15 mm, for 1; =0.1 mm, for 2-4. (Gansu, Wenxian Co., on tree trunk, 2526 m, Jia Yu 09282, PE) (Drawn by He Qiang)

分布：中国特有。

本种的主要特征：①叶片圆形，先端内凹；②腹叶先端浅 2 裂至 1/6-1/5，无下延；③叶细胞具明显的三角体；④蒴萼长梨形，具 10 个蠕虫状弯曲的脊。

## 19. 微齿耳叶苔

**Frullania rhytidantha** S. Hatt., J. Hattori Bot. Lab. 47: 97, f. 225. 1980.

植物体中等大小，稀疏平铺生长，深棕色或棕色。茎匍匐生长，不规则羽状分枝，长 2.5-4 cm，直径 0.15-0.18 mm，连叶宽 1.5-1.9 mm，分枝斜展，枝条长 5-7 mm。侧叶背瓣疏松至紧密的覆瓦状排列，水平伸展，宽卵形，内凹，长 0.7-1.0 mm，宽 0.7-0.8 mm，顶端钝圆，边缘常向腹面卷曲，全缘，基部稍不对称，背侧下延裂片小，呈圆耳状，腹侧不下延或稍下延，叶细胞圆形、卵形或矩圆形，边缘细胞（10-18）μm ×（8-15）μm，细胞壁稍节状加厚，三角体不明显，中部细胞（17-20）μm ×（13-15）μm，三角体明显，细胞壁具节状加厚，基部细胞（25-34）μm ×（18-26）μm。盔瓣紧贴茎着生，近于对称的兜形，长 0.2-0.4 mm，宽 0.2-0.3 mm，口部宽，稍呈斜截形，无喙或具极短的喙；副体丝状，3-5 个细胞长。腹叶贴生于茎，倒卵形或倒楔形，长 0.4-0.5 mm，宽 0.4-0.5 mm，顶端 2 裂达叶片长度的 1/4-1/3，裂角急狭尖，裂瓣三角形，顶端钝，两侧边缘具微齿，基部近于横生。

雌雄异株。雌苞生于侧短枝上；雌苞叶和雌苞腹叶均全缘，雌苞腹叶 2 裂，基部两侧各具 1 个细齿。蒴萼半伸出苞叶，长 1.3-1.5 mm，宽 1.0-1.2 mm，具 5 个脊，脊上具弯曲的突起，具 1 短喙。

**生境**：生于腐木或倒木上；海拔 1650-1700 m。

**产地**：陕西：佛坪县，李粉霞、王幼芳 1151，1183（HSNU）。

**分布**：印度。

本种的主要特征：①植物体棕色；②腹叶上部外侧具弱的齿；③叶细胞小；④内雌苞腹叶分裂呈几个披针形裂片，外侧具齿；⑤蒴萼表面具 5 个脊，脊上具弯曲的突起。

## 20. 陕西耳叶苔                                                图 109

**Frullania schensiana** C. Massal., Mem. Accad. Arg. Art. Comm. Verona, Ser. 3, 73(2): 40. 1897.
*Frullania ontakensis* Steph., Sp. Hepat. 4: 404. 1910.
*Frullania schensiana* var. *formosana* S. Hatt., J. Jap. Bot. 36: 187. 1961, *nom. nud.*
*Frullania schensiana* subsp. *ontakensis* (Steph.) S. Hatt., Bull. Natl. Sci. Mus., Tokyo, B. 1(4): 163. 1975.

植物体中等大小，红棕色，密集平铺生长。茎不规则的 1-2 回羽状分枝，长 3-5 cm，连叶宽 1.3-1.5 mm；茎直径 0.16-0.2 mm；枝条斜向伸展，长约 5 mm。侧叶覆瓦状排列，水平着生，背瓣椭圆形或圆形，常内凹，顶端钝圆，向腹面卷曲，长 0.7-1.2 mm，宽 0.6-0.8 mm。前缘基部明显呈圆耳状，后缘短而平直，不下延；叶边全缘。叶边缘细胞圆形或椭圆形，（17-20）μm ×（12-17）μm，中部细胞卵形，（15-25）μm ×（15-20）μm，细胞壁弯曲，中部具球状加厚，三角体明显，基部细胞卵形，（25-35）μm ×（15-21）μm。盔瓣紧贴茎着生，近圆形，长 0.25-0.3 mm，宽 0.35-0.4 mm，口部内弯，无喙；副体披针形，基部 2 个细胞宽，长 4-5 个细胞。腹叶近圆形，在茎或枝上分离排列，长 0.4-0.5 mm，宽 0.5-0.6 mm，全缘，长小于宽，顶端 2 裂至腹叶长度的 1/6-1/5，裂口较狭，裂瓣钝尖，基部近横生。

**生境**：生于岩面薄土、石上或树干上；海拔 450-2887 m。

**产地**：陕西：佛坪县，李粉霞、王幼芳 1200，1971a（HSUN），汪楣芝 55621，55692a（PE）；眉县，汪楣芝 56748a（PE）；宁陕县，陈邦杰等 116，573（PE）；洋县，汪楣芝 54862，56444a（PE）；周至县，汪楣芝 56628（PE）；秦岭，任毅等 1322（PE）。

**分布**：不丹、尼泊尔、印度、泰国、菲律宾、朝鲜、日本和俄罗斯远东地区。

本种的主要特征：①叶片椭圆形或圆形，先端常具狭的内卷；②盔瓣相对小，无喙；③腹叶近圆形，长小于宽，先端浅 2 裂，不及腹叶长度的 1/5；④叶细胞具大的三角体，且中部具球状加厚。

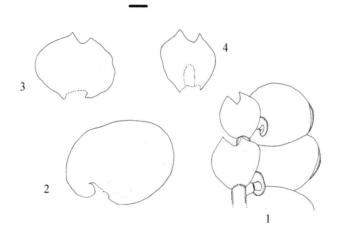

图 109　陕西耳叶苔 Frullania schensiana C. Massal.

1. 植物体一部分；2. 叶片；3-4. 腹叶。标尺=0.15 mm，1；=0.1 mm，2-4。（陕西，洋县，岩面薄土，450 m，汪楣芝 54862，PE）（何强绘）

Figure 109　Frullania schensiana C. Massal.

1. A portion of plant; 2. Leaf; 3-4. Underleaves. Scale bar=0.15 mm, for 1; =0.1 mm, for 2-4. (Shaanxi, Yangxian Co., on thin soil over rock, 450 m, Wang Mei-Zhi 54862, PE) (Drawn by He Qiang)

## 21. 中华耳叶苔　　　　　　　　　　　　　　　　　　图 110

**Frullania sinensis** Steph. in Levier, Nuovo Giorn. Bot. Ital. 13: 349. 1906.

*Frullania aeolatis* auct. non Mont. & Nees, Mem. Accad. Agr. Art. Comm. Verona, Ser. 3, 73(2): 38. 1897.

*Frullania dilatata* auct. non (L.) Dumort, Nuovo Giorn. Bot. Ital. 13: 348. 1906.

*Frullania subdilatata* C. Massal. in Levier, Levier, Nuovo Giorn. Bot. Ital. 13: 349. 1906.

植物体小形至中等大小，密集平铺生长，干燥时深棕色或黑色。茎匍匐生长，不规则的二回羽状分枝，长 1.3-3.0 cm，直径 0.11-0.15 mm，连叶宽 1.2-1.3 mm，分枝斜展。侧叶覆瓦状排列，相邻生长或多少分离，完全伸展，背瓣卵圆形，稍内凹，长 0.7-0.8 mm，宽 0.6-0.7 mm，顶端钝圆，平展或具向腹侧卷曲的边缘，全缘，基部稍不对称，背侧下延裂片小，腹侧不下延，叶细胞圆形或卵形，细胞壁平直或弯曲，稀疏的中部球状加厚，边缘细胞（12-20）μm×（10-15）μm，具不明显的三角体，中部细胞（22-32）μm×（17-

22）μm，具大的三角体，基部细胞（35-42）μm×（22-35）μm，具大的三角体；盔瓣紧贴于茎着生，盔形，长 0.15-0.24 mm，宽约 0.25 mm，口部宽且斜向平截，无喙，盔瓣有时呈裂片状；副体小，丝状，2-3 个细胞长；腹叶倒卵形或倒楔形，紧贴于茎生长，长 0.4-0.5 mm，宽 0.3-0.4 mm，顶端 2 裂达叶片长度的 1/6-1/3，裂角急尖，裂瓣三角形，顶端钝，两侧边缘具 1-2 个钝齿，基部横生。假根呈束状。

雌雄异株。雌器苞生于茎或枝的顶端；雌苞叶 3 对，具不规则的齿，内雌苞叶椭圆形，长约 1.3 mm，宽约 0.7 mm，雌苞叶和雌苞腹叶在一侧相连，下部边缘具齿。蒴萼梨形，长约 1.5 mm，宽约 1.0 mm，顶端具 1 短的喙，通常具 5 个脊状突起，脊高而窄，多少波曲，平滑。

**生境：**生于树干、腐木、石上、岩面、枯枝、石壁和岩面薄土上；海拔 423-3090 m。

**产地：甘肃：**文县，李粉霞 57，86，146，264，881（PE），裴林英 1442（PE），张满祥 699（WNU）。**河南：**灵宝市，何强 7777（PE）；卢氏县，何强 7549（PE）；内乡县，曹威 694，697（PE）；嵩县，何强 7367，7368（PE）；西峡县，曹威 485，罗健馨 199（PE）。**湖北：**郧西县，何强 6075（PE）；郧县，何强 6131，6162，6164，6167，6168，6171，6172，6206（PE），曹威 236，305（PE）。**陕西：**佛坪县，汪楣芝 55731a，55829（PE），李粉霞、王幼芳 1105，3405，4104（HSNU）；翠华山（Hattori and Lin，1985a）；华山，陈邦杰等 827（PE），张满祥 357（WNU）；户县（Levier，1906，as *Frullania dilatate*；Hattori and Lin，1985a）；眉县，汪楣芝 56751a（PE）；宁陕县，陈邦杰 207b，293（PE）；洋县，汪楣芝 54868，55009，56954a，56955，56992，56985（PE），魏志

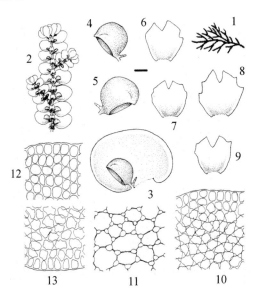

图 110　中华耳叶苔 *Frullania sinensis* Steph.

1. 植物体；2. 植物体一部分；3. 叶片（腹面观）；4-5. 盔瓣和副体；6-9. 腹叶；10. 叶尖部细胞；11. 叶基部细胞；12. 叶上部细胞；13. 侧叶下部边缘细胞。标尺=1 cm，1；=0.59 mm，2；=0.24 mm，3，6-9；=0.19 mm，4-5；=38 μm，10-13。
（湖北，郧县，湖北口乡，树干，何强 6131，PE）（郭木森绘）

Figure 110　*Frullania sinensis* Steph.

1. Plant; 2. A portion of plant; 3. Leaf (ventral view); 4-5. Lobules and styli; 6-9. Underleaves; 10. Apical leaf cells; 11. Basal leaf cells; 12. Upper leaf cells; 13. Lower marginal leaf cells. Scale bar=1 cm, for 1; =0.59 mm, for 2; =0.24 mm, for 3, 6-9; =0.19 mm, for 4-5; =38 μm, for 10-13. (Hubei, Yunxi Co., Hubeikouxiang, on tree trunk, He Qiang 6131, PE) (Drawn by Guo Mu-Sen)

平 6752（PE）；周至县（Levier，1906，as *Frullania dilatate*；Hattori and Lin，1985a），张满祥 426，500（WNU）；秦岭南坡，火地塘，陈邦杰等 360，459，614，620（PE）；秦岭，任毅等 B-136，H-11009，265410（PE）。

分布：印度。

本种与盔瓣耳叶苔 *F. muscicola* 非常相似，Hattori（1974）曾经将其处理为后者的异名。本种与盔瓣耳叶苔的区别在于：①内雌苞叶盔瓣具齿；②内雌苞腹叶与雌苞叶盔瓣在一侧相连，边缘常具 1 至数个齿；③蒴萼更长（约 1.5 mm），表面具 5 个高、弯曲且平滑的脊。

## 22. 欧耳叶苔　　　　　　　　　　　　　　　　　　　　　　　图 111

**Frullania tamarisci** (L.) Dumort., Recueil Observe. Jungerm.: 13. 1835.
*Jungermania tamarisci* L., Sp. Pl.: 1134. 1753.
*Frullania major* Raddi, Jungermanniogr. Etrusca: 9. 1818.

植物体小形至中等大小，红棕色，密集平展交织生长。茎规则的 1-2 回羽状分枝，长 2-3 cm，连叶宽 1.2-1.4 mm；茎直径约 0.1 mm。侧叶阔卵形，两侧不对称，长 0.9-1.2 mm，宽 0.7-0.8 mm，内凹，先端锐尖，常强烈内卷，基部两侧略下延。叶中部细胞卵形或长椭圆形，长 15-24 μm，宽 10-16 μm，中央具 1-2 列油胞或散生油胞，细胞壁平直，略加厚，三角体小。盔瓣远离茎着生，长 0.2-0.3 mm，宽约 0.1 mm，长盔形或圆筒形；副体基部 1-2 个细胞，长 4-5 个细胞。腹叶疏生，宽卵形，长约 0.5 mm，宽约 0.55 mm，顶端 2 裂至叶片长度的 1/4，裂角钝，裂瓣三角形，急尖或钝，基部两侧下延或平截形，中部以上边缘强烈背卷。

雌雄异株。雄株通常更纤细。雌苞叶卵状披针形，不对称的 2 裂，雌苞腹叶与雌苞叶在基部相连。蒴萼平滑，三角形或椭圆状卵形，小，口部收缩形成 1 短喙。孢蒴壁由 2 层细胞组成。孢子直径 40-50 μm，表面具颗粒状疣。

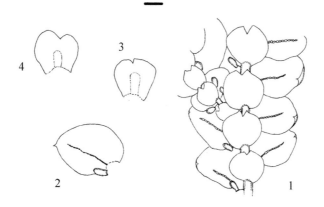

图 111　欧耳叶苔 Frullania tamarisci (L.) Dumort.
1. 植物体一部分；2. 叶片；3-4. 腹叶。标尺=0.17 mm，1；=0.24 mm，2；=0.14 mm，3-4。（陕西，太白县，2400 m，刘慎谔、钟补求 637，PE）（何强绘）
Figure 111　Frullania tamarisci (L.) Dumort.
1. A portion of plant; 2. Leaf; 3-4. Underleaves. Scale bar=0.17 mm, for 1; =0.24 mm, for 2; =0.14 mm, for 3-4. (Shaanxi, Taibai Co., 2400 m, Liou Tchen-Ngo and Tsoong Pu-Chiu 637, PE) (Drawn by He Qiang)

　　**生境：** 生于岩面、岩面薄土或石壁上；海拔 2400-3100 m。

　　**产地：陕西：** 户县（Massalongo，1897；Levier，1906），太白山（Levier，1906），魏志平 5498，5519（PE）；太白县，刘慎谔、钟补求 637，805（PE）。

　　**分布：** 不丹、印度、伊朗、日本、黎巴嫩、马来西亚、尼泊尔、土耳其、俄罗斯远东和西伯利亚地区；欧洲、南美洲和北美洲。

### 23. 瘤萼耳叶苔 　　　　　　　　　　　　　　　　　　　　　　　图 112

*Frullania tubercularis* S. Hatt. & P. J. Lin, J. Jap. Bot. 60(4): 107. 1985.

　　植物体小形或中等大小，呈垫状生于岩壁上，棕色。茎匍匐，不规则分枝，长约 2 cm，直径约 0.15 mm，分枝斜展。侧叶覆瓦状排列，水平伸展，背瓣卵形或椭圆形状卵形，长 0.8-1.0 mm，宽约 0.8 mm，顶端圆形，向腹面卷曲，全缘，基部不对称，背侧具耳状下延裂片，腹侧不下延，叶细胞圆形或卵形，细胞壁薄，近于透明，红棕色，波曲状或节状加厚，三角体大，边缘细胞（17-20）μm ×（15-17）μm，中部细胞（25-30）μm ×（20-23）μm，基部细胞（30-50）μm ×（23-37）μm；盔瓣紧贴茎着生，相邻生长，盔形，长约 0.25 mm，宽约 0.2 mm，顶部圆形，口部平截，无喙状尖；副体大，卵形，由 20-30 个细胞组成，顶端具 1-2 个细胞组成的齿；茎腹叶远离着生，近于平展，上部边缘具狭背卷边，长 0.3-0.4 mm，宽 0.3-0.4 mm，顶端近于平截，2 裂达叶片长度的 1/8，裂角狭，裂瓣近三角形，基部近于横生。

　　雌雄异株。雌苞生于茎顶端；最内层雌苞叶全缘，雌苞腹叶 2 裂达叶长的 1/2，基部一侧边缘具 1 个齿。蒴萼仅 1/2 陷生于苞叶中，长梨形，长 2.0-2.2 mm，宽约 1.2 mm，具 3 个强脊，表面具 1-4 个细胞长的瘤状突起，顶端具短喙。

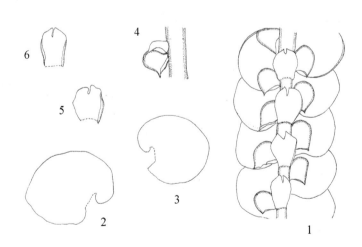

图 112　瘤萼耳叶苔 *Frullania tubercularis* S. Hatt. & P. J. Lin

1. 植物体一部分；2-3. 叶片；4. 盔瓣和副体；5-6. 腹叶。标尺=0.12 mm，1，4；=0.15 mm，2-3；=0.1 mm，5-6。（陕西，宁陕县，岩壁，2400 m，陈邦杰等 465，PE）（何强绘）

Figure 112　*Frullania tubercularis* S. Hatt. & P. J. Lin

1. A portion of plant; 2-3. Leaves; 4. Lobule and stylus; 5-6. Underleaves. Scale bar=0.12 mm, for 1, 4; =0.15 mm, for 2-3; =0.1 mm, for 5-6. (Shaanxi, Ningshan Co., on cliff, 2400 m, Chen Pan-Chie et al. 465, PE) (Drawn by He Qiang)

**生境：**生于岩壁上；海拔 2400 m。

**产地：陕西：**宁陕县，陈邦杰等 465（PE）。

**分布：**中国特有。

### 24. 云南耳叶苔

**Frullania yunnanensis** Steph., Hedwigia 33: 161. 1894.

植物体较大，密集平铺垫状生长，深棕色或红棕色。茎匍匐，不规则或规则的 1-2 回羽状分枝，长 1.5-5 cm，直径 0.19-0.2 mm，连叶宽 1.4-1.5 mm，分枝扩展或斜展。侧叶覆瓦状排列；背瓣阔卵形，内凹，长 1-1.1 mm，宽 0.8-0.9 mm，顶端圆形，常内卷，基部两侧不对称，背侧具大而圆舌形下延裂片，腹侧稍下延；盔瓣紧贴茎着生，不对称兜形，长 0.26-0.32 mm，宽 0.2-0.26 mm，口部稍宽，具强烈内弯的喙；副体丝状，基部 2 个细胞宽，长 6-7 个细胞。腹叶远离或紧靠着生，卵圆形，长 0.7-0.8 mm，宽 0.7-0.8 mm，边缘强烈背卷，全缘，基部两侧耳垂状下延较大。叶细胞圆形或卵形，细胞壁呈波曲状，节状加厚，向基部三角体渐变大，红棕色，近于透明，边缘细胞（13-18）μm ×（10-13）μm，基部细胞（26-47）μm ×（15-18）μm。

雌雄异株。雌苞生于侧枝顶端；最内层雌苞叶和雌苞腹叶全缘。蒴萼长圆形，长 2.1-2.3 mm，宽 1-1.1 mm，表面平滑，具 3 个脊。孢子球形，表面具颗粒状疣，直径 31-39 μm。弹丝具 1 条螺纹加厚，直径 15-21 μm。

**生境：**生于树皮上；海拔 2000 m。

**产地：甘肃：**文县，邱家坝，汪楣芝 63672（PE）。

**分布：**不丹、尼泊尔、印度、泰国。

# 科 40　毛耳苔科 **Jubulaceae** H. Klinggr.

植物体中小形，褐绿色或墨绿色，疏松丛生。茎匍匐，不规则羽状分枝。叶 3 列，侧叶覆瓦状蔽前式斜列，为茎宽的 2-3 倍；背瓣平展前部内凹，卵形或椭圆形，先端急尖或圆钝，叶缘具齿或平滑，基部不下延；腹瓣小，盔形、球形或卵形，着生于背瓣腹侧、远离茎的边缘一点上；无副体或极小。腹叶大，圆形、椭圆形，基部收缩抱茎着生，长大于宽，2 裂至腹叶长度的 1/2，裂角钝，裂三角形，叶边具毛状齿或全缘，两基角下延较长。叶细胞六边形，薄壁，三角体小或无，角质层平滑。

雌苞叶生于茎或侧枝先端，较茎叶大，全缘或边缘有齿。蒴萼耳叶苔型，上部有纵脊，先端有短喙。雄苞叶生于侧短枝上，雄苞叶多对，穗状。

全世界有 2 属，中国有 1 属，本地区有 1 属。

## 1. 毛耳苔属 **Jubula** Dumort.

植物体小形至中等大小，浅绿色至褐绿色，茎规则或不规则 1-2 回羽状分枝。叶 3 列排列，侧叶与腹叶异形，覆瓦状蔽前式排列；侧叶分背瓣和腹瓣；背瓣大，平展或内凹，卵形或椭圆形，顶端急尖或渐尖，叶基不下延；叶边有毛状齿。叶细胞圆形或椭圆形，胞壁常球状加厚或等厚，三角体有或缺失；叶细胞内含多数球形或椭圆形油体。腹瓣盔形或圆球形，与茎近于平行排列；副体有或无，一般由几个细胞组成，丝状，着生于腹瓣基部。腹叶近圆形或椭圆形，上部 2 裂，全缘或两侧边缘具毛状齿，基部多略下延。

雌雄同株。蒴萼球形或倒卵形，具 3 个脊，脊部平滑，喙短小。孢蒴壁由 2 层细胞组成。孢子直径 20-31 μm，表面具细疣。弹丝多，每个孢蒴开裂的瓣中约有 50 个，直径约为孢子直径的 1/2，具 1-2 条螺纹加厚。

全世界有 9 种，中国有 3 种，本地区有 1 种。

**1. 日本毛耳苔**

**Jubula japonica** Steph., Bull. Herb. Boissier 5: 92. 1897.
*Jubula jaoii* P. C. Chen, Feddes Repert. Spec. Nov. Regni Veg. 58: 48. 1955.

植物体中等大小，深绿色，疏松平展交织生长。茎不规则 1-2 回羽状分枝，长 2-4 cm，连叶宽 1.0-1.6 mm；茎直径约 0.2 mm。侧叶卵形卵圆形，长 0.6-0.8 mm，宽 0.5-0.6 mm，先端圆钝；叶边尖部具多数不规则齿。叶中部细胞圆形，长 20-25 μm，宽 13-19 μm，细胞壁略厚，三角体明显。腹瓣长卵形，膨起，长 0.2-0.3 mm，宽约 0.2 mm；副体未见。腹叶近圆形，长 0.5 mm，宽 0.6 mm，上部 2 裂至叶片长度的 1/3，边缘具多数不规则长毛状齿，基部明显下延。

**生境：**生于石上或土面上。
**产地：陕西：**佛坪县，李粉霞、王幼芳 1735，1821（HSUN）。
**分布：**日本、朝鲜和俄罗斯远东地区。

# 科 41　　细鳞苔科 **Lejeuneaceae** Casares-Gil

植物体多柔弱，稀粗壮，黄绿色、灰绿色至褐绿色，稀紫褐色，部分属种略具光泽，相互交织成紧密或疏松小片，或垂倾生长。茎不规则分枝、叉状分枝或 1-2 回羽状分枝；分枝有时再生小枝；假根透明，成束着生于茎腹面或腹叶基部。叶蔽前式覆瓦状排列，椭圆形至卵状披针形；叶边多全缘，稀具齿；腹瓣卵形至披针形，齿多变异。叶细胞圆形至椭圆形，胞壁多具三角体及球状加厚，稀薄壁，稀具油胞，部分属和种叶边缘细胞分化为白色透明细胞，或具疣或具刺状疣，细胞背面一般平滑，或具疣和刺疣状突起。腹叶圆形至船形，多 2 裂，裂瓣间开裂角度多变，部分属和种无腹叶。

雌雄同株或异株。蒴萼倒梨形至倒心脏形，具 2-10 脊。雄苞穗状；雄苞叶一般膨起，2-20 对。

全世界有 95 属，中国有 29 属，本地区有 9 属。

**分属检索表**

1. 植物体无腹叶 ················································· **3.疣鳞苔属 Cololejeunea**
1. 植物体具腹叶 ································································································ 2
2. 腹叶全缘，不开裂，或上部具不规则齿 ·························································· 3
2. 腹叶开裂 ········································································································ 7
3. 蒴萼通常具 3-5 个脊，脊部具冠状突起 ·················· **6.冠鳞苔属 Lopholejeunea**
3. 蒴萼通常具 6-10 个脊或纵褶，少数具 5 个脊 ··············································· 4

4. 腹叶扇形,上部具齿 ································································· **7.皱萼苔属 Ptychanthus**

4. 腹叶肾形,全缘 ································································································· 5

5. 茎叶椭圆形,全缘;腹瓣沿叶边延伸 ······················ **1.顶鳞苔属 Acrolejeunea**

5. 茎叶阔卵形或卵状椭圆形;腹瓣不沿叶边延伸 ······································ 6

6. 叶尖部全缘;腹叶基部两侧呈耳状 ·························· **9.异鳞苔属 Tuzibeanthus**

6. 叶尖部具齿或全缘;腹叶基部两侧不呈耳状 ············ **8.多褶苔属 Spruceanthus**

7. 蒴萼脊部呈角状或其他形状突起;每一叶片多具 1 至多个油胞 ······· **4.角鳞苔属 Drepanolejeunea**

7. 蒴萼脊部圆钝;叶片一般无油胞 ···························································· 8

8. 腹叶宽度为茎直径的 2-4 倍 ······························· **2.唇鳞苔属 Cheilolejeunea**

8. 腹叶宽度为茎直径的 3 倍以下 ····························· **5.细鳞苔属 Lejeunea**

# 1. 顶鳞苔属 Acrolejeunea (Spruce) Schiffn.

植物体多中等大小,黄色至黄褐色,老时呈红褐色。茎平展或下垂,长 1-5 cm,稀不规则分枝。叶卵状椭圆形,前缘宽圆弧形,后缘近于平直,先端圆钝,着生处较宽;叶边全缘。叶细胞椭圆形,三角体大,胞壁中部具小球状加厚。腹瓣卵圆形,为背瓣长度的 1/2-2/3,膨起,先端近于平截,角齿与中齿锐尖,由 2-4 个细胞组成,尖部略具突起。腹叶圆形,宽度为茎直径的 2-4 倍。

雌雄异株。雄苞着生于短侧枝。雌苞着生于侧枝顶端;雌苞叶大于营养叶,腹瓣长方形,具明显角齿。蒴萼倒卵形,具 5-10 个脊,脊部圆钝,平滑,具短喙。芽胞未见。

全世界有 15 种,中国有 8 种,本地区有 3 种。

## 分种检索表

1. 植物体分枝细鳞苔型;萌枝缺乏;蒴萼脊平直 ················ **2.折叶顶鳞苔 A. recurvata**

1. 植物体分枝耳叶苔型;萌枝存在;蒴萼脊弯曲 ·································· 2

2. 叶片背瓣斜卵形,具狭而钝的尖部,湿润时不背仰;蒴萼脊部具不规则的突起 ·········
···················································· **1.浅棕顶鳞苔 A. infuscata**

2. 叶片背瓣卵形,具宽而圆的尖部,湿润时背仰;蒴萼脊部弯曲,无不规则的突起 ········
···················································· **3.南亚顶鳞苔 A. sandvicensis**

### 1. 浅棕顶鳞苔 图 113

**Acrolejeunea infuscata** (Mitt.) J. Wang bis & Gradst., Bryoph. Diversity & Evol. 36(1): 38. 2014.

*Lejeunea infuscata* Mitt., J. Proc. Linn. Soc., Bot. 5: 111. 1861.

*Trocholejeunea infuscata* (Mitt.) Verd., Ann. Bryol., Suppl. 4: 190. 1934.

*Trocholejeunea bidenticulata* P. C. Wu, Acta Phytotax. Sin. 20(3): 351. 1982.

植物体中等大小,长可达 35 mm,连叶宽 1.1-2.0 mm,干燥时棕黄色。茎直径 150-190 μm,不规则分枝,分枝为耳叶苔型,萌枝存在。侧叶密集覆瓦状排列,斜卵形,湿润时不背仰,略呈镰刀状弯曲,长 0.8-1.0 mm,宽 0.5-0.8 mm,顶端具狭而钝的尖部,常内曲,全缘。叶边缘细胞(13-22)μm ×(11-18)μm,中部细胞(20-40)μm ×(14-30)μm,细胞壁薄或略加厚,三角体体大,中部具球状加厚,基部细胞类似于中部细胞,角质层平滑。油胞缺乏。腹瓣三角状卵形,长为背瓣长度的 1/3-2/5,顶端具 2 个齿。腹叶圆形,边缘常反曲,长略大于宽,宽为茎的 4-6 倍,基部着生处呈波状。

雌雄异株。雌苞叶椭圆形或圆形，全缘。蒴萼梨形或椭圆形，其上有 10 个脊，脊上具不规则的突起。

**生境：**生于林下；海拔 750-1540 m。

**产地：甘肃：**文县，汪楣芝 64000（PE），裴林英 1667（PE）。

**分布：**不丹、印度、尼泊尔、斯里兰卡、缅甸、泰国和菲律宾。

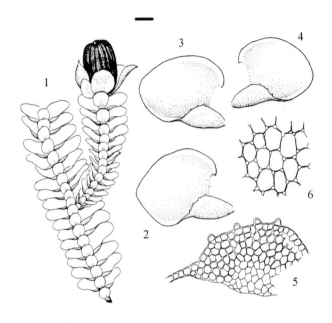

图 113　浅棕顶鳞苔 Acrolejeunea infuscata (Mitt.) J. Wang bis & Gradst.
1. 带孢子体的植物体；2-4. 叶片；5. 腹瓣；6. 叶细胞。标尺=0.6 mm, 1；=0.24 mm, 2-4；=57 μm，5；=49 μm, 6。（甘肃，文县，碧口镇，石龙沟，溪边，750-1100 m，汪楣芝 64000，PE）（郭木森绘）

Figure 113　Acrolejeunea infuscata (Mitt.) J. Wang bis & Gradst.
1. Plant with a sporophyte; 2-4. Leaves; 5. Leaf lobule; 6. Leaf cells. Scale bar=0.6 mm, for 1; =0.24 mm, for 2-4; =57 μm, for 5; =49 μm, for 6. (Gansu, Wenxian Co., Bikou Town, Shilonggou, beside the stream, 750-1100 m, Wang Mei-Zhi 64000, PE) (Drawn by Guo Mu-Sen)

## 2. 折叶顶鳞苔

**Acrolejeunea recurvata** Gradst., Bryophyt. Biblioth. 4: 79. 1975.

植物体长可达 3 cm，不规则分枝，枝条常为细鳞苔型的直立鞭状枝；茎宽 4-10 个细胞，茎横切面 15-22 个皮层细胞围绕 25-53 个髓部细胞，腹面的皮层细胞方形至长方形，背面的皮层细胞大，斜向排列；叶片覆瓦状排列，前缘外卷，强烈凸起至背仰，半圆状卵形，前缘基部平直至稍呈耳状，近顶端处边缘波状，顶端圆形，后缘平展或向上弯曲，脊部稍微弯曲；叶中部细胞（30-40）μm×（20-28）μm，基部细胞较中部细胞稍大，无油体；腹瓣卵状三角形至矩形，尖部斜展或平直，长 0.35-0.6 mm，宽 0.2-0.3 mm，脊部呈狭状膨大，下部边缘外卷，向顶端呈弯曲，具 3-6 个直立或内弯的齿，每个齿之间由 2-5 个边缘细胞将其分开；透明疣约 3 个细胞，位于中齿（apical tooth）基部。腹叶覆瓦状排列，扁圆卵形，长 0.2-0.3 mm，宽 0.6-0.8 mm，顶端截形且外弯，稀平展，基部宽，或稍呈耳状，与茎的着生处呈浅状弯曲。腹叶细胞形状较为一致，大小为（23-28）μm×（18-22）μm。

雄苞生于雄枝的末端或中间，雄苞叶和雄苞腹叶 4-8 对，略小于侧叶和腹叶，雄苞叶斜向伸展，腹瓣明显膨大，边缘具 1-2 个齿，背瓣和腹瓣结合处细胞明显突起。雌苞顶生于 1 个短枝上；雌苞叶和雌苞腹叶 2 对，大于侧叶；内雌苞叶不对称的 2 裂至长度的 1/2 处，雌苞腹叶近于圆形，长约 1.5 mm。蒴萼脊平直。

生境：生于树根上；海拔 1059 m。

产地：河南：西峡县，曹威 538（PE）。

分布：泰国、老挝、印度和尼泊尔。

### 3. 南亚顶鳞苔

**Acrolejeunea sandvicensis** (Gottsche) Steph., Bot. Jahrb. Syst. 23: 312. 1896.

*Trocholejeunea sandvicensis* (Gottsche) Mizut., Misc. Bryol. Lichenol. 2(12): 169. 1962.

*Phragmicoma sandvicensis* Gottsche, Ann. Sci. Nat., Bot., Ser. 4, 8: 344. 1857.

*Brachiolejeunea chinensis* Steph., Hedwigia 34: 63. 1895.

*Brachiolejeunea sandvicensis* (Gottsche) A. Evans, Trans. Connecticut Acad. Arts 10: 419. 1900.

*Brachiolejeunea sandvicensis* (Gottsche) A. Evans fo. *chinensis* (Steph.) Herzog in Handel-Mazzetti, Symb. Sin. 5: 46. 1930.

*Lejeunea sandvicensis* (Gottsche) A. Evans, Trans. Connecticut Acad. Arts 8: 253. 1892.

*Mastigolejeunea formosensis* Steph., Sp. Hepat. 5: 136. 1912.

*Mastigolejeunea sandvicensis* (Gottsche) Steph., Bull. Herb. Boissier 5: 842. 1897.

植物体中等大小，灰绿色至橄榄绿色。茎长可达 3 cm，不规则分枝。叶干时紧贴，湿润时背仰，卵形，具宽而圆的尖部，长约 1 mm；叶中部细胞直径 40-55 μm；腹瓣为背瓣长度的 1/3-1/2，近半圆形，强烈膨起，前沿具 4-5 个圆齿。

蒴萼梨形，通常具 10 个脊，脊弯曲，其上无不规则的突起。

生境：生于石上、岩面或树干上；海拔 543-2000 m。

产地：甘肃：文县，李粉霞 59，79，226（PE）。湖北：郧西县，曹威 038，048（PE）；郧县，何强 6287（PE）曹威 300，424（PE）；陕西：佛坪县，李粉霞、王幼芳 5021（HSNU），汪楣芝 55562a，55563a，56489a（PE）；户县（Massalongo，1897；Levier，1906，as *Brachiolejeunea gottschei*）；洋县，汪楣芝 54869a（PE）。

分布：巴基斯坦、印度、尼泊尔、不丹、斯里兰卡、越南、柬埔寨、马来西亚、日本、朝鲜和美国（夏威夷）。

## 2. 唇鳞苔属 Cheilolejeunea (Spruce) Schiffn.

植物体纤弱至中等大小，绿色至灰绿色，呈小片状交织生长。茎不规则羽状分枝。叶蔽前式覆瓦状排列或疏生，卵形至圆卵形，前缘圆弧形或半圆形，后缘略内凹或近于平直；腹瓣卵形，膨起，或近于长方形而扁平，角部具单个圆齿或尖齿。叶细胞圆六角形至圆卵形，胞壁具三角体。每个细胞含 1-4 个油体，油体大，（5-12）μm ×（9-22）μm。腹叶圆形至肾形，宽度为茎直径的 2-4 倍，2 裂至叶片长度的 1/3-1/2。油胞缺乏。

雌雄同株或异株。雄苞具 2-4 对苞叶。雌苞叶类似于营养叶，雌苞腹叶分裂至 2 裂。蒴萼倒梨形至倒心形，具 3-5 脊。

全世界有 90 种，中国有 24 种，本地区有 3 种。

## 分种检索表

1. 叶尖部锐尖；叶细胞具疣；叶边缘和脊部常具细圆齿或突起 ············· **3.尖叶唇鳞苔 C. subopaca**
1. 叶尖部圆钝；叶细胞平滑；叶边缘和脊部平滑 ·········································································2
2. 角齿细胞椭圆形，长为宽的 2 倍；蒴萼具 4 个明显的脊，腹面脊部明显 ······ **2.东方唇鳞苔 C. orientalis**
2. 角齿细胞近于方形，长同于宽；蒴萼上部具 3 个脊，脊宽而钝 ·······**1.亚洲唇鳞苔 C. krakakammae**

## 1. 亚洲唇鳞苔

**Cheilolejeunea krakakammae** (Lindenb.) R. M. Schust., Beih. Nova Hedwigia 9: 112. 1963.

*Lejeunea krakakammae* Lindenb., Syn. Hepat.: 353. 1845.

*Strepsilejeunea krakakammae* (Lindenb.) Steph., Sp. Hepat. 5: 276. 1913.

*Taxilejeunea krakakammae* (Lindenb.) Sim, Trans. Roy. Soc. South Africa 15: 65. 1926.

*Euosmolejeunea giraldiana* C. Massal., Mem. Accad. Agric. Verona 73: 34. 1897.

*Strepsilejeunea giraldiana* (C. Massal.) Steph., Sp. Hepat. 5: 288. 1913.

*Cheilolejeunea giraldiana* (C. Massal.) Mizut., J. Hattori Bot. Lab. 27: 141. 1964.

*Lejeunea khasiana* Mitt., J. Proc. Linn. Soc., Bot. 5: 115. 1861.

*Strepsilejeunea khasiana* (Mitt.) Steph., Sp. Hepat. 6: 395. 1923.

*Cheilolejeunea khasiana* (Mitt.) N. Kitag., Hikobia Suppl. 1: 68. 1981.

*Strepsilejeunea gomphocalyx* Herzog in Handel-Mazzetti, Symb. Sin. 5: 47. 1930.

*Euosmolejeunea gomphocalyx* (Herzog) S. Hatt., Bull. Tokyo Sci. Mus. 11: 106. 1944.

植物体小，黄棕色；茎长约 2 cm，直径约 0.1 mm，连叶宽 0.6-0.9 mm，不规则的羽状分枝，枝条短；假根少。叶片覆瓦状排列，斜向伸展；侧叶卵形，长 0.5-0.56 mm，宽 0.35-0.4 mm，顶端锐尖或圆钝，内曲，叶边全缘；叶边缘细胞 8-12 μm，叶中部细胞（15-20）μm ×（12-15）μm，叶基部细胞稍大于叶中部细胞，可达 25 μm × 18 μm，细胞壁薄，三角体大，无中部球状加厚，油胞缺失；角质层平滑；腹瓣小，约是背瓣长度的 1/4，卵形，膨大，中齿为单个细胞突起，角齿由 1-3 个细胞组成，钝，透明疣小，位于角齿的远轴侧，角齿细胞近于方形，长款近于相等。腹叶疏生至相互贴生，为茎宽的 3-4 倍，近于圆形，长 0.25-0.3 mm，宽 0.35-0.47 mm，2 裂至腹叶长度的 1/3 处，裂瓣三角形，锐尖或钝，边缘全缘，基部多少呈心形。

雌雄同株异苞。雄苞生于短侧枝上；雄苞叶 1-2 对，约为营养叶的 1/2 大小；雄苞腹叶小，仅生于雄苞的基部。雌苞常生于侧枝上，具 1 或 2 个新生枝。雌苞叶与营养叶大小相同，椭圆形，长 0.6-0.7 mm，宽约 0.35 mm，顶端锐尖，全缘，腹瓣小，为背瓣长度的 1/4-1/3，卵形至椭圆形，顶端圆形。雌苞腹叶椭圆形，长约 0.5 mm，宽约 0.42 mm，浅 2 裂至叶片长度的 1/10 处，裂瓣钝，两侧边缘近上部具细圆齿。蒴萼倒卵形，膨大，长约 0.8 mm，宽约 0.5 mm，蒴萼上部具 3 个脊，脊宽而钝。

**生境：**不详。

**产地：陕西：**户县（Massalongo，1897；Levier，1906，as *Strepsilejeunea giraldiana*；Mizutani，1964，1982，as *Cheilolejeunea giraldiana*）；宁陕县，陈邦杰等 683（PE）；太白山（张满祥，1972，as *Strepsilejeunea giraldiana*）。

**分布：**印度、不丹、尼泊尔、菲律宾和日本。

## 2. 东方唇鳞苔（新拟）     图 114

**Cheilolejeunea orientalis** (Gott.) Mizut., J. Hattori Bot. Lab. 35: 399. 1972.

*Lejeunea orientalis* Gott. et al., Syn. Hepat.: 37. 1845.

*Euosmolejeunea orientalis* (Gott.) Steph., Sp. Hepat. 5: 593. 1914.

植物体细长，淡棕色。茎长约 4.5 cm，直径约 0.1 mm，连叶宽 0.8-1.1 mm，扭曲，分枝稀疏；假根少。叶片覆瓦状排列，水平伸展，椭圆形，凸起，长 0.6-0.7 mm，宽约 0.4 mm，顶端圆形，强烈内曲，叶边全缘；叶尖部细胞宽 10-15 μm，叶中部细胞（30-40）μm×（12-20）μm，背面具乳状突起，细胞壁薄，三角体大，无中部球状加厚，叶基部细胞 45 μm×25 μm；油胞缺失。腹瓣小，为背瓣长度的 1/5-1/4，三角形，顶端平截，中齿退化，角齿椭圆形，单细胞构成，钝，透明疣小，位于角齿的远轴侧；脊部平直，平滑。腹叶相互贴生，宽是茎直径的 4 倍，圆形，长约 0.5 mm，宽约 0.4 mm，2 裂至腹叶长度的 1/2，裂瓣三角形，锐尖或短尖，边缘全缘，着生处弯曲。

雌雄同株异苞。雄苞生于短的侧枝上；雄苞叶 1-2 对，为茎叶长度的 1/3，近于覆瓦状排列；腹苞叶小，仅生于雄穗的基部。雌穗生于短侧枝上，具 1 个短的新生枝；雌苞叶小于营养叶，椭圆形，长约 0.5 mm，宽约 0.3 mm，顶端钝，强烈内曲，腹瓣为背瓣长度的 1/2，椭圆形；雌苞腹叶椭圆形，长约 0.6 mm，宽约 0.5 mm，2 裂至其长度的 1/3 处，裂瓣三角形，锐尖。蒴萼倒梨形，长约 0.8 mm，宽约 0.6 mm，具 4 个明显的脊，脊部平滑。

**生境：**生于岩壁上；海拔 3000-3200 m。

**产地：陕西：**太白山，魏志平 5547（WNU），魏志平 6427（WNU，PE）。

**分布：**印度和印度尼西亚。

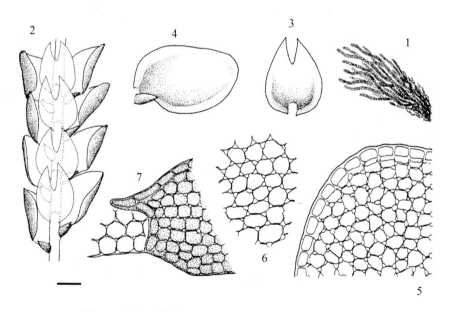

图 114　东方唇鳞苔 Cheilolejeunea orientalis (Gott.) Mizut.

1. 植物体；2. 枝条一部分；3. 腹叶；4. 叶片；5. 叶细胞尖部；6. 叶细胞中部；7. 腹瓣尖部。标尺=7.5 mm，1；=0.2 mm，2；=0.12 mm，3-4；=26 μm，5-7。（陕西，太白山，3200 m，魏志平 6427，WNU，PE）（郭木森绘）

Figure 114　Cheilolejeunea orientalis (Gott.) Mizut.

1. Plants; 2. A portion of branch; 3. Underleaf; 4. Leaf; 5. Apical leaf cells; 6. Median leaf cells; 7. Apical part of leaf-lobule. Scale bar=7.5 mm, for 1; =0.2 mm, for 2; =0.12 mm, for 3-4; =26 μm, for 5-7. (Shaanxi, Mt. Taibai, 3200 m, Wei Zhi-Ping 6427, WNU, PE) (Drawn by Guo Mu-Sen)

### 3. 尖叶唇鳞苔

**Cheilolejeunea subopaca** (Mitt.) Mizut., J. Hattori Bot. Lab. 26: 183. 1963.

*Lejeunea subopaca* Mitt., J. Proc. Linn. Soc., Bot. 5: 116. 1860.

植物体淡棕色，茎长约 10 mm，宽约 0.1 mm，连叶宽 0.5-1.0 mm，不规则羽状分枝，枝条多，短；假根少，淡棕色。叶片之间疏生排列，平展至斜展；叶强烈的凹凸，卵形，长 0.4-0.5 mm，宽 0.27-0.37 mm，顶端锐尖至渐尖，通常内曲，后缘近于直线，背缘弓形，常具因细胞突起而形成的细圆齿，尤其是在近轴侧。叶中部细胞（15-22）μm×（12-20）μm，叶边缘细胞（15-20）μm×（12-20）μm，叶基部细胞 32 μm×25 μm，细胞壁厚，三角体大，无中部球状加厚；无油胞，角质层具乳状突起；腹瓣约为背瓣长度的 2/5，膨大，卵形，中齿不明显，角齿常由单个细胞构成，略弯曲，透明疣小，位于角齿的远轴侧，脊部稍呈弓形弯曲；腹叶小，近于圆形，宽为茎直径的 2 倍，与茎的连接处近于直线，长约 0.2 mm，宽 0.2-0.27 mm，2 裂至腹叶长度的 1/3。

**生境**：生于树上；海拔 2150-2360 m。

**产地**：甘肃：文县，裴林英 918（PE）。

**分布**：不丹、印度、尼泊尔和斯里兰卡。

## 3. 疣鳞苔属 Cololejeunea (Spruce) Schiffn.

植物体纤细，灰绿色，稀疏生长或杂生于其他苔类植物间。茎不规则羽状分枝；横切面皮层为单层细胞，由 5 个表皮细胞所包围；腹面束生透明假根。叶疏生或覆瓦状排列，一般为椭圆形、卵形或其他形状，稀分化透明白边；腹瓣多卵形或卵状三角形等，脊部常具疣状突起。尖部通常具 2 个齿。叶细胞多呈六角形，细胞壁薄，背面具单疣或其他疣状突起；油胞淡黄色，通常单个位于叶片近基部，或稀具多个成 1-2 列。每个细胞含 2-10 个油体，油体小，（2-3）μm×（4-6）μm。雌雄同株。雄苞一般着生于枝顶。蒴萼倒梨形，脊多 5 个，具疣。

全世界有 202 种，中国有 73 种，本地区有 5 种。

### 分种检索表

1. 叶片具有由透明细胞组成的分化边缘 ·················································· **3.东亚疣鳞苔 C. japonica**
1. 叶片无透明细胞组成的分化边缘 ····················································································· 2
2. 叶边密被刺疣状突起；叶细胞背面具单个刺疣 ························· **5.刺疣鳞苔 C. spinosa**
2. 叶边全缘或具疣状突起；叶细胞背面平滑或具乳突 ··················································· 3
3. 叶片和苞叶细胞具乳突；芽胞由 16 个细胞组成 ··············· **2.粗疣疣鳞苔 C. grossepapillosa**
3. 叶片和苞叶细胞平滑；芽胞由 17-26 个细胞组成 ····················································· 4
4. 叶片倒卵形或匙形；细胞壁具 1 个球状加厚 ····················· **1.细齿疣鳞苔 C. denticulata**
4. 叶片长卵形、卵状三角形至狭披针形；细胞壁具 1-3 个球状加厚 ········ **4.长叶疣鳞苔 C. longifolia**

### 1. 细齿疣鳞苔

**Cololejeunea denticulata** (Horik.) S. Hatt., Bull. Tokyo Sci. Mus. 11: 99. 1944.

*Physocolea denticulata* Horik., J. Sci. Hiroshima Univ., Ser. B, Div. 2, Bot. 2: 287. 1934.

*Leptocolea denticulata* (Horik.) P. C. Chen & P. C. Wu, Acta Phytotax. Sin. 9: 262. 1964.

植物体细小，长约 5 mm，连叶宽 1.2-1.7 mm，绿色。茎直径 80-96 μm，分枝稀疏且不规则。叶在茎上疏生或相互贴生，倒卵形或匙形，长 0.7-1.0 mm，宽 0.3-0.8 mm，全缘或具细齿，顶端圆。叶边缘细胞（9-14）μm ×（8-12）μm，叶中部细胞（24-36）μm ×（18-26）μm，薄壁，三角体大，胞壁中部具球状加厚，叶基部细胞与中部细胞类似。油胞和假肋未见。角质层平滑。腹瓣大，圆形，长为背瓣长度的 1/3-1/2，顶端斜截形，中齿 1-2 个细胞，角齿长 0-3 个细胞，基部宽 1-2 个细胞，透明疣位于中齿基部的内表面。

**生境**：生于岩面上；海拔 1348 m。

**产地**：**河南**：鲁山县，何强 7270（PE）。

**分布**：孟加拉国、日本和朝鲜。

## 2. 粗疣疣鳞苔

**Cololejeunea grossepapillosa** (Horik.) N. Kitag, Hikobia Suppl. 1: 68. 1981.
*Aphanolejeunea grossepapillosa* Horik., J. Sci. Hiroshima Univ., Ser. B, Div. 2, Bot. 1: 92. 1932.

植物体极小，灰绿色，长约 4 mm，连叶宽 0.2-0.3 mm，分枝少。叶片离生，卵形或矩圆形，长 0.15-0.2 mm，宽 0.08-0.14 mm，顶端锐尖或钝，叶边全缘或具齿突。叶顶端和中部的细胞（10-20）μm ×（8-15）μm，基部细胞（15-25）μm ×（10-15）μm，细胞壁薄，无三角体和中部球状加厚，细胞背面长具疣，无油胞和假肋；腹瓣大，卵形，长为背瓣长的 2/3-4/5，顶端截形，中齿 2 个细胞长，常与角齿交叉，角齿单细胞，常退化。芽胞由 16 个细胞组成。

雌雄同株。雄苞生于枝上。雌苞生于主茎上，苞叶矩圆形，直立伸展，顶端尖或钝，叶边全缘或具齿突，腹瓣长为背瓣长度的 1/2-2/3。蒴萼倒卵形，具 4 个脊或平滑无脊，顶端表面具疣状突起。

**生境**：生于石上或树干上。

**产地**：**陕西**：佛坪县，李粉霞、王幼芳 3354a，4131（HSNU）。

**分布**：亚洲东南部。

本种原属于小鳞苔属 *Aphanolejeunea*。后来的分子数据显示它相嵌于疣鳞苔属中。形态学研究也显示小鳞苔属作为一个属并可靠（Pócs and Bernecker, 2009），因此，Pócs 等（2015）将其作为疣鳞苔属的一个亚属。

## 3. 东亚疣鳞苔                                              图 115

**Cololejeunea japonica** (Schiffn.) Mizut., J. Hattori Bot. Lab. 24: 241. 1961.
*Leptocolea japonica* Schiffn., Ann. Bryol. 2: 92. 1929.
*Leptocolea japonica* Schiffn. ex Molisch, Pflanzenbiol. In Japan, 146. 1926, *nom. nud.*
*Physocolea japonica* (Schiffn.) Horik., Bot. Mag. (Tokyo) 46: 181. 1932.

植物体细小，灰绿色至暗绿色；茎长 10-15 mm，连叶宽 0.8-1.2 mm，不规则羽状分枝；茎横切面由 6 个表皮细胞和 1 个髓部细胞组成，细胞壁厚，三角体中等大小，假根多，透明。叶片覆瓦状排列，斜生至平展生长，内凹，椭圆状卵形，长 0.4-0.6 mm，宽 0.3-0.5 mm，叶边全缘，具有由透明细胞组成的分化边缘。叶边细胞 12-15 μm，叶中部细胞（20-32）μm×（20-25）μm，细胞壁薄，三角体小，中部具球状加厚，叶基部细胞长形，长约 40 μm，宽约 28 μm，细胞角质层平滑；每个细胞具 10-20 个油体，油体透明，球形至椭圆状卵形，（4-7）μm×（3.5-4.5）μm，包含 15-20 个小粒。腹瓣的大小和形状有变化，为侧叶长度的 1/4-1/3，脊部平直，平展或稍膨大，舌形或三角形，中齿非常大，长可达 8 个细胞，基部宽 6 个细胞，顶端钝，角齿不明显，或锐尖，均为 2 个细胞长和宽，透明疣在角齿顶端，腹瓣与茎的接合线为直线；稀腹瓣呈囊状，卵形且膨大，为侧叶长度的 1/2-3/5，前沿内曲，中齿小，1-2 个细胞，角齿由单个细胞组成，透明疣位于角齿基部的近轴侧，脊部弯曲，副体小，1-2 细胞组成；芽胞多，盘状，直径 50-70 μm，约由 20 个细胞组成。

雌雄同株。雄苞通常生于短的侧枝上，或长枝的顶端，雄苞叶 2-3 对。

**生境：**生于岩面上；海拔 1371-1431 m。

**产地：**河南：内乡县，曹威 940（PE）。

**分布：**日本、朝鲜和俄罗斯远东地区。

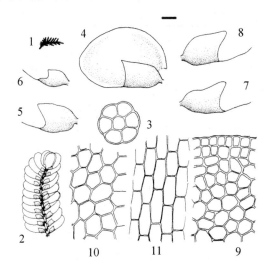

图 115　东亚疣鳞苔 Cololejeunea japonica (Schiffn.) Mizut.

1. 植物体；2. 枝条的一部分；3. 茎横切面；4. 叶；5-8. 腹瓣；9. 叶尖部细胞；10. 叶中部细胞；11. 叶基部细胞。标尺 =5 mm，1；=0.59 mm，2；=49 μm，3；=0.24 mm，4；=0.19 mm，5-8；=38 μm，9-11。（河南，内乡县，宝天曼国家级自然保护区，岩面，1371-1431 m，曹威 940，PE）（郭木森绘）

Figure 115　Cololejeunea japonica (Schiffn.) Mizut.

1. Plant; 2. A portion of branch; 3. Cross section of stem; 4. Leaf; 5-8. Leaf lobules; 9. Apical leaf cells; 10. Median leaf cells; 11. Basal leaf cells. Scale bar=5 mm, for 1; =0.59 mm, for 2; =49 μm, for 3; =0.24 mm, for 4; =0.19 mm, for 5-8; =38 μm, for 9-11. (Henan, Neixiang Co., Baotianman National Nature Reserve, on rock, 1371-1431 m, Cao Wei 940, PE) (Drawn by Guo Mu-Sen)

## 4. 长叶疣鳞苔

**Cololejeunea longifolia** (Mitt.) Benedix ex Mizut., J. Hattori Bot. Lab. 26: 184. 1963.

*Lejeunea longifolia* Mitt., J. Proc. Linn. Soc., Bot. 5: 117. 1861.

*Cololejeunea gemmifera* (P. C. Chen) R. M. Schust., Beih. Nova Hedwigia 9: 174. 1963.

*Leptocolea oblonga* (Herzog) P. C. Chen & P. C. Wu, Acta Phytotax. Sin. 9: 258. 1964.

*Physocolea gemmifera* P. C. Chen, Feddes Repert. Spec. Nov. Regni Veg. 58: 50. 1955.

*Physocolea oblonga* Herzog in Handel-Mazzetti, Symb. Sin. 5: 55. 1930.

植物体细小，长约 20 mm，连叶宽 1.2-1.9 mm。茎直径 56-80 μm，分枝稀疏且不规则。叶在茎上疏生，有时倾立，长卵形、卵状三角形至狭披针形，长 0.7-1.1 mm，宽 0.1-0.4 mm，顶端渐尖，稀圆钝，叶边全缘或具细圆齿。叶缘细胞（28-32）μm ×（18-20）μm，中部细胞（34-60）μm ×（24-30）μm，细胞壁中等厚，三角体明显，中部具 1-3 个球状加厚。基部细胞类似于中部细胞，油胞和假肋未见，角质层平滑。腹瓣小，狭卵形或狭矩圆形，长为背瓣长度的 1/5-1/4，顶端具 2 齿，中齿 1-2 个细胞，角齿单细胞或退化。透明疣位于中齿基部的内表面；副体单细胞。腹叶缺失。

雌雄同株。雌苞顶生，具 1 个新生枝。雌苞叶类似于营养叶。蒴萼倒卵形，顶端常平截，长约 0.7 mm，宽约 0.35 mm，具 5 个短脊。孢子形状不规则，（30-70）μm ×（12-32）μm，表面密被细疣。弹丝几乎透明，长约 180 μm，宽 4-8 μm，内壁略呈波状加厚。芽胞盘状，由 18-24 个细胞组成。

**生境：** 生于石上。

**产地：** 陕西：佛坪县，李粉霞、王幼芳 5015（HSNU）。

**分布：** 不丹、印度、日本、朝鲜、马来西亚和尼泊尔。

## 5. 刺疣鳞苔　　　　　　　　　　　　　　　　　　　图 116

**Cololejeunea spinosa** (Horik.) S. Hatt., Bull. Tokyo Sci. Mus. 11: 120. 1944.

*Physocolea spinosa* Horik., J. Sci. Hiroshima Univ., Ser. B, Div. 2, Bot. 1: 70, f. 9. 1933.

*Cololejeunea haskarliana* (Lehm. & Lindenb.) Schiffn. var. *spinosa* (Horik.) T. Kodama, J. Hattori Bot. Lab. 17: 66. 1956.

*Cololejeunea indica* Pande & Misra, J. Indian. Bot. Soc. 22: 166. 1943.

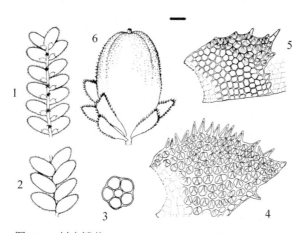

图 116　刺疣鳞苔 Cololejeunea spinosa (Horik.) S. Hatt.

1. 枝条一部分（腹面观）；2. 枝条一部分（背面观）；3. 茎横切面；4. 叶片（背面观）5. 腹瓣；6. 雌苞。标尺=0.19 mm，1-2；=38 μm，3-5；=0.13 mm，6。（湖北，郧县，大柳乡，树干，753 m，曹威 264，PE）（郭木森绘）

Figure 116　Cololejeunea spinosa (Horik.) S. Hatt.

1. A portion of branch (ventral view); 2. A portion of branch (dorsal view); 3. Cross section of stem; 4. Leaf (dorsal view); 5. Lobule; 6. Gynoecium. Scale bar=0.19 mm, for 1-2; =38 μm, for 3-5; =0.13 mm, for 6. (Hubei, Yunxian Co., Daliuxiang, on tree trunk, 753 m, Cao Wei 264, PE) (Drawn by Guo Mu-Sen)

植物体黄绿色，疏松贴生基质。茎呈不规则而稀疏的分枝。叶片疏覆瓦状或稀疏排列，卵形，先端多钝尖；叶片边缘密被刺疣状突起。叶细胞背面具单个刺疣。腹瓣卵形，长为背瓣长度的 1/2-2/5；角齿长 2 个细胞，中齿短钝；脊部密被疣。蒴萼倒卵形，具 3

脊，脊部膨起，其上密被粗疣。

　　**生境：**生于树干或岩面薄土上；海拔 423-755 m。

　　**产地：河南：**灵宝市（叶永忠等，2004）。**湖北：**郧西县，曹威 037，041，046（PE），何强 5968（PE）；郧县，曹威 264（PE）。

　　**分布：**印度、尼泊尔、菲律宾、日本和朝鲜。

## 4. 角鳞苔属 Drepanolejeunea (Spruce) Schiffn.

　　体形纤细，柔弱，黄绿色，稀淡绿色或黄褐色；不规则分枝。叶多疏生而弯曲，三角形、卵状椭圆形至披针形；叶边多具齿或锐齿；腹瓣卵形，强烈膨起，具 1-2 齿，角齿多呈钩形。叶细胞多角形、圆形或椭圆形，胞壁一般具三角体及胞壁中部球状加厚，有时表面具疣状突起；叶近基部有时分化 1-2 个油胞。每个细胞具 3-7 个油体。

　　雌雄异株。雌苞叶大于营养叶，背瓣全缘，腹瓣发育良好，边缘具稀疏的齿，雌苞腹叶在基部与雌苞叶相连。蒴萼具 5 个呈角状的脊，口部的喙明显。

　　全世界有 103 种，中国有 18 种，本地区有 1 种。

### 1. 日本角鳞苔

**Drepanolejeunea erecta** (Steph.) Mizut., J. Hattori Bot. Lab. 40: 442. 1976.

*Leptolejeunea erecta* Steph., Bull. Soc. Roy. Bot. Belgique 38: 44. 1899.

*Ophthalmolejeunea erecta* (Steph.) R. M. Schust., Hepat. Anthocer. N. Amer. 4: 1178. 1980.

　　植物体细小，长约 15 mm，连叶宽 0.5-1.0 mm，黄绿色。茎直径 0.05-0.09 mm，不规则分枝。侧叶覆瓦状排列，与茎呈 60°-75°角伸展，卵形，长 0.4-0.5 mm，宽 0.2-0.3 mm，顶端钝或钝尖，边缘平滑或具微齿。叶边缘细胞（8-14）μm ×（7-14）μm，中部细胞（14-30）μm ×（9-16）μm，叶基部细胞较中部细胞稍大，细胞壁厚，三角体小至大，球状加厚有或无，角质层平滑，油胞 1-2 个，位于叶背瓣基部，（44-60）μm ×（24-36）μm。假肋缺乏。腹瓣卵形，长为背瓣长度的 1/4-2/5，叶边略内卷，顶端斜截形，中齿单细胞，常呈钩状，向外弯曲，角齿退化，透明疣位于中齿基部。腹叶 2 裂至长度的 1/4-1/2，裂瓣三角形或舌形，长和宽 3-6 个细胞，边缘全缘。

　　雌雄异株。雄苞叶 2-4 对，雄苞腹叶 2-4 个，雌苞常生于长的枝上，具 1 个密鳞苔型的新生枝。雌苞叶卵形，长 0.3-0.5 mm，宽 0.2-0.3 mm，边缘具不规则齿突，顶端锐尖，雌苞腹瓣长为背瓣的 1/2-4/5，常披针形，顶端常具 1-3 个齿，雌苞腹叶与雌苞叶基部相连，2 裂至其长度的 1/4-1/3。

　　**生境：**生于林中；海拔 1850-1950 m。

　　**产地：甘肃：**舟曲县，汪楣芝 53482（PE）。

　　**分布：**不丹、尼泊尔、印度、老挝、越南和日本。

## 5. 细鳞苔属 Lejeunea Lib.

　　植物体柔弱，小形或纤细，绿色或黄绿色，不规则的羽状分枝。叶紧密蔽前式覆瓦状排列，稀疏生，卵形、卵状三角形至椭圆形，稀具钝尖或略锐尖；叶边全缘；腹瓣形态及大小多形，长为背瓣的 1/4-3/4，尖部具 1-2 齿。叶细胞壁等厚，或薄壁而具三角体及胞壁中部球状加厚。每个细胞含有油体的数量变化大，多可至每个细胞 30-50，少则为每个细胞 2-10。腹叶多圆形，略宽于茎，通常为茎直径的 3 倍以下，偶尔可达 4 倍。

雌雄多同株，稀异株。蒴萼倒梨形，一般具 5 个脊。雄苞多呈穗状。

全世界有 200 种，中国有 43 种，本地区有 11 种。

## 分种检索表

1. 叶片先端锐尖或具长尖 ·················································································2
1. 叶片先端圆形，圆钝 ····················································································3
2. 叶片先端尖；腹瓣小，不及背瓣长度的 1/4，常明显退化；雄苞腹叶仅生于雄苞基部
   ··········································································**3.神山细鳞苔 L. eifrigii**
2. 叶片先端锐尖；腹瓣大，为背瓣长度的 1/3-2/5，不退化；雄苞腹叶生于整个雄苞
   ··································································**6.尖叶细鳞苔 L. neelgherriana**
3. 雄苞腹叶生于整个雄苞 ·················································································4
3. 雄苞腹叶仅生于雄苞基部 ·············································································6
4. 叶片呈镰刀状卵形，顶端下弯；腹叶大，宽为茎的 3-4 倍 ········**2.耳瓣细鳞苔 L. compacta**
4. 叶片不呈镰刀状卵形，顶端不下弯；腹叶小，宽为茎的 2-3 倍 ·····························5
5. 腹瓣长度超过背瓣的 1/2 ····································**7.小叶细鳞苔 L. parva**
5. 腹瓣长度约为背瓣的 1/3 ·······················**8.白绿细鳞苔 L. pallide-virens**
6. 腹瓣长度不及背瓣的 1/4 ··············································································7
6. 腹瓣长度为背瓣的 1/3-2/3 ············································································8
7. 腹瓣通常明显退化；腹叶离生，为茎宽的 2-4 倍 ···········**9.暗绿细鳞苔 L. obscura**
7. 腹瓣不退化；腹叶覆瓦状着生，为茎宽的 4 倍以上 ········**4.黄色细鳞苔 L. flava**
8. 蒴萼顶端表面具乳突 ·································**10.疣萼细鳞苔 L. tuberculosa**
8. 蒴萼顶端表面平滑 ····················································································9
9. 腹叶裂片披针形，外侧边缘常具 1 钝齿 ·············**1.异叶细鳞苔 L. anisophylla**
9. 腹叶裂片三角形，外侧边缘全缘 ··································································10
10. 雌苞叶腹瓣与背瓣等长 ······························**11.魏氏细鳞苔 L. wightii**
10. 雌苞叶腹瓣为背瓣长度的 1/2 ·····················**5.日本细鳞苔 L. japonica**

## 1. 异叶细鳞苔

**Lejeunea anisophylla** Mont., Ann. Sci. Nat., Bot., Ser. 2., 19: 263. 1843.
*Lejeunea borneensis* Steph., Sp. Hepat. 5: 769. 1915.
*Lejeunea boninensis* Horik., J. Sci. Hiroshima Univ., Ser. B, Div. 2, Bot. 1: 24. 1931.
*Lejeunea catanduana* (Steph.) H. A. Mill., Bonner & Bischl., Nova Hedwigia 14: 66. 1967.
*Microlejeunea catanduana* Steph., Hedwigia 35: 113. 1896.
*Rectolejeunea obliqua* Herzog, J. Hattori Bot. Lab. 14: 49. 1955.

植物体细小，长约 6 mm，连叶宽 0.7-1.1 mm，黄绿色。茎直径 68-88 μm，不规则分枝。侧叶覆瓦状排列，卵形，长 0.4-0.6 μm，宽 0.3-0.4 mm，顶端圆或钝圆，叶边全缘。叶边缘细胞（14-24）μm ×（14-22）μm，中部细胞（18-44）μm ×（22-32）μm，细胞壁薄，三角体大，球状加厚小或不明显，叶基部细胞类似于叶中部细胞。油胞和假肋缺乏。角质层近于平滑。腹瓣常退化成数个细胞。腹叶疏生，宽为茎的 2-3 倍，2 裂

至腹叶长度的 1/2-2/3，裂片呈披针形，近于全缘，裂片外侧常具 1 钝齿。

雌雄同株。雄苞生于短或长的枝上，雄苞叶 4-8 对，腹叶仅着生于雄苞基部。雌苞生于短或长的枝上，具 1 个细鳞苔型的新生枝。蒴萼倒卵形，长 0.6-1.0 mm，宽 0.4-0.5 mm，具 4-5 个明显的脊，喙短，长 1-2 个细胞。

**生境：**生于岩面上。

**产地：**甘肃：文县，魏志平 6832（WNU）。

**分布：**斯里兰卡、泰国、越南、马来西亚、印度尼西亚、日本、菲律宾、澳大利亚、密克罗尼西亚、新几内亚岛、新喀里多尼亚、萨摩亚和美国（夏威夷）。

## 2. 耳瓣细鳞苔

*Lejeunea compacta* (Steph.) Steph., Sp. Hepat. 5: 771. 1915.

*Eulejeunea compacta* Steph., Bull. Herb. Boissier 5: 93. 1897.

*Euosmolejeunea compacta* (Steph.) S. Hatt., J. Hattori Bot. Lab. 5: 48. 1951.

植物体小，长约 30 mm，连叶宽 0.7-0.9 mm，灰绿色。茎稀疏分枝，直径 95-140 μm。侧叶覆瓦状排列，叶片为镰刀状卵形，长 0.3-0.6 mm，宽 0.2-0.5 mm，顶端圆或钝圆，常下弯，叶边全缘。叶顶端边缘细胞（10-18）μm×（8-14）μm，叶中部细胞（12-30）μm×（10-22）μm，细胞壁薄，三角体小至大，中部球状加厚小或不明显，叶基部细胞类似于叶中部细胞。油胞和假肋缺乏。角质层平滑或具细疣。腹瓣约为背瓣长度的 1/3，顶端斜截形，中齿常单细胞，角齿退化，透明疣位于中齿的近轴侧。腹叶大，常疏生，宽为茎直径的 3-4 倍，基部多呈耳状，上部 2 裂至腹叶长度的 1/3，叶边全缘。

雌雄异株。雄苞着生于短或长的枝条上，顶端常具无性枝，雄苞叶覆瓦状排列，腹叶着生于整个雄苞上。

**生境：**生于林下林地上；海拔 2320-2380 m。

**产地：**甘肃：文县，汪楣芝 63280（PE）。

**分布：**日本和朝鲜。

## 3. 神山细鳞苔

*Lejeunea eifrigii* Mizut., J. Hattori Bot. Lab. 33: 244. 1970. Replaced: *Taxilejeunea acutiloba* Eifrig, Ann. Bryol. 9: 94. 1936 [non *Lejeunea acutiloba* (Hook. f. & Taylor) Gottsche et al., Syn. Hepat.: 321. 1845].

植物体绿色或黄绿色，长 4-10 mm。茎不规则分枝，枝条连叶宽 0.9-1.6 mm。茎直径 0.064-0.1 mm，横切面由 7 个皮层细胞和 7-17 个髓部细胞组成。假根多，成束生于腹叶基部。叶片覆瓦状排列或相邻排列，稀离生，斜向伸展。侧叶卵形至三角状卵形，长 0.44-0.85 mm，宽 0.33-0.56 mm，顶端尖，圆钝，稀圆形和渐尖，叶边全缘，通常多少具细圆齿，前缘常呈弓形。侧叶细胞薄壁，三角体不明显或小，中部球状加厚不明显，叶边缘细胞方形至椭圆形，（14-30）μm×（12-20）μm，叶中部细胞六边形，（28-48）μm×（22-36）μm，叶基部细胞类似于中部细胞，（38-54）μm×（20-34）μm。角质层平滑。油胞和假肋缺乏。腹瓣小，卵形，长约 0.17 mm，宽约 0.12 mm，为背瓣长度的 1/8-1/5，强烈膨大，前沿内曲，具 4 个近于方形或长方形细胞形成的分化边缘，顶端斜截，中齿为单细胞，近于方形，角齿通常退化，透明疣位于中齿近轴侧。腹叶离生，着生处近于平直，肾形，长 0.15-0.33 mm，宽 0.15-0.33 mm，通常宽稍大于长，宽为茎直径的 2-3 倍，2 裂至腹叶长度的 1/2，全缘或具细圆齿。

雄苞生于短侧枝末端，长 0.3-0.8 mm，宽 0.3-0.45 mm，雄苞叶 2-6 对，密覆瓦状排列，斜展，长 0.17-0.2 mm，宽 0.16-0.2 mm，苞片背瓣与腹瓣连接的侧生脊无翅。雌苞腹叶 1-2，稍小于腹叶，仅存在于精子器苞的基部，每个苞叶中具 2 个精子器。雌苞生于短或长的枝上，雌苞叶椭圆形，长 0.7-0.8 mm，宽 0.33-0.44 mm，顶端锐尖，有时小短尖，圆钝，稀钝圆形，全缘，或稍具细圆齿，雌苞腹瓣椭圆形至线形，为背瓣长度的 1/4-1/3，全缘。蒴萼棒状，长 0.75-1.1 mm，宽 0.22-0.44 mm，具 5 个平滑或稍具细圆齿的脊，喙长 1-2 个细胞。

**生境**：生于石上；海拔 2150-2360 m。

**产地**：甘肃：文县，裴林英 960（PE）。

**分布**：马来西亚、印度尼西亚、菲律宾、日本、新几内亚岛和新喀里多尼亚。

## 4. 黄色细鳞苔

**Lejeunea flava** (Sw.) Nees, Naturgesch. Eur. Leberm. 3:277. 1838.
*Jungermannia flava* Sw., Prodr.: 144. 1788.
*Taxilejeunea crassiretis* Herzog in Handel-Mazzetti, Symb. Sin. 5: 51. 1930.

植物体小，长约 40 mm，连叶宽 0.8-1.0 mm，黄绿色。茎不规则分枝，直径 80-120 μm，表皮细胞约 7 个，髓部细胞 9-15 个。侧叶覆瓦状排列，卵形，为茎直径的 4 倍以上，长 0.5-0.7 mm，宽 0.3-0.4 mm，顶端圆或钝圆，边缘全缘。叶顶端边缘细胞（10-17）μm ×（8-14）μm，中部细胞（14-22）μm ×（13-20）μm，细胞壁薄，三角体小至大，中部无球状加厚，叶基部细胞（20-32）μm ×（11-22）μm。油胞和假肋缺乏，角质层平滑或具细疣。腹瓣小，长约为背瓣长度的 1/5，顶端截形，具单细胞的角齿，透明疣位于中齿的近轴侧。腹叶大。

雄苞叶 2-4 对，密集覆瓦状排列，腹叶单个，生于雄苞基部。雌苞顶生，新生枝 1 个，细鳞苔型。蒴萼倒卵形，具 5 个脊，喙长 2-4 个细胞。

**生境**：不详。

**产地**：河南：灵宝市（叶永忠等，2004）。

**分布**：朝鲜、日本、印度、尼泊尔、不丹、马来西亚、越南、新加坡、菲律宾、印度尼西亚、新几内亚岛、澳大利亚、新西兰、萨摩亚；欧洲、南美洲、北美洲和非洲。

## 5. 日本细鳞苔　　　　　　　　　　　　　　　　　　　　　　　图 117

**Lejeunea japonica** Mitt., Trans. Linn. Soc. London, Bot. 3: 203. 1891.
*Cheilolejeunea scalaris* Steph., Bull. Herb. Boissier 5: 93. 1897.
*Lejeunea scalaris* (Steph.) S. Hatt., Bot. Mag. (Tokyo) 58: 1. 1944.

植物体暗色或橄榄绿色。茎长约 10 mm，宽 0.08-0.1 mm，连叶宽 0.9-1.2 mm，不规则羽状分枝；茎横切面宽约 6 个细胞，皮层细胞约 7 个，髓部细胞约 12 个，细胞多少厚壁，皮层细胞大于髓部细胞；假根多。叶片覆瓦状排列，平展，强烈内凹，卵形，长 0.4-0.6 mm，宽 0.35-0.45 mm，叶边全缘，顶端圆形或圆钝，偶尔近于锐尖状，稍内曲；叶边缘细胞 15-20 μm，中部细胞（25-37）μm ×（20-32）μm，细胞壁薄，三角体小，基部细胞与中部细胞大小相似，有时可达 50 μm × 25 μm；角质层平滑；每个细胞具 20-50 个油体，油体圆形或椭圆形，透明；侧叶腹瓣为侧叶背瓣长度的 1/5-1/4，卵形，膨大，边缘稍内曲，顶端斜截，中齿钝，由 1 个突起细胞组成，角齿退化，透明疣在中齿基部的近轴侧。腹叶为茎宽的 2-3 倍，卵圆形，长 0.15-0.2 mm，宽 0.22-0.32 mm，边缘全缘，2 裂至腹叶长度的 1/4-1/3，裂瓣三角形，顶端钝至锐尖。

雌雄同株异苞。雄苞生于短侧枝上，苞叶 1-3 对，偶尔生于长枝上，具 3-7 对苞叶；雄苞片为营养叶长的 1/4-1/3。雌苞生于侧枝上，雌苞叶略小于营养叶，斜椭圆形，长 0.4-0.45 mm，宽 0.18-0.22 mm，全缘，顶端圆钝，2 裂至长度的 1/4，裂瓣三角形，锐尖，雌苞叶腹瓣长度约为背瓣的 1/2。蒴萼倒卵形，膨大，长 0.65-0.8 mm，宽 0.35-0.4 mm，具 5 个明显的脊，脊平滑。

**生境**：生于林下土面上；海拔 832-1112 m。

**产地**：陕西：商南县，何强 6819（PE）。

**分布**：日本、朝鲜和俄罗斯远东地区。

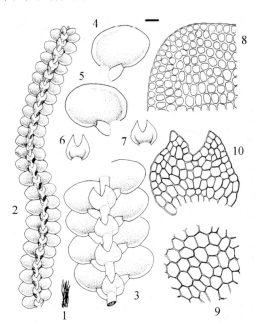

图 117  日本细鳞苔 Lejeunea japonica Mitt.

1. 植物体；2. 枝条；3. 枝条一部分；4-5. 叶片；6-7. 腹叶；8. 叶尖部细胞；9. 叶基部细胞；10. 腹叶细胞。标尺=3.3 mm，1；=0.29 mm，2；=0.19 mm，3-7；=38 μm，8-10。（陕西，商南县，金丝峡自然保护区，林下土面，832-1112 m，何强 6819，PE）（郭木森绘）

Figure 117    Lejeunea japonica Mitt.

1. Plants; 2. Branch; 3. A portion of branch; 4-5. Leaves; 6-7. Underleaves; 8. Apical leaf cells; 9. Basal leaf cells; 10. Cells of underleaf. Scale bar=3.3 mm, for 1; =0.29 mm, for 2; =0.19 mm, for 3-7; =38 μm, for 8-10. (Shaanxi, Shangnan Co., Jinsixia Nature Reserve, on soil in the forest, 832-1112 m, He Qiang 6819, PE) (Drawn by Guo Mu-Sen)

## 6. 尖叶细鳞苔

**Lejeunea neelgherriana** Gottsche, Syn. Hepat.: 354. 1845.

*Strepsilejeunea neelgherriana* (Gottsche) Steph., Sp. Hepat. 5: 288. 1913.

*Euosmolejeunea claviflora* (Steph.) S. Hatt., Misc. Bryol. Lichenol. 1(14): 1. 1957.

*Strepsilejeunea claviflora* Steph., Sp. Hepat. 5: 287. 1913.

*Harpalejeunea indica* Steph., Sp. Hepat. 6: 392. 1923.

*Lejeunea claviflora* (Steph.) S. Hatt., Mis. Bryol. Lichenol. 1(14): 1.

植物体小，长达 12 mm，连叶宽 0.7-0.8 mm，干燥时淡棕色。茎直径约 88 μm，分枝少。叶相互贴生或疏生，卵形，长 0.3-0.5 mm，宽 0.2-0.3 mm，顶端急尖，叶全缘。叶边缘细胞（9-16）μm ×（7-12）μm，中部细胞（14-26）μm ×（12-18）μm，细胞壁薄或稍加厚，三角体不明显，中部无球状加厚，叶基部细胞类似于中部细胞。油胞和假肋缺乏，角质层平滑或具细疣。腹瓣卵形，长为背瓣长度的 1/3-2/5，顶端斜截形，中齿单细胞，角齿退化，透明疣位于中齿的近轴侧。腹叶疏生，宽为茎直径的 1-3 倍，基部略呈耳状，先端 2 裂至腹叶长度的 1/2 处，边缘全缘。

雌雄异株。雄苞腹叶生于整个雄苞。雌苞通常生于长枝上。雌苞叶椭圆状卵形，雌苞腹叶椭圆形或舌形。蒴萼椭圆状卵形，平滑，其上具 5 个平滑的脊。

**生境：**生于岩壁上；海拔 1800 m。

**产地：甘肃：**舟曲县，贾渝 J04811（PE）。

**分布：**不丹、印度、尼泊尔、斯里兰卡、日本和朝鲜。

## 7. 小叶细鳞苔　　　　　　　　　　　　　　　　　　　　　　　图 118

*Lejeunea parva* (S. Hatt.) Mizut., Misc. Bryol. Lichenol. 5: 178. 1971.
*Microlejeunea rotundistipula* Steph. fo. *parva* S. Hatt., Bull. Tokyo Sci. Mus. 11: 123. 1944.
*Lejeunea patens* Lindb. var. *uncrenata* G. C. Zhang, Fl. Hepat. Chin. Boreali-Orient.: 208. 1981.
*Lejeunea rotundistipula* (Steph.) S. Hatt., J. Hattori Bot. Lab. 8: 36. 1952.
*Microlejeunea rotundistipula* Steph., Hedwigia 35: 115. 1896.

植物体纤细，柔弱，黄绿色，长 1-2 cm；不规则的稀疏分枝。叶疏生，卵形至卵状椭圆形，斜展，长 0.3-0.4 mm，尖部先端钝，略内曲；叶边全缘；腹瓣长约为背瓣的 1/2，卵形，强烈膨起，具单个角齿。叶中部细胞圆形至椭圆形，直径 20-25 μm，具明显三角体加厚。腹叶圆形，宽为茎直径的 1.5-2 倍。

**生境：**生于岩面、岩面薄土和林地上；海拔 720-1950 m。

**产地：甘肃：**文县，汪楣芝 63872（PE），李粉霞 320（PE）；舟曲县，汪楣芝 53446（PE）。**陕西：**佛坪县，汪楣芝 55448，55725，55807，56543，56544，56592，56593，56594（PE）。

**分布：**朝鲜、日本、新加坡和萨摩亚。

## 8. 白绿细鳞苔

*Lejeunea pallide-virens* S. Hatt., J. Hattori Bot. Lab. 12: 80. 1954.
*Lejeunea pallida* (S. Hatt.) S. Hatt., J. Hattori Bot. Lab. 8: 36. 1952, *nom. inval.*
*Lejeunea pallide-virens* (S. Hatt.) S. Hatt., J. Hattori Bot. Lab. 10: 71. 1953, *nom. inval.*
*Microlejeunea rotundistipula* Steph. var. *pallida* S. Hatt., J. Hattori Bot. Lab. 5: 53. 1951.

植物体小，黄绿色或黄色。茎长 10-20 mm，宽 0.06-0.08 mm，连叶宽 0.5-0.8 mm，呈丝状，不规则的稀疏分枝；茎横切面宽 4-5 个细胞，皮层细胞约 7 个，髓部细胞 7-10

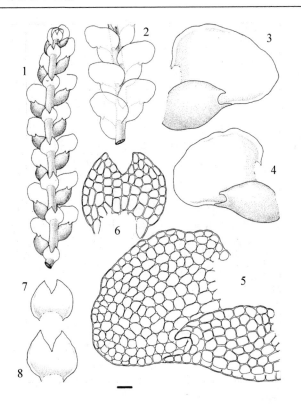

图 118　小叶细鳞苔 Lejeunea parva (S. Hatt.) Mizut.

1. 枝条一部分（腹面观）；2. 枝条一部分（背面观）；3-4. 叶片；5. 叶片一部分；6-8. 腹叶。标尺=0.1 mm, 1-2；=0.03 mm, 3-4, 7-8；=20 μm, 5-6。（甘肃，文县，碧口镇，岩面薄土，720-800 m，汪楣芝 63872，PE）（郭木森绘）

Figure 118　Lejeunea parva (S. Hatt.) Mizut.
1. A portion of branch (ventral view); 2. A portion of branch (dorsal view); 3-4. Leaves; 5. A portion of leaf; 6-8. Underleaves. Scale bar=0.1 mm, for 1-2; =0.03 mm, for 3-4, 7-8; =20 μm, for 5-6. (Gansu, Wenxian Co., Bikou Town, on thin soil over rock, 720-800 m, Wang Mei-Zhi 63872, PE) (Drawn by Guo Mu-Sen)

个，皮层细胞厚壁，明显大于薄壁而无三角体的髓部细胞；假根少。叶片相互贴生至稀疏覆瓦状排列，近于直立至斜展，侧叶凸起，卵形至卵状椭圆形，长 0.3-0.4 mm，宽 0.2-0.35 mm，叶边全缘，顶端圆形或偶尔钝形，内曲；叶边缘细胞 11-14 μm，中部细胞和基部细胞（20-25）μm ×（17-20）μm，细胞壁薄，三角体小；角质层具细小的疣状突起，每个细胞具 2-10 个油体，圆形或椭圆状纺锤形，透明；腹瓣约为背瓣长度的 1/3，三角状卵形，明显膨大，边缘内曲，角齿由 1 个突起的细胞形成，中齿不明显，透明疣位于角齿的远端；腹叶小，平展，圆形，长 0.15-0.2 mm，宽 0.15-0.23 mm，2 裂至腹叶长度的 1/3-1/2，裂瓣锐尖。

雌雄同株异苞。雄苞头状，生于短或长的枝条上，其上偶尔也产生雌苞，雄苞叶大于营养叶，2-4 对，明显膨大；腹叶存在于整个雄枝上，但明显小于营养枝的腹叶。雌苞通常生于长枝上，常具新枝；雌苞叶大于营养叶，斜卵圆形，长 0.4-0.6 mm，宽约 0.2 mm，全缘，腹瓣平展，楔形，约为背瓣长度的 2/3，全缘，雌苞腹叶倒卵形，长 0.3-0.5 mm，宽约 0.2 mm，2 裂至叶长的 1/3 处，裂瓣锐尖。蒴萼倒卵形，膨大，长 0.5-0.8 mm，宽 0.3-0.4 mm，具 5 个脊，脊部平滑。

**生境**：生于岩面、岩面薄土上；海拔 720-800 m。

产地：甘肃：文县，碧口镇，李粉霞 84（PE），汪楣芝 63872（PE）。
分布：日本。

## 9. 暗绿细鳞苔 图 119

**Lejeunea obscura** Mitt., J. Proc. Linn. Soc., Bot. 5: 112. 1861.
*Hygrolejeunea obscura* (Mitt.) Steph., Sp. Hepat. 5: 565. 1914.
*Taxilejeunea obscura* (Mitt.) Eifrig, Ann. Bryol. 9: 93. 1937.
*Taxilejeunea subcompressiuscula* Herzog in Herzog & Noguchi, J. Hattori Bot. Lab. 14: 47. 1955, *nom. inval.*

　　植物体小，长约 12 mm，连叶宽 1.3-2.0 mm，暗绿色。茎不规则分枝，直径 96-145 μm，表皮细胞约 7 个，皮层细胞 11-18 个。侧叶覆瓦状排列或相互贴生，宽卵形，长 0.6-1.0 mm，宽 0.6-1.0 mm，先端圆钝，全缘。叶边细胞（14-24）μm ×（14-20）μm，叶中部细胞（30-50）μm ×（22-32）μm，叶基部细胞类似于中部细胞，细胞壁相当薄，三角体和节状加厚小，角质层平滑。腹瓣小，常退化，先端斜截形，中齿单细胞，角齿不明显，透明疣位于中齿的近轴侧。腹叶疏生，稀相互贴生，近圆形，宽为茎的 2-4 倍，2 裂至腹叶长度的 1/2，边缘全缘。

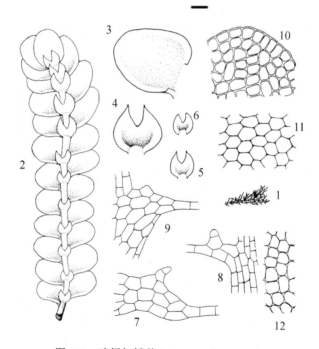

图 119　暗绿细鳞苔 Lejeunea obscura Mitt.
1. 植物体；2. 枝条；3. 叶；4-6. 腹叶；7-9. 腹瓣；10. 叶尖部细胞；11. 叶中部细胞；12. 叶基部细胞。标尺=1 cm，1；=0.24 mm，2；=0.19 mm，3-9；=38 μm，10-12。（甘肃，文县，范坝，石上，800 m，李粉霞 62，PE）（郭木森绘）
Figure 119　Lejeunea obscura Mitt.
1. Plant; 2. Branch; 3. Leaf; 4-6. Underleaves; 7-9. Lobules; 10. Apical lobe cells; 11. Median lobe cells; 12. Basal lobe cells. Scale bar=1 cm, for 1; =0.24 mm, for 2; =0.19 mm, for 3-9; =38 μm, for 10-12. (Gansu, Wenxian Co., Fanba, on stone, 800 m, Li Fen-Xia 62, PE) (Drawn by Guo Mu-Sen)

　　雌雄同株。雄苞生于短枝条上，雄苞叶 2-4 对，密集覆瓦状排列，干燥时几乎透明，腹叶单个或缺失，仅生于雄苞基部。雌苞顶生于短或长枝上。蒴萼倒卵形，长约 0.75 mm，宽约 0.4 mm，具 5 个脊，表面平滑，喙高 1-2 个细胞。孢蒴成熟后呈 4 瓣开裂，孢蒴壁由 2 层细胞组成。弹丝近于透明，长 240-270 μm，宽 5-7 μm，薄壁，稍波状加厚。孢子淡棕色，形状不规则，（32-46）μm ×（18-22）μm，表面具细密疣。

**生境**：生于潮湿岩面、岩面薄土、石上或树干上；海拔 543-1714 m。

**产地**：**甘肃**：文县，李粉霞 62，73，88（PE），裴林英 1119a（PE），汪楣芝 63862（PE）。**河南**：卢氏县，何强 7555，7558（PE）；内乡县，曹威 791（PE）。**湖北**：郧县，曹威 315（PE）。

**分布**：印度、不丹、尼泊尔、斯里兰卡和印度尼西亚。

## 10. 疣萼细鳞苔

**Lejeunea tuberculosa** Steph., Sp. Hepat. 5: 790. 1915.

植物体小，长可达 10 mm，连叶宽 0.5-0.9 mm，黄绿色。茎直径 64-82 μm，不规则稀疏分枝。叶覆瓦状排列，卵形，长 0.2-0.5 mm，宽 0.2-0.4 mm，先端圆，全缘。叶边细胞（11-18）μm ×（8-13）μm，叶中部细胞（14-24）μm ×（11-18）μm，细胞壁薄，三角体中等大小，无球状加厚，角质层常具细密疣。油胞和假肋缺乏。腹瓣小，长约为背瓣长度的 1/3，近轴的边缘稍内卷，先端斜截形，常收缩，中齿单细胞，角齿不明显，透明疣位于中齿基部的近轴侧。腹叶疏生，近于圆形，长 0.1-0.2 mm，宽 0.1-0.2 mm，2 裂至腹叶长度的 1/2 处，边缘全缘。

雌雄异株。雄苞生于短枝上，雄苞叶 2-3 对，密集覆瓦状排列，腹叶 1 片或缺失，仅生于雄苞基部。雌苞顶生于长或短枝上。蒴萼倒卵形，长 0.4-0.6 mm，宽 0.3-0.4 mm，喙高 1-3 细胞，表面多具乳状疣。

**生境**：生于石上；海拔 1350 m。

**产地**：**陕西**：佛坪县，李粉霞、王幼芳 1876a，3599，4566（HSNU）。

**分布**：不丹、尼泊尔、印度、印度尼西亚、菲律宾；非洲。

## 11. 魏氏细鳞苔

**Lejeunea wightii** Lindenb., Syn. Hepat.: 379. 1845.

植物体小，长可达 15 mm，连叶宽 0.5-0.7 mm，黄绿色。茎直径约 64 μm，不规则分枝。侧叶覆瓦状排列，卵形，长 0.25-0.46 mm，宽 0.23-0.38 mm，顶端圆，全缘。叶顶端边缘细胞（12-20）μm ×（8-14）μm，叶中部细胞（18-30）μm ×（16-22）μm，细胞壁薄，三角体小或中等大小，无球状加厚，叶基部细胞类似于中部细胞。油胞和假肋缺乏。角质层平滑或略具细疣。腹瓣卵形，长为背瓣长度的 1/3-2/5，顶端斜截形，角齿单细胞，中齿退化，透明疣位于中齿基部的近轴侧。腹叶小，疏生，宽为茎直径的 3 倍，2 裂至长度的 1/2 处。

雌雄异株。雌苞顶生，具 1 个细鳞苔型的新生枝，雌苞叶长约 0.32 mm，宽约 0.15 mm，腹瓣与背瓣近于等长。蒴萼倒卵形，有时具加长柄部，长约 0.9 mm，宽约 0.4 mm，顶端具 5 个短脊。弹丝长 188-240 μm，宽 6-10 μm。孢子形状不规则，约 24 μm × 34 μm，表面具细疣。

**生境**：生于土面上；海拔 2300 m。

**产地**：**甘肃**：文县，贾渝 09009，09170，09119（PE）。**陕西**：佛坪县，李粉霞、王幼芳 1366，4166（HSUN）；太白山，魏志平 5142（WNU）。

**分布**：印度、马来西亚、尼泊尔、斯里兰卡、泰国、印度尼西亚和菲律宾。

## 6. 冠鳞苔属 Lopholejeunea (Spruce) Schiffn.

植物体中等大小，暗绿色至褐绿色，老时呈紫褐色，略具光泽，紧贴基质生长。茎由厚壁细胞组成；一般呈不规则羽状分枝。叶密覆瓦状排列，阔卵形至椭圆形，尖部多圆钝，稀钝尖；叶边全缘；腹瓣卵形至阔卵形，多具单个钝齿，稀角齿呈舌形，中齿单细胞。叶细胞圆形，细胞壁具大的三角体及中部球状加厚。油体小，每个细胞含 8-24 个，（1.5-2）μm×（3-7）μm。腹叶相互贴生或疏列。

雌雄同株，稀异株。雌苞着生于侧枝；雌苞叶多锐尖，具齿；雌苞腹叶全缘或具齿。蒴萼具 3-5 脊，脊部具冠状突起。孢子直径 25-40 μm，表面具疣。弹丝直径 10-16 μm，具 1 列螺纹加厚。

全世界有 30 种，中国有 8 种，本地区有 2 种。

### 分种检索表

1. 叶片腹瓣顶端与背瓣相连处仅有 1 个细胞；蒴萼伸出 ·················**1.黑冠鳞苔 L. nigricans**
1. 叶片腹瓣顶端与背瓣相连处有 2-4 个细胞；蒴萼隐生 ·················**2.褐冠鳞苔 L. subfusca**

### 1. 黑冠鳞苔　　　　　　　　　　　　　　　　　　　　　　　　图 120

**Lopholejeunea nigricans** (Lindenb.) Schiffn., Consp. Hepat. Arch. Ind.: 293. 1898.

*Lejeunea nigricans* Lindenb., Syn. Hepat.: 316. 1845.

*Lejeunea javanica* Nees, Syn. Hepat.: 320. 1845.

*Symbiezidium javanicum* (Nees) Trevis., Mem. Reale. Ist. Lombardo Sci., Ser. 3, Cl. Sci. Mat., 4: 403. 1877.

*Lopholejeunea javanica* (Nees) Schiffn., Nat. Pflanzenfam. I(3): 129. 1893.

*Lopholejeunea levieriana* C. Massal., Mem. Accad. Agric. Verona 73(2): 36. 1897.

*Lopholejeunea sikkimensis* Steph., Sp. Hepat. 5: 87. 1912.

*Lopholejeunea brunnea* Horik., J. Sci. Hiroshima Univ., Ser. B, Div. 2, Bot. 1: 28. 1931.

植物体小，长可达 15 mm，连叶宽 1-1.6 mm，棕色或棕黄色，茎的直径 125-155 μm，不规则的稀疏分枝。侧叶覆瓦状排列，卵形或椭圆状卵形，长 0.55-0.85 mm，宽 0.4-0.7 mm，顶端锐尖，圆钝或圆形，腹沿平展，有时内弯，背沿稍弓曲，叶边全缘。叶边缘细胞（10-16）μm×（8-12）μm，中部细胞（13-22）μm×（12-18）μm，基部细胞（24-34）μm×（16-22）μm，细胞壁薄或略加厚，棕色，三角体小至中等大小，中部具不明显的球状加厚；角质层平滑；油胞和假肋缺乏；每个细胞具 7-18 个油体。腹瓣卵形，为背瓣长度的 1/4-1/3，强烈弓曲，顶端斜截，无明显的中齿和角齿，叶片腹瓣顶端与背瓣相连处仅有 1 个细胞。腹叶近圆形，疏生，稀相互贴生，长 0.1-0.3 mm，宽 0.15-0.4 mm，宽为茎直径的 3-4 倍，基部着生处波状，顶端全缘，圆形或平截。

雌雄同株。雄苞顶生，顶端常有无性枝，雄苞叶密集覆瓦状排列，3-5 对，腹叶生于整个雄苞上。雌苞顶生，无新生枝，雌苞叶稍大于营养叶，宽卵形，长约 0.84 mm，宽约 0.62 mm，顶端圆钝，叶边全缘或具不规则细齿，雌苞叶腹瓣大，近于矩形，长为背瓣的 2/3-4/5，顶端常平截。雌苞腹叶矩圆形，边缘内弯，全缘。蒴萼伸出，倒卵形，具 5 个脊，脊具粗齿。

**生境：** 生于岩面上；海拔 1299-1740 m。

**产地：河南：** 内乡县，曹威 864（PE）。**陕西：** 户县（Massalongo，1897；Levier，1906；Geissler and Bischler，1985，as *Lopholejeunea levieriana*）。

**分布：** 新加坡、印度尼西亚、日本、印度、尼泊尔、不丹、菲律宾和巴布亚新几内亚。

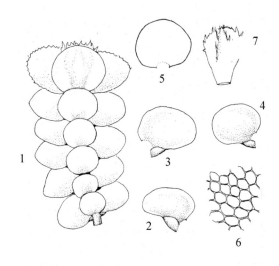

图 120　黑冠鳞苔 Lopholejeunea nigricans (Lindenb.) Schiffn.

1. 带蒴萼的植物体；2-4. 叶片；5. 腹叶；6. 叶中部细胞；7. 蒴萼。标尺=0.15 mm, 1; =0.24 mm, 2-5; =38 μm, 6; =0.29 mm, 7。
（河南，内乡县，宝天曼国家级自然保护区，岩面，1299-1740 m，曹威 864，PE）（郭木森绘）

Figure 120　Lopholejeunea nigricans (Lindenb.) Schiffn.

1. Plant with perianth; 2-4. Leaves; 5. Underleaf; 6. Median leaf cells; 7. Perianth. Scale bar=0.15 mm, for 1; =0.24 mm, for 2-5; =38 μm, for 6; =0.29 mm, for 7. (Henan, Neixiang Co., Baotianman National Nature Reserve, on rock, 1299-1740 m, Cao Wei 864, PE) (Drawn by Guo Mu-Sen)

## 2. 褐冠鳞苔

**Lopholejeunea subfusca** (Nees) Schiffn., Bot. Jahrb. Syst. 23: 593. 1897.

*Jungermannia subfusca* Nees, Enum. Pl. Crypt. Jav.: 36. 1830.

*Lejeunea subfusca* (Nees) Nees & Mont., Ann. Sci. Nat., Bot., Ser. 2, 5: 61. 1836.

*Lopholejeunea formosana* Horik., J. Sci. Hiroshima Univ., Ser. B., Div. 2, Bot. 2: 256. 1934.

*Lopholejeunea sagraeana* (Mont.) Schiffn. var. *subfusca* (Nees) Schiffn., Consp. Hepat. Archip. Ind.: 294. 1898.

*Phragmicoma subfusca* (Nees) Nees, Naturgesch. Eur. Leberm. 3: 248. 1838.

*Symbiezidium subfuscum* (Nees) Trevis., Mem. Reale Ist. Lombardo Sci., Ser. 3, Cl. Sci. Mat. 4: 403. 1877.

植物体纤弱，暗绿色至深黄褐色，稀疏生长。茎长 0.5-1 cm，连叶宽 1.0-1.5 mm；稀疏而不规则羽状分枝。叶片覆瓦状排列，阔卵形，长 0.5-0.7 mm，宽 0.3-0.5 mm，尖部圆钝，前缘阔圆弧形，基部近于平截，叶边全缘；腹瓣斜卵形，为背瓣长度的 1/4-2/5，强烈膨起，具单细胞钝齿，叶片腹瓣顶端与背瓣相连处有 2-4 个细胞。叶中部细胞圆卵形，长 15-25 μm，宽 12-24 μm，三角体小至中等，细胞壁中部常具球状加厚，每个细胞具 8-20 个油体。腹叶离生或相邻着生，肾形，长 0.14-0.4 mm，0.15-0.5 mm，为茎直径的 3-4 倍，顶端圆形或平截。

蒴萼隐生，倒梨形，长 0.7-0.8 mm，宽 0.5-0.6 mm，具 4-5 个脊，脊上具密冠状突起。

**生境**：生于岩面上；海拔 1299-1714 m。

**产地**：河南：内乡县，曹威 860，954（PE）。

**分布**：印度、尼泊尔、不丹、斯里兰卡、朝鲜、日本、柬埔寨、越南、新加坡、菲律宾、印度尼西亚、新几内亚岛；南美洲、北美洲和非洲。

## 7. 皱萼苔属 Ptychanthus Nees

植物体较粗大，黄褐色或深绿色，羽状分枝。叶卵形，先端锐尖或稍钝；叶边尖部常具齿；腹瓣纤小或近于退化。叶细胞壁具明显三角体及中部球状加厚。腹叶宽阔，呈扇形，先端具齿，稀全缘。蒴萼侧生，倒梨形或粗棒形，通常具 10 个纵脊。雄苞着生于枝中部，呈小穗状；雄苞叶 6-20 对。

全世界有 1 种。

### 1. 皱萼苔

**Ptychanthus striatus** (Lehm. & Lindenb.) Nees, Naturgesch. Eur. Leberm. 3: 212. 1838.

*Jungermannia striata* Lehm. & Lindenb. in Lehmann, Nov. Strip. Pug. 4: 16. 1832.

*Bryopteris striata* (Lehm. & Lindenb.) Mitt. in Seemann, Fl. Vit.: 411. 1873.

*Frullania striata* (Lehm. & Lindenb.) Mont., Ann. Sci. Nat., Bot. 2: 17. 1842.

*Lejeunea striata* (Lehm. & Lindenb.) Steph., Hedwigia 29: 140. 1890.

*Ptychanthus caudatus* Herzog in Handel-Mazzetti, Symb. Sin. 5: 43. 1930.

*Ptychanthus integerrimus* Horik., J. Sci. Hiroshima Univ., Ser. B, Div. 2, Bot. 2: 245. 1934.

*Ptycholejeunea striata* (Lehm. & Lindenb.) Steph., Pflanzenw. Ost-Afrikas C, 5: 65. 1895.

植物体褐绿色，略具光泽，长度多在 2 cm 以上；常呈规则的羽状分枝。叶卵形，先端锐尖，前缘基部呈耳状；叶边尖部具疏粗齿；腹瓣近长方形，约为背瓣长度的 1/8。叶细胞壁中部球状加厚及三角体明显。腹叶近椭圆形，宽度为茎直径的 3-4 倍，上部具粗齿。雌雄同株。

**生境**：生于林下岩面薄土或树干上；海拔 1050-2000 m。

**产地**：陕西：佛坪县，李粉霞、王幼芳 3876（HSNU），汪楣芝 56566（PE）；户县（Levier，1906，as *Ptycholejeunea irawaddina*）；洋县，汪楣芝 55455，55491a（PE）。

**分布**：日本、印度、尼泊尔、不丹、斯里兰卡、菲律宾、印度尼西亚、越南、巴布亚新几内亚、澳大利亚；非洲。

## 8. 多褶苔属 Spruceanthus Verd.

植物体中等大小至略粗大，常垂倾生长。茎由强烈加厚的细胞组成，表皮细胞略小于内层细胞；不规则羽状分枝。叶阔卵形，锐尖或稀呈圆钝，前缘圆弧形，后缘略内凹；

叶边仅尖部具少数粗齿；腹瓣椭圆形至圆扇形，基部逐渐变狭，全缘。叶细胞圆形至圆卵形，具强烈三角体及胞壁中部球状加厚。腹叶近圆形，上部略内凹。雌苞顶生于主枝。雌苞叶略狭长而上部具多数粗齿。蒴萼具 5-10 个脊。

全世界有 10 种，亚洲热带和亚热带及太平洋热带地区分布。我国有 8 种，本地区有 1 种。

## 1. 平叶多褶苔

**Spruceanthus planiusculus** (Mitt.) X. Q. Shi, R. L. Zhu & Gradst., Taxon 64(5): 889. 2015.

*Lejeunea planiuscula* Mitt., J. Proc. Linn. Soc., Bot. 5: 111. 1861.

*Archilejeunea planiuscula* (Mitt.) Steph., Sp. Hepat. 4: 731. 1911.

*Brachiolejeunea miyakeana* Steph., Sp. Hepat. 5: 130. 1912.

*Ptychocoleus planiuscula* (Mitt.) Verd., Ann. Bryol. Suppl. 4: 126. 1934.

*Archilejeunea caramuensis* Steph., Hedwigia 34: 59. 1895.

*Archilejeunea falcata* Steph., Hedwigia 34: 60. 1895.

*Archilejeunea gibbiloba* Steph., Sp. Hepat. 4: 727. 1911.

*Mastigolejeunea paradoxa* Verd., Nova Guinea 18: 5. 1934.

植物体黄绿色，枝条长 1.2-19 cm，宽 1.0-17 mm，分枝类型为细鳞苔型。叶片覆瓦状排列，伸展，背瓣椭圆状卵形，长 0.5-1.0 mm，宽 0.4-0.6 mm，尖部为圆形或锐尖，叶边缘全缘或在尖部具细齿，后缘平展或呈波状，全缘或具弱的细齿，前缘弓形，在基部为心形。叶细胞薄至略加厚，三角体小至中等大小，稀具球状加厚，叶边细胞近于方形，（7-18）μm ×（6-10）μm，中部细胞等轴形，（17-34）μm ×（12-25）μm，基部细胞长，（30-49）μm ×（14-30）μm；腹瓣小，通常退化，卵形，长度为背瓣的 1/6-1/3，前沿平展，尖部斜向平截，具 1-2 个小齿，透明疣位于角齿的近端，脊部平直。腹叶离生至相互贴生，近于圆形，通常上部背仰，长 0.3-0.8 mm，宽 0.3-0.7 mm，宽为茎直径的 2-4 倍，上部圆形至钝形，全缘或具细齿，基部楔形，与茎的着生处稍呈弓形。

雌雄同株异苞。

**生境：**生于树根上；海拔 543-645 m。

**产地：**湖北：郧县，何强 6203（PE）。

**分布：**日本、巴布亚新几内亚、缅甸、菲律宾、印度尼西亚和澳大利亚。

## 9. 异鳞苔属 Tuzibeanthus S. Hatt.

植物体大形，疏松成片生长。茎规则羽状分枝至二回羽状分枝；横切面细胞壁厚，具明显三角体。叶覆瓦状蔽前式排列，先端圆钝，前缘基部耳状，后缘近于平直；腹瓣长约为背瓣的 1/4。叶细胞多角形至椭圆形，细胞壁三角体及中部球状加厚明显。腹叶全缘，基部两侧呈耳状。雌雄异株。雄苞着生于主枝上。雌苞着生于主枝或小枝上；雌苞叶和雌苞腹叶全缘。蒴萼具 10 个脊。

全世界有 1 种。

## 1. 异鳞苔

**Tuzibeanthus chinensis** (Steph.) Mizut., J. Hattori Bot. Lab. 24: 151. 1961.

*Ptychanthus chinensis* Steph., Sp. Hepat. 4: 744. 1912.

*Mastigolejeunea chinensis* (Steph.) Kachroo, Bull. Bot. Surv. India 12: 234. 1970.

植物体橄榄绿色，长达 3 cm 以上。茎横切面直径约 10 个细胞。叶疏松覆瓦状排列，卵状椭圆形，长约 1 mm，宽约 0.7 mm，前缘基部具圆钝耳，先端趋狭而宽钝；叶边全缘。腹瓣近长方形，先端具钝尖。叶中部细胞长 25-30 μm，细胞壁具三角体及中部球状加厚；每个细胞具 6-9 个油体。腹叶近圆形，宽约为茎直径的 3 倍。

**生境：** 生于石上、岩面薄土、腐木、石壁、岩面或树干上；海拔 543-2050 m。

**产地：** 甘肃：迭部县，汪楣芝 54054（PE）；文县，裴林英 1324（PE），张满祥 756（WNU）；周至县，汪楣芝 53639（PE）。湖北：郧县，何强 6204（PE），曹威 372，412（PE）。陕西：户县（Mizutani，1961；Mizutani and Hattori，1967），魏志平 4381，4408（WNU，PE）；佛坪县，李粉霞、王幼芳 448a，449，1267a，1826，1869，1984，4170（HSNU）；宁陕县，陈邦杰 114（PE）；商南县，何强 6849，6880（PE）。

**分布：** 尼泊尔、印度、不丹、缅甸、泰国、朝鲜和日本。

# 科 42　绿片苔科 **Aneuraceae** H. Klinggr.

叶状体质厚，多暗绿色至黄绿色，单一或羽状分枝或不规则分枝；无气室；细胞多层，内层细胞小于表皮细胞，一般呈六角形，薄壁；中肋与其他细胞无明显分界。

雌雄苞均着生于短侧枝上。雌苞无假蒴萼。蒴被形大，肉质，圆柱形或棒形，尖端具疣状突起。孢蒴椭圆形，成熟时呈 4 瓣裂。弹丝单列螺纹，着生于裂瓣尖端的弹丝托上。芽胞卵形，通常为 2 个细胞。

全世界有 4 属，分布于全世界范围内。中国有 3 属，本地区有 2 属。

本科主要特征：①植物体多呈羽状或不规则的分枝；②叶状体缺乏中肋；③配子囊生于短的侧枝上；④孢子体被肉质的蒴被包裹；⑤附带有弹丝的弹丝托附着于裂瓣上。

**分属检索表**

1. 叶状体形大，匍匐，单一，偶尔分枝，宽 2-8 mm；边缘强波曲或卷曲；每个细胞中有 6 个以上的油体························································**1.绿片苔属 Aneura**
1. 叶状体小形，匍匐或直立，不规则或羽状分枝，宽 0.5-1 mm；边缘平展或多少波曲；每个细胞具 0-5 个油体·····································**2.片叶苔属 Riccardia**

## 1. 绿片苔属 **Aneura** Dumort.

叶状体多暗绿色，有时呈黄绿色，常呈大片状生长，宽度 2-8 mm；横切面中央厚 10 多层细胞，单一或不规则分枝，边缘厚 1-3 层细胞，多明显波曲；表皮细胞小形，六角形，内层细胞大于表皮细胞，均薄壁，每个细胞内通常具有 6 个以上油体；无气孔和气室分化；无中肋。

雌雄苞着生于短侧枝上。假蒴萼缺失。蒴被（calyptra）形大，圆柱形或棒状形，肉质，尖部多具疣。蒴柄细长。孢蒴椭圆状圆柱形，成熟时呈 4 瓣裂。孢子直径 15-25 μm，表面具细疣。弹丝直径 8-10 μm，具单列螺纹加厚，稀具 2 列螺纹加厚，红棕色芽胞多为卵形，一般由 2 个细胞组成。

全世界有 15 种，中国有 2 种，本地区有 2 种。

分种检索表

1. 叶状体圆钝，不透明，近于平展或边缘稍波曲，通常多层细胞直至边缘；中肋不明显，缺乏一个可识别的单层的叶缘；每个细胞具 6-12 个油体 ······················· **2.绿片苔 A. pinguis**
1. 叶状体薄，草质，较透明，边缘强烈波曲或卷曲状波曲；中间多层细胞，形成 1 个明显的中肋，向两边形成 1 个宽的单层细胞边缘；每个细胞具 2-70 个油体 ······················· **1.大绿片苔 A. maxima**

## 1. 大绿片苔    图 121

**Aneura maxima** (Schiffn.) Steph., Sp. Hepat. 1: 270. 1899.

*Riccardia maxima* Schiffner, Denkschr. Kaiserl. Akad. Wiss. Math.-Naturwiss. Kl. 67: 178. 1898.

叶状体大形，匍匐状生长，多少透明具光泽，鲜绿色，平滑，长 3-6 cm，宽 5-12 mm，顶端呈二叉状，全缘，沿边缘形成弱或强的皱褶；叶状体横切面明显上下凸出，呈线形或椭圆形，9-12 个细胞厚，从中央向边缘迅速变薄；侧面边缘斑驳形成翅状，角部单层，3-8 个细胞宽。叶状体表皮细胞薄壁，（73-133）μm×（35-70）μm，只有内部细胞的 1/4-1/2 大。内部细胞（150-260）μm×（50-100）μm，边缘细胞（30-75）μm×（25-70）μm。表面和内部细胞具 2-70 个油体。黏液毛长 40-60 μm，粗约 20 μm。假根多数，芽胞未见。

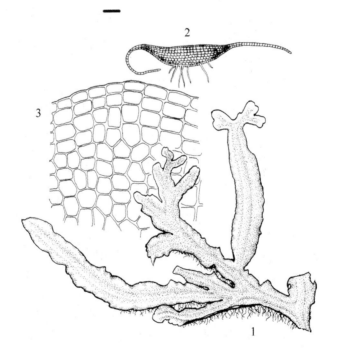

图 121　大绿片苔 Aneura maxima (Schiffn.) Steph.

1. 叶状体；2. 叶状体横切面；3. 叶状体边缘表皮细胞。标尺=2.5 mm，1；=0.29 mm，2；=49 μm，3。（陕西，商南县，金丝峡自然保护区，潮湿岩面，832-1112 m，何强 6833，PE）（郭木森绘）

Figure 121　Aneura maxima (Schiffn.) Steph.

1. Thallus; 2. Cross section of thallus; 3. Epidermal cells of thallus margin. Scale bar=2.5 mm, for 1; =0.29 mm, for 2; =49 μm, for 3. (Shaanxi, Shangnan Co., Jinsixia Nature Reserve, on moist rock, 832-1112 m, He Qiang 6833, PE) (Drawn by Guo Mu-Sen)

雌雄异株。雄株由 2-3 个枝条组成，每个枝条厚 500-700 μm，宽 750-1500 μm。
蒴柄长可达 40 mm，直径 8-12 个细胞。孢子直径 20-23 μm。弹丝长 200-300 μm，直
径 8-10 μm。

**生境**：生于土面、岩面和溪边沼泽中；海拔 832-2800 m。

**产地**：**甘肃**：文县，汪楣芝 63146（PE）。**河南**：嵩县，何强 7353，7358，7391，
7394，7399（PE）。**陕西**：商南县，何强 6833，6835（PE）；太白县，魏志平 6707（PE）。

**分布**：印度、印度尼西亚、马来西亚、尼泊尔、泰国、日本、菲律宾、俄罗斯远东
地区、新喀里多尼亚、图瓦阿鲁；欧洲和北美洲。

## 2. 绿片苔                                                                图 122

**Aneura pinguis** (L.) Dumort., Comment. Bot.: 115. 1822.
*Jungermannia pinguis* L., Sp. Pl.: 1136. 1753.
*Riccardia pinguis* (L.) Gray, Nat. Arr. Brit. Pl. 1: 683. 1821.

叶状体黄绿色或深绿色，有脂状光泽，扁平带状，长可达 5 cm，宽 6.0-10 mm，单
一或不规则分枝，分枝先端圆钝，边缘具波纹。叶状体横切面略向上下两面凸出，中部
10-12 层细胞厚，上下表皮细胞与内部细胞同行，向边缘渐薄，叶边缘由 2-3 层细胞组
成。表皮细胞小，40-70 μm，油滴球形，每个细胞中有 6-12 个。

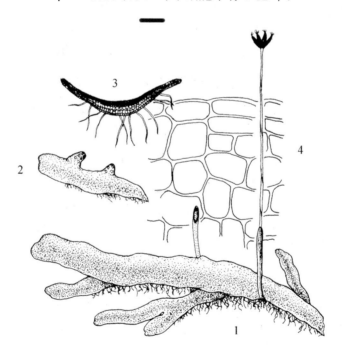

图 122　绿片苔 Aneura pinguis (L.) Dumort.
1. 带孢子体的叶状体；2. 叶状体的一部分；3. 叶状体横切面；4. 叶状体边缘表皮细胞。标尺=2.5 mm，1-2；=0.29 mm，
3；=49 μm，4。（陕西，户县，光头山，2250 m，魏志平 4590，WUN）（郭木森绘）
Figure 122　Aneura pinguis (L.) Dumort.
1. Thallus with sporophyte; 2. A portion of thallus; 3. Cross section of thallus; 4. Epidermal cells of thallus margin. Scale bar=
2.5 mm, for 1-2; =0.29 mm, for 3; =49 μm, for 4. (Shaanxi, Huxian Co., Mt. Guangtou, 2250 m, Wei Zhi-Ping
4590, WUN) (Drawn by Guo Mu-Sen)

雌雄异株。雄株小，精子器生于叶状体边缘腹面短枝上。雌苞生于叶状体腹面近边缘，边缘具短毛。假蒴萼长棒形或柱形，基部有雌苞裂片。蒴柄长 2-5 cm，由同形细胞构成。孢蒴椭圆形，1.0-1.5 mm，红褐色。孢子直径 18-20 μm，红棕色，具疣。弹丝长 80-120 μm，直径 4-9 μm，红褐色。

**生境**：生于岩面薄土、林下腐木或潮湿岩面上；海拔 1000-2250 m。

**产地**：河南：灵宝市（叶永忠等，2004）；西峡县，曹威 674（PE）。湖北：郧县，何强 6298，6316（PE）。陕西：佛坪县（鲁德全，1990；王玛丽等，1999）；户县，光头山，小西沟口，魏志平 4590（WNU，PE）。

**分布**：印度、尼泊尔、不丹、巴基斯坦、新加坡、菲律宾、日本、朝鲜、蒙古、俄罗斯远东和西伯利亚地区、土耳其；欧洲和南美洲、北美洲。

## 2. 片叶苔属 Riccardia Gray

叶状体灰绿色至深绿色，不规则羽状分枝，或 1-2 回羽状分枝，宽 0.5-1 mm，厚 6-7 层细胞；边缘一般平展，厚 1-3 层细胞。表皮细胞明显小于内层细胞，不规则六角形，细胞壁薄，每个细胞内具有 0-5 个油体；无气孔和气室的分化。芽胞常着生于叶状体尖部，由 1-2 个细胞组成。

雌雄异株或同株。蒴被筒状。蒴柄细长，柔弱。孢子小，直径 9-15 μm，表面具细疣。弹丝直径 7-8 μm，具单螺旋加厚。

全世界有 175 种，中国有 19 种，本地区有 5 种。

### 分种检索表

1. 植物体主轴和分枝均紧贴基质 ················································ **5.掌状片叶苔 R. palmata**
1. 植物体主轴紧贴基质，分枝上升或倾立 ······················································· 2
2. 叶状体大，规则 2-3 回羽状分枝，边缘透明 ····················· **4.羽枝片叶苔 R. multifida**
2. 叶状体中等大小，不规则分枝，边缘不透明 ················································ 3
3. 叶状体上下部不等宽，分枝末端较宽，不具芽体 ········ **1.波叶片叶苔 R. chamaedryfolia**
3. 叶状体末端不宽，具芽体 ····················································· 4
4. 叶状体横切面的皮部细胞较中部细胞小，分枝末端舌形 ········· **3.宽片叶苔 R. latifrons**
4. 叶状体横切面的皮部细胞不比中部细胞小，分枝末端圆钝 ······· **2.中华片叶苔 R. chinensis**

### 1. 波叶片叶苔 图 123

**Riccardia chamaedryfolia** (With.) Grolle, Trans. Brit. Bryol. Soc. 5: 772. 1969.

*Jungermannia chamedryfolia* With., Bot. Arr. Veg. Nat. Gr. Brit. 2: 699. 1776.

*Riccardia sinuate* (Hook.) Trevis., Mem. Reale Ist. Lombardo Sci., Ser. 3, Cl. Sci. Mat. 4: 431. 1877.

*Aneura latifrons* var. *sinuate* (Hook.) Bom. & Broth., Herbarium Musei Fennici, Editio Secunda, Musci: 15. 1894.

*Aneura pinnatifida* var. *sinuate* (Hook.) S. Hatt., Bull. Tokyo Sci. Mus. 11: 168. 1944.

叶状体大形，平铺匍匐生长，灰绿色，长 1.2-1.8 cm，宽 0.5-2 mm，不规则多次分枝，分枝各长宽不相等，分枝末端和主体部分较宽。叶状体的横切面带形至半月形，背面凹或略凸，中部 5-8 个细胞厚，皮部细胞常较内部细胞小，叶边不透明；分枝横切面的中部细胞 4-5 个细胞厚，叶边 1-2 个细胞。表皮细胞方六边形，明显小于中部细胞，40 μm×（50-70）μm，油滴多数单个存在于细胞中，球形，直径约 9 μm，有的呈椭圆形，直径 7-9 μm。

雌雄同株。精子器生于叶状体分枝末端边缘，多达 8 对。雌苞生于叶状体边缘侧短枝上，边缘有毛状鳞片。假蒴萼顶端具圆形疣。蒴帽球形，黑褐色，表面粗糙。

**生境：** 生于石壁上；海拔 3100 m。

**产地：陕西：** 户县（Levier, 1906, as *Aneura sinuata*）；太白山，魏志平 5475a（WNU）。

**分布：** 朝鲜、日本、俄罗斯远东和西伯利亚地区；欧洲、南美洲和北美洲。

**本种的主要特征：** ①植物体灰绿色；②叶状体宽达 2 mm；③精子器多达 8 对；④雌苞边缘具毛状鳞片；⑤假蒴萼顶端具圆形疣。

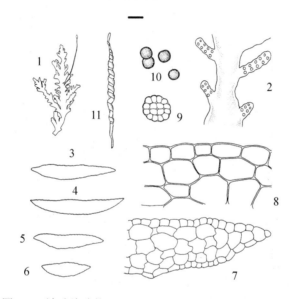

图 123　波叶片叶苔 Riccardia chamaedryfolia (With.) Grolle
1. 带孢蒴的叶状体；2. 叶状体一部分（圆圈示精子器）；3-6. 叶状体横切面；7-8. 叶状体横切面一部分；9. 蒴柄横切面；10. 孢子；11. 弹丝。标尺=2.5 mm, 1；=0.15 mm, 2；=0.23 mm, 3-6；=56 μm, 7；=28 μm, 8；=91 μm, 9；=17 μm, 10；=49 μm, 11。（陕西，太白山，石壁上，3100 m，魏志平 5475a，WNU）（郭木森绘）
Figure 123　Riccardia chamaedryfolia (With.) Grolle
1. Thallus with sporophyte; 2. A portion of thallus (circles showing antheridium); 3-6. Cross section of thallus; 7-8. A portion of cross section of thallus; 9. Cross section of seta; 10. Spores; 11. Elater. Scale bar=2.5 mm, for 1; =0.15 mm, for 2; =0.23 mm, for 3-6; =56 μm, for 7; =28 μm, for 8; =91 μm, for 9; =17 μm, for 10; =49 μm, for 11. (Shaanxi, Mt. Taibai, on cliff, 3100 m, Wei Zhi-Ping 5475a, WNU) (Drawn by Guo Mu-Sen)

## 2. 中华片叶苔

**Riccardia chinensis** C. Gao, Fl. Hepat. Chin. Boreali-Orient.: 209. 1981.

叶状体平铺匍匐生长，深绿色，有时黄绿色，长 4-6 mm，宽 0.4-0.7 mm，不规则 2-3 回分枝，枝端圆钝。叶状体横切面半月形或长椭圆形，常腹面凸，背面凹，4-6 层细胞厚，向边缘渐圆钝。表皮细胞大，（24-29）μm×（29-47）μm，不规则六边形，与中部细胞大小相同，油滴球形或椭圆形，5.0 μm×9.4 μm，每个细胞中有 1-3 个。

雄枝生于叶状体边缘，短枝芽状，边缘有不整齐裂片。假蒴萼长棒形，表面有节状疣，基部有总苞的不整齐裂片。孢蒴椭圆形，褐色，内壁细胞节状加厚不明显。孢子平滑，红褐色。芽胞生于叶状体末端，由 2 个细胞组成，长 30-40 µm，宽 20-50 µm，幼嫩芽胞不透明，成熟芽胞透明，叶绿体明显。

**生境：**生于林下倒木、腐木或树干基部上；海拔 1950-3200 m。

**产地：甘肃：**迭部县，汪楣芝 54375（PE）。**陕西：**佛坪县，李粉霞、王幼芳 4557a，4570a（HSNU）；宁陕县，陈邦杰等 585（PE）。

**分布：**中国特有。

本种和宽片叶苔 Riccardia latifrons 近似，区别仅在于后者叶状体横切面的表皮细胞比中部细胞小，分枝末端舌形，而中华片叶苔 Riccardia chinensis 的叶状体横切面的表皮细胞不比中部细胞小，分枝端圆钝，但这两点的差异并不大，中华片叶苔仅见中国有分布，而宽片叶苔属于北温带分布的种，分布范围更大。对于这个种还需观察更多的普通标本，才能得出更好的结论。

### 3. 宽片叶苔

**Riccardia latifrons** (Lindb.) Lindb., Acta Soc. Sci. Fenn. 10: 513. 1875.

*Aneura latifrons* Lindb., Helsingfors Dagblad (67): 2. 1873.

叶状体平铺匍匐生长，鲜绿色，有光泽，长 4-8 mm，宽 0.6-1.0 mm，不规则 2-3 回分枝或分枝呈手掌状，末端小枝舌形。叶状体横切面两面平或腹面略凸，向边缘渐薄，中部 5-6 层细胞厚。表皮细胞薄壁，（50-60）µm×（90-100）µm，油滴存在于嫩枝细胞中，在老的细胞中有 1-3 个，椭圆形，直径 7-10 µm。

雌雄同株。假蒴萼长达 4 mm，长棒槌形，有节状疣。孢蒴红褐色，外壁细胞有环状加厚纤维。孢子黄褐色，直径 14-17 µm，平滑或略粗糙。弹丝直径 10-12 µm，螺纹红褐色。芽胞生于叶状体末端上表面，椭圆形，由 2 个细胞组成，19 µm × 27 µm。

**生境：**生于岩面、腐木或树上；海拔 750-3100 m。

**产地：甘肃：**文县，李粉霞 531，534，536（PE），裴林英 1518（PE），汪楣芝 63173，63221（PE）。**陕西：**佛坪县，李粉霞、王幼芳 208a，4217（HSNU）；户县，魏志平 4439，4481（WNU）；宁陕县，陈邦杰等 147，578（PE，WNU）；洋县，汪楣芝 55230，55231，55232a（PE）；太白山，魏志平 5479（WNU）。

**分布：**尼泊尔、日本、俄罗斯远东和西伯利亚地区；北美洲。

### 4. 羽枝片叶苔 图 124

**Riccardia multifida** (L.) Gray, Nat. Arr. Brit. Pl. 1: 684. 1821.

*Jungermannia multifida* L., Sp. Pl.: 1136. 1753.

叶状体深绿色至褐绿色，干燥时褐黑色，长 1.0-1.22 cm，宽约 1.0 mm，多数规则 2-3 回羽状分枝；分枝带形，宽 0.3-0.5 cm。叶状体的横切面腹面凸。叶状体边缘 2-3 列细胞较透明。油滴仅存在于嫩枝先端，卵形，约 16 µm × 22 µm，皮部细胞和老细胞中没有油滴。

雌雄同株。雄枝侧生，棒状，具 5-10 对精子器。雌枝短，生于叶状体侧边，雌苞先端有不整齐裂片。假蒴萼棒槌形，具节状凸起，长 2-4 mm。孢蒴长椭圆形，黑褐色，成熟后呈 4 瓣裂，裂瓣先端有弹丝托，蒴壁细胞壁呈环状加厚。孢子平滑，淡黄色，直径 12-16 μm。

弹丝红褐色，直径 12-15 μm，螺纹宽。

**生境：** 生于林中土面上；海拔 2350 m。

**产地：甘肃：** 文县，贾渝 09283（PE）。**陕西：** 太白山（张满祥，1972，as *Aneura multifida*）。

**分布：** 伊朗、日本、朝鲜、俄罗斯远东和西伯利亚地区、土耳其、巴布亚新几内亚、新西兰、萨摩亚；欧洲、北美洲和非洲。

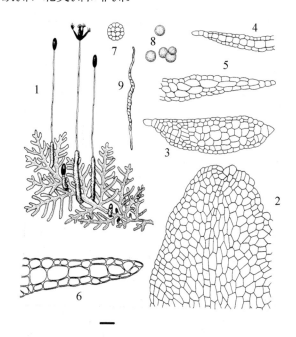

图 124 　羽枝片叶苔 Riccardia multifida (L.) Gray
1. 具孢子体的植物体；2. 叶尖部细胞；3-6. 植物体横切面；7. 蒴柄横切面；8. 孢子；9. 弹丝。标尺=0.2 mm, 1，=78 μm，2，=0.13 mm, 3-7，=20 μm, 8，=0.16 mm, 9。（甘肃，文县，林中土面，2350 m，贾渝 09283，PE）（郭木森绘）
Figure 124 　Riccardia multifida (L.) Gray
1. Plant with sporophytes; 2. Apical leaf cells; 3-6. Cross section of plant; 7. Cross section of seta; 8. Spores; 9. Elater. Scale bar=0.2 mm, for 1; =78 μm, for 2; =0.13 mm, for 3-7; =20 μm, for 8; =0.16 mm, for 9. (Gansu, Wenxian Co., on soil in the forest, 2350 m, Jia Yu 09283, PE) (Drawn by Guo Mu-Sen)

## 5. 掌状片叶苔　　　　　　　　　　　　　　　　　　　　　　　　　图 125

**Riccardia palmata** (Hedw.) Carr., J. Bot. 13: 302. 1865.
*Jungermannia palmata* Hedw., Theoria Generat.: 87. 1784.

叶状体深绿色，老的部分常为褐色，长约 5 mm，主体匍匐生长，紧贴基质，分枝上升，多为掌状分生，长 0.9-1.5 mm，宽约 0.3 mm，渐尖，先端圆钝。横切面为长片形或椭圆形，4-9 层细胞厚，边缘细胞略小，皮部细胞小，直径 20-30 μm。油滴在皮部细胞中，幼细胞中常单个存在，老的细胞中 2-3 个，球形或椭圆形。

雌雄同株。雌苞生于叶状体边缘，上中部边缘裂片状，先端多单细胞。假蒴萼棒槌形，表面略平滑，蒴柄长。孢蒴壁内层细胞具节状加厚。孢子球形，平滑，直径约 15 μm，弹丝长约 15 μm，直径约 7 μm，红褐色。

**生境**：生于腐木上；海拔 1600-2900 m。

**产地**：**甘肃**：舟曲县，汪楣芝 52876（PE）。**陕西**：太白山，魏志平 5435（WNU），魏志平 5452（WNU，PE）。

**分布**：日本、俄罗斯远东和西伯利亚地区、伊朗、土耳其；欧洲和北美洲。

本种的主要特征：①叶状体呈明显的掌状分枝；②体小形，宽约 0.3 mm；③叶状体横切面细胞较厚。

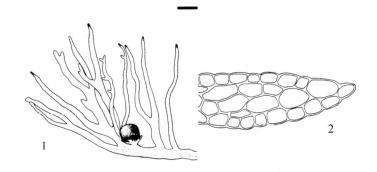

图 125　掌状片叶苔 Riccardia palmata (Hedw.) Carr.

1. 植物体；2. 叶状体横切面一部分。标尺=0.7 mm, 1; =39 μm, 2。（甘肃，舟曲县，腐木，1600 m，汪楣芝 52876，PE）
（郭木森绘）

Figure 125　Riccardia palmata (Hedw.) Carr.

1. Thallus; 2. A portion of cross section of thallus. Scale bar=0.7 mm, for 1; =39 μm, for 2. (Gansu, Zhouqu Co., on rotten log, 1600 m, Wang Mei-Zhi 52876, PE) (Drawn by Guo Mu-Sen)

# 科 43　叉苔科 **Metzgeriaceae** H. Klinggr.

叶状体柔弱，狭带状，常叉形分枝，灰绿色或黄绿色；中肋明显，横切面呈椭圆形。叶状体为单层细胞，细胞多边形，薄壁；边缘和中肋腹面被长纤毛，稀叶状体，背腹面被纤毛。鳞片为单细胞，着生于中肋腹面。

雌雄异株，稀同株。雄苞半球形，着生于腹面短枝上。雌枝亦生于腹面，具蒴苞及蒴被。孢蒴椭圆状卵形，成熟后呈 4 瓣开裂；弹丝成束着生于裂瓣尖端的弹丝托上。

全世界有 2 属，中国有 2 属，本地区有 1 属。

## 1. 叉苔属 **Metzgeria** Raddi

植物体绿色或黄绿色，平匍丛生；叶状体膜质，通常叉形分枝，稀羽状分枝，有时腹面生长新枝；叶状体全缘或波状；中肋细弱，与叶状体分界明显，由多层同形或近于同形细胞组成；叶状体边缘及中肋腹面通常着生单细胞的长纤毛，或背腹面密被刺毛。叶翼细胞单层。

雌雄同株或异株。雌枝由叶状体腹面伸出、倒心形被长纤毛的蒴苞及粗而肉质的蒴被组成。孢蒴具短柄，椭圆状卵形，成熟后呈 4 瓣裂，裂瓣由 2 层细胞组成，外层胞壁具球状加厚，内层细胞具不明显带状加厚。弹丝细长，具单列红棕色螺纹加厚，簇生于孢蒴裂瓣尖端。孢子球形，平滑或具细疣。无性芽胞盘形至线形。雄枝生于叶片腹面，内卷呈近球形，表面平滑，稀具毛。

雌雄同株或异株。雄枝生于叶片腹面，内卷呈球形，表面具毛。雌枝生于植株腹面，心形或近心形，背腹均具刺毛。

全世界有 103 种，中国有 13 种，本地区有 7 种。

### 分种检索表

1. 纤毛在叶状体背腹两面密集着生 ·················································· **7.毛叉苔 M. pubescens**
1. 纤毛只在叶状体边缘及腹面中肋处着生 ·········································· 2
2. 雌雄同株 ································································································ 3
2. 雌雄异株 ································································································ 4
3. 叶状体中部和顶端宽窄均匀，不定枝不常见；油体极小 ··············· **1.平叉苔 M. conjugata**
3. 叶状体中部略宽，向顶端渐窄，不定枝常着生于叶中肋腹面；油体大，直径 4-14 μm ··········· .
········································································································· **5.福冈叉苔 M.fukuokana**
4. 无性芽胞着生于叶状体背面 ········································· **3.背胞叉苔 M. crassipilis**
4. 无性芽胞着生于叶状体边缘 ·········································································· 5
5. 叶状体顶端具有圆钝和锥形两种类型 ··························· **2.狭尖叉苔 M. consanguinea**
5. 叶状体顶端只有圆钝一种类型 ········································································· 6
6. 叶状体边缘纤毛直立或扭曲，单生 ······························· **4.叉苔 M. furcata**
6. 叶状体边缘纤毛镰刀状弯曲，对生 ······························· **6.钩毛叉苔 M. leptoneura**

## 1. 平叉苔 图 126

**Metzgeria conjugata** Lindb., Acta Soc. Sci. Fenn. 10: 495. 1875.

*Metzgeria conjugata* var. *japonica* S. Hatt., J. Hattori Bot. Lab. 15: 80. 1955.

*Metzgeria conjugata* subsp. *japonica* S. Hatt., J. Hattori Bot. Lab. 20: 135. 1958.

*Metzgeria lindbergii* Schiffn., Denkschr. Kaiserl. Akad. Wiss., Math.-Naturwiss. Kl. 67: 182. 1898.

叶状体长 1-4 cm，宽 0.5-2 mm，黄绿色，略透明，规则叉状分枝，叶状体中部和顶端宽窄均匀，顶端圆钝，中肋表皮细胞在背面呈 2 排，在腹面呈 3-5 排。两侧边缘向腹面弯曲，密生长刺状纤毛，纤毛对生，或者单生和对生均存在；中肋背面宽 2 个细胞，腹面宽 3-5 个细胞；叶状体细胞直径达 50 μm。油体极小。

雌雄同株。雄株球形或近于球形，直径 230-600 μm。蒴被具多数纤毛。蒴柄横切面有 24-36 个细胞，表皮细胞有 15-19 个，髓部细胞有 7-17 个。孢蒴卵状球形，红棕色。孢子直径 21-28 μm，表面具细疣。弹丝灰红棕色，长 160-600 μm，直径 6-9 μm。

**生境：**生于岩面、腐木、石上、树干基部或树上；海拔 746-2380 m。

**产地：甘肃：**文县，李粉霞 732（PE），汪楣芝 63175，63322，63336（PE），Z. Q. Yin 88082（PE）。**河南：**灵宝市（叶永忠等，2004）。**陕西：**佛坪县，李粉霞、王幼芳 98b，319，513，553，668b，833，852，962，1093a，1406，3138，3361，3561，3616，3875，4107，4117，4230，4433，4527a，4847a（HSUN）；太白山，汪发瓒 83a（PE）；太白县，魏志平 5400，5959（WNU）。

**分布：**尼泊尔、印度、印度尼西亚、菲律宾、日本、朝鲜、俄罗斯远东地区、巴布亚新几内亚、澳大利亚、萨摩亚；欧洲和美洲。

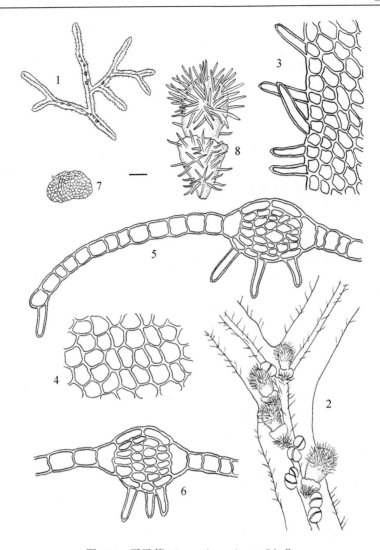

图 126　平叉苔 Metzgeria conjugata Lindb.

1. 植物体一部分；2. 枝条一部分；3. 叶边缘细胞；4. 叶中部细胞；5-6. 中肋横切面；7. 雄苞；8. 雌苞。标尺=3.1 mm，1；=0.31 mm，2；=31 μm，3-6；=0.13 mm，7-8。（甘肃，文县，碧口镇，腐木生，746-884 m，李粉霞 732，PE）（何强绘）

Figure 126　Metzgeria conjugata Lindb.

1. A portion of plant; 2. A portion of branch; 3. Marginal leaf cells; 4. Median leaf cells; 5-6. Cross section of costae; 7. Androecium; 8. Gynoecium. Scale bar=3.1 mm, for 1; =0.31 mm, for 2; =31 μm, for 3-6; =0.13 mm, for 7-8. (Gansu, Wenxian Co., Bikou Town, on rotten log, 746-884 m, Li Fen-Xia 732, PE) (Drawn by He Qiang)

　　本种的主要特征：①叶状体呈扁平状或略向腹面弯曲；②边缘刺毛对生或单双混生；③中肋横切面腹面具 2-4 列表皮细胞。

## 2. 狭尖叉苔　　　　　　　　　　　　　　　　　　　　　　　　　　图 127

**Metzgeria consanguinea** Schiffn., Nova Acta Acad. Caes. Leop.-Carol. German. Nat. Cur. 60: 271. 1893.

*Metzgeria sinensis* P. C. Chen, Feddes Repert. Spec. Nov. Regni Veg. 58: 38. 1955.

　　植物体干燥时淡绿色或黄绿色，长 6-18 mm，宽 0.4-0.8 mm，叉状分枝，叶状体顶端具有圆钝和锥形两种类型，有时呈长狭尖。刺毛生于叶状体边缘及腹面中肋处，边缘刺毛单一，腹面中肋有时数个刺毛分散着生。无性芽胞生于叶状体顶部，圆形或长圆形。腹面常具不定枝。叶翼细胞单层，细胞壁薄，无明显的三角体，近边缘细胞（28-43）μm×（19-32）μm，中部细胞（32-54）μm×（19-35）μm。

雌雄异株。雄株球形，无刺毛，直径 200-280 μm。雌株的蒴苞椭圆状卵形，小，长 190-300 μm，在边缘和外表面具稀疏的刺毛，刺毛直立。蒴被梨形，长 1-1.3 mm，外表面具直立的毛。孢蒴球形，直径 340-440 μm。孢子棕色，表面具细颗粒状，直径 20-26 μm。弹丝长 200-240 μm，直径约 8 μm。

**生境**：生于树干上；海拔 1900-2200 m。

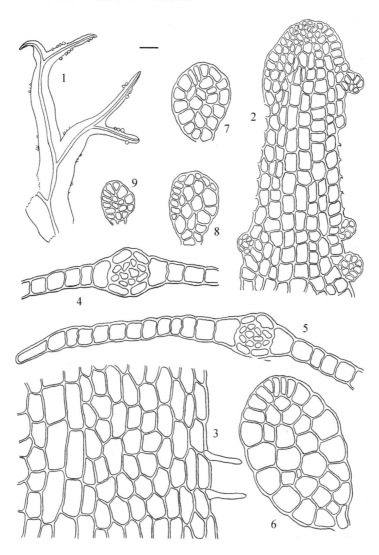

图 127　狭尖叉苔 Metzgeria consanguinea Schiffn.

1. 植物体一部分；2. 叶狭尖部细胞；3. 叶边缘细胞；4-5. 中肋横切面；6-9. 芽胞。标尺=0.63 mm，1；=31 μm，2-9。（甘肃，文县，刘家坪，树干，2100 m，贾渝 9206，PE）（何强绘）

Figure 127　Metzgeria consanguinea Schiffn.

1. A portion of plant; 2. Apical leaf cells; 3. Marginal leaf cells; 4-5. Cross section of costae; 6-9. Gemmae. Scale bar=0.63 mm, for 1; =31 μm, for 2-9. (Gansu, Wenxian Co., Liujiaping, on tree trunk, 2100 m, Jia Yu 9206, PE) (Drawn by He Qiang)

产地：**甘肃**：文县，贾渝 9205，9206，9261（PE）。**陕西**：佛坪县，李粉霞、王幼芳 103，848，4296（HSNU），王幼芳 2011-0402（HSNU）。

**分布**：印度、不丹、尼泊尔、斯里兰卡、越南、印度尼西亚、菲律宾、朝鲜、日本、巴布亚新几内亚；非洲。

本种的主要特征：①叶状体顶端钝或呈锥形至狭长线形；②边缘刺毛单生；③无性芽胞生于叶状体顶部边缘。

### 3. 背胞叉苔　　　　　　　　　　　　　　　　　　　　　　　　　图 128

**Metzgeria crassipilis** (Lindb.) A. Evans, Rhodora 11: 188. 1909.
*Metzgeria furcata* subsp. *crassipilis* Lindb., Acta Soc. Fauna Fl. Fenn. 1(2): 42. 1877[1878].
*Metzgeria indica* Udar & Srivastava, Rev. Bryol. Lichénol. 37: 361. 1970[1971].
*Metzgeria novicrassipilis* Kuwah., J. Hattori Bot. Lab. 20: 138. 1958.
*Metzgeria pandei* S. C. Srivast. & Udar, New Bot. 2: 16. 1975.
*Metzgeria propagulifera* Vanden Berghen, Bull. Jard. Bot. État 19: 194. 1948.

叶状体二歧分枝，长 1.5-2.5 cm，宽 1.0-2.0 mm，末端宽钝，平展或多少内凹，干燥时淡黄绿色，稀生不定枝。中肋背面表皮细胞 2-4 排，细胞壁稍加厚，（30-80）μm ×（24-48）μm，中肋腹面的表皮细胞 3-6 排，细胞壁多少加厚，（24-70）μm ×（18-41）μm。从中肋到边缘 18-33 个细胞宽，细胞相对小，中部细胞（28-52）μm ×（20-37）μm，边缘处细胞（18-41）μm ×（14-28）μm，细胞壁薄或稍加厚，具小的三角体；细胞半透明，平滑。

在叶状体边缘或中肋腹面具刺毛，有时在叶状体腹面也具刺毛，有时也散生于叶状体背面上；刺毛直，偶尔稍弯曲，长 60-110 μm，单生。中肋横切面背腹两面均呈拱形，90-130 μm 厚，背面表皮细胞多少膨大，14-28 μm，腹面表皮细胞 10-22 μm。芽胞产生于叶状体背面上，盘状，其上边缘具直的刺毛，

雌雄异株。雄性器官稀少产生，雄株呈球形，直径约 250 μm，无毛，中肋表皮细胞（30-56）μm ×（5-13）μm，叶细胞（28-44）μm ×（16-26）μm。雌性器官不常见，雌穗宽椭圆形，顶部具深的缺刻，长 210-410 μm，9-20 个细胞长，边缘或外表面具直的刺毛，叶细胞（25-44）μm ×（20-30）μm。未见孢蒴。

**生境**：生于土面、石上或腐木上；海拔 746-2150 m。

**产地**：**甘肃**：文县，碧口镇，李粉霞 674（PE）。**陕西**：佛坪县，李粉霞、王幼芳 195，408a，786，5018b（HSNU）；宁陕县，陈邦杰 293（PE）。

**分布**：印度、印度尼西亚、斯里兰卡、日本；北美洲。

本种的主要特征：①芽胞着生于叶状体背部，圆至椭圆形盘状，大小不一；②叶状体边缘偶具刺毛。

### 4. 叉苔　　　　　　　　　　　　　　　　　　　　　　　　　　图 129

**Metzgeria furcata** (L.) Dumort., Recueil Observ. Jungerm.: 26. 1835.
*Jungermannia furcata* L., Sp. Pl. (ed. 1) 2: 1136. 1753.
*Metzgeria amakawae* Kuwah., Rev. Bryol. Lichénol. 36: 534. 1969[1970].
*Metzgeria crispula* Herzog, Ann. Bryol. 12: 72. 1939.
*Metzgeria decipiens* (C. Massal.) Schiffn. in Engler. Forschungsr. Gazelle, Bot. 4(4): 43. 1890.
*Metzgeria fauriana* Steph., Sp. Hepat. 6: 50. 1917.

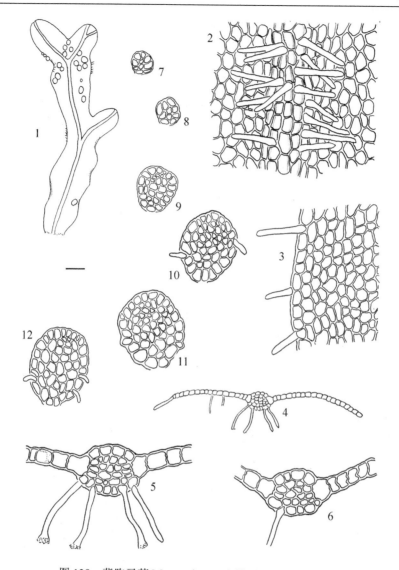

图 128 背胞叉苔 Metzgeria crassipilis (Lindb.) A. Evans
1. 植物体一部分；2. 中肋细胞（腹面观）；3. 叶片边缘细胞；4. 叶片横切面；5-6. 中肋横切面；7-12. 芽胞。标尺=0.63 mm，1；=0.13 mm，4；=50 μm，2-3，5-12。（甘肃，文县，碧口镇，石生，746-884 m，李粉霞 674，PE）（何强绘）

Figure 128　Metzgeria crassipilis (Lindb.) A. Evans
1. A portion of plant; 2. Cells of costa (ventral view); 3. Marginal leaf cells; 4. Cross section of leaf; 5-6. Cross section of costa; 7-12. Gemmae. Scale bar=0.63 mm, for 1; =0.13 mm, for 4; =50 μm, for 2-3, 5-12. (Gansu, Wenxian Co., Bikou Town, on stone, 746-884 m, Li Fen-Xia 674, PE) (Drawn by He Qiang)

*Metzgeria involvens* S. Hatt. in Hara, Bull. Univ. Mus., Univ. Tokyo 8: 240. 1975.
*Metzgeria liaoningensis* C. Gao, Fl. Hepat. Chin. Boreali-Orient.: 175. 1981.
*Metzgeria lutescens* Steph., Sp. Hepat. 6: 54. 1917.
*Metzgeria mitrata* Kuwah., J. Hattori Bot. Lab. 39: 371. 1975.
*Apertithallus orientalis* Kuwah., J. Hattori Bot. Lab. 31: 263, f. a-p. 1968.
*Metzgeria orientalis* (Kuwah.) Kuwah., Rev. Bryol. Lichénol. 44: 394. 1978.
*Metzgeria philippinsis* Kuwah., J. Hattori Bot. Lab. 31: 168. 1968.
*Metzgeria planifrons* Steph., Sp. Hepat. 6: 59. 1917.
*Metzgeria quadriseriata* A. Evans, Proc. Wash. Acad. Sci. 8: 142. 1906.

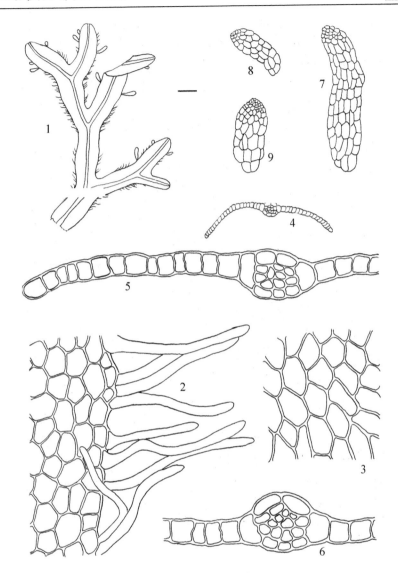

图 129　叉苔 Metzgeria furcata (L.) Dumort.
1. 植物体一部分；2. 叶边缘细胞；3. 叶中部细胞；4. 叶片横切面；5-6. 中肋横切面；7-9. 芽胞。标尺=0.63 mm，1；=0.13 mm，4；=31 μm，2-3，5-6；=63 μm，7-9。（甘肃，文县，碧口镇，石生，800-1350 m，裴林英 1347）（何强绘）

Figure 129　Metzgeria furcata (L.) Dumort.
1. A portion of plant; 2. Marginal leaf cells; 3. Median leaf cells; 4. Cross section of leaf; 5-6. Cross section of costa; 7-9. Gemmae. Scale bar=0.63 mm, for 1; =0.13 mm, for 4; =31 μm, for 2-3, 5-6; =63 μm, for 7-9. (Gansu, Wenxian Co., Bikou Town, on stone, 800-1350 m, Pei Lin-Ying 1347, PE) (Drawn by He Qiang)

*Metzgeria cilifera* (Schwein.) Frye & L. Clark, Univ. Washington Publ. Biol. 6: 139. 1937.
*Metzgeria ciliata* Raddi, Critt. Brasil.: 17. 1822.
*Metzgeria molokaiensis* Kuwah., J. Hattori Bot. Lab. 23: 20, f. 8: a-i. 1960.

　　植物体黄绿色或绿色，长可达 2.5 cm，宽 0.5-1 mm，不规则叉状分枝，两侧为单层细胞，边缘疏生单个长纤毛，直立或有时扭曲，刺毛长 90-175 μm，多少偏向腹侧；中肋背面宽 2 个细胞，腹面一般宽 4 个细胞；中肋两侧叶状体细胞一般呈六角形，直径 30-40 μm，胞壁角部略加厚。

雌雄异株。精子器着生于特化成球形的枝上。雌枝亦特化成密被纤毛的蒴苞，内藏孢蒴，外被梨形蒴被。蒴柄长 1.5-2 mm。孢子褐黄色，直径 18-23 μm。弹丝暗红色。芽胞圆球形，多细胞，常着生于叶状体边缘。

**生境**：生于石壁、树干或石上；海拔 800-2300 m。

**产地**：**甘肃**：文县，贾渝 9104，9224，09291（PE），裴林英 1347（PE）。**陕西**：佛坪县，李粉霞、王幼芳 3822（HSNU）；户县（Massalongo，1897；Levier，1906）；秦岭南坡，陈邦杰等 646（PE，WNU）；太白山，魏志平 5153，5154，5451（WNU）；太白县，魏志平 6793（WNU）。

**分布**：不丹、印度、印度尼西亚、伊朗、日本、朝鲜、蒙古、尼泊尔、菲律宾、斯里兰卡、越南、俄罗斯远东和西伯利亚地区、土耳其、澳大利亚、新西兰；南美洲、北美洲和非洲。

本种主要特征在于：叶状体边缘刺毛单生，直立或有时扭曲，刺毛长 90-175 μm，多少偏向腹侧。

## 5. 福冈叉苔　　　　　　　　　　　　　　　　　　　　　　　　　　图 130

**Metzgeria fukuokana** Kuwah., J. Jap. Bot. 53: 264. 1978.

叶状体通常狭窄，向顶端形成钝尖，新枝常从中肋腹面生出，叶状体边缘近于平滑，偶尔产生纤毛。每个细胞具 1-3 个油体，油体的直径 4-14 μm。

蒴柄透明，横切面近于圆形，直径约为 200 μm，蒴柄的横切面有 26-32 个细胞。孢蒴卵形或椭圆状卵形，长 450-540 μm，成熟时在顶端裂为 4 瓣；孢蒴外壁细胞具半圆状加厚。孢子黄色，直径 20-25 μm，具小颗粒状疣。弹丝长 220-260 μm，宽 7-8 μm，具单列螺旋加厚。

**生境**：海拔 2700 m。

**产地**：**陕西**：太白县，放羊寺，魏志平 5396（WNU，PE）。

**分布**：日本。

本种于 1978 年由 Kuwahara 发表，作为一个日本特有种。2003 年，So 将其处理为 *Metzgeria lindbergii* Schiffn 的异名。He 和 Jia（2019）经过对两个种模式标本的研究，认为 *Metzgeria fukuokana* 应为一个独立种。

本种与林氏叉苔 *M. lindbergii* 的区别在于：①本种常产生不定枝，而林氏叉苔则极少产生不定枝；②本种在中肋腹面散生刺毛，而林氏叉苔则在中肋腹面生大量成对的刺毛，在叶状体边缘刺毛则为单生；③本种蒴柄横切面由 26-32 个细胞组成，林氏叉苔则为 18-22 个；④本种中肋至边缘为 13-23 个细胞宽，林氏叉苔则为 13-18 个细胞宽；⑤本种油体直径为 4-14 μm。

## 6. 钩毛叉苔　　　　　　　　　　　　　　　　　　　　　　　　　　图 131

**Metzgeria leptoneura** Spruce, Trans. & Proc. Bot. Soc. Edinburgh 15: 555. 1885.
*Metzgeria borneensis* Kuwah., J. Hattori Bot. Lab. 28: 167. 1965.
*Metzgeria curviseta* Steph., Hedwigia 44: 72. 1905.
*Metzgeria fuscescens* Mitt. ex Steph., Bull. Herb. Boissier 7: 945[Sp. Hepat. 1: 293]. 1899.
*Metzgeria hamata* Lindb., Acta Soc. Sci. Fenn. 1(2): 10, f. 25. 1877[1878], *nom. illeg.*
*Metzgeria hamatiformis* Schiffn., Nova Acta Acad. Caes. Leop-Carol. German. Nat. Cur. 60: 272. 1893.

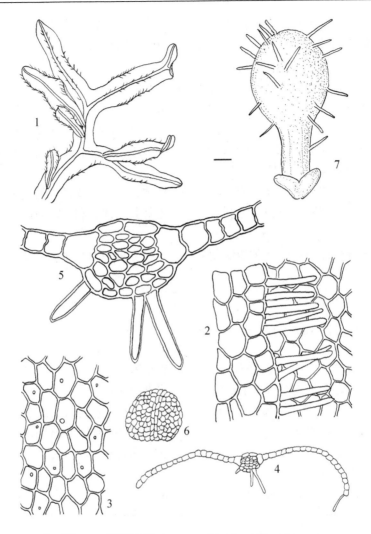

图 130　福冈叉苔 Metzgeria fukuokana Kuwahara

1. 植物体一部分；2. 叶边缘细胞；3. 叶中部细胞；4. 叶片横切面；5. 中肋横切面；6. 雄苞；7. 雌苞。标尺=0.63 mm，1；
=31 μm，2-3，5；=0.13 mm，4，6-7。（陕西，太白山，放羊寺，2700 m，魏志平 5396，WNU）（何强绘）

Figure 130　Metzgeria fukuokana Kuwahara

1. A portion of plant; 2. Marginal leaf cells; 3. Median leaf cells; 4. Cross section of leaf; 5. Cross section of leaf; 6. Androecium; 7.
Gynoecium. Scale bar=0.63 mm, for 1; =31 μm, for 2-3, 5; =0.13 mm, for 4, 6-7. (Shaanxi, Mt. Taibai, Fangyangsi, 2700 m, Wei
Zhi-Ping 5396, WNU) (Drawn by He Qiang)

*Metzgeria iwatsukii* Kuwah., J. Hattori Bot. Lab. 31: 162. 1968.
*Metzgeria sandei* Schiffn., Denkschr. Kaiserl. Akad. Wiss., Math.-Naturwiss. Kl. 67: 181. 1898.
*Metzgeria sharpii* Kuwah., J. Hattori Bot. Lab. 31: 171. 1968.
*Metzgeria subhamata* S. Hatt. in Herzog & Noguchi, J. Hattori Bot. Lab. 14: 30. 1955.

　　植物体干燥时淡白色或黄棕色，长 1.5-7.0 cm，宽 0.8-1.3 mm，叶 11-18 个细胞宽，稀疏不规则叉状分枝，强烈背凸，边缘反折甚至靠合，形成筒状，沿边缘及腹面中肋着生众多刺毛，长而呈镰刀状，边缘刺毛成对。不定枝共生。叶缘具无性芽胞。中肋横切面上、下部表皮细胞 2 列。叶中部细胞（20-45）μm×（11-26）μm，边缘细胞（13-38）μm×（12-20）μm，细胞壁极薄，三角体不明显。中肋横切面上侧呈弓形，腹面表皮细胞

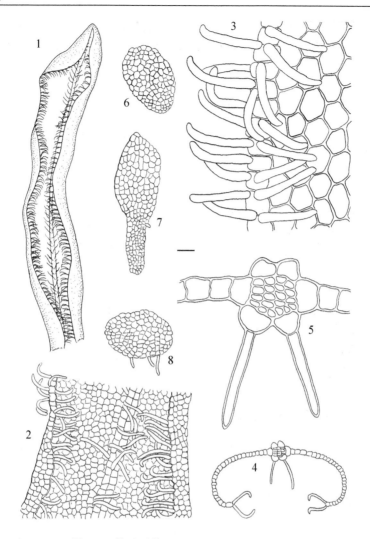

图 131　钩毛叉苔 Metzgeria leptoneura Spruce

1. 植物体一部分（腹面观）；2. 叶片一部分（腹面观）；3. 叶边缘细胞；4. 叶片横切面；5. 中肋横切面；6-8. 芽胞。标尺=0.31 mm，1；=0.13 mm，2，4，6-8；=31 μm，3，5。（陕西，太白县，黄柏源，林下腐殖质，2800 m，魏志平 6686，WNU）（何强绘）

Figure 131　Metzgeria leptoneura Spruce

1. A portion of plant (ventral view); 2. A portion of leaf (ventral view); 3. Marginal leaf cells; 4. Cross section of leaf; 5. Cross section of costa; 6-8. Gemmae. Scale bar=0.31 mm, for 1; =0.13 mm, for 2, 4, 6-8; =31 μm, for 3, 5. (Shaanxi, Taibai Co., Huangbaiyuan, on humus in the forest, 2800 m, Wei Zhi-Ping 6686, WNU) (Drawn by He Qiang)

大形并形成三角体，内部细胞 15-21 个，呈 4-6 层排列。

雌雄异株。雌枝有刺毛，无中肋。雄枝无刺毛。

**生境：**生于石壁、石上或岩面薄土上；海拔 2200-3200 m。

**产地：陕西：**佛坪县（王玛丽等，1999，as *Metzgeria hamata*），李粉霞、王幼芳 1948，3428，3569，3845，3895b，4208，4240（HSNU）；眉县，魏志平 5393b（WNU）；太白县，魏志平 6686（WNU）；西太白山，魏志平 6393，6402（WNU）。

**分布：**印度、尼泊尔、不丹、斯里兰卡、泰国、马来西亚、印度尼西亚、菲律宾、日本、朝鲜、新几内亚岛、澳大利亚、新西兰；欧洲和南美洲。

本种的主要特征：①叶状体强烈背凸，内卷成筒状；②叶边缘刺毛对生，呈镰刀状弯曲；③叶中肋背腹两面表皮细胞膨大，向外凸出。

### 7. 毛叉苔　　　　　　　　　　　　　　　　　　　　　　　　　　　图 132

**Metzgeria pubescens** (Schrank) Raddi, Jungerm. Etrusca [Modena]: 46, 1818.

*Jungermannia pubescens* Schrank, Primit. Fl. Salisb.: 231, 1792.

*Apometzgeria pubescens* (Schrank) Kuwah., Rev. Bryol. Lichénol. 34: 214. 1966.

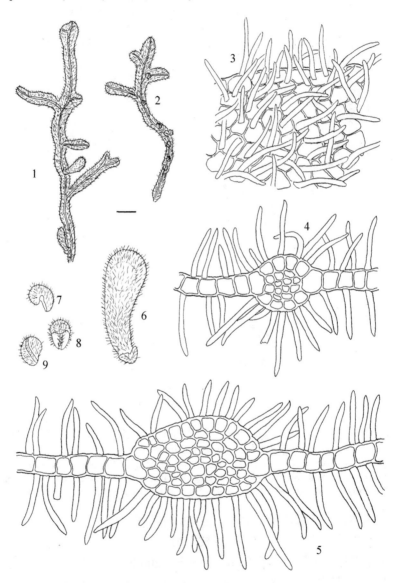

图 132　毛叉苔 Metzgeria pubescens (Schrank) Raddi

1. 植物体一部分（雌）；2. 植物体一部分（雄）；3. 叶片表面细胞；4-5. 中肋横切面；6. 雌苞；7-9. 雄苞。标尺=2 mm，1-2；=31 μm，3-5；=0.13 mm，6-9。（甘肃，康乐县，莲花山，2700-2900 m，汪楣芝 60636，PE）（何强绘）

Figure 126　Metzgeria pubescens (Schrank) Raddi

1. A portion of plant (female); 2. A portion of plants (male); 3. Epidermal cells of leaf; 4-5. Cross section of costa; 6. Gynoecium; 7-9. Androecium. Scale bar=2 mm, for 1-2; =31 μm, for 3-5; =0.13 mm, for 6-9. (Gansu, Kangle Co., Mt. Lianhua, 2700-2900 m, Wang Mei-Zhi 60636, PE) (Drawn by He Qiang)

叶状体灰绿色至黄绿色，叶状体背腹面均密被长纤毛，常疏松交织成大片生长；长可达 3 cm，宽 2 mm，不规则羽状分枝或不甚明显的叉状分枝；枝尖常渐尖或圆钝；中肋横切面背腹面均圆凸，表皮细胞 7-10 列，髓部细胞 70 个左右，表皮细胞和髓部细胞大小近似，不分化。叶状体细胞 5-6 角形，直径 32-40 μm，胞壁薄，角部略加厚。叶边缘和中肋背腹两面刺毛密集，长 40-80 μm。雌雄异株。雄苞球形或近球形。雌苞着生于叶状体中肋腹面。蒴苞外密被纤毛。

**生境：**生于树上、土面、土坡、岩面、岩面薄土和石壁上；海拔 900-3090 m。

**产地：甘肃：**康乐县，莲花山，汪楣芝 60395，60636（PE）；文县，贾渝 9284，9331，9286，9293（PE），李粉霞 808，811（PE），汪楣芝 63247（PE），裴林英 1076（PE）；舟曲县，汪楣芝 52691，52933（PE）。**河南：**内乡县，宝天曼国家级自然保护区，何强 6570（PE）；嵩县，罗健馨 473（PE）。**湖北：**郧西县，何强 6090，6091（PE）。**陕西：**佛坪县，李粉霞、王幼芳 364，373b，376，534，569，622，749，910，916，931，948，1039，1083，1099b，1189，1196，1331，1459，1734，1862a，1866b（HSNU）；户县（Massalongo，1897；Levier，1906），魏志平 4330（WNU，PE），魏志平 4705，4714，4717（WNU），魏志平 4470，4697，4706（PE）；太白山（Levier，1906），汪发瓒 6b，27b（PE），魏志平 603，732，815，5040，5046，5102，5126，5188，5226，5607，5821，6024，6428，6902（WNU），黎兴江 815a（KUN）；华山，陈邦杰 801a（PE）；眉县，汪发瓒 65a，86a（PE），汪楣芝 56704a（PE）；宁陕县，陈邦杰 118，120，172，313，510，524，682（PE）；山阳县（Massalongo，1897；Levier，1906）；太白县，魏志平 5898，6687（WNU）；太白山，魏志平 4876，5226，6117，6150，6581（WNU），魏志平 5257，5821，6012b，6902（PE），黎兴江 732，815（PE），彭泽祥 45（PE）；周至县（Levier，1906）；洋县，汪楣芝 57027（PE）；秦岭南坡，火地塘，陈邦杰等 120，172，568，682（PE）。

**分布：**印度、尼泊尔、不丹、日本、朝鲜、蒙古、俄罗斯远东和西伯利亚地区；欧洲和北美洲。

# 角苔植物门 Anthocerotophyta

角苔类植物是一类系统位置相对孤立而古老的陆地植物。全世界有 12-14 属，100-150 种。广泛分布于热带和温带地区，通常生长于潮湿的岩面、岩壁或具人为活动的地域等。

植物体为叶状体，几乎不产生原丝体。假根由单列细胞构成，平滑。叶状体形成性状各异的裂瓣，常呈莲座状。叶细胞通常含有 1 个叶绿体，其中包含 1 个淀粉核，细胞具油体。叶状体腹面常具类似于气孔的小孔（pore）和念珠藻，念珠藻生于黏液腔（mucilage-filled cavities）中。无黏液滴和腹鳞片。通常雌雄同株，稀雌雄异株。孢子体直立，呈角状，或圆柱体，卵形并隐生于蒴苞中。孢子体成熟时从顶端 2 裂状开裂，表面有或无气孔。无蒴柄。孢子直径 20-100 μm，单系或多细胞。无弹丝，仅有由单细胞或多细胞组成的假弹丝。

## 科 44　角苔科 Anthocerotaceae Dumort.

植物体具黏液腔，蛋白核存在或缺失。每个精子器腔中精子器多达 66 个。精子器外壁分层，由 4 层细胞组成。孢蒴外壁具气孔。孢子黑色或褐色，三射线突起有或无，孢子表面具刺状、疣状、乳头状、棒状、网状、锯齿状或片状突起。

全世界有 5 属，中国有 1 属，本地区有 1 属。

### 1. 角苔属 Anthoceros L.

植物体小形至中等大小，呈叶状体，绿色或暗绿色，圆形至带形，不规则叉状分枝，边缘多波曲而深裂，腹面具黏液腔；横切面中央部分有 6-7 层细胞厚，边缘为单层细胞；无气室及腹鳞片。每个细胞具单个大形叶绿体或 2-3 个叶绿体。假根淡棕色，平滑。

雌雄同株或异株。精子器成丛生长于背面封闭的穴内，每个精子器腔具多个精子器，可达 66 个。颈卵器孕育自叶状体背面组织内。孢蒴呈长角状，绿色，气孔和蒴轴多发育。孢子多圆锥形，有时具三射线，具细疣至刺状疣。假弹丝单细胞，或由多细胞形成细长丝状，暗棕色，通常薄壁，稀具螺纹加厚。

本属全世界有 83 种，中国有 5 种，本地区有 1 种。

#### 1. 角苔

Anthoceros punctatus L., Sp. Pl. 1(2): 1139. 1753.
*Anthoceros crispulus* (Mont.) Douin, Rev. Bryol. 32: 27. 1905.
*Anthoceros nagasakiensis* Steph., Sp. Hepat. 5: 1005. 1916.

植物体交织成片生长，阔带状，灰绿色或黄绿色，老时呈黑色，宽 5-12 mm，具黏液腔，横切面中央厚 8-12 个细胞，背面皱褶状隆起，背面表皮细胞小于内层细胞，每个细胞具单个大形叶绿体；边缘不规则开裂，具波纹。

雌雄同株。精子器腔着生于植物体背面表皮下，每个精子器腔具 4-9 个精子器。蒴苞直立生长，圆筒形，长 3-4 mm。孢蒴细长角状，长 1-2 cm，外壁具气孔。孢子棕褐色，密被刺状突起，直径约 40 μm，近极面观具明显的三射线突起。假弹丝 3-5 个细胞，不规则扭曲，淡棕色，具不规则的带状加厚。

**生境**：生于沟边岩面上；海拔 570 m。

**产地**：陕西：城固县，张满祥等 2614（XBGH）。

**分布**：朝鲜、印度、印度尼西亚、日本、澳大利亚、新喀里多尼亚；欧洲、美洲和非洲。

# 科 45 褐角苔科 **Foliocerotaceae** Hässel

植物体大形，深绿色，呈片状生长。叶状体多不规则开裂或羽状深裂，背面观因内部气室而形成不规则六角形花纹，中央部分厚达 10 层细胞，仅边缘为单层细胞；气室分大小不等数层，无气孔。孢蒴细长角状，基部由筒状蒴苞包被。孢子黄褐色，表面具细疣。假弹丝细长，多为单个细胞，稀为 2 个细胞或分叉。

全世界有 1 属。

## 1. 褐角苔属 **Folioceros** D. C. Bharadw.

属的特征同科。全世界有 17 种，中国有 4 种，本地区有 2 种。

### 分种检索表

1. 叶状体背面光滑；孢子近极面观三射线不明显或退化 ·············**1.褐角苔 F. fuciformis**
1. 叶状体背面具片状突起；孢子近极面观三射线明显达孢子边缘 ·············**2.腺褐角苔 F. glandulosus**

## 1. 褐角苔

**Folioceros fuciformis** (Mont.) Bhardwaj, Geophytology 5: 227. 1975.

*Anthoceros fuciformis* Mont., Ann. Sci. Nat., Bot., Ser. 2, 20: 296. 1843.

*Anthoceros miyabeanus* Steph., Bull. Herb. Boissier 5. 85. 1897.

*Dendroceros lacerus* Nees, Syn. Hepat.: 581. 1846.

*Folioceros vesiculosus* (Austin) D. C. Bhardwaj, Geophytology 5: 227. 1975.

*Anthoceros vesiculosus* Austin, Bull. Torrey Bot. Club 5: 17. 1874.

叶状体绿色至深绿色，密集或分散生长；带状二歧分枝，边缘有羽状裂片，质厚，长 2-3 cm，宽 4-5 mm，常深裂成宽阔圆钝裂片，具黏液腔；背面表皮细胞六角形，每个细胞含 1 大形叶绿体；气室 2-3 层，无气孔。

雌雄同株。精子器腔着生于植物体背面表皮下，每个精子器腔具 15-37 个精子器。孢蒴细长角状，长 2-3 cm，基部包被圆筒状蒴苞，孢蒴壁 4-6 层细胞；孢蒴外壁具气孔。孢子褐色，暗棕色，直径 31-49 μm，近极面观三射线不明显或退化，具细疣。假弹丝由 3-4 个细长细胞构成，长 260-508 μm，宽 9-11 μm，常扭曲，稀分叉。

**生境**：生于溪边土面或岩面上；海拔 550-720 m。

**产地**：陕西：城固县，张满祥等 2563，2629，2656，2678（XBGH），张满祥、张继祖 1120（XBGH）。

**分布**：印度、印度尼西亚、菲律宾、日本、巴布亚新几内亚；非洲。

### 2. 腺褐角苔

**Folioceros glandulosus** (Lehm. & Lindenb.) D. C. Bhardwaj, Geophytology 5: 227. 1975.
*Anthoceros glandulosus* Lehm. & Lindenb., Nov. Stirp. Pug. 4: 26. 1832.

叶状体小而长，长约 10 mm，先端边缘具小圆细齿，表面呈瓣状，侧面分枝呈不规则的羽状。叶状体背面片状突起，边缘具芽胞；叶状体表面细胞具 1 个叶绿体。

雌雄异株。精子器苞零星分布于叶状体上，在成熟部分呈几列排列，在发育阶段的部分则为 1 列排列；大部分的精子器苞深陷于叶状体中，每一个精子器苞中有约 20 个精子器，精子器长 170-185 μm，精子器柄由 2 列细胞组成，精子器由 4 层细胞组成。蒴苞有深的脊和节片，内有 1 可见的腔。孢蒴表面每平方毫米约有 22 个气孔，气孔长约 55 μm。孢子棕色，圆状三角形，直径 26-36 μm，三角状射线明显，射线呈明显的龙骨状，达孢子的边缘，高 2.7-3 μm，宽 2-2.5 μm，顶端为截形或圆形，基部和顶端的宽度相同。假弹丝为深棕色，长 260-350 μm，宽 5-12.5 μm，由 4 个细胞组成，细但在中部较宽，弹丝的表皮细胞壁加厚。

**生境**：生于溪边岩面上；海拔 570 m。

**产地**：陕西：城固县，张满祥等 2601（XBGH）。

**分布**：印度、尼泊尔、斯里兰卡、马来西亚、印度尼西亚、新加坡、菲律宾、萨摩亚、巴布亚新几内亚和澳大利亚。

# 科 46　短角苔科 **Notothyladaceae** Müll. Frib. ex Prosk.

植物体不具黏液腔，蛋白核存在或缺失。每个精子器腔中具 2-6 个精子器。精子器外壁不分层，由细胞不规则排列而成。孢蒴外壁具气孔或无气孔。孢子黄色至淡黑色，具明显的三射线突起，孢子表面具刺状、疣状、乳头状、棒状、蠕虫状或片状突起。

全世界有 5 属，中国有 4 属，本地区有 1 属。

## 1. 黄角苔属 **Phaeoceros** Prosk.

叶状体绿色，片状，块茎存在或缺失，不规则叉状分枝，边缘不规则波曲；无气室分化，无中肋，背面平滑，无黏液腔。表皮细胞具单个大形叶绿体，蛋白核存在或缺失。念珠藻着生于叶状体腹面的黏液细胞中。

雌雄同株或异株。孢蒴细长角状，基部具短筒状蒴苞，孢蒴成熟后瓣裂，具气孔。孢子由单细胞构成，黄褐色，圆锥形，具赤道带，近极面观具明显三射线突起，孢子表面具刺疣、细疣状突起。假弹丝由 1-5 个单列细胞形成，淡棕色，薄壁或有时具不规则加厚。

全世界约有 41 种，中国有 7 种，本地区有 2 种。

分种检索表

1. 雌雄异株·······························································································**2.黄角苔 P. laevis**
1. 雌雄同株··················································································**1.高领黄角苔 P. carolinianus**

## 1. 高领黄角苔

**Phaeoceros carolinianus** (Michx.) Prosk., Bull. Torrey Bot. Club 78: 347. 1951.

*Anthoceros carolinianus* Michx., Fl. Bor.-Amer. 2: 280. 1803.

*Phaeoceros laevis* subsp. *carolinianus* (Michx.) Prosk., Rapp. Comm., VIII. Congr. Int. Bot., Paris xiv-xvi: 69. 1954.

植物体绿色至深绿色，成片生长或形成莲座状。叶状体带形至半圆形，叉状分枝，浅裂，裂片宽，无中肋，不具黏液腔，长约 2.2 cm，宽约 1.6 cm。植物体背面平滑，背面表皮细胞具 1 个叶绿体，矩形至椭圆形，（23-91）μm ×（27-47）μm，几乎充满细胞腔，具 1 个蛋白核，直径 10-13 μm。念珠藻着生于植物体腹面的黏液细胞中。假根淡褐色，着生于腹面中部。

雌雄同株。精子器腔着生于植物体背面表皮下，每个精子器腔中有 2-4 个精子器，精子器球形，（148-183）μm ×（108-174）μm，具柄，35-46 μm，精子器壁由不规则的细胞构成。蒴苞单生，直立，圆柱形，高 2-4 mm。孢子体长角形，突出蒴苞，长可达 5 cm，孢蒴成熟后瓣裂，扭曲，具气孔，（68-75）μm ×（35-42）μm，气孔由 2 个肾形细胞组成，被 5-7 个长方形的细胞围绕；蒴轴发育良好；外壁细胞线形，（77-169）μm ×（12-19）μm，细胞壁加厚。孢子单细胞，直径 36-39 μm，黄色，具赤道带；近极面观具明显的三射线突起，达赤道带，在近极面观，每个面中央具细小的乳头状突起，远极面观具密集的乳头状突起。假弹丝由 2-4 个细胞组成，淡棕色，薄壁，有时具狭窄的不规则带状加厚。

**生境：**生于水沟边岩面上；海拔 670 m。

**产地：陕西：**城固县，张满祥等 2754（XBGH）。

**分布：**印度、印度尼西亚、朝鲜和菲律宾。

## 2. 黄角苔　　　　　　　　　　　　　　　　　　　　　图 133

**Phaeoceros laevis** (L.) Prosk., Bull. Torrey Bot. Club 78: 347. 1951.

*Anthoceros laevis* L., Sp. Pl.: 1139. 1753.

*Phaeoceros miyakeanus* (Schiffn.) S. Hatt., J. Hattori Bot. Lab. 12: 83. 1954.

*Anthoceros miyabenus* Steph., Bull. Herb. Boissier 5: 85. 1897.

*Anthoceros elmeri* Steph., Sp. Hepat. 5: 989. 1916.

*Anthoceros faurianus* Steph., Sp. Hepat. 5: 1002. 1916.

*Anthoceros radicellosus* Steph., Sp. Hepat. 5: 987. 1916.

植物体绿色至深绿色，叶状体带形至半圆形，长 1-3 cm，呈不规则二歧分枝，浅裂，裂片宽，无中肋，无黏液腔。两侧为单层细胞，表面细胞直径 30-70 μm；叶状体 4-5 层细胞厚，可多达 6-8 层细胞；无气室分化；假根多数，着生于叶状体腹面中央。

雌雄异株。精子器腔着生于植物体背面表皮下，每个精子器腔中具 1-8 个精子器，精子器球形至椭圆形，2-3 个成群着生于叶状体内空腔中。孢蒴细长角形，长可达 4 cm，着生于叶状体前端，成熟后呈瓣裂，扭曲，具气孔。孢子圆锥形，直径 32-40 μm，黄色，具赤道带，外壁具细疣。假弹丝由 1-4 (-5) 个细胞，多扭曲，有时分叉，长 83-210 μm，宽 13-21 μm。

**生境：**生于潮湿土面上；海拔 890-1100 m。

**产地：**陕西：城固县，张满祥、张继祖 1023，1078（XBGH）。

**分布：**朝鲜、日本、印度、菲律宾、印度尼西亚、澳大利亚、新西兰、俄罗斯；欧洲、南美洲和北美洲。

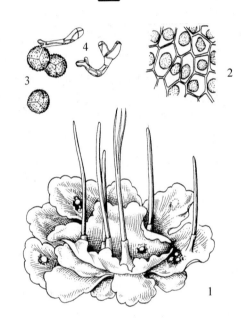

图 133　黄角苔 Phaeoceros laevis (L.) Prosk.

1. 具孢蒴和精子器的叶状体；2. 叶状体细胞；3. 孢子；4. 假弹丝。标尺=2.5 mm，1；=41 μm，2-4。（陕西，城固县，潮湿土面上；890-1100 m，张满祥、张继祖 1023，XBGH）（郭木森绘）

Figure 133　Phaeoceros laevis (L.) Prosk.

1. Thallus with capsules and antheridia; 2. Cells of thallus; 3. Spores; 4. Pseudoelaters. Scale bar=2.5 mm, for 1; =41 μm, for 2-4. (Shaanxi, Chenggu Co., on moist soil, 890-1100 m, Zhang Man-Xiang and Zhang Ji-Zu 1023, XBGH) (Drawn by Guo Mu-Sen)

# 科 47　肿角苔科 **Phymatoceraceae** R. J. Duff, J. C. Villarreal, Cargill & Renzaglia

叶状体不具黏液腔，蛋白核存在或缺失，每个精子器腔具 1-3 个精子器，精子器外壁不分层，细胞排列不规则。孢蒴外壁具气孔。孢子黄色至淡棕色，具明显三射线突起，孢子表面具蠕虫状突起，远极面具肿胀状突起。

全世界有 1 属。

这是 Duff 等（2007）根据分子和形态的数据建立的一个新科。目前仅包含 1 属。

## 1. 肿角苔属 Phymatoceros Stotler, Doyle & Crandall-Stotler emend. Duff et al.

叶状体具长柄的球状块茎；无中肋，不具黏液腔。叶状体表面细胞具 1 个叶绿体，有时还具 1 个蛋白核。每个精子器腔具 1-3 个精子器。蒴苞直立生长，圆柱形孢子体长角形，突出蒴苞，孢蒴成熟后呈瓣裂，具气孔，蒴轴存在。孢子单细胞，黄色或淡棕色，具赤道带；近极面具明显的三射线突起，表面平滑，远极面具有 1 个由厚的脊形成的中央肿状突起结构。假弹丝壁薄。

全世界有 2 种，中国 1 种，本地区 1 种。

### 1. 球根肿角苔

**Phymatoceros bulbiculosus** (Brot.) Stotler, W. T. Doyle & Crand.-Stotl., Phytologia 87: 115. 2005.

*Phaeoceros bulbiculosus* (Brot.) Prosk., Rapp. Comm., VIII. Congr. Int. Bot. (14-16): 69. 1954.

*Anthoceros bulbiculosus* Brot., Fl. Lusit. 2: 430. 1804.

*Anthoceros dichotomus* Raddi, Atti Accad. Sci. Siena 10: 289. 1808.

叶状体深绿色或绿色，呈带状，长可达 10 mm，宽约 1.5 mm，具长柄状的块茎，柄长可达 5 mm，叶状体边缘内曲，没有黏液腔。不孕叶状体分瓣短，裂瓣呈波状，腹面呈龙骨状突起，常带有球形或乳头状珠芽。叶状体表面细胞具有 1 个叶绿体，且具 1 个蛋白核。

雌雄异株。蒴苞直立生长，圆柱形，长约 1.3 mm。孢蒴长角状，长 1-2 cm，中央有 1 鬃毛状中轴，成熟后呈 2 瓣裂，其上具气孔，基部总苞大而阔。孢子呈四分体型，黄绿色，平滑，直径 30-40 μm，远极面观具 1 个由厚的脊形成的中央圆形突起结构，近极面观具明显的三射线突起；不成熟的孢子表面具纤维状的网状结构。假弹丝不规则弯曲，鲜黄色，长约 133 μm，由 2-3 个细胞组成，细胞壁常不加厚。

**生境：**生于溪边砂土上；海拔 680 m。

**产地：陕西：**城固县，张满祥、王鸣 967（XBGH）。

**分布：**以色列、黎巴嫩、土耳其；欧洲和北美洲。

# 参 考 文 献

安定国. 2002. 甘肃省小陇山高等植物志. 兰州: 民族出版社: 1-1249.

陈清, 王玛丽, 张满祥. 2008a. 陕西秦岭拟大萼苔科的 2 个新记录种. 西北植物学报, 28(2): 408-411.

陈清, 王玛丽, 张满祥. 2008b. 秦岭地区苔类植物区系的初步研究. 武汉植物研究, 26(4): 366-372.

崔友文. 1982. 秦岭植物区系的特征. 西北植物研究, 2(1): 1-6.

崔友文, 李培远. 1964. Giraldi P 在陕西采集植物地点的考证. 植物分类学报, 9(3): 308-312.

高谦. 2003. 中国苔藓志. 第九卷. 北京: 科学出版社: 1-323.

高谦, 曹同. 2000. 云南植物志 第十七卷 苔藓植物: 苔纲、角苔纲. 北京: 科学出版社: 1-641.

高谦, 吴玉环. 2008. 中国苔藓志 第十卷. 北京: 科学出版社: 1-464.

高谦, 吴玉环. 2010. 中国苔纲和角苔纲植物属志. 北京: 科学出版社: 1-636.

黎兴江, 张满祥. 1983. 秦岭苔藓新植物. 云南植物研究, 5: 385-390.

李粉霞. 2006. 佛坪国家自然保护区苔藓植物的物种及生态系统多样性. 上海: 华东师范大学博士学位论文.

鲁德全. 1990. 佛坪自然保护区的苔藓植物. 陕西林业科学, 1: 29-31.

罗健馨. 1986. 苔类植物//河北植物志编辑委员会. 河北植物志. 第一卷. 石家庄: 河北科学技术出版社.

牛燕, 王玛丽. 2008. 翠华山苔藓植物分布调查. 安徽农业科学, 36(34): 14989-14990.

沈茂才, 张跃进, 陈彦生. 2001. 秦岭田峪河植被研究. 西北植物学报, 21(3): 532-537.

宋鸣芳. 2007. 太白山自然保护区苔藓植物研究. 西安: 西北大学硕士学位论文.

王诚吉, 李登武, 党坤良. 2005. 陕西天华山自然保护区苔藓植物区系研究. 西北植物学报, 25(12): 2472-2477.

王玛丽, 任毅, 党高第. 1999. 佛坪国家级自然保护区苔类植物的调查研究. 西北大学学报, 29(1): 50-52.

吴鹏程, 贾渝, 张力. 2012. 中国高等植物. 第一卷. 青岛: 青岛出版社: 1-970.

叶永忠, 袁志良, 尤扬, 等. 2004. 小秦岭自然保护区苔藓植物区系分析. 西北植物学报, 24(8): 1472-1475.

应俊生. 1994. 秦岭植物区系的性质、特点和起源. 植物分类学报, 32(5): 389-410.

应俊生, 李云峰, 郭勤峰. 1990. 秦岭太白山地区的植物区系和植被. 植物分类学报, 28(4): 261-293.

岳明, 党高第, 雍立军. 1999. 陕西佛坪自然保护区植被的基本特征. 武汉植物学研究, 17(1): 22-281.

张大成. 1991. 中国西南地区叉苔科的订正. 云南植物研究, 13(3): 283-289.

张满祥. 1972. 秦岭苔藓植物名录(油印稿). 西安: 中国科学院西北植物研究所(内部资料).

张满祥. 1974. 太白山北坡苔藓植物的垂直分布及其植物地理. 陕西植物研究, 3: 1-10.

张满祥. 1982. 中国秦岭囊绒苔属一新种. 云南植物研究, 4(2): 171-172.

周兰平, 张力, 邢福武. 2012. 中国鞭苔属植物的分类学研究. 仙湖, 11(2): 1-62.

Bharadwaj D. C. 1972. On some Asia and African species of *Foliceros* Bharadwaj. Geophytology, 3(2): 215-221.

Bischler H. 1979. *Plagiochasma* Lehm. et Lindenb. III. Les taxa d'asie et d'océanie. Journal of the Hattori Botanical Laboratory, 45: 25-79.

Bonner C E B. 1962. Index Hepaticarum. I. *Plagiochila* (Dumort.) Dumort. Weinheim: J. Cramer.

Bonner C E B. 1963. Index Hepaticarum. IV. Ceratolejeunea to Cystolejeunea. Weinheim: J. Cramer.

Bonner C E B. 1965. Index Hepaticarum. V. Delavayella to Geothallus. Weinheim: J. Cramer.

Bonner C E B. 1966. Index Hepaticarum. VI. Goebeliella to Jubula. Weinheim: J. Cramer.

Bonner C E B. 1977. Index Hepaticarum. VIIa. Supplementum A-C. Vaduz: J. Cramer.

Castle H. 1937. A revision of the genus *Radula*. Introduction and Part I. Subgenus *Cladoradula*. Annales Bryologici, 9: 13-56.

Duff R J, Villarreal A J C, Cargill D C, et al. 2007. Progress and challenges toward developing a phylogeny and classification of the hornworts. The Bryologist, 110: 214-243.

Geissler P, Bischler H. 1985. Index Hepaticarum. 10. Lembidium to Mytilopsis. Vaduz: J. Cramer.

Godfrey J D, Godfrey G A. 1978. *Scapania hians* in Shensi, China and British Columbia, Canada. The Bryologist, 81: 357-367.

Grolle R. 1966. Die Lebermoose Nepals. Ergebn. Forsch. Unternehm. Nepal Himalaya, 1: 26-298.

Grolle R. 1984. *Miscellanea hepaticologica*. Journal of the Hattori Botanical Laboratory, 55: 501-511.

Guo M X. 2005. The taxonomic study of Lepidoziaceae in Shaanxi northwest China. Chenia, 8: 47-53.

Guo W, Zhang M X. 1999. The taxonomic study of Anthocerotaceae in Shaanxi, Northwest China. Chenia, 6: 21-33.

Hattori S. 1952. Hepaticae of Shikoku and Kyushu, southern Japan. 2. Journal of the Hattori Botanical Laboratory, 8: 21-46.

Hattori S. 1967. Studies of the Asiatic species of the genus *Porella* (Hepaticae). I. Some new or little known Asiatic species of *Porella*. Journal of the Hattori Botanical Laboratory, 30: 129-151.

Hattori S. 1969. Studies of the Asiatic species of the genus *Porella* (Hepaticae). III. Journal of the Hattori Botanical Laboratory, 33: 41-87.

Hattori S. 1971. Studies of the Asiatic species of the genus *Porella* (Hepaticae). IV. Journal of the Hattori Botanical Laboratory, 34: 411-428.

Hattori S. 1972. Notes on the Asiatic species of the genus *Frullania*, Hepaticae. I. Journal of the Hattori Botanical Laboratory, 36: 109-140.

Hattori S. 1973. Notes on the Asiatic species of the genus *Frullania*, Hepaticae. IV. Journal of the Hattori Botanical Laboratory, 37: 121-152.

Hattori S. 1974. Notes on the Asiatic species of the genus *Frullania*, Hepaticae. V. Journal of the Hattori Botanical Laboratory, 38: 185-221.

Hattori S. 1978. Notes on the Asiatic species of the genus *Frullania*, Hepaticae. IX. Journal of the Hattori Botanical Laboratory, 44: 525-554.

Hattori S. 1980. Notes on the Asiatic species of the genus *Frullania*, Hepaticae. XII. Journal of the Hattori Botanical Laboratory, 47: 85-125.

Hattori S. 1982. Asian taxa of the *Frullania dilatata* complex. Journal of Japanese Botany, 57: 257-260.

Hattori S. 1986. Notes on the Asiatic species of the genus *Frullania*, Hepaticae. XIV. Bulletin of the National Science Museum, Series B, Botany, 12: 127-138.

Hattori S, Lin P J. 1985a. A preliminary study Chinese *Frullania* flora. Journal of the Hattori Botanical Laboratory, 59: 123-169.

Hattori S, Lin P J. 1985b. Two new species of Chinese *Frullania* (Hepaticae). Journal of Japanese Botany, 60: 106-110.

Hattori S, Zhang M X. 1985. Porellaceae of Shensi Province, China. Journal of Japanese Botany, 60: 321-326.

He Q, Jia Y. 2019. Reappraisal of the taxonomic status of *Metzgeria fukuokana* Kuwahara (Metzgeriaceae, Marchantiophyta). Journal of Bryology, 41(1): 36-41.

Hentschel J, Zhu R L, Long D G, et al. 2007. A phylogeny of *Porella* (Porellaceae, Jungermanniopsida) based on nuclear and chloroplast DNA sequences. Molecular Phylogenetics and Evolution, 45: 693-705.

Inoue H. 1964. The genus *Plagiochilion*. Journal of the Hattori Botanical Laboratory, 27: 51-72.

Jia Y, He Q, Li F X, et al. 2016. A Newly updated and annotated checklist of the Anthocerotae and Hepaticae of Qinling Mts., China. Journal of Bryology, 38(4): 312-326.

Juslén A. 2006. Revision of Asian *Herbertus* (Herbertaceae, Marchantiophyta). Annales Botanici Fennici, 43: 409-436.

Kuwahara Y. 1978. *Metzgeria fukuokana*, sp. nov., with notes on the monoecious species of *Metzgeria* (Hepaticae). Journal of Japanese Botany, 53: 264-271.

Levier E. 1906. Muscinee Racoolte Nello Schen-Si (China) dal Rev. Giuseppe Giraldi. Estratto dal Nuovo Giornale Botanico Italiano, 13: 347-356.

Majumdar S, Katagiri T. 2020. Taxonomic status of *Plagiochila semidecurrens* var. *alaskana* and *P. semidecurrens* var. *longifolia* (Plagiochilaceae). Hattoria, 11: 31-39.

Massalongo C. 1897. Hepticae in provincia Schen-Si, Chinae interioris. A Rev. Patre Josepho Giraldi collectae, additis speciebus nonnullis in Andaman a cl. E. H. Man inventis. Memorie dell' Accademia d' Agricoltura, Commericao ed Arti di Verona, Ser. 3, 73(2): 1-63.

Miller H A. 1965. A review of *Herberta* in the tropical Pacific and Asia. Journal of the Hattori Botanical Laboratory, 28: 299-412.

Miller H A, Whittier H O, Whittier B A. 1983. Prodromus Florae Hepaticarum Polynesiae. *Bryophytorum Bibliotheca*, 25: 1-423.

Mizutani M. 1961. A revision of Japanese Lejeuneaceae. Journal of the Hattori Botanical Laboratory, 24: 115-302.

Mizutani M. 1964. Studies of little known Asiatic species of Hepaticae in the *Stephani herbarium*. 1. On some little known Southeast Asiatic species of the family Lejeuneaceae. Journal of the Hattori Botanical Laboratory, 27: 139-148.

Mizutani M. 1982. Notes on the Lejeuneaceae. 6. Japanese species of the genus *Cheilolejeunea*. Journal of the Hattori Botanical Laboratory, 51: 151-173.

Mizutani M, Hattori S. 1967. The distribution of *Tuzibeanthus* (Hepaticae). Journal of Japanese Botany, 42: 124-128.

Peng T, Zhu R L. 2013. A revision of the genus *Anthoceros* (Anthocerotaceae, Anthocerotophyta) in China. Phytotaxa, 100 (1): 21-35.

Piippo S. 1990. Annotated catalogue of Chinese Hepaticae and Anthocerotae. Journal of the Hattori Botanical Laboratory, 68: 1-192.

Piippo S. 1997. A study of some Chinese *Plagiochila* species (Plagiochilaceae, Hepaticae). Annales Botanici Fennici, 34: 207-222.

Pócs T. 1968. The genus *Porella* in Vietnam. Journal of the Hattori Botanical Laboratory, 31: 65-93.

Pócs T, Bernecker A. 2009. Overview of Aphanolejeunea A Evans (Jungermanniopsida) after 25 years. Polish Bot J, 54(1): 1-11.

Pócs T, Zhu R L, Söderström L, et al. 2015. Notes on early land plants today. 67. Notes on Lejeuneaceae subtribus Cololejeuneinae (Marchantiophyta). Phytotaxa, 202(1): 63-68.

Redfearn P R J, Tan B C, He S. 1996. A newly updated and annotated checklist of Chinese mosses. Journal of Hattori Botanical Laboratory, 79: 163-357.

So M L. 2001. *Plagiochila* (Hepaticae, Plagiochilaceae) in China. Systematic Botany Monographs, 60: 1-214.

So M L. 2003. The genus *Metzgeria* (Hepaticae) in Asia. Journal of the Hattori Botanical Laboratory, 94: 159-177.

So M L, Zhu R L. 1998. On six species of the genus *Lejeunea* in China, including one new species. The Bryologist, 101 (1): 137-143.

Srivastava S C, Dixit R. 1996. The genus *Cyathodium* Kunze. Journal of the Hattori Botanical Laboratory, 80: 149-215.

Stephani F. 1900. Species Hepaticarum. I. Genève et Bale: Georg & Cie.

Stephani F. 1906. Species Hepaticarum. II. Genève et Bale: Georg & Cie.

Stephani F. 1909. Species Hepaticarum. IV. Genève et Bale: Georg & Cie.

Szweykowski J, Buczkowska K, Odrzykoski I J. 2005. *Conocephalum salebrosum* (Marchantiopsida, Conocephalaceae): a new Holarctic liverwort species. Plant Systematics and Evolution: 253: 133-158.

Yamada K. 1976. Memoranda on the type specimens of *Radula* taxa from Southeast Asia. 3. Journal of the Hattori Botanical Laboratory, 40: 453-460.

Yamada K. 1979. A revision of Asian taxa of *Radula*, Hepaticae. Journal of the Hattori Botanical Laboratory,

45: 201-322.

Yatsentyuk S P, Konstantinova N A, Ignatov M S, et al. 2004. On phylogeny of Lophoziaceae and related families (Hepaticae, Jungermanniales) based on *trnL-trnF* intron-spacer sequences of chloroplast DNA. Monogr Syst Bot Missouri Bot Gard, 98: 150-167.

Zhang M X. 2005. The taxonomic study of Lepidoziaceae in Shaanxi northwest China. Chenia, 8: 47-53.

Zhang M X, Guo W. 1998. Lophoziaceae of Qinling (Chinling) Mts., NW China. Chenia, 5: 9-22.

Zhu R L, So M L. 2001. Epiphyllous liverworts of China. Berlin: J. Cramer: 1-418.

# 中文名索引

# 学 名 索 引

## R

Radula   212
Radula aquiligia   213
Radula auriculata   214
Radula chinensis   215
Radula complanata   215
Radula inouei   216
Radula japonica   216
Radula lindenbergiana   218
Radulaceae   212
Reboulia   20
Reboulia hemisphaerica   21
Riccardia   270
Riccardia chamaedryfolia   270
Riccardia chinensis   271
Riccardia latifrons   272
Riccardia multifida   272
Riccardia palmata   273
Riccia   46
Riccia fluitans   46
Riccia glauca   47
Ricciaceae   45
Ricciocarpos   48
Ricciocarpos natans   48

## S

Sauteria   42
Sauteria alpina   42
Scapania   117
Scapania apiculata   118
Scapania ciliata   118
Scapania curta   119
Scapania glaucocephala   120
Scapania glaucoviridis   120
Scapania hians   120
Scapania irrigua   121
Scapania ligulata subsp. stephanii   121
Scapania nemorea   123
Scapania parvifolia   123

Scapania parvitexta   124
Scapania verrucosa   125
Scapaniaceae   114
Solenostoma   64
Solenostoma bengalensis   65
Solenostoma confertissimum   66
Solenostoma hyalinum   65
Solenostoma obovatum   65
Solenostoma torticalyx   67
Solenostoma truncatum   67
Spruceanthus   265
Spruceanthus planiusculus   266
Syzygiella   85
Syzygiella autumnalis   85
Syzygiella nipponica   86

## T

Targionia   45
Targionia hypophylla   45
Targioniaceae   44
Telaranea   138
Telaranea wallichiana   138
Trichocolea   127
Trichocolea tomentella   127
Trichocoleaceae   127
Trichocoleopsis   178
Trichocoleopsis tsinlingensis   178
Tritomaria   110
Tritomaria exsecta   111
Tritomaria exsectiformis   112
Tritomaria quinquedentata   113
Tuzibeanthus   266
Tuzibeanthus chinensis   266

## W

Wiesnerella   33
Wiesnerella denudata   33
Wiesnerellaceae   32